2020

中国可持续发展报告
——探索迈向碳中和之路

China Sustainable Development Report 2020
Exploring Pathways towards Carbon Neutrality

中国科学院可持续发展战略研究组

科学出版社

北 京

内 容 简 介

本报告聚焦全面绿色低碳转型及碳中和路线图，研判我国面临的内外部机遇和挑战，提出中长期低碳转型的总体思路、基本路径和主要措施，对有序实现碳中和目标愿景的生产、消费、贸易、管理等变革，特别是经济体系转变、能源革命、低碳交通转型、零碳技术创新、基于自然的解决方案，以及全球气候合作等进行了深入分析，并系统评估了实现碳中和目标对能源、经济和排放的影响，据此提出保障碳中和目标实现的法治轨道与政策制度体系，为落实我国碳达峰与碳中和承诺、推动经济社会的全面绿色转型与实现具有韧性和可持续的高质量发展，以及编制与落实"十四五"规划提供决策参考。

本报告对各级决策部门、行政机构、立法部门，有关科研院所、高等院校、咨询机构，以及社会公众具有一定的参考和研究价值。

图书在版编目(CIP)数据

2020中国可持续发展报告：探索迈向碳中和之路 / 中国科学院可持续发展战略研究组编 . —北京：科学出版社，2021.6
（中国科学院年度报告系列）
ISBN 978-7-03-068798-2

Ⅰ. ①2… Ⅱ. ①中… Ⅲ. ①生态环境－环境管理－研究报告－中国－2020 Ⅳ. ① X321.2

中国版本图书馆 CIP 数据核字（2021）第089198号

责任编辑：石 卉 陈晶晶 / 责任校对：贾伟娟
责任印制：李 彤 / 封面设计：有道文化

科 学 出 版 社 出版
北京东黄城根北街 16 号
邮政编码：100717
http://www.sciencep.com

北京虎彩文化传播有限公司 印刷
科学出版社发行 各地新华书店经销
*
2021年6月第 一 版 开本：787×1092 1/16
2022年6月第二次印刷 印张：24 3/4 插页：2
字数：580 000

定价：**168.00 元**

（如有印装质量问题，我社负责调换）

中国科学院《中国可持续发展报告》

总策划　潘教峰

中国科学院可持续发展战略研究组
《2020 中国可持续发展报告》起草组

组长兼首席科学家　王　毅
研究起草组成员（按姓氏笔画为序）

王　溥	王晓明	王雪成	毕清华
朱永彬	刘　扬	刘　宇	刘宇炫
羊凌玉	安　岩	苏利阳	邹乐乐
汪明月	张海颖	陈劭锋	林　慧
欧阳斌	周梅芳	孟小燕	柳雅文
顾佰和	郭　杰	郭建新	黄　晨
盛煜辉	崔　琦	曾　桉	谭显春
翟寒冰			

把科技自立自强作为国家发展的战略支撑

（代序）

侯建国

党的十八大以来，习近平总书记关于科技创新发表一系列重要讲话、作出一系列战略部署，为我国科技事业发展把舵领航。在开启全面建设社会主义现代化国家新征程的关键时期，以习近平同志为核心的党中央统筹国内国际两个大局，在党的十九届五中全会上提出"把科技自立自强作为国家发展的战略支撑"，既强调立足当前的现实性、紧迫性，也体现着眼长远的前瞻性、战略性，为我国科技事业未来一个时期的发展指明了前进方向、提供了根本遵循。我们要深入学习领会、认真贯彻落实，自觉担负起科技自立自强的时代使命。

一、深刻领会科技自立自强的重大意义

习近平总书记深刻指出，"自力更生是中华民族自立于世界民族之林的奋斗基点，自主创新是我们攀登世界科技高峰的必由之路"。立足新发展阶段、贯彻新发展理念、构建新发展格局，我们比任何时候都更加需要创新这个第一动力，都更加需要把科技自立自强作为战略支撑。在全面建设社会主义现代化国家新征程中，加快实现科技自立自强，形成强大的科技实力，既是关键之举，也是决胜之要。

科技自立自强是进入新发展阶段的必然选择。经过新中国成立70余年

来的不懈奋斗，我国综合国力和人民生活水平实现历史性跨越。特别是党的十八大以来，在以习近平同志为核心的党中央坚强领导下，党和国家事业取得历史性成就、发生历史性变革。进入新发展阶段，根本任务就是要乘势而上全面建设社会主义现代化国家、向第二个百年奋斗目标进军。当前，随着我国经济由高速增长阶段转向高质量发展阶段，劳动力成本逐步上升，资源环境承载能力达到瓶颈，科技创新的重要性、紧迫性日益凸显。只有加快实现科技自立自强，推动科技创新整体能力和水平实现质的跃升，才能在新一轮科技革命和产业变革中抢占制高点，有效解决事关国家全局的现实迫切需求和长远战略需求，引领和带动经济社会更多依靠创新驱动发展。把科技自立自强作为国家发展的战略支撑，是我们党在长期理论创新和实践发展基础上，主动应对国际竞争格局新变化、新挑战，准确把握我国新发展阶段的新特征、新要求，坚持和发展中国特色自主创新道路提出的重大战略，是新时代我国创新发展的战略方向和战略任务。

科技自立自强是贯彻新发展理念的内在要求。新发展理念系统回答了关于新时代我国发展的目的、动力、方式、路径等一系列理论和实践问题，是我们必须长期坚持和全面贯彻的基本方略。贯彻新发展理念，着力解决好发展动力不足、发展不平衡不充分、人与自然不协调不和谐等问题，实现更高质量、更有效率、更加公平、更可持续、更为安全的发展，这些都需要依靠科技自立自强提供更加强有力的支撑保障。比如，建设健康中国，保障人民生命健康，迫切需要更多生命科学和生物技术等领域的创新突破；建设美丽中国，实现碳达峰、碳中和，迫切需要更多资源生态环境、清洁高效能源等绿色科技领域的创新突破。此外，科学技术特别是人工智能等新一代信息技术的推广应用，可以大大促进优质公共资源的开放共享，更好满足广大人民群众对美好生活的新期待。

科技自立自强是构建新发展格局的本质特征。加快构建以国内大循环为主体、国内国际双循环相互促进的新发展格局，最根本的是要依靠高水

被誉为"中国天眼"的国家重大科技基础设施——500 米口径球面射电望远镜（FAST）于 2020 年 1 月通过国家验收。"中国天眼"是目前世界上口径最大、灵敏度最高的单口径射电望远镜，投入运行以来已取得发现逾 240 颗脉冲星等一系列重大科学成果。2021 年 4 月，"中国天眼"将对全球科学界开放使用

平科技自立自强这个战略基点，一方面通过加快突破产业技术瓶颈，打通堵点、补齐短板，保障国内产业链、供应链全面安全可控，为畅通国内大循环提供科技支撑；另一方面，通过抢占科技创新制高点，在联通国内国际双循环和开展全球竞争合作中，塑造更多新优势，掌握更大主动权。比如，在关键核心技术和装备方面，改革开放以来，我国经历了从主要依靠引进、到引进消化吸收再创新、再到自主创新的发展过程。近年来，经济全球化遭遇逆流，新冠肺炎疫情加剧了逆全球化趋势，以美国为首的一些西方国家对我国产业和技术进行全方位打压，全球产业链、供应链发生局部断裂。面对这一严峻形势，我们不仅要加速"国产替代"，在关系经济社会发展和国家安全的主要领域全面实现自主国产可控；更要勇于跨越跟踪式创新，突破颠覆性技术创新，加快推进关键核心技术和装备"国产化"的去"化"进程，重塑产业链、供应链竞争格局，不断增强生存力、竞争

力、发展力、持续力。

二、准确把握科技自立自强的战略要求

实现科技自立自强是事关国家全局和长远发展的系统工程。要坚持系统观念、树牢底线思维，在战略上做好前瞻性谋划，明确战略方向和路径选择，统筹确定近中远期重大科技任务部署；在战术上要坚持求真务实，充分认识我国的客观实际和发展基础，找准重点关键，制定针对性策略，强化优势长板，狠抓基础短板，一体化推进部署。

遵循科学技术发展规律，树立质量和效率优先的科技发展理念。习近平总书记深刻指出，"理念是行动的先导"，"发展理念是否对头，从根本上决定着发展成效乃至成败"。我国科技创新目前正处于从量的积累向质的飞跃、从点的突破向系统能力提升的关键时期，大而不强、质量效率不高等问题依然突出，必须强化高质量、高效率科技创新，下决心挤掉低水平重复、低效率产出的水分和泡沫，把科技创新的规模优势更好更快地转化为质量优势。当前，科学、技术、工程各领域相互交叉渗透、深度融合发展的趋势正在加速演进。早在20世纪50年代，钱学森同志曾提出"技术科学"思想，认为不断改进生产方法"需要自然科学、技术科学和工程技术三者齐头并进，相互影响，相互提携，决不能有一面偏废"。我们要自觉遵循这一规律，破除从基础研究、应用研究到试验发展的线性思维模式，打破科技创新活动组织中的封闭与割裂，使科技创新建立在更加坚实的质量和效率基础之上，构建适应科技发展规律、能够有力支撑科技自立自强的科技创新模式。

加强基础研究和"无人区"前沿探索，强化原始创新能力。习近平总书记指出，"我国面临的很多卡脖子技术问题，根子是基础理论研究跟不上，源头和底层的东西没有搞清楚"。科技自立自强必须建立在基础研究和原始

创新的深厚根基上，要把基础研究和原始创新能力建设摆在更加突出的位置，坚持"两条腿走路"，既瞄准科技前沿的重大科学问题，更要从卡脖子问题清单和国家重大需求中提炼和找准基础科学问题，以应用倒逼基础研究，以基础研究支撑应用，为关键核心技术突破提供知识和技术基础。同时，要强化原创引领导向，支持和激励科研人员增强创新自信，改变长期跟踪、追赶的科研惯性，甘坐"冷板凳"，勇闯"无人区"，挑战科学和技术难题，"宁要光荣的失败，也不要平庸的成功"，实现更多"从0到1"的原创突破，努力提出新理论、开辟新方向，为我国科技自立自强和人类文明进步提供持久丰沛的创新源泉。

加快突破关键核心技术，既着力解决"燃眉之急"，也努力消除"心腹之患"。习近平总书记反复强调，"关键核心技术是要不来、买不来、讨不来的"。目前，我国很多关键领域和产业核心技术严重依赖进口，如高端芯片、操作系统、高端光刻机、高档数控机床、高端仪器装备、关键基础材料等，一旦受到管制断供，就会面临生存困境。对这些"燃眉之急"，应充分发挥新型举国体制优势，迅速集中优势力量，采取"揭榜挂帅"等方式，打好关键核心技术攻坚战，尽快打通关键领域技术的堵点、断点，努力实现技术体系自主可控，有效解决产业链、供应链面临的严重威胁。同时，针对事关国家安全和长远发展的"心腹之患"，如能源安全、种业安全、生物安全等，要未雨绸缪，下好"先手棋"，加快部署实施一批前瞻性、战略性重大科技任务，积极组织开展变革性、颠覆性技术研发，努力在重大战略领域建立科技优势，在全球创新链条中做到"你中有我、我中有你"，为未来彻底解决卡脖子问题提供战略性技术储备。

转变人才观念，强化价值导向，加快建设高水平创新人才队伍。习近平总书记指出，"人才是第一资源"，"国家科技创新力的根本源泉在于人"。目前，我国已拥有世界上规模最大的创新人才队伍，研发人员全时当量达到480万人年以上，但高水平人才不足、结构不合理、评价制度不科学、激励机制不健全等问题依然突出。人才的本质在"能"和"绩"上，只要能作出突出贡献者都应是人才。要从根本上转变人才观念，树立人人努力成才、人人皆可成才、人人尽展其才的大人才观，让各类人才都能施展才干、脱颖而出。深化人才评价制度改革，强化质量、贡献、绩效的价值导向，在人才培养引进、发现使用、评价激励等方面下更大功夫，营造风清气正、安心致研的优良创新生态。抓住和用好当前有利窗口期，广开渠道、多措并举，加快引进和吸引一批战略科学家和"高精尖缺"关键人才，重视和加强应用研究和工程技术人才，为科技领军人才、拔尖人才、优秀青年人才搭建更大创新舞台、拓展更大发展空间。加强基础教育，注重培养中小学生科学素养和创新意识，吸引更多优秀学生投身科技创新事业，为科技自立自强不断提供高水平、可持续的人才支撑。

全面深化科技体制改革，加快构建高效能国家创新体系。习近平总书记强调，"推进自主创新，最紧迫的是要破除体制机制障碍，最大限度解放和激发科技作为第一生产力所蕴藏的巨大潜能"。当前，我国科技体制中依然存在分散、重复、低效等突出问题，影响了创新体系的整体效能。合作创新、协同创新的前提是合理有序分工。要进一步明确国家创新体系各单元的功能定位，避免同质化竞争和打乱仗。统筹科研院所、高校、企业研发机构力量，加快构建分工合理、梯次接续、协同有序的创新体系，形成优质创新力量集聚引领、重点区域辐射带动的协同创新效应。进一步深化科技体制改革，畅通创新链、产业链，大幅提高科技成果转移转化成效，充分激发各类创新主体的活力潜力，为科技自立自强提供战略支撑。

加强党的全面领导，为科技自立自强提供强大政治和组织保证。要坚持以习近平新时代中国特色社会主义思想为指导，增强"四个意识"、坚定"四个自信"、做到"两个维护"，自觉主动用习近平总书记关于科技创新的重要论述，武装科研人员头脑、指导科技创新实践、推动科技自立自强。结合庆祝建党 100 周年和党史学习教育，认真总结党领导我国科技事

开展青藏高原科学考察研究，揭示青藏高原环境变化机理，优化生态安全屏障体系，对推动青藏高原可持续发展、推进国家生态文明建设、促进全球生态环境保护将产生十分重要的影响。图为中国科学院青藏高原综合科学考察研究队利用现代化高新技术装备开展科学考察工作

业发展的辉煌成就和宝贵经验，更好地指导和促进新时代科技创新发展，加快实现科技自立自强。充分发挥基层党组织的战斗堡垒作用和党员的先锋模范作用，将党建工作与科技创新工作同谋划、同部署、同推进、同考核，做到深度融合、同频共振，把党的组织优势转化为科技创新的巨大力量。大力弘扬科学家精神，加强科研作风和学风建设，教育和激励科研人员坚守初心使命，秉持国家利益和人民利益至上，主动担负起时代和历史赋予的科技自立自强使命。

三、积极发挥国家战略科技力量的骨干引领作用

强化国家战略科技力量，是加快实现科技自立自强、推动现代化国家建设的关键途径。回顾新中国科技事业发展历程，我们之所以能够在"一穷二白"的基础上，用短短 70 余年的时间，就取得"两弹一星"、载人航天与探月、北斗导航、载人深潜、量子科技等一系列举世瞩目的重大成就，

一个重要原因就在于我们打造了一支党领导下的国家战略科技力量，在党和国家最需要的时候能够挺身而出、迎难而上，发挥不可替代的核心骨干和引领带动作用。面对新时代科技自立自强的战略要求，国家战略科技力量必须始终牢记初心使命，更加勇于担当作为，切实发挥好体现国家意志、服务国家需求、代表国家水平的作用。

围绕国家重大战略需求攻坚克难。想国家之所想、急国家之所急，敢于担当、快速响应、冲锋在前、能打硬仗，是国家战略科技力量的使命职责所在。面对世界百年未有之大变局和我国经济社会发展转型升级的关键时期，国家战略科技力量要充分发挥建制化、体系化优势，打好关键核心技术攻坚战，着力解决一批影响和制约国家发展全局和长远利益的重大科技问题。比如，围绕中央经济工作会议提出的黑土地保护重大战略任务，近期中国科学院与相关部门和地方政府合作，紧急动员、迅速整合全院农

中国科学院正在发挥建制化、体系化优势，联合有关部门和地方政府组织开展"黑土粮仓"科技会战，以科技支撑实施国家黑土地保护工程。图为2021年3月9日，中国科学院计算技术研究所智能农机团队在吉林省四平市梨树县为四平东风农机公司免耕播种机提供智能化升级技术支持，指导开展春耕备耕

业科技创新和相关高新技术研发力量，组织开展"黑土粮仓"科技会战，努力为黑土地农业现代化发展提供科技支撑。

面向国家长远发展筑牢科技根基。从近代历史看，德国、法国、美国、日本等发达国家都以高水平国家科研机构和研究型大学作为战略科技力量的核心骨干，为科技创新和国家发展提供强大基石和关键支柱。我国要建设世界科技强国和现代化国家，必须强化国家战略科技力量，加快推进国家实验室建设和国家重点实验室体系重组，加快打造一批高水平国家科研机构、研究型大学和创新型企业。强化目标导向和问题导向，以建制化、定向性基础研究和前沿技术研发为主，在原始创新和学科体系建设中填补空白、开疆拓土。合理布局、统筹建设一批集聚集约、开放共享的重大科技基础设施、科学数据中心等国际一流创新平台，加快打造一批国之重器，为科技自立自强提供强大的物质技术基础和条件支撑。

在深化科技体制改革中持续引领带动。国家战略科技力量在科技体制改革中起着龙头带动和引领示范作用。改革开放初期，我国科技体制改革主要依靠政策驱动，激发和释放科研人员的创新活力；在深化改革和建设国家创新体系阶段，主要依靠增量资源驱动，改善科研条件，提升创新能力。当前，科技体制改革进入深水区，国家战略科技力量要更多强化责任和使命驱动，坚持刀刃向内，聚焦主责主业，敢于涉险滩、啃硬骨头，将改革的重心放在聚焦重点、内涵发展、做强长板上来，紧扣制约科技创新发展的重点领域、难点问题、关键环节，大胆改革、积极探索，持续激发科技创新活力，巩固和强化核心竞争力，引领带动科技体制改革全面深化。

中国科学院作为国家战略科技力量的重要组成部分，在70余年的发展历程中，始终与祖国同行、与科学共进，为我国科技事业发展作出了重大贡献。面向未来，中国科学院将深入贯彻落实习近平总书记提出的"四个率先"和"两加快一努力"要求，恪守国家战略科技力量的使命定位，知重负重、勇于担当，作为科技"国家队"，始终心系"国家事"，肩扛"国家责"，把精锐力量整合集结到原始创新和关键核心技术攻关上来，勇立改革潮头，勇攀科技高峰，努力在科技自立自强和科技强国建设中作出更大创新贡献。

（本文刊发于 2021 年 3 月 16 日出版的《求是》杂志）

前　言

　　习近平主席在第七十五届联合国大会一般性辩论上提出中国实现碳达峰与碳中和的目标愿景，为国内的高质量发展、全面绿色低碳转型指明了方向，也为全球应对气候变化和实现疫后绿色复苏增添了强劲动力。然而，基于现实复杂多变的国际国内环境，尽管我国在发展和治理能力上有了系统提升，且正在践行新发展理念，但实现上述目标并非易事。实现碳达峰与碳中和涉及经济社会的方方面面，关系到发展方式的全面转型与统筹协调，挑战是系统性的。目前还没有发展中大国的成熟转型经验可资借鉴，具体实现路径需要在实践过程中不断摸索和完善。

　　2009 年 3 月，中国科学院可持续发展战略研究组曾以"探索中国特色的低碳道路"为主题，出版了《2009 中国可持续发展战略报告》。根据新形势，我们将"探索迈向碳中和之路"作为《2020 中国可持续发展报告》的主题开展系统研究，这可以看成是对过去报告思路的延续，虽然报告的研究背景已发生很大变化。

　　一方面，工业革命以来的全球气温升高已成为不争的事实，根据政府间气候变化专门委员会（IPCC）等报告评估，这种升温主要是人为因素造成的。另一方面，在新冠肺炎疫情、全球经济持续低迷以及中美战略博弈的背景下，人们对应对气候变化的紧迫性仍存在不同认识，实现碳达峰及碳中和也并未得到真正理解和形成广泛共识。无论如何，针对超越意识形态纷争的全球公共领域，我们首先要转变思想观念，摒弃零和思维，从统筹国际国内两个大局、站在地球生命共同体的道义制高点和争取未来国家战略竞争优势的角度来思考这个议题，用负责任的科学态度去看待人类发展趋势和保护国家利益与安全。我们不能固守于历史的传统观念，而失去对未来的思考和创新，争取抓住有序公正转型的最大机遇。

正是基于这种长期思考和认识，中国科学院科技战略咨询研究院一直持续开展应对气候变化、绿色转型及可持续发展研究，并且积累了大量研究成果和系统的研究理论与方法。与此同时，我们也充分发挥科技智库的作用，有幸参与了生态文明建设、绿色转型发展、碳达峰及碳中和等相关决策咨询过程，并提供了重要的研究支撑。

我们首次以中国科学院科技战略咨询研究院的力量为主，针对碳达峰与碳中和主题，组织涉及气候变化研究的不同课题组，通过统筹设计，在总结与整合过去研究的基础上，发挥各课题组优势，开展相应的专题研究，并在相互协作及合作单位的支持下，最终完成《2020 中国可持续发展报告》各章节的撰写。报告的许多观点得益于课题组成员近一年来参与的相关课题研究、咨询研讨及国际合作，各章作者在与各级领导、专家学者、智库研究机构的沟通交流中深受启发和教益。

我们认识到，碳达峰与碳中和路径不是简单的模型情景曲线，而是一系列目标、政策、行动的组合，以及理论与实践互动的结果，也是一个渐进、调整和创新的过程，并会随着科学认识的深入而不断完善。同时，我们也深知，应对气候变化是一个多学科系统研究的领域，任何一个学科或专项研究都存在局限性，或只能反映气候变化问题的一个侧面。我们力图通过院内不同学科及研究组的合作与充分研讨，弥补各自知识的不足，避免管见，希望从更加系统综合的角度去分析理解问题，并得出基于案例、证据和科学的结论。

在此，我们要特别感谢生态环境部气候变化事务特别顾问解振华先生在我们的研究过程中所给予的指导和洞见，感谢中国科学院侯建国院长对本报告出版的持续关注与敦促，感谢中国科学院科技战略咨询研究院潘教峰院长对本领域研究及报告的始终支持和指导，感谢中国科学院发展规划局陶宗保副局长和甘泉处长对报告研究出版给予的帮助和建议。同时，感谢我们参与的国家重点研发计划项目（2018YFA0606500）、国家自然科学基金委员会项目、生态环境部应对气候变化专项项目、能源基金会项目以及清华大学"全球气候变化与绿色发展基金"课题给予的相关研究资助，使我们得以在短时间里顺利完成报告所涉及的研究和起草工作。也感谢我们参与组织的中国环境与发展国际合作委员会"全球气候治理与中国贡献"专题政策研究组的工作，使我们从与国际组织及同行专家的交流合作中获取经验与共识。

感谢科学出版社科学人文分社侯俊琳社长对本书出版提供的支持和帮助。特别感谢责任编辑石卉，她高效的编辑工作是本书出版的重要保障。

由于时间仓促，本报告一定还存在不足之处，无论如何其责任应由作者承担，在此也欢迎广大读者批评指正。

我还想特别感谢本报告研究团队的有力支撑，没有大家的通力合作，就不可能圆满完成本报告的研究、撰写和出版。最后，也请允许我代表研究团队向所有为本报告做出贡献和提供帮助的朋友和同人一并表示衷心的感谢！

王　毅

2020 年 12 月 31 日

首字母缩略词

缩写	英文全称	中文全称
3R	Reduce, Reuse, Recycle	减量化、再利用和再循环
ADB	Asian Development Bank	亚洲开发银行
AIIB	Asian Infrastructure Investment Bank	亚洲基础设施投资银行（简称亚投行）
BaU	Business as Usual	照常排放情景
BECCS	Bioenergy with Carbon Capture and Storage	生物能源结合碳捕集与封存
BP	British Petroleum	英国石油公司
BEV	Battery Electric Vehicle	纯电动汽车
C40	C40 Cities Climate Leadership Group	C40 城市气候领袖群（简称 C40）
CAS	Chinese Academy of Sciences	中国科学院
CASISD	Institutes of Science and Development，Chinese Academy of Sciences	中国科学院科技战略咨询研究院（简称战略咨询院）
CCICED	China Council for International Cooperation on Environment and Development	中国环境与发展国际合作委员会（简称国合会）
CCC	Climate Change Committee	气候变化委员会
CCS	Carbon Capture and Storage	碳捕集与封存
CCUS	Carbon Capture, Utilization and Storage	碳捕集、利用与封存
CDM	Clean Development Mechanism	清洁发展机制
CE	Circular Economy	循环经济
CERs	Certified Emission Reductions	核证减排量
CNG	Compressed Natural Gas	压缩天然气
CO_2	Carbon Dioxide	二氧化碳
CO_2eq	Carbon Dioxide Equivalent	二氧化碳当量
COD	Chemical Oxygen Demand	化学需氧量
COP	Conference of the Parties	缔约方会议

缩写	英文全称	中文全称
CPI	Climate Policy Initiative	气候政策倡议组织
CSDR	China Sustainable Development Report	中国可持续发展报告
CSP	Concentrated Solar Power	聚光太阳能热发电
CSR	Corporate Social Responsibility	企业社会责任
DAC	Direct Air Capture	直接空气捕集
DFE	Design for Environment	面向环保设计
DSM	Demand Side Management	需求侧管理
EC	European Commission	欧盟委员会
EE	Energy Efficiency	能源效率
EGS	Environmental Goods and Services	环境产品和服务
EIA	Environmental Impact Assessment	环境影响评价（简称环评）
EKC	Environmental Kuznets Curve	环境库兹涅茨曲线
ESG	Environment, Social and Governance	环境、社会和治理
EU	European Union	欧洲联盟（简称欧盟）
EU ETS	European Union Emission Trading Scheme	欧盟排放交易体系
EV	Electric Vehicle	电动汽车
FCEV	Fuel Cell Electric Vehicle	燃料电池电动汽车
FDI	Foreign Direct Investment	外国直接投资
GCF	Green Climate Fund	绿色气候基金
GD	Green Development	绿色发展
GDP	Gross Domestic Product	国内生产总值
GEF	Global Environment Fund	全球环境基金
GEI	Global Environmental Institute	永续全球环境研究所
GFN	Global Footprint Network	全球生态足迹网络
GHGs	Greenhouse Gases	温室气体
GSDR	Global Sustainable Development Report	全球可持续发展报告
HDI	Human Development Index	人类发展指数
HEV	Hybrid Electric Vehicle	混合动力汽车
ICT	Information and Communication Technology	信息与通信技术

缩写	英文全称	中文全称
LDCs	Least Developed Countries	最不发达国家
IEA	International Energy Agency	国际能源署
IEEFA	Institute for Energy Economics and Financial Analysis	能源经济与金融分析研究所
ILO	International Labour Organization	国际劳工组织
IMF	International Monetary Fund	国际货币基金组织
IPCC	Intergovernmental Panel on Climate Change	政府间气候变化专门委员会
IPR	Intellectual Property Right	知识产权
IRENA	International Renewable Energy Agency	国际可再生能源机构
ISO	International Organization for Standardization	国际标准化组织
IUCN	International Union for Conservation of Nature and Natural Resources	世界自然保护联盟
KP	Kyoto Protocol	京都议定书
LCE	Low Carbon Economy	低碳经济
LED	Light Emitting Diode	发光二极管
LNG	Liquefied Natural Gas	液化天然气
LULUCF	Land Use, Land Use Change and Forestry	土地利用、土地利用变化和林业
NbS	Nature-based Solutions	基于自然的解决方案
NDCs	Nationally Determined Contributions	国家自主贡献
NETs	Negative Emissions Technologies	负排放技术（又称负碳技术）
MDGs	Millennium Development Goals	千年发展目标
MEAs	Multilateral Environmental Agreements	多边环境协议
NIMBY	Not in My Back Yard	邻避效应
NGO	Non-Governmental Organization	非政府组织
NO_x	Nitrogen Oxides	氮氧化物
NRDC	Natural Resources Defense Council	自然资源保护协会
ODA	Official Development Assistance	官方发展援助
ODS	Ozone Depleting Substances	消耗臭氧层物质
OECD	Organization for Economic Cooperation and Development	经济合作与发展组织（简称经合组织）
PES	Payment for Ecosystem Services	生态系统服务付费

续表

缩写	英文全称	中文全称
PHEV	Plug-in Hybrid Electric Vehicle	插电式混合动力汽车
$PM_{2.5}$	Particulate Matter 2.5	细颗粒物
PM_{10}	Particulate Matter 10	可吸入颗粒物
POPs	Persistent Organic Pollutants	持久性有机污染物
PPP	Public Private Partnership	公共私营合作制
PSS	Product-Service Systems	产品服务系统
PTS	Persistent Toxic Substances	持久性有毒污染物
PV	Photovoltaic	光伏
R&D	Research and Development	研究与开发（简称研发）
REEFS	Resource-Efficient and Environment-Friendly Society	资源节约型、环境友好型社会（简称两型社会）
REPI	Resource and Environmental Performance Index	资源环境综合绩效指数
SDGs	Sustainable Development Goals	可持续发展目标
SEA	Strategic Environmental Assessment	战略环境评价
SIDS	Small Island Developing States	小岛屿发展中国家
SLCPs	Short-lived Climate Pollutants	短寿命气候污染物
SRI	Social Responsible Investment	社会责任投资
SO_2	Sulfur Dioxide	二氧化硫
TCE	Ton of Coal Equivalent	吨标准煤
TNC	The Nature Conservancy	大自然保护协会
TOD	Transit-Oriented Development	公交导向的发展
TOE	Ton of Oil Equivalent	吨标准油（又称吨油当量）
UHV	Ultra-High Voltage	特高压
UNCED	United Nations Conference on Environment and Development	联合国环境与发展会议
UNCSD	United Nations Commission on Sustainable Development	联合国可持续发展委员会
UNDP	United Nations Development Programme	联合国开发计划署
UNEP	United Nations Environment Programme	联合国环境规划署
UNFCCC	United Nations Framework Convention on Climate Change	联合国气候变化框架公约

续表

缩写	英文全称	中文全称
USEPA	United States Environmental Protection Agency	美国联邦环境保护局
VC	Venture Capital	风险投资
VOC	Volatile Organic Compound	挥发性有机化合物
WB	World Bank	世界银行
WCED	World Commission on Environment and Development (Brundtland Commission)	世界环境与发展委员会（又称布伦特兰委员会）
WEF	World Economic Forum	世界经济论坛
WMO	World Meteorological Organization	世界气象组织
WRI	World Resources Institute	世界资源研究所
WTO	World Trade Organization	世界贸易组织（简称世贸组织）
WWF	World Wide Fund for Nature	世界自然基金会

报 告 摘 要*

    2020 年 9 月 22 日，习近平主席在第七十五届联合国大会一般性辩论上宣布"中国将提高国家自主贡献力度，采取更加有力的政策和措施，二氧化碳排放力争于 2030 年前达到峰值，努力争取 2060 年前实现碳中和"①。12月 12 日，习近平主席在气候雄心峰会上进一步宣布了提高中国国家自主贡献（NDCs）的一系列新举措。这充分展示了我国作为负责任大国的担当，是党中央统筹国际国内两个大局做出的重大战略决策，为推动国内经济高质量发展和生态文明建设提供了有力抓手，也为国际社会应对气候变化和全面有效落实《巴黎协定》注入了强大动力，更为疫情后全球实现绿色复苏和共建地球生命共同体增添了新的动能，得到了国际社会的高度赞誉。

    碳中和目标将为我国加快发展方式转变和经济结构调整提供战略导向，全面加速绿色创新，但这一目标非常具有挑战性，其带来的深刻影响也将超越我们的想象。达到净零排放需要一种完全不同于迄今所采用的发展模式和思维方式，需要系统的顶层设计以及科学制定长期规划，并将短中长期目标有机结合，识别关键部门、行业和地区的转型路径和优先事项，有序推进系统分类转型和投资未来竞争力，同时加强法治、行政、经济等多重政策制度和体制机制改革，促进国际国内政策的协调，为全面推进绿色低碳转型、实现具有韧性和可持续的高质量发展、保障总体国家安全并引领全球气候治理体系变革，奠定坚实的基础。

---

* 报告摘要由王毅、顾佰和执笔，作者单位为中国科学院科技战略咨询研究院。
① 习近平在第七十五届联合国大会一般性辩论上发表重要讲话 . http://www.xinhuanet.com/politics/leaders/ 2020-09/22/c_1126527647.htm［2020-11-12］.

一、绿色低碳转型是我国实现高质量发展的必由之路

（一）绿色低碳转型已成为世界各国共同的努力方向

2020 年，一场席卷全球的新冠肺炎疫情给全球经济社会带来巨大冲击，当前疫情的演变仍存在多重不确定性。疫情首次让人们认识到非传统安全对于传统安全以及经济社会秩序可能产生的严重破坏，使人们开始反思社会经济系统与自然生态系统的关系。新冠肺炎疫情是当前全球公共健康的一次危机，气候变化则是人类面临的更长期、更深层次的危机（解振华，2020）。世界经济论坛发布的《2020 年全球风险报告》显示，未来 10 年全球前五大风险全部与气候变化相关（WEF，2020a）。世界经济论坛的另一份报告《自然风险上升》则指出，全球经济约一半国内生产总值（GDP）依赖于自然及其服务（WEF，2020b）。近期发生的澳大利亚森林大火、东非蝗灾、加勒比海飓风等事件也都凸显了气候变化带来的现实威胁。根据 2018 年政府间气候变化专门委员会（IPCC）发布的 1.5℃温升特别报告，全球需要在 2050 年左右实现人为 CO_2 净零排放以实现 1.5℃目标（IPCC，2018）。然而，2019 年全球平均气温已比工业化前升高 1.1℃（WMO，2020），许多科学家对实现 1.5℃目标持悲观态度。因此，保护自然和应对气候变化，已经成为人类共同面临的刻不容缓的优先任务。

截止到 2020 年底，全球已经有 71 个国家提交了更新的 NDCs 目标，28 个缔约方提交了长期低排放战略（Climate Watch，2020），共有 126 个缔约方已经或准备提出碳中和（或净零排放）目标。[①] 欧盟于 2019 年 12 月率先在全球提出 2050 年实现碳中和目标并发布《欧洲绿色新政》，计划未来十年投资 1 万亿欧元和发行 7500 亿欧元的共同债务，用于绿色发展和数字

---

① 具体内容详见第一章。

转型。英国、法国和德国等也纷纷通过气候与能源相关立法，强化其2030年减排目标和2050年碳中和目标，并提出千亿欧元规模的资金支持计划，促进气候转型和绿色复苏。美国拜登政府上台，宣布重回《巴黎协定》，把气候变化作为施政的基础性纲领，将气候安全作为总体国家安全的一部分，并有望提出到2050年实现全经济领域净零排放目标。

全球能源和产业结构转型进程也在不断加速。随着应对气候变化的国际努力及能源低碳化愈发成为共识，越来越多的国家积极出台政策措施来推动可再生能源产业的发展，绿色经济和零碳社会建设前景可期。国际能源署发布的《2020年世界能源展望》报告显示，在全球能源需求整体下滑的背景下，可再生能源开发利用表现出了更大弹性，预计2020—2030年，可再生能源电力需求将增长2/3，约占全球电力需求增量的80%（IEA，2020）。应对气候变化已不仅仅是减排问题，而是涉及未来发展、安全、竞争优势和影响地缘政治经济格局的重大战略选项，是有效保障国家权益与合作提供全球公共产品的道义制高点。

（二）碳中和是我国高质量转型发展的新愿景

十九大报告指出，我国经济已由高速增长阶段转向高质量发展阶段，高质量发展需要贯彻"创新、协调、绿色、开放、共享"的新发展理念，绿色低碳发展不仅是衡量高质量发展成效的重要标尺，也是促进高质量发展的有效手段。实际上，实现中长期深度减排，不仅有助于减缓气候变化，更能带来经济、社会、环境等多重收益。在可预见的技术经济条件下，为实现碳中和愿景，转变发展方式和低碳结构性变革是核心，减少碳排放是关键，增加自然生态系统碳汇是重要补充。

实现碳中和愿景目标虽然将给部分领域带来成本增加，例如新能源体系建设、充电桩等基础设施投资、老旧小区改造、工业节能技术升级等，但同时也可能使未来燃料费用降低、运维费用减少，并催生新产业、新动能、新模式，推动经济社会繁荣韧性可持续发展。根据世界资源研究所的研究，相比现有政策情景，强化行动路径将可以在 2021 年之后持续实现正向的净效益，2050 年将产生高达年度 6.5 万亿元（2018 年不变价）的全社会收益（世界资源研究所，2020）。另根据国际可再生能源机构发布的报告，到 2050 年，全面、长期能源转型的额外成本每年将达到 1.7 万亿美元。然而，减少空气污染、改善健康和减轻环境破坏的效益将远远超过这些成本（IRENA，2018）。2010—2019 年，中国可再生能源领域的投资额达到 8180 亿美元，成为全球最大的太阳能光伏和光热市场。2020 年，中国可再生能源领域的就业人数超过 400 万，占全球这一领域就业总人数的近 40%（IRENA，2020a）。我国在实现碳中和目标的过程中，将进一步扩大绿色经济领域的就业机会，包括电池生产、可再生能源、建筑（如既有建筑改造）、相关服务（如共享出行），以及数字化等领域。

碳中和愿景目标将有助于提升我国能源安全。2019 年我国石油对外依存度为 72.6%，天然气对外依存度为 42.1%，煤炭进口量也占到全球煤炭进口总量的 21%。对进口化石燃料的严重依赖削弱了我国的能源安全。碳中和目标的实现有赖于高比例可再生能源系统的构建、替代和支撑，将有效减少对进口化石燃料的依赖，并产生集中与分散相结合的多元化能源供应网络，从而提升国家能源安全总体水平。

深度低碳零碳转型还将有利于推动产业升级和技术创新。中国已成为新兴的全球绿色经济技术的领导者和提供者，并正在逐步成为 5G 技术和人工智能领域的领先国家。这些技术在全球范围内的需求旺盛，将为绿色经济提供有力支撑。如果合理布局，这条新的增长路径将加快上述产业及其他新兴产业的创新和发展，有助于巩固中国作为 21 世纪科技领域国际领先者的地位，有助于撬动国内良性产业转型并提高长期的经济竞争力（能源基金会，2020）。

二、我国实现碳中和目标的机遇、挑战和不确定性

（一）挑战和机遇并存

我国当前人均 GDP 突破 1 万美元，经济社会正处于中高速增长阶段，在此背景下提出碳排放 10 年内达峰，之后迅速与经济增长脱钩，并在 30 年内实现碳中和，这是一条以往任何一个国家不曾走过的道路。与欧美相比，我国实现碳中和目标必将付出更多努力。作为成熟经济体，英、法等欧洲国家大致在 20 世纪八九十年代就已实现碳达峰，达峰之后经历漫长平台期开始缓慢下降。欧盟承诺的碳中和时间与达峰时间的距离是 50—70 年。我国从碳达峰到碳中和的时间只有 30 年，这意味着达峰之后平台期缓冲时间有限，这是作为一个发展中经济体的最大挑战。[①] 实际上，无论发达国家还是发展中国家，其减排道路存在一致性，但中国的缓冲期大幅缩短，这对经济结构转型、技术创新、资金投入，以及消费方式转变等都提出了更高的要求。

与此同时，我国作为最大的发展中国家，发展不平衡不协调不充分的问题仍然突出，现行减排体系还存在诸多短板弱项，气候投融资体系亦尚处于发展阶段，要实现 2030 年达峰目标与 2060 年碳中和愿景，在减排体系建设和产业链绿色化转型方面必须有重大突破。目前，在新一轮技术革命和能源革命浪潮下，产业链、供应链、利益链面临绿色重构，我国在能效、储能、消纳、负排放等许多关键低碳技术和软实力方面还存在很多短板和缺项，企业创新能力和创新动力不足，科研机构成果转化面临障碍（中国科学院可持续发展战略研究组，2012）。以我为主，重塑全球产业链和构建绿色价值链，在新一轮国际竞争中占据制高点面临诸多困难（中国环境与发展国际合作委员会"全球绿色价值链专题政策研究组"，2016）。绿色技术和产业转型不足将严重限制我国提高自然资源使用效率，深层次解决产业结构和能源结构固

---

① 具体内容详见第十二章。

化所带来的环境污染和生态破坏问题的能力。从某种程度来讲，中国仍需要走一条中国特色的低碳道路（中国科学院可持续发展战略研究组，2009）。

2020 年 10 月 29 日，中国共产党第十九届中央委员会第五次全体会议审议通过了《中共中央关于制定国民经济和社会发展第十四个五年规划和二○三五年远景目标的建议》，提出要"坚定不移贯彻创新、协调、绿色、开放、共享的新发展理念，坚持稳中求进工作总基调，以推动高质量发展为主题，以深化供给侧结构性改革为主线，以改革创新为根本动力，以满足人民日益增长的美好生活需要为根本目的"，强调"广泛形成绿色生产生活方式，碳排放达峰后稳中有降，生态环境根本好转，美丽中国建设目标基本实现"。[①] 推动经济社会发展全面绿色转型，将发展与绿色低碳、生态保护在新的发展阶段、新的历史起点上有机统一起来。经济发展方式的转变将从根本上支撑碳达峰目标和碳中和愿景实现。

从技术方面来看，当前全球正处在新一轮技术革命和能源革命浪潮，全球化也面临着重组过程。太阳能、风能以及储能等单一技术的成本持续、快速下降。国际可再生能源机构数据显示，自 2010 年以来，太阳能光伏（PV）发电、聚光太阳能热发电（CSP）、陆上风电和海上风电的成本分别下降了82%、47%、39% 和 29%。2019 年，在所有新近投产的并网大规模可再生能源发电容量中，有 56% 的成本都低于最便宜的化石燃料发电（IRENA，2020b）。从中远期看，低碳技术的成本将会进一步大幅下降。与此同时，数字技术与经济社会深度融合也为绿色低碳增长提供了新的场景。在全球经济艰难复苏和深度调整的大背景下，各国都在倡导和追求绿色经济复苏（中国科学院科技战略咨询研究院"绿色复苏"课题组，2020）。随着数字、信息以及人工智能等高科技领域的飞速发展，与之匹配的能源技术和系统必然要淘汰传统的化石燃料，迅速转向更清洁、更安全、更经济的可再生能源。

---

① 中共中央关于制定国民经济和社会发展第十四个五年规划和二○三五年远景目标的建议 . http：//www.gov.cn/zhengce/2020-11/03/content_5556991.htm［2020-11-12］.

我国独特的制度和市场优势，也将为深度减排提供强有力的外部保障。碳中和目标是在当前国际局势复杂多变、国内经济社会深度转型的背景下做出的深远谋划，但其路径选择具有一定的不确定性，面临着巨大的难度，仅靠市场的单一力量几乎难以实现目标，而我国社会主义制度的优势刚好可以在其中发挥重要的作用。这一方面需要我们集中优势资源，在产业转型升级、技术研发应用、资金保障方面给予支持；另一方面需要促进各方达成共识，为市场和企业释放明确稳定的中长期政策信号。同时，我国正在建立全球最大的碳市场，市场机制的不断完善，也将为走向碳中和提供助力。制度优势、庞大的市场、全民积极参与将会为碳中和目标的实现提供强有力的支持和保障（李俊峰，2020）。

（二）管理转型风险和不确定性

如上所述，我国的绿色低碳转型存在不少风险和不确定性。虽然碳中和的方向是明确的，但转型的具体路径和系统解决方案仍不清晰。在现有制度和能力条件下，无论是高比例可再生能源系统的构建、电网的改革与安全稳定运行、系统转型成本的降低、技术的选择与颠覆性创新，还是政策制度的制定与落实、碳市场的有效运作、跨越平台期的转型波动及多样选择试错，都极富挑战性且有待实践检验，都需要一个探索、调整、适应和过渡的过程。实现安全、稳定、均衡和包容的转型，需要我们在长期战略框架下，提出明确的短中期目标指标、优先事项、差别化分类转型步骤、时间表及配套措施（特别是有序退煤、清洁能源汽车占比等阶段性结构指标），需要更完善的治理结构和执行力保证，争取更大共识，促进协同增效，降低转型风险和成本。

我们必须注意的是，绿色议题本身就一直充满争议。随着以中国为首的新兴经济体的崛起，全球各类资源资本的重新配置及冲突是难以避免的，处理好绿色崛起和绿色转型是新兴大国的必修课（王毅，2011）。在当前百年未有之大变局下，国际政治经济形势更趋复杂，这将给全球应对气候变化及绿色进程带来诸多不确定性。逆全球化、民粹主义、单边主义、保护主义和价值观的发展演变，叠加以信息化和人工智能为代表的新技术革命潮流的影响，以及地缘政治变动和世界非传统安全的威胁，都会对气候变化国际合作产生深刻影响。深度低碳转型将引起全球发展观念、发展模式、发展路径和社会文明形态的根本性变革，重塑世界范围内的政治、经济、贸易、科技竞争格局。碳排放空间越来越成为全球性紧缺资源和生产要素，将引发全球碳价机制和经济贸易规则的变革，影响各国间的相对竞争力和长期竞争优势。

当前，借气候问题构建绿色壁垒的声音在持续增强，主张采用碳关税提高贸易壁垒的保护主义趋势在扩大，欧盟已明确将从 2021 年开始建立"碳边境调整机制"。全球气候治理中，各利益相关方能力和诉求的变化，也将引发世界范围内各利益集团的分化和重组，挑战"共同但有区别的责任"和公平性原则，影响国家间博弈均衡及地缘政治的稳定。我们有可能面临"竞争大于合作"的国际局面。

在后新冠肺炎疫情的复杂情况下，各国所采用的经济复苏手段大多是短期的、传统的和以解决国内紧迫问题为主，从而降低了应对气候变化政策和行动的优先序。在目前世界发展新旧秩序转化的不确定时期，全球治理危机和缺少有效的合作机制保障，有可能导致更大规模更深层次的冲突，包括世界经济体系的结构性危机。国际局势的紧张可能使得全球携手应对环境和气候危机的努力被极大削弱，中国应尽早准备应对复杂局面。无论如何，坚持多边主义、促进多元化国际合作、创新全球气候治理体制和不断提高其效率，依然是解决全球性问题的不二选择。

三、碳中和导向下的全面绿色低碳转型目标、路径与政策

（一）总体思路与战略目标

将碳达峰、碳中和目标纳入社会主义现代化强国建设总体战略和目

标。做好新时期应对气候变化、全面绿色转型和零碳社会建设的顶层设计，遵循系统设计、目标导向、分类实施、优化调整、循序渐进的原则，构建短中长期协调一致的战略和规划，提出 2030 年、2035 年、2050 年碳减排总量与绿色转型发展目标，并与各类专项规划、不同部门和地区的中长期发展规划相融合，为渐进强化碳排放控制目标、行动和政策提供稳定、连贯、不断强化的制度保障与行动指引。谋划经济社会全面绿色低碳转型的路径，明确时间表、路线图和优先序，做好产业、能源、交通、用地（国土空间）结构转型的阶段性安排，实现技术、资金、消费、贸易和管理的全方位绿色转型，完善绿色低碳转型发展的治理体系，处理好发展与保护、理论与实践、整体与局部、中央与地方、中国与世界的关系（图 0.1）。"十四五"期间，碳排放增长应进入峰值平台期，部分东部发达省市、西南可再生能源禀赋好的省市，以及电力、钢铁、水泥等高碳行业应率先实现达峰。在一次能源消费结构方面，煤炭占比降到 50% 左右，非化石能源消费占比超过 20%。2025—2030 年，推动碳排放尽早达峰，非化石能源占一次能源消费比重达到 25%。2030—2035 年，一次能源消费中化石能源消费总量进入平台期，能源结构持续优化，整体能源结构呈现煤炭、油气、非化石能源三分天下的格局。全国所有省市碳排放均实现达峰，交通、建筑等部门碳排放也相继达峰。2035—2050 年，构建形成以可再生能源为主的能源生产和消费体系，争取实现 CO_2 近零排放，初步形成零碳社会。2050—2060 年，通过碳汇、负排放技术（NETs）、非 CO_2 排放控制等措施，争取向全温室气体排放中和迈进，并努力促进全球在 2070 年前后实现碳中和。[1]

---

[1] 具体内容详见第一章。

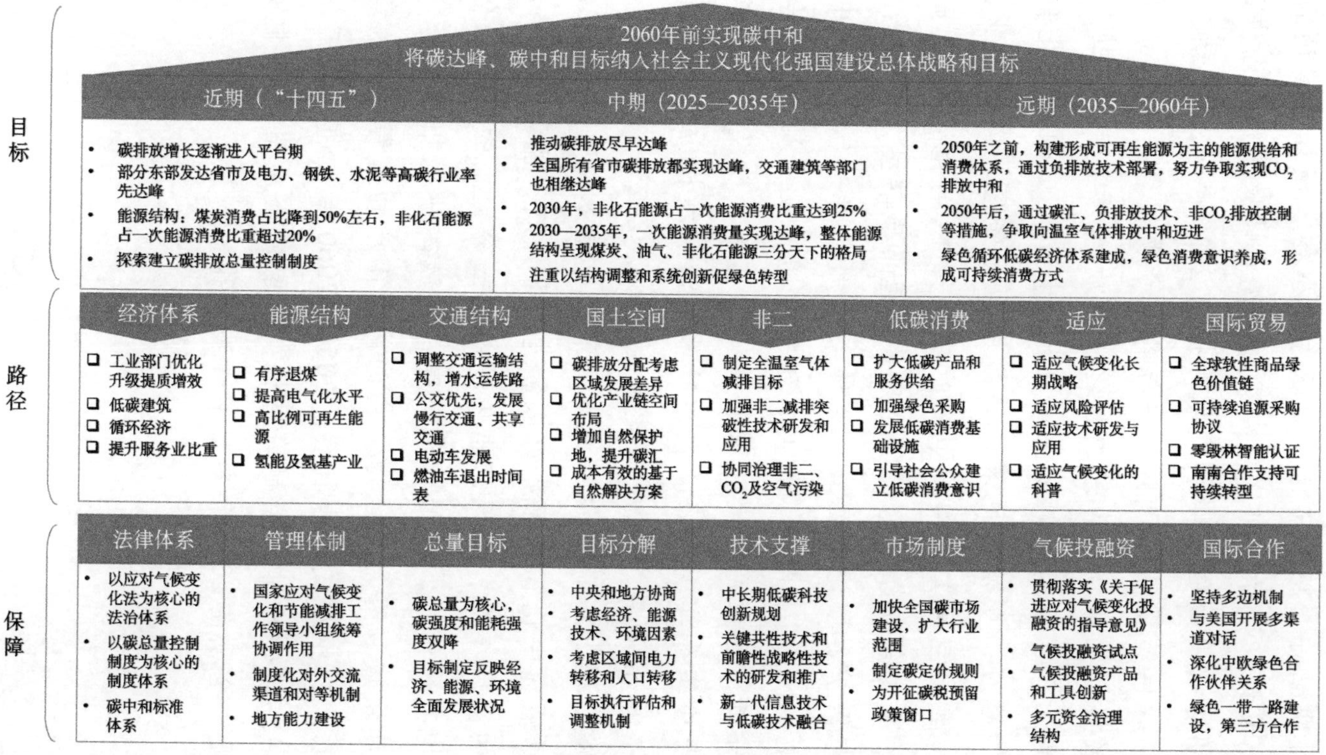
2060年前实现碳中和
将碳达峰、碳中和目标纳入社会主义现代化强国建设总体战略和目标
目标
近期（“十四五”）
碳排放增长逐渐进入平台期
部分东部发达省市及电力、钢铁、水泥等高碳行业率先达峰
能源结构：煤炭消费占比降到50%左右，非化石能源占一次能源消费比重超过20%
探索建立碳排放总量控制制度
中期（2025—2035年）
推动碳排放尽早达峰
全国所有省市碳排放都实现达峰，交通建筑等部门也相继达峰
2030年，非化石能源占一次能源消费比重达到25%
2030—2035年，一次能源消费量实现达峰，整体能源结构呈现煤炭、油气、非化石能源三分天下的格局
注重以结构调整和系统创新促绿色转型
远期（2035—2060年）
2050年之前，构建形成可再生能源为主的能源供给和消费体系，通过负排放技术部署，努力争取实现CO_2排放中和
2050年后，通过碳汇、负排放技术、非CO_2排放控制等措施，争取向温室气体排放中和迈进
绿色循环低碳经济体系建成，绿色消费意识养成，形成可持续消费方式
路径
经济体系
工业部门优化升级提质增效
低碳建筑
循环经济
提升服务业比重
能源结构
有序退煤
提高电气化水平
高比例可再生能源
氢能及氢基产业
交通结构
调整交通运输结构，增水运铁路
公交优先，发展慢行交通、共享交通
电动车发展
燃油车退出时间表
国土空间
碳排放分配考虑区域发展差异
优化产业链空间布局
增加自然保护地，提升碳汇
成本有效的基于自然解决方案
非二
制定全温室气体减排目标
加强非二减排突破性技术研发和应用
协同治理非二、CO_2及空气污染
低碳消费
扩大低碳产品和服务供给
加强绿色采购
发展低碳消费基础设施
引导社会公众建立低碳消费意识
适应
适应气候变化长期战略
适应风险评估
适应技术研发与应用
适应气候变化的科普
国际贸易
全球软性商品绿色价值链
可持续追源采购协议
零毁林智能认证
南南合作支持可持续转型
保障
法律体系
以应对气候变化法为核心的法治体系
以碳总量控制制度为核心的制度体系
碳中和标准体系
管理体制
国家应对气候变化和节能减排工作领导小组统筹协调作用
制度化对外交流渠道和对等机制
地方能力建设
总量目标
碳总量为核心，碳强度和能耗强度双降
目标制定反映经济、能源、环境全面发展状况
目标分解
中央和地方协商
考虑经济、能源技术、环境因素
考虑区域间电力转移和人口转移
目标执行评估和调整机制
技术支撑
中长期低碳科技创新规划
关键共性技术和前瞻性战略性技术的研发和推广
新一代信息技术与低碳技术融合
市场制度
加快全国碳市场建设，扩大行业范围
制定碳定价规则
为开征碳税预留政策窗口
气候投融资
贯彻落实《关于促进应对气候变化投融资的指导意见》
气候投融资试点
气候投融资产品和工具创新
多元资金治理结构
国际合作
坚持多边机制
与美国开展多渠道对话
深化中欧绿色合作伙伴关系
绿色一带一路建设，第三方合作

图 0.1　我国实现碳中和愿景的目标、路径和保障

（二）有序实现稳健、安全、韧性、包容的绿色低碳转型和全方位结构性变革

1. 构建绿色低碳循环发展的经济体系

构建绿色低碳循环发展的经济体系是建设现代化经济体系的重要组成部分。党的十八大报告把"绿色发展、循环发展、低碳发展"作为实现生态文明建设的重要途径，这构成未来经济发展方式的基本转型方向。只有通过绿色低碳循环发展，更加注重降低消耗、减少污染、修复生态，更加注重发展的质量和效益，使经济社会发展与人口、资源、环境相协调，才能促进经济社会可持续的高质量发展。要将绿色低碳循环发展作为现代化建设的重要引领，贯穿到经济社会发展的各方面和全过程，加快形成节约资源和保护环境的空间格局、产业结构、生产方式和生活方式。

推动工业部门优化升级，严控高耗能、高污染行业扩张，促进工业低碳技术研发和推广应用，推动制造业向低碳、脱碳纵深发展，推动结构优化升级和产业现代化，发展智能制造与工业互联网。推动我国制造业在全球价值链的高端跃升，并推动增加服务业的出口比重。建设低碳基础设施，避免高碳锁定。合理控制建筑规模，实现基于电气化、智能化、光伏一体化、柔性用电系统的建筑能源系统变革，充分利用各类余热资源与生物质能源，大力建设低碳零碳建筑和推行绿色简约的行为模式。发展循环经济，提高资源利用效率和综合利用水平。坚持生产者责任延伸制度，在企业实行清洁生产，在园区发展绿色低碳循环的产业体系，推动建设无废城市，基于最终处置方式优化社区生活垃圾分类回收制度，并通过合理价格形成机制，完善废弃物回收利用的商业模式，通过资源的减量化、再利用和资源化，提高全社会资源产出率，努力实现资源节约型、环境友好型社会。[①]

---

① 具体内容详见第三章。

2. 构建清洁低碳、安全高效的现代能源体系

能源结构低碳化是实现碳中和的关键路径，同时也有利于构建我国长期能源安全体系，向零碳能源社会迈进。为实现 2060 年碳中和目标，我国一次能源消费中的化石能源峰值将出现在 2035 年前后，其中煤炭比例到 2030 年需要降至 45% 以下，2050 年进一步降至 10% 以下；非化石能源比例到 2030 年升至 25% 左右，2050 年大幅提升至 75%—85%。要制定煤炭有序退出的路线图，采取更加有力的措施，控制化石能源消费特别是严格控制煤炭消费。在"十四五"期间，要加大力度优化煤炭利用结构，大幅提高利用效率，严控煤电、煤化工产业发展，防止未来煤炭资产可能的长期碳锁定效应和搁浅成本的产生。[①]大幅提升终端用能电气化水平，以电气化、高效化、智能化为导向推动工业、建筑、交通部门的能源消费方式升级。探索构建高比例可再生能源供应体系的技术路径和系统解决方案，加快推动消纳、储能、智能电网、智慧能源、分布式能源系统的技术研发与应用，建立健全可再生能源电力消纳、可再生能源用地政策等保障机制，积极探索"可再生能源+"的生产和消费模式，与扶贫开发、农业生产、生态修复、绿氢制造等有机结合，为高比例可再生能源体系的部署落地提供支持。支持氢能开发利用和氢基产业及其基础设施的发展。

3. 打造智能共享绿色低碳的交通基础设施和运输体系

坚持把调整交通运输结构作为交通运输低碳发展的主攻方向，建设以低碳排放为特征的现代综合交通体系，充分发挥各种运输方式的比较优势并提高其组合效率，加快发展水运、铁路等更为绿色的运输方式，实现结构减排效应的最大化。坚持把倡导绿色交通消费理念、完善绿色出行体系作为交通运输低碳发展的重大战略选择。深入实施城市公交优先发展战略，

---

① 具体内容详见第四章。

加快建设方便、快捷的城市轨道交通体系，大力发展自行车、步行等慢行交通，加快推广网约车、共享单车、汽车租赁等共享交通模式，从源头上尽可能降低无效需求，促进交通运输系统减排。加快推进新能源汽车的电动化、智能化和共享化应用，继续大力支持电动车发展，探索充电换电、加氢换氢不同路线的商业模式。积极推动无人驾驶技术在城市普通公交、消防车、物流车、出租车、智慧高速、景区无人运营服务等不同类型车辆上的应用。支持有条件的地方建立燃油汽车禁行区试点，在取得成功的基础上，统筹研究制定燃油汽车退出时间表。[①]

4. 在国土空间治理与区域经济布局中考虑碳中和需求

我国幅员辽阔，区域间经济发展方式、经济结构、社会发展水平、自然资源禀赋和技术水平等方面都存在着显著的差异，这对不同区域的碳减排路径的设计提出了不同的要求；而要实现碳中和愿景则更需要空间上的合理布局和统筹安排，绝非每一个地理单元都单独设计碳中和路线。在碳排放总量分解落实方面，国家应关注对碳达峰产生重要影响的重大工程项目的评估及重要能源输出省份的特殊地位，做好空间规划和优化能源生产及利用的布局。对于能源需求较多、环境风险较大的传统制造业，应优化产业链、供应链空间布局，推动其向具有资源能源优势及环境承载力的地区转移，特别是清洁能源和可再生能源丰富的地区。此外，要认识到基于自然的解决方案（NbS）将对碳中和目标的实现发挥重要的补充作用。逐步增加自然保护地面积和加强自然修复，提高森林、草原、湿地、农业用地的储碳能力，并有意识地利用 NbS 同时解决应对气候变化、支持可持续发展、保护生物多样性、减灾防灾、扶贫减困等问题，发挥多领域的协同效应。[②]

---

① 具体内容详见第五章和第六章。
② 具体内容详见第七章。

5. 面向温室气体净零排放，推进非 CO_2 温室气体减排

我国已经做出 2030 年和 2060 年的中长期减排承诺，但目前的承诺中并没有说明是否将非 CO_2 温室气体纳入。2014 年，非 CO_2 温室气体排放占我国温室气体排放总量的 16% 左右，未来随着能源领域深度减排目标的实现，非 CO_2 温室气体排放占比将呈上升趋势，其深度减排的边际成本也呈陡峭上升的趋势（Teng et al.，2019），而当前还少有针对非 CO_2 温室气体减排的成本有效的解决方案。因此，应针对具体来源的非 CO_2 温室气体和短寿命气候污染物（SLCPs）的减排指标进行评估，制定涵盖所有经济部门的温室气体减排整体目标，并适时纳入我国碳中和愿景，这将有助于我国更好地响应《巴黎协定》附件 4 的倡议——鼓励发展中国家"根据不同的国情，逐渐转向全经济范围减排或限排目标"（UNFCCC，2015）。我国应加强非 CO_2 温室气体减排的突破性技术研发和应用，并提供足够的资金支持，将非 CO_2 温室气体减排同 CO_2 减排、有序退煤、消耗臭氧层物质（ODS）替代、提高制冷效率、空气污染治理等相结合。

6. 引导绿色低碳的消费模式和生活方式，构建低碳零碳社会

出台鼓励绿色低碳产品的消费政策与定价机制，扩大绿色低碳产品和服务的供给，推行低碳零碳产品认证标识，降低绿色低碳产品的认证成本，提高绿色低碳产品在市场中的识别度和占有率，引导绿色消费时尚。加强绿色采购，创建节约型机关、低碳学校、低碳社区、低碳医院等。科学规划城市建设，促进城市混合用地，缩短出行距离，发展低碳化的公共休闲娱乐设施和文化消费基础设施，大力发展城市公共交通，为低碳出行提供便利。引导社会公众建立勤俭节约的消费观念和文明简朴的生活方式，促进低碳社会建设。加强舆论引导和信息传播，提高公众对气候变化的认识，鼓励公众和社会基层团体的广泛参与和积极行动。

7. 完善我国适应气候变化的治理体系

未来应对气候风险需要适应能力的现代化,适应在未来气候工作中与减缓同等重要,绝不能只重减缓不顾适应。要从防范化解重大气候风险,维护总体国家安全的战略高度来部署未来适应气候变化战略,明确适应工作重点领域,布局适应重大工程建设,提前谋划面向 2030 年和 2060 年的适应工作。加快解决重大气候科学问题,做好全领域气候风险近中远期评估,降低不确定性。进一步细化适应政策领域和责任部门。厘清和构建分区域、分领域、分行业的适应技术体系,增强适应技术研发及其领域可用性、区域适用性。探索人工智能、5G、空天一体化、新型材料等高新技术在气候适应治理中的应用。调研和识别国内适应气候变化技术的供需缺口,提供解决适应问题的最佳实践。强化适应气候变化的公众参与,加快适应气候变化多渠道科学普及和知识平台建设,为科学团体、企业、非政府组织(NGO)和普通公众提供专业的气候科学信息。[①]

8. 走向可持续国际贸易,推动构建全球软性商品绿色价值链

以大宗农林产品贸易为优先领域,推动构建全球绿色供应链、产业链、价值链,促进权利义务的合理配置。在多边贸易谈判中推动全球绿色价值链,同时将全球价值链的绿色化融入双边贸易协定中。中国应与重点合作伙伴签订有关大宗商品的可持续追溯采购协议,如与巴西、阿根廷和巴拉圭的大豆和牛肉协定,与印尼和马来西亚的棕榈油协定(中国环境与发展国际合作委员会"全球气候治理与中国贡献专题政策研究组",2019)。推动制定成本有效的国际标准,建立非毁林产品的智能认证体系,支持全球贸易商和生活消费品企业采取减少毁林的贸易行为,并鼓励将零毁林纳入出口国的 NDCs 目标,通过双多边机制的协同增效,交流和分享绿色价值

---

① 具体内容详见第八章。

链理念和实践经验，研究建立商品贸易可追溯体系和相关尽职调查标准。将全球价值链绿色化作为绿色"一带一路"建设的优先领域，鼓励中国企业及由中国运营的跨国公司参与全球价值链的绿色化进程。促进公正转型，通过南南合作支持相关国家可持续生产方式转型。

（三）制度和政策保障：将实现碳中和纳入法治轨道

1. 建立健全以应对气候变化法为统领的法律法规体系

应尽快启动应对气候变化专门立法进程，将制定"应对气候变化与碳中和法"列入当前立法计划及"十四届全国人大常委会立法规划"。特别是在美国难以通过气候变化相关法律的背景下，推动我国气候立法将有利于我在国际气候谈判中获得主动权和提升负责任大国的形象。应对气候变化法应当构建以碳排放或温室气体排放总量控制制度为核心，以碳排放许可、碳排放空间配置、碳排放权交易、碳排放测量报告核查等配套制度为支撑，兼及清洁发展与绿色低碳转型等灵活执行机制的法律制度体系，促进实现碳中和与建设零碳社会。

在此基础上，考虑到实现碳中和目标的综合性和复杂性，应以调整优化能源结构为导向，统筹制修订"能源法""电力法""煤炭法""可再生能源法""节约能源法""土地管理法"等相关法律；以促进资源循环高效利用为导向，统筹修改"循环经济促进法"和"清洁生产促进法"；以构建国家公园为主体的自然保护地体系、适应气候变化为导向，统筹"自然保护地法""国家公园法""湿地保护法""自然保护区条例"等的制修订，为我国全面绿色低碳转型提供 NbS 之相关法律保障。各部门各地方也应该在上述法律框架下，制定相关行政法规和地方性法规，为碳市场、绿色低碳转型、清洁发展等的正常运行提供制度保障。此外，要构建围绕高质量发展和碳中和目标的渐进强化标准体系，根据实现碳中和的时间节点，设计基于高质量发展要求、产品使用周期及全生命周期影响的新型绿色低碳标准，成本有效地延长产品服务周期和提高服务质量，包括行业、技术、产品、气候投融资等标准，为实现碳达峰与碳中和提供技术规范与引领。

2. 完善应对气候变化的宏观协调管理机制

应发挥好国家应对气候变化和节能减排工作领导小组的作用，完善办公室设置和协调程序，推动领导小组工作的制度化和常态化，加强统筹协调，进一步完善相关部门的职责和工作程序，确保应对气候变化工作得到中央各职能部门的重视和落实，形成更广泛的共识及协调合作机制。同时，要进一步加强地方应对气候变化和低碳转型的能力建设。鉴于应对气候变化国际合作的重要性，需要健全我国对外谈判的领导机制。考虑到中欧已经达成的应对气候变化、发展循环经济等共识，以及建立的环境与气候高层对话、绿色合作伙伴关系等机制，同时考虑美国拜登政府应对气候变化的官员及机构设置，我国也应加快已有交流渠道的制度化，建立对等领导和协调管理机制，加强各部门的沟通协作，统筹制定相关战略和措施，形成政策合力。

3. 建立碳排放总量控制目标体系及相关制度

与发达国家履约的绝对量碳减排不同，我国的碳总量控制目标要根据我国行政体制，建立自上而下与自下而上相结合并与经济复苏和适度超前发展相适应的目标体系。建议构建以碳排放总量控制目标为核心、碳排放强度和能耗强度双降的目标体系，从而取代现有的能源双控制度。这套目标体系一方面直接面向碳达峰与碳中和目标，另一方面也有利于促进经济结构转型和构建安全高效清洁低碳的现代能源体系，特别是高比例可再生能源体系的构建，同时避免现阶段能源总量硬约束对经济发展的不利影响。在具体目标值确立过程中，应充分借鉴现有能源、环境约束性指标的制定经验和实施办法，碳总量控制目标体系要反映经济、能源、环境全面发展状况，根据潜在的经济环境发展目标指标进行估算，并通过 GDP 发展目标、能耗强度下降目标、非化石能源占能源消费总量比重等目标，确定碳排放总量目标范围。同时，还应进一步完善碳排放统计核算体系及相关制度。[①]

通过中央与地方协商制定和分配碳排放总量控制目标，推动地方和行业形成政策合力。特定区域和行业的总量控制，按照经济发展阶段、结构调整、技术升级、能源替代潜力、空气质量和大气污染总量控制要求等因素的变化，同时要考虑区域间电力调入调出以及人口转移等因素对碳排放转移产生的影响，合理进行空间配置、达峰总量及时间安排。此外，鉴于当前国际国内经济发展的不确定性，"十四五"规划期间应对减排形势进行定期评估，并根据实际情况对碳排放总量指标进行适当调整（中国科学院科技战略咨询研究院课题组，2020）。

4. 部署面向碳中和的低碳技术支撑体系

碳中和远景的实现，最终要落实到低排放和 NETs 在生产生活中的广泛应用。尽快面向碳中和目标需求，启动制定中长期低碳科技创新规划，加快碳中和关键核心技术研发和创新。建立基于全球合作的低碳科技创新体系，推动高能效、资源循环利用、零碳能源、负排放等领域关键共性技术、前沿引领性技术、颠覆性创新技术的研发创新和应用推广（王灿和张雅欣，2020），部署一批具有前瞻性、系统性、战略性的低排放技术研发和创新项目，突破碳中和发展中关键材料、仪器设备、核心工艺、工业控制装置等方面的技术瓶颈，逐步形成全球碳中和发展的新技术、新产品、新业态、新模式的创新中心。

同时要推动新一代信息技术和先进低碳技术的深度融合，全面大幅提

---

① 具体内容详见第一章和第二章。

升能源利用效率，通过碳中和愿景的引领和倒逼，在发展潜力大、带动性强的数字经济、智慧能源、智慧城市等高科技、高效益和低排放领域培育新增长动能，打造若干国际先进的绿色低碳制造业集群。

5. 加快以全国碳市场领衔的市场机制建设

稳步加快全国碳排放权交易体系建设，出台明确的碳定价规则。[①] 统筹碳排放权、用能权、节能量、绿证交易等相关市场机制的改革，避免重复低效和高制度成本，研究将用能权与碳排放权交易合并的方法，优先将可再生能源尽早引入目前以电力行业为主的全国碳排放权交易体系，并逐步纳入水泥、电解铝、钢铁、化工等其他重点排放行业（中国环境与发展国际合作委员会"全球气候治理与中国贡献专题政策研究组"，2019）。促进《巴黎协定》有关碳市场机制的谈判取得成果，探索国家间区域统一碳市场或碳排放权交易的可行性（中国科学院可持续发展战略研究组，2014），通过合理定价，确保环境完整性，防止碳泄漏，促进公平贸易，降低减排成本，提高减排效果。此外在开展碳交易的同时，中国仍有必要为开征碳税预留政策窗口，并择机推动碳税政策落实。

6. 完善气候投融资政策体系

贯彻落实《关于促进应对气候变化投融资的指导意见》，逐步构建气候投融资政策体系。将气候因素纳入现有的绿色投融资体系，从源头上确保气候友好的投融资导向，为引导市场主体开展气候投融资活动和规范金融机构产品创新提供分类标准和政策依据。加大各级政府对绿色低碳转型发展的财政投入和税收优惠，推动构建有利于气候投融资工作的政策环境，尽快启动气候投融资地方试点工作，鼓励开展气候投融资产品和工具创新，开发适用、高效、先进的气候投融资分类标准体系，完善多元资金的治理

---

① 具体内容详见第十一章。

结构，防控绿色债务风险。设立国家碳中和转型基金，优先支持绿色复苏、有序退煤、高耗能产业转型升级、落后困难地区公正转型相关项目。针对企业的环境责任和投资绩效，推进环境、社会和治理（ESG）综合框架，推动企业环境信息披露、长期环境气候计划制定和综合绩效评估，制定相应的投融资准则。①

7. 打好气候变化国际合作牌

坚持在多边框架下开展气候变化国际合作，积极推动《巴黎协定》的全面有效落实。明确气候外交服务总体外交和国家安全与发展的定位，与欧美发达国家、广大发展中国家特别是"一带一路"合作伙伴国家开展广泛多元的合作，共同推动全球气候进程。积极推动中美之间在气候领域的双边一轨半、二轨对话与合作，争取建立制度化的交流渠道和对等机制，并促进省州、城市间应对气候变化务实合作。深化中欧绿色合作伙伴关系，推动中欧气候与环境高层对话及地方政府、智库等多方面对话，推动中欧在绿色复苏上达成共识，将应对气候变化全方位纳入贸易投资、数字化等领域的合作中（中国科学院科技战略咨询研究院"绿色复苏"课题组，2020）。加强绿色"一带一路"建设，制定中国在"一带一路"国家投资项目的应对气候变化指引，限制高碳项目投资，帮助"一带一路"国家经济绿色复苏和实现其NDCs与可持续发展目标，同时与欧美日等在"一带一路"国家开展第三方气候合作（中国环境与发展国际合作委员会"全球气候治理与中国贡献专题政策研究组"，2020）。利用签署《区域全面经济伙伴关系协定》的契机，中国应进一步加强与东盟国家在绿色发展和可持续贸易领域的全面合作。同时，作为《生物多样性公约》第15次缔约方会议（COP15）的主办方，中国应发挥更重要的领导作用，引导推动生物多样性保护、应对气候变化等联合履约，树立我国在环境和气候领域的负责任大

---

① 具体内容详见第九章。

国形象。[①]

参 考 文 献

李俊峰 . 2020. 碳中和 中国发展转型的机遇与挑战 . http：//www.tanpaifang.com/tanzhonghe/2020/1113/75276.html［2020-12-11］.

能源基金会 . 2020. 中国碳中和综合报告 2020. https：//www.efchina.org/Attachments/Report/report-lceg-20201210/SPM_Synthesis-Report-2020-on-Chinas-Carbon-Neutrality_ZH.pdf［2020-12-11］.

世界资源研究所 . 2020. 零碳之路："十四五"开启中国绿色发展新篇章 . https：//www.wri.org.cn/sites/default/files/%E6%9C%80%E7%BB%88%E7%89%88_%E6%84%BF%E6%99%AF2050_0.pdf［2020-12-11］.

王灿，张雅欣 . 2020. 碳中和愿景的实现路径与政策体系 . 中国环境管理，(6)：58-64.

王毅，苏利阳，等 . 2019. 绿色发展改变中国：如何看中国生态文明建设 . 北京：外文出版社 .

王毅 . 2011. 学做大国从"绿色"开始 .《财经》年刊"2012：预测与战略"：290-293.

解振华 . 2020. 打造中欧绿色合作伙伴为全球气候治理做出更大贡献——在中欧绿色复苏研讨会上的开幕致辞 .https：//mp.weixin.qq.com/s/55E_iE5lTWhQIlMQZ6UgOw［2020-10-9］.

中国环境与发展国际合作委员会 . 2016. 中国在全球绿色价值链中的作用 . http：//www.cciced.net/zcyj/yjbg/zcyjbg/2016/201612/P020161214518934310876.pdf［2020-12-11］.

中国环境与发展国际合作委员会 . 2019. 全球气候治理与中国贡献 (2019) . http：//www.cciced.net/zcyj/yjbg/zcyjbg/2019/201908/P020190830107215811332.pdf［2020-6-30］.

中国环境与发展国际合作委员会 . 2020. 全球气候治理与中国贡献 (2020) . http：//www.cciced.net/zcyj/yjbg/zcyjbg/2020/202008/P020200917121982092764.pdf［2020-10-13］.

中国科学院科技战略咨询研究院课题组 . 2020. 中国实现低碳发展的政策保障体系建设 . 北京 .

中国科学院科技战略咨询研究院"绿色复苏"课题组 . 2020. 实现经济的绿色复苏——中欧合作研究报告 . https：//eeas.europa.eu/sites/eeas/files/shi_xian_jing_ji_de_lu_se_fu_su_-zhong_ou_he_zuo_yan_jiu_cn_final.pdf［2020-10-31］.

中国科学院可持续发展战略研究组 . 2009. 2009 中国可持续发展战略报告——探索中国特色的低碳道路 . 北京：科学出版社 .

中国科学院可持续发展战略研究组 .2012.2012 中国可持续发展战略报告——全球视野下的中国可持

---

① 具体内容详见第十章。

续发展 . 北京：科学出版社 .

中国科学院可持续发展战略研究组 . 2014. 2014 中国可持续发展战略报告——创建生态文明的制度体
系 . 北京：科学出版社 .

Climate Watch. 2020 NDC Tracker. https：//www.climatewatchdata.org/2020-ndc-tracker［2020-12-31］.

IEA. 2020. World Energy Outlook 2020. https：//www.iea.org/reports/world-energy-outlook-2020［2020-
11-16］.

IPCC. 2018. Global warming of 1.5℃ . https：//www.ipcc.ch/site/assets/uploads/sites/2/2019/06/SR15_Full_Report_
High_Res.pdf［2020-11-15］.

IRENA. 2018. Global energy transformation：a roadmap to 2050. https：//www.irena.org/-/media/Files/
IRENA/Agency/Publication/2018/Apr/IRENA_Report_GET_2018.pdf［2020-11-16］.

IRENA. 2020a. Renewable energy and jobs–annual review 2020. https：//www.irena.org/publications/2020/
Sep/Renewable-Energy-and-Jobs-Annual-Review-2020［2020-11-20］.

IRENA. 2020b. Renewable power generation costs in 2019. https：//www.irena.org/-/media/Files/IRENA/
Agency/Publication/2020/Jun/IRENA_Power_Generation_Costs_2019.pdf［2020-12-20］.

Teng F，Su X，Wang X. 2019. Can China peak its non-CO_2 GHG emissions before 2030 by implementing
its nationally determined contribution? Environmental Science & Technology，53（21）：12168-
12176.

UNFCCC. 2015. 巴黎协定 . https：//unfccc.int/sites/default/files/chinese_paris_agreement.pdf［2020-11-
12］.

WMO. 2020. WMO statement on the state of the global climate in 2019. https：//library.wmo.int/doc_num.
php?explnum_id=10211［2020-3-13］.

World Economic Forum（WEF）. 2020a. The global risks report 2020. http：//www3.weforum.org/docs/
WEF_Global_Risk_Report_2020.pdf［2020-3-6］.

World Economic Forum（WEF）. 2020b. Nature risk rising. http：//www3.weforum.org/docs/WEF_New_
Nature_Economy_Report_2020.pdf［2020-3-6］.

目　　录

第二部分　方法、影响和比较分

CONTENS

Part One   Exploring Pathways towards Carbon Neutrality

Part Two   Methodology,Impacts and Comparative Analysis

第 一 部 分

探索迈向碳中和之路

第一章　新气候目标导向下的中长期
低碳转型总体思路*

习近平主席在第七十五届联合国大会一般性辩论中明确提出"中国将提高国家自主贡献力度，采取更加有力的政策和措施，二氧化碳排放力争于 2030 年前达到峰值，努力争取 2060 年前实现碳中和"。这一目标的确定进一步向全世界展现了我国为应对全球气候变化做出更大贡献的积极立场和有力行动，顺应了全球疫后实现绿色高质量复苏和低碳转型的新取向。

无论如何，为了实现习近平主席对国际所做的承诺并争取做得更好，中国需要付出艰苦卓绝的努力，要把应对气候变化的近、中、远期目标与经济社会环境目标相融合，建立目标导向和引领机制，明确时间表、路线图和优先序，在各领域有序推进全面绿色转型和绿色低碳循环高质量发展。

一、新气候目标提出的背景

（一）绿色低碳发展已成为未来全球经济社会的重要发展方向

1. 全球碳中和的紧迫性

2019 年，气候紧急状态（climate emergency）一词入选了牛津字典的年度词汇。同年 9 月 23 日，联合国秘书长古特雷斯在气候行动峰会上指出，应对气候紧急状态是为我们的生命而战；2020 年 12 月 12 日，他在纪念《巴黎协定》达成五周年的气候雄心峰会上致辞时，更呼吁每一个国家宣布进入气候紧急状态。有太多的证据表明，目前我们所采取的努力远不能满足《巴黎协定》提出的目标要求，所以联合国秘书长同时宣布，2021 年联合国的核心目标是建立一个真正的全球世纪中叶碳中和联盟

---

* 本章由王毅、顾佰和、盛煜辉执笔。王毅、顾佰和单位为中国科学院科技战略咨询研究院，盛煜辉单位为中国科学院大学。

（Guterres，2020）。

2015 年，在《联合国气候变化框架公约》第 21 次缔约方会议（COP21）上，各缔约方一致通过了《巴黎协定》，该协定为 2020 年后全球应对气候变化行动做出了安排，其长期目标是将全球平均气温较前工业化时期上升幅度控制在 2℃以内，并努力将温度上升幅度限制在 1.5℃以内。联合国环境规划署对 2015 年 10 月 1 日前提交的国家自主贡献（NDCs）目标进行了评估（共 146 个国家，占全球排放大约 90%），发现虽然各国提交的 NDCs 能体现减排决心，但是并不能满足 2℃目标甚至还有很大差距（UNEP，2015）。联合国环境规划署在 2019 年的排放差距报告中指出，如果仅仅兑现《巴黎协定》当前的气候承诺，21 世纪末全球气温仍有可能上升 3.2℃，而如今气温已经升高超过 1.1℃（UNEP，2019）。为了对标《巴黎协定》的温控目标，这就要求各国在 2020 年更新 NDCs 目标时做出更加严格的减排承诺。

自《巴黎协定》提出 2℃温控目标以来，国际减排形势愈发严峻。政府间气候变化专门委员会（IPCC）的 1.5℃的特别报告中也提及，虽然 1.5℃的升温幅度仍会产生气候影响，但与更高幅度的全球变暖水平相比，这一水平产生的破坏力较小（IPCC，2018）。研究认为，要想将全球升温控制在 1.5℃以内，全球必须在 2030 年前将碳排放量迅速降至 250 亿吨 CO_2 当量，而现在面临的挑战在于，根据当前《巴黎协定》的减排承诺，全球截至 2030 年的碳排放量预计为 560 亿吨 CO_2 当量，几乎是目标水平的 2 倍（UNEP，2019）。

2. 国际上的努力

根据 2018 年 IPCC 的全球升温 1.5℃特别报告，全球只有在 2050 年左右实现人为 CO_2 净零排放才能实现 1.5℃温控目标。截至 2020 年 12 月，国际上已经或准备提出碳中和目标的国家有 126 个[①]（Energy and Climate Intelligence Unit，2020），覆盖全球 GDP 的 75%、总人口的 53%、碳排放的 63%。其中，苏里南和不丹已经实现了温室气体净零排放；有 25 个国家以纳入国家法律（或拟议立法）、政策宣示等形式，明确提出了各自的碳中和目标，包括世界前十大排放国的中国、日本、德国、加拿大、英国和韩国；还有 99 个国家以口头承诺的方式提出了碳中和目标，但未给出目标的详细信息。126 个国家中，有 28 个国家的碳中和目标覆盖全部温室气体，有 29 个国家提出了明确的中期目标。

目前，欧洲国家的碳中和及减排承诺总体上领先于世界。在欧盟 27 个成员国中，

---

① 包括美国（已口头承诺了实现碳中和目标）。

除了波兰以外均已经或准备提出碳中和目标，而上述已经正式声明碳中和目标的25个国家中便有11个来自欧盟。2020年9月17日，欧盟委员会宣布，计划提高其温室气体减排目标，从在1990年水平上降低40%提高到至少55%（EC，2020）；12月11日，欧盟27国领导人在布鲁塞尔举行的峰会上，就更高的减排目标达成一致，决定到2030年欧盟温室气体排放要比1990年至少降低55%，到2050年实现碳中和。[①]而且，德国、西班牙等10个欧盟成员国都已明确碳中和的对象为全部温室气体（即温室气体中和，匈牙利尚不明朗），法国、瑞典、匈牙利和丹麦已经对该目标立法。在欧盟这些声明的国家中，瑞典、奥地利和芬兰提出了比2050年更加雄心勃勃的中和年限，分别是2045年、2040年和2035年。值得注意的是，冰岛虽然不是欧盟国家，但它2040年实现温室气体中和的目标也体现出了其减排决心。

英国虽然脱离了欧盟，但是这并没有影响其与欧盟一致的碳中和目标：英国已经对实现2050年温室气体中和的目标立法，并且包含了中期目标（Energy and Climate Intelligence Unit，2020）。日本在2020年10月26日也提出将于2050年实现碳中和目标，但是否包含全部温室气体以及是否包含中期目标尚不明朗。韩国虽然正在对其2050年碳中和目标立法，但包含的温室气体类型以及是否包含中期过渡目标也仍未可知。

在99个以口头承诺方式提出碳中和目标的国家中，除了乌拉圭拟在2030年实现碳中和外，其余各国均计划于2050年达到碳中和。由于各国的相关规划尚在制定中，因此绝大部分国家碳中和目标的温室气体覆盖范围以及中期过渡目标均不明朗。美国总统拜登承诺将气候变化作为施政的基础性纲领，并提出到2050年实现碳中和的目标，但如果美国重回《巴黎协定》，其NDCs可能要到2021年才会出台，进一步的政策行动仍有待观察。而意大利、阿根廷与荷兰虽然尚未正式声明，但是这几个较大的经济体均计划于2050年实现温室气体中和并给出了各自的中期目标（表1.1）。

表 1.1　已明确提出或已达到碳中和目标的国家及其承诺方式

序号	国家或地区	目标年份	承诺方式	是否包含所有温室气体	是否包含中期目标
1	苏里南	—	已实现	是	—
2	不丹	—	已实现	是	—
3	英国	2050	法律	是	是
4	法国	2050	法律	是	是

---

① 欧盟成员国领导人就更高减排目标达成一致 . http：//www. xinhuanet. com/2020-12/12/c_1126852794. htm [2020-12-12] .

续表

序号	国家或地区	目标年份	承诺方式	是否包含所有温室气体	是否包含中期目标
5	瑞典	2045	法律	是	是
6	丹麦	2050	法律	是	是
7	新西兰	2050	法律	否	是
8	匈牙利	2050	法律	尚不明朗	是
9	西班牙	2050	拟议立法	是	是
10	斐济	2050	拟议立法	是	是
11	加拿大	2050	拟议立法	是	是
12	智利	2050	拟议立法	是	尚不明朗
13	韩国	2050	拟议立法	尚不明朗	尚不明朗
14	德国	2050	政策文件	是	是
15	瑞士	2050	政策文件	是	是
16	奥地利	2040	政策文件	是	是
17	挪威	2050	政策文件	是	是
18	爱尔兰	2050	政策文件	是	是
19	南非	2050	政策文件	否	是
20	芬兰	2035	政策文件	是	是
21	葡萄牙	2050	政策文件	是	是
22	哥斯达黎加	2050	政策文件	是	是
23	斯洛文尼亚	2050	政策文件	是	是
24	冰岛	2040	政策文件	是	是
25	马绍尔群岛	2050	政策文件	是	否
26	中国	2060	政策文件	尚不明朗	尚不明朗
27	日本	2050	政策文件	尚不明朗	尚不明朗

注：来源于 Energy and Climate Intelligence Unit 发布的 Net Zero Tracker。数据截止到 2020 年 12 月

3. 我国的承诺

中国一直是全球气候治理和环境保护的强有力拥护者。我国于 2015 年 6 月提交的 NDCs 目标中，有四个指标已经全部达到甚至超过 2020 年的预期，如单位 GDP CO_2 排放量在 2018 年就比 2005 年下降了 45.8%，提前超过了 2020 年计划的减

少 40%—45% 的目标。面对全球提高力度和更新 NDCs 目标的诉求越来越强，作为负责任大国，中国在统筹国际国内两个大局下作出战略决策，习近平主席于第七十五届联合国大会一般性辩论上发表讲话时，做出中国提升减排力度的承诺，即中国 CO_2 排放力争于 2030 年前达到峰值，努力争取 2060 年前实现碳中和。这无疑体现了大国担当和为实现《巴黎协定》确定的目标做出更大贡献的决心，同时也有力地提振了全球应对气候变化的信心。

　　虽然中国宣布的碳中和时间比大多数发达国家承诺的 2050 年实现碳中和晚大概十年，但是应该看到，一般发达国家从碳达峰到碳中和的过渡时间为 50—70 年，而中国只有约 30 年的时间。这就意味着作为一个发展中大国，中国能源结构和发展方式转型、CO_2 等温室气体减排，要比发达国家实现目标的速度和力度大得多。生态环境部气候变化事务特别顾问、清华大学气候变化与可持续发展研究院院长解振华认为：目前我国提出的 2060 年之前实现碳中和的目标，远远超出了《巴黎协定》2℃温控目标下全球 2065—2070 年左右实现碳中和的要求，这将可能使全球实现碳中和的时间提前 5—10年（解振华，2020），此外也对全球气候治理起到关键性的推动作用。

（二）我国提出碳中和目标是生态文明建设的系统延续和深化

1. 我国低碳发展相关政策行动演进

　　2012 年以来，以习近平同志为核心的党中央形成并积极推进"五位一体"的总体布局，大力加强生态文明建设，提出新发展理念和高质量发展，强调生态优先、绿色发展。这一方面是新阶段政府转变执政理念的重要标志，另一方面也是我国可持续发展整体水平不断提高、有能力开展顶层设计和系统推进的综合体现（王毅，2019）。

　　2012 年，党的十八大报告提出生态文明建设，将生态文明建设纳入"五位一体"总体布局，并首次提出"美丽中国"的概念，强调把生态文明建设放在突出地位，融入经济建设、政治建设、文化建设、社会建设各方面和全过程。[①]2013 年以来，党中央、国务院先后出台了《中共中央关于全面深化改革若干重大问题的决定》《中共中央 国务院关于加快推进生态文明建设的意见》《生态文明体制改革总体方案》等重要文件，通过了 40 多项生态文明重要制度，形成了系统化的习近平生态文明思想，成为引领我国生态文明建设的根本遵循。

---

① 胡锦涛在中国共产党第十八次全国代表大会上的报告. http://www. xinhuanet. com//18cpcnc/2012-11/17/c113711665_9.htm［2020-9-11］.

长期以来，中国高度重视气候变化问题，把积极应对气候变化作为国家经济社会发展的重大战略，把绿色低碳循环发展作为生态文明建设的重要内容和实现途径，并采取了一系列具体行动，为全球气候治理做出了重要贡献。2007年，中国政府成立了由国务院总理担任组长的国家应对气候变化及节能减排工作领导小组，同年，发布了《中国应对气候变化国家方案》。2008年，在国家发展和改革委员会下设立了应对气候变化司。2009年，在联合国哥本哈根世界气候大会前夕，全国人民代表大会常务委员会通过了"关于积极应对气候变化的决议"；中国政府公布了控制温室气体排放的行动目标，决定到2020年单位 GDP CO_2 排放量比2005年下降40%—45%。

"十二五"时期，中国应对气候变化工作进入了快车道。《中华人民共和国国民经济和社会发展第十二个五年规划纲要》首次将碳排放强度指标作为约束性指标纳入，形成包括能耗强度、碳排放强度、非化石能源消费占比等在内的应对气候变化目标体系。"十二五"时期还围绕应对气候变化开展了多层面的制度探索，包括能源双控、低碳省市试点、碳交易试点、碳排放强度目标责任制等。同时，根据共同但有区别、公平和各自能力原则，承担相应的国际责任义务，积极推动应对气候变化多边与双边合作，其中2014年11月和2015年9月，中美双方先后在北京和华盛顿联合发布应对气候变化的联合声明，直接推动了《巴黎协定》的达成，为完善全球气候治理体系做出了重要贡献。2015年6月30日，中国政府向《联合国气候变化框架公约》秘书处提交了《强化应对气候变化行动——中国国家自主贡献》，提出到2030年的NDCs行动目标，包括：CO_2 排放量于2030年左右达到峰值并争取尽早达峰，单位 GDP CO_2 排放量比2005年下降60%—65%，非化石能源占一次能源消费比重达到20%左右，森林蓄积量比2005年增加45亿立方米左右。

"十三五"时期，中国进一步深化应对气候变化的目标和行动，《中华人民共和国国民经济和社会发展第十三个五年规划纲要》进一步延续"十二五"期间的能源和应对气候变化多维度目标指标体系，强化了能源双控制度。在能源部门低碳转型方面，2016年12月，国家能源局印发了《能源生产和消费革命战略（2016—2030）》。提出到2050年的中国能源发展远景目标，强调要推动能源清洁低碳转型，构建现代能源体系。在市场机制方面，2017年，国家发展和改革委员会发布《全国碳排放权交易市场建设方案（发电行业）》，该方案的出台标志着全国碳市场的正式启动。同时，围绕绿色低碳发展和应对气候变化的金融政策，中国开展了气候投融资相关的制度和实践探索。2020年10月20日，生态环境部、国家发展和改革委员会、中国人民银行、中国银行保险监督管理委员会和中国证券监督管理委员会联合发布《关于促进应对气候变化投融资的指导意见》，对于指导和推动气候投融资工作，助力实现新达峰目标和碳中和愿景具有里程碑意义。在试点方面，截至 2017 年 10 月，共有 73 个低碳试点省市以不同方式提出了碳排放峰值目标，北京、上海、镇江等地还对碳排放总量控制制度进行初步探索，这些试点示范为国家层面制定碳排放总量控制制度以及更具雄心的目标提供了经验和实践基础。此外，2016 年 3 月，中美还发布了第三个气候变化联合声明——《中美元首气候变化联合声明》，为《巴黎协定》的签署生效起到关键作用；在国内，应对气候变化司在 2018 年转隶到生态环境部，强化了气候变化与大气污染及其他生态环境问题协同治理的态势。

中国积极地应对气候变化政策和行动，取得了显著的成效。截至 2019 年底，中国碳排放强度与 2005 年相比下降了 48.1%，非化石能源占一次能源消费的比重达到了 15.3%。能源消费量和 CO_2 排放量年均增长率由 2005—2013 年的 6.0% 和 5.4% 分别下降到 2013—2018 年的 2.2% 和 0.8%，实现了经济发展与碳排放逐步脱钩，并提前和超额完成了 2020 年我国的国际承诺目标。

2. 新冠肺炎疫情等公共卫生事件催生应对气候变化行动提速

2020 年，新冠肺炎疫情对全球政治格局、经济秩序、产业链、贸易、就业等方面造成严重冲击，而且影响还在继续，未来发展还有多种可能情景和不确定性。[①] 此次新冠肺炎疫情的全球蔓延，首次让人们认识到公共卫生事件及其产生的安全问题的重要性，而且进入 21 世纪以来，类似的非传统安全领域的问题有逐步升级的态势，对传统安全以及经济社会秩序可能带来严重的破坏，必须高度重视生态环境与气候变化等非传统安全问题和突发公共事件的应对。中国当前正处在向经济社会高质量发展转型的关键期，人均 GDP 超过 1 万美元，已经迈入中高收入国家行列，人口老龄化、公共健康等问题日益凸显。

随着新一代年轻人崛起，社会对环境健康问题也越发关注，绿色消费意识逐渐强化，中国政府已经意识到，从"十四五"以及中长期来看，绿色低碳发展将是经济社会高质量发展的重要机遇。在此背景下，2020 年政府工作报告首提"两新一重"，即新型基础设施建设、新型城镇化建设和交通、水利等重大工程建设。在部署经济复苏的过程中，注重与绿色低碳要素的结合，同时，推动生产和消费模式的绿色转型。2020 年 3 月 11 日，国家发展和改革委员会发布了由中央全面深化改革委员会审议通过的《关于加快建立绿色生产和消费法规政策体系的意见》，该意见明确

---

① 新冠疫情如何影响世界经济. https://home. kpmg/cn/zh/home/social/2020/03/how-coronavirus-affects-global-economy. html［2020-11-20］.

了绿色生产和消费法规政策体系的系统框架，为经济社会发展的绿色转型提供了制度保障。

2020 年 9 月，在系统权衡、深远谋划的基础上，党中央作出了 2030 年前碳达峰、2060 年前实现碳中和的重大战略决策，为全球应对气候变化、提高减排雄心注入了一针强心剂，促使全球朝向控制温升 1.5℃的目标迈进。在此之后，一系列的政策行动密集出台或加速部署。当前正在组织编制"十四五"应对气候变化专项规划，将提出与新达峰目标相衔接的 CO_2 排放控制目标。同时生态环境部正在研究制定"2030 年前碳达峰行动方案"，拟明确地方和重点行业的达峰目标路线图、行动方案和配套措施，在"十四五""十五五"期间持续推进实施，同时，生态环境部将推动把达峰行动纳入中央环保督察。此外，全国碳市场建设进一步提速。2020 年 10 月 28 日，《全国碳排放权交易管理办法（试行）》（征求意见稿）和《全国碳排放权登记交易结算管理办法（试行）》（征求意见稿）两个文件公开征求意见。随后，正式文件已于 2020 年 12 月 25 日由生态环境部部务会议审议通过，自 2021 年 2 月 1 日起施行；生态环境部还在 12 月 31 日印发了《2019—2020 年全国碳排放权交易配额总量设定与分配实施方案（发电行业）》。这些都将有力支撑全国碳排放权交易市场进入实质性运行阶段。

（三）碳中和目标下的全面绿色转型是高质量发展的重要战略举措

十九大报告指出，我国经济已由高速增长阶段转向高质量发展阶段，高质量发展需要贯彻"创新、协调、绿色、开放、共享"的新发展理念。[①] 绿色发展不仅是衡量高质量发展成效的重要标尺，也是促进高质量发展的有效手段，而发展低碳经济、零碳经济是绿色发展的核心内容。

在碳达峰、碳中和目标下，全面绿色转型或绿色低碳发展可以从以下几方面促进高质量发展。一是加速能源结构转型。引导化石能源有序退出，发展高比例可再生能源体系，安全发展核电，积极生产和利用绿色氢能，开发氢能产业，提高全经济社会过程特别是终端用能的电气化水平，加强能源系统与数字信息技术的结合，实现能源体系智能化、数字化转型。二是推动产业结构优化升级。通过产业的绿色低碳化，逐步淘汰落后产能，加速投资效率低下、高碳行业的退出，加快传统产业绿色化改造，扶持发展绿色战略性新兴产业，大力发展服务业和提升其水平，构建绿色供应链和发

---

① 习近平：决胜全面建成小康社会 夺取新时代中国特色社会主义伟大胜利——在中国共产党第十九次全国代表大会上的报告 . http://www.gov.cn/zhuanti/2017-10/27/content_5234876.htm［2020-9-11］.

展循环经济，不断挖掘高质量增长的潜力。三是推动绿色低碳技术变革。实现低碳、零碳技术转型对中国科技创新和经济高质量发展具有重要的战略意义，这不仅有助于提升中国在新科技领域的全球领导力，也有助于获得未来新型气候环境友好经济的核心竞争力，从而发挥重要的引领作用。中国已经在风电、太阳能光伏技术降低成本方面做出巨大贡献。目前，中国在可再生能源投资、应用，以及电动汽车的生产、消费等方面处在全球领先位置。中国也在积极探索氢能制造及其在工业和交通部门的应用，对灵活、安全、稳定的现代化智能电网系统的构建，以及 CO_2 移除等负排放技术（NETs）作出一些部署，但还远远不够。在未来低碳、零碳领域竞合并存的格局下，中国需要进一步加大力度，全面布局低碳、零碳及 NETs 的研发和商业化应用，通过自身绿色市场规模和政策引领，不断降低绿色低碳技术成本，并在不远的将来为中国的经济增长注入系统新动能，为社会带来更多新的、高质量的就业岗位。

总之，碳中和以及碳总量目标对经济社会发展并非仅有约束，而是提供了一个重要的发展机遇，倒逼整个经济社会发展方式的变革。因此，我们必须转变观念和发展思路，主动寻求经济、社会、能源、环境和气候相互协调的内生增长动力，实现全面绿色转型和高质量可持续发展。

二、实现碳达峰与碳中和面临的机遇和挑战

（一）机遇

1. 绿色低碳发展与经济转型有机统一

2020 年 10 月 29 日，中国共产党第十九届中央委员会第五次全体会议审议通过了《中共中央关于制定国民经济和社会发展第十四个五年规划和二〇三五年远景目标的建议》（以下简称《建议》）。提出要"坚定不移贯彻创新、协调、绿色、开放、共享的新发展理念，坚持稳中求进工作总基调，以推动高质量发展为主题，以深化供给侧结构性改革为主线，以改革创新为根本动力，以满足人民日益增长的美好生活需要为根本目的"[①]。

---

① 中共中央关于制定国民经济和社会发展第十四个五年规划和二〇三五年远景目标的建议 . http：//www. gov. cn/zhengce/2020-11/03/content_5556991. htm ［2020-12-14］.

　　党的十九大对实现第二个百年奋斗目标作出分两个阶段推进的战略安排,即到 2035 年基本实现社会主义现代化,到 21 世纪中叶把我国建成富强民主文明和谐美丽的社会主义现代化强国。十九届五中全会对绿色发展的阐述更加系统、更加全面,强调"推动绿色发展,促进人与自然和谐共生",强调"广泛形成绿色生产生活方式,碳排放达峰后稳中有降,生态环境根本好转,美丽中国建设目标基本实现",强调经济社会发展全面绿色转型,将发展与应对环境气候挑战在新发展阶段有机统一起来,规定了未来发展的重要特征和性质。[①]《建议》还明确了一系列具体任务,其中包括强化绿色发展的法律和政策保障,发展绿色金融,支持绿色技术创新,推进清洁生产,发展环保产业,推进重点行业和重要领域绿色化改造;推动能源清洁低碳安全高效利用;发展绿色建筑;开展绿色生活创建活动;降低碳排放强度,支持有条件的地方率先达到碳排放峰值,制定"2030 年前碳达峰行动方案"。《建议》为"十四五"乃至中长期经济社会发展勾画出了全面发展蓝图,为构建绿色低碳的生产生活方式、推动碳排放尽早达峰、达峰后稳中有降并实现碳中和奠定了重要基础。

　　2. 全球绿色低碳技术变革提速,为低碳转型奠定基础

　　目前,全球正处在新一轮技术革命和能源革命浪潮,全球产业链面临绿色重构。太阳能、风能以及储能技术的成本持续、快速下降,数字技术与经济社会深度融合,为绿色低碳增长奠定了基础。在全球经济艰难复苏和深度调整的大背景下,各个国家都力图倡导和追求绿色经济复苏。随着数字、信息以及人工智能等高科技领域的快速发展,能源技术系统正面临着淘汰传统化石燃料,迅速转向更清洁、更安全、更便宜的可再生能源的挑战,新技术为实现这一转型提供了更经济可行的条件和支撑,从而使得与上述转型匹配的经济发展模式也必然要转变资源、能源、污染密集型的增长,迅速转向可持续发展。绿色技术和产业的发展本身有利于提高自然资源使用效率,为经济提供新动能(Jiang et al.,2020),亦有助于从根本上解决产业结构和能源结构固化所带来的环境污染和生态破坏问题(Zhu et al.,2019),从而改善公共健康水平(von der Goltz et al.,2020)。此外,绿色技术和产业的发展还将有效拉动就业,根据国际劳工组织 2018 年报告,电动汽车、清洁能源、绿色金融等创新性新兴产业到 2030 年将为全球创造 2400 万个就业机会,而同期煤炭、石油开采等高碳产业失去的工作岗位仅 600 万个(ILO,2018)。

[①]　中共中央关于制定国民经济和社会发展第十四个五年规划和二〇三五年远景目标的建议. http://www.gov. cn/zhengce/2020-11/03/content_5556991. htm[2020-12-14].

3. 数字技术和数字经济发展，助力绿色低碳转型

在各国提出的疫后经济复苏方案中，"绿色化"和"数字化"是各国不约而同的共同选择。疫情给实体经济带来严重冲击，但却为绿色低碳发展和"数字经济"带来新的机遇：远程办公、视频会议、网上采购等绿色低碳工作和生活方式进一步普及，尤其是在经济恢复过程中，低碳能源、低碳建筑、低碳交通、节能环保等产业的数字化、智能化转型明显加快。

数字技术在提高资源能源使用效率、促进可再生能源开发利用，以及提高全社会产品和服务生产、销售和使用效率或通过对人类活动和交流的非物质化来减少能源原材料的需求等方面可以发挥重要作用。有研究指出，数字技术在能源、制造业、农业和土地利用、建筑、服务、交通和交通管理等领域的解决方案，已经可以帮助减少15%的全球碳排放（Falk et al.，2020）。由德国信息产业、电信和新媒体协会，Borderstep研究所和苏黎世大学于2020年合作完成的一项研究也表明，数字技术可以将全球温室气体排放量减少多达20%，并且在能源部门、交通运输和农业领域，使用此类技术可能特别有效。在德国，数字技术的使用到2030年可能会减少2900万吨的CO_2排放量，约占预测温室气体排放量的37%（Bitkom，2020）。抓住机遇，促进绿色低碳发展与"数字经济"的融合，将有助于强化创新引领、释放新动能。

4. 独特的制度和市场优势，为深度减排提供有力保障

碳排放是典型的经济外部性行为，一般认为外部性的存在是市场机制配置资源的缺陷之一。也就是说，存在外部性时，仅靠市场机制往往不能促使资源的最优配置和社会福利的最大化。因此，一方面，要充分发挥政府的作用；另一方面，也要促进市场与政府的有机结合，为解决气候问题提供新的治理工具。

2060年前实现碳中和目标为应对气候变化释放出强烈的积极信号，但也面临着巨大难度，仅靠市场的单一力量几乎难以实现目标。而我国的制度优势刚好可以在其中发挥重要作用。我国在抗击新冠肺炎疫情过程中的突出表现，已经证明了我们采取制度的这种显著优势。这种制度优势主要体现在：集中优势力量办大事，在复杂局面下应对重大风险挑战的能力和效率，制度和政策的有效传导、延续性和稳定性。

碳中和目标是在当前国际局势复杂多变、国内经济社会深度转型的背景下做出的深远谋划，既符合国内高质量发展的要求，又符合全球未来发展的方向，但其路径选择仍具有一定的不确定性。这一方面需要我们集中优势资源，在产业转型升级、技术研发应用、资金制度保障等方面给予支持；另一方面需要促进各方达成共识，并通过

政策和市场手段，释放明确稳定的长期政策和价格信号。这样产业转型才会有明确方向，地方政府才会认真落实，市场也会做出积极反应，引导资金向低碳项目流动，采购和选择适宜技术、挖掘减排潜力，逐渐形成全社会崇尚绿色低碳生产生活方式的潮流。

同时，我国已经开始运行全球最大的碳市场，市场机制的不断完善，也将更有效地助力走向碳中和。制度优势、庞大的市场、利益相关方积极参与将会为碳中和目标的实现提供强有力的支持和保障。

（二）挑战

1. 国际政治经济格局面临深度不确定性，需做好应对绿色壁垒的准备

新冠肺炎疫情正在对全球经济社会产生全方位影响，国际货币基金组织（IMF）和世界银行分别预测 2020 年全球经济将萎缩 4.4% 和 5.2%（IMF，2020；World Bank，2020），同时国际地缘政治和应对气候变化战略格局也在发生深刻变化。中美关系发生长期性、根本性、结构性变化是客观事实，民粹主义和反全球化潮流盛行，国际局势的紧张使得全球携手应对环境和气候危机的期望受到严重挫折。

随着美国拜登政府上台，他将推动美国重返《巴黎协定》，在多边主义平台上发挥气候领导力，并将着力推动美国主导的全球气候合作框架，预计中美之间即使是在分歧较小的应对气候变化领域，短期内也将是竞争大于合作。由于美国参加《巴黎协定》是以总统行政令的形式实现的，并没有批准成为联邦法律，所以未来美国在气候变化国际多边合作上是否会出现反复，仍然存在不确定性。

在具体的对华政策上，拜登也提出了具体的政策选项，包括：①通过对相关商品增加关税的方式惩罚中国可能会有的不完全履行承诺的举动；②与中国达成双边碳减排协议，要求中国取消对煤炭和其他高排放技术的不合理出口补贴，并要求中国减少"一带一路"项目的碳排放；③要求中国在内的 G20 国家承诺终止高碳项目的所有出口融资补贴，取消除最贫穷国家以外所有国家的煤炭融资；④与美国的合作伙伴一起，向"一带一路"沿线国家提供清洁的基础设施投资替代方案。从上述内容可以看出，拜登尽管提出要就气候问题与中国进行合作，但对中国积极的减排行动并没有表现出信任。这意味着气候问题不仅是中美可能达成合作的重要领域，也是双方相互博弈、争取各自国家利益的关键平台，并且不排除成为两国新一轮贸易摩擦的一大诱因。

当前借气候问题构建绿色壁垒的声音在持续增强，主张采用碳关税提高贸易壁垒

的保护主义趋势在扩大，欧盟已明确将从 2021 年开始建立"碳边境调整机制"，中国需做好充分应对准备。

2. 实现碳达峰与碳中和时间周期短，减排路径并非坦途

与欧美相比，我国实现碳中和目标需付出更多努力。英、法等欧洲国家大致在 20 世纪八九十年代实现碳达峰，达峰之后经历漫长平台期开始缓慢下降，且欧盟承诺的碳中和与碳达峰之间有 50—70 年的时间。我国则是人为设定了碳达峰时间表，现在 CO_2 排放仍在进一步攀升，实现达峰本身就需要做出艰苦努力。我国如果在 2030 年前如期实现碳排放峰值，则从碳达峰到碳中和的时间只有约 30 年，这意味着达峰之后实现碳中和的路径将会异常急剧；如果内外部环境因素导致平台期波动和延长的话，则需要更剧烈的结构性变革才能实现碳中和愿景。无论如何，2030 年后我国每年的减排量要比上一年平均降低 8%—10%，将远超发达国家减排的速度和力度，这将是我们面临的最大挑战。实际上无论发达国家还是发展中国家，其不同部门的减排路线大致相同，但中国的实现周期更短，作为一个大国，对经济结构转型、技术创新、资金投入等的要求也更高（表 1.2）。

表 1.2　各国承诺从碳达峰到碳中和的过渡期对比

序号	国家	实际达峰年份	承诺碳中和年份	过渡期 / 年
1	英国	1973	2050	77
2	匈牙利	1978	2050	72
3	德国	1979	2050	71
4	法国	1979	2050	71
5	瑞典	1976	2045	69
6	丹麦	1996	2050	54
7	葡萄牙	2002	2050	48
8	爱尔兰	2006	2050	44
9	西班牙	2007	2050	43
10	奥地利	2005	2040	35
11	芬兰	2003	2035	32
12	中国	2030 前	2060 前	约 30

注：中国尚未达峰，表中为中国承诺的达峰时间

3. 中国的基础研发能力仍显不足，关键低碳技术面临竞争

中国原创性科技成果不多、科技成果转化面临众多体制机制障碍、创新要素依旧不能实现高效配置、创新人才数量和质量有待提升，这对绿色低碳发展、碳中和目标的实现构成重大挑战。当前我国的低碳技术更多偏向关注技术细节和已有技术的改进与推广，对颠覆性技术的原始创新和关注不足，缺乏目标导向的且兼顾环境气候与经济社会综合考量的中长期减排技术战略及部署方案。在一些关键低碳技术上，例如氢燃料电池汽车等的关键技术缺失、自主化程度不高、产业化不足。而在氢能工业方面，虽然我国制氢产量世界第一，但当前我国制氢原料 70% 为煤炭和天然气，"绿氢"占比低，且制氢、储运和大规模利用技术都还没有实质性突破。深度减排的核心解决方案之一是技术突破，由于受国际经济利益博弈格局及贸易保护主义等因素影响，技术转移与合作面临更多阻碍，因此，我国亟待加快制定科技创新支撑方案，以助力碳中和目标的实现（黄晶，2020）。

4. 我国区域间发展差距大，碳中和下公正转型问题突出

我国区域间经济社会发展不平衡，整体呈现出东高西低、南升北降的格局。从碳排放来看，东部相对发达地区碳排放增幅有限，部分地区已经接近达峰，这些地区虽然碳减排能力强，但在经济复苏和碳达峰目标的压力下，仍然存在传统方式复苏及碳密集项目的投资冲动。相比而言，中西部地区的碳排放仍有一定的增长空间，短期内实现达峰难度较大，特别是化石能源富集省份。

与此同时，碳中和目标下，中国长期退煤的方向和趋势已经确定，但退煤路线图需要结合经济发展阶段及能力条件审慎设计，充分考虑低碳转型的收益和冲击对不同行业、地区和人群的影响。传统的化石燃料行业，特别是煤炭的上下游行业——包括开采、运输、煤电、煤化工等，在零碳转型中将受到巨大的冲击，而且，这些冲击将集中在严重依附煤炭发展经济和满足就业的地区。另外，由于机械化发展、淘汰落后产能和产业升级等原因，煤炭行业的转型已使河南、山西等传统煤炭工业省份产生压力。煤炭退出历史舞台是必然，而它所承载的工作机会也将随之消失。因此，利用政策手段妥善安置煤炭工人或保证他们的再就业，为这些地区寻找新的发展模式，需要系统的解决方案，而且这些工作的开展，宜早不宜迟。

总体来看，新冠肺炎疫情对经济社会秩序造成巨大冲击，但危中有机。短期来看，抗击疫情降低了碳减排的紧迫性，但中长期来看，绿色低碳发展仍然是未来发展的战略方向之一。疫情冲击了经济增长，也带来了结构调整的契机。疫情导致很多传

统产业面临危机，但我们同时也看到了信息产业等新兴产业的强大生命力，这些大大拓宽了经济绿色增长的空间，为坚持绿色发展提供了可能，可以说疫情为我们提供了一个产业结构升级换代的绝佳机会。疫情促使全社会反思过度追求速度和规模的发展模式。这无疑有利于在全社会范围内形成更加重视绿色发展、人与自然和谐共生的现代化等新发展理念，为在疫情冲击下仍然坚持绿色转型创造了有利条件。同时经济下行带来能源消费量增长速度放缓，这将成为加速能源转型的机会，新增能源需求可更多由可再生能源满足。中国应抓住当前经济能源系统重置的机会，为实现碳中和提供支持，引领创造一个更加绿色且更具韧性的世界。

三、我国中长期绿色低碳转型的总体思路

（一）总体战略

中国共产党第十九届五中全会建议提出，到 2035 年要广泛形成绿色生产生活方式，碳达峰后稳中有降，生态环境根本好转，美丽中国目标基本实现；到 21 世纪中叶，把我国建成富强民主文明和谐美丽的社会主义现代化强国，并确保生态安全，积极参与和引领应对气候变化等生态环境保护的国际合作。[①]

要加快绿色低碳发展、实现温室气体的深度减排，就需要进行经济、社会、能源、环境和应对气候变化的协同治理，推进经济社会发展全面绿色转型。对内引领走向人与自然和谐与中华民族永续发展的可持续发展路径，对外引领全球气候治理的进程，保护地球的生态安全和人类的生存发展。

我国碳中和目标的提出，让全球看到将全球温升控制在 2℃ 以内并努力实现 1.5℃ 目标的可能性，也进一步明确了应对气候变化是我国社会主义现代化强国目标的重要组成部分。我国的长期低碳发展战略应与社会主义现代化建设两个阶段目标和方略相契合（何建坤，2018）。要把 2030 年前碳达峰和强化 NDCs 目标作为重要的内容纳入社会主义现代化建设的第一阶段战略规划中，促进经济高质量发展。将 2050 年近零排放、2060 年前实现碳中和作为社会主义现代化建设第二阶段的引领性目标和任务，推动建成美丽中国，形成绿色低碳循环的生产生活方式。

---

① 中共中央关于制定国民经济和社会发展第十四个五年规划和二〇三五年远景目标的建议. http：//www. gov. cn/zhengce/2020-11/03/content_5556991. htm［2020-12-14］.

（二）阶段性目标、路径及重点

1. 近期

"十四五"时期将是我国实现碳达峰的关键五年，也是把碳中和愿景纳入经济社会发展规划的第一个五年，难度与挑战不同以往，需要更加注重加强能源、产业发展规划与国家应对气候变化规划的衔接平衡，特别是要以实现碳中和、建设美丽中国的中长期战略目标锚定"十四五"时期能源和产业转型发展方向及重点，顺应绿色低碳要求，加快推动基础设施和产业适度超前部署，优化能源结构调整、产业绿色低碳改造及城镇韧性发展的空间布局，促进形成"投资于绿色、投资于增长、投资于就业、投资于未来"以及绿色低碳"双循环"的新发展格局。

"十四五"期间，碳排放增长应进入平台期，部分东部发达省市、西南可再生能源禀赋好的省市，以及电力、钢铁、水泥等高碳行业应率先实现达峰。在一次能源消费结构方面，煤炭占比降到50%左右，非化石能源消费占比超过20%，通过煤电结构性调整实现达峰，严格控制煤化工发展。在政策支持方面，要加快制定"十四五""应对气候变化专项规划""2030年前碳达峰行动方案""节能减排综合工作方案""产业体系绿色化与绿色生活行动方案"，促进不同规划和方案的协调衔接。建立碳排放总量控制制度，以更有效的温室气体减排约束性目标替代能源消费总量控制目标，拓展实现碳减排目标的灵活机制与路径，在执行上采取区域间指标交易、清洁发展、横向补偿相结合的机制。在情景分析和协商共识的基础上，更新中国的NDCs力度和广度，包括碳达峰及中长期的近零或净零排放目标，并将绿色复苏、基于自然的解决方案（NbS）、非 CO_2 温室气体减排等内容纳入NDCs范畴，增加目标指标范围和灵活调整空间。加强面向零碳社会转型的技术研发部署，为产业转型、生活方式转变以及可能发生的全球低碳技术竞争做好准备[1]，促进全球低碳、零碳技术的研发合作与推广。

2. 中期

2025—2030年，要推动碳排放尽早达峰。研究表明，在碳中和目标时间确定的前提下，越早达峰，全社会的总减排成本将越低（Pan et al.，2020）。但同时，实现碳中和的步骤也需要与我国社会经济发展条件相适应，量力而行，尽力超越，成本有效地

---

[1] 全国人大常委会委员王毅：要为全球碳中和的竞争做好充分准备. https：//view. inews. qq. com/k/20201215 A03AKD00［2020-12-20］.

达成阶段性目标，高质量实现 NDCs 承诺，非化石能源占一次能源消费比重争取达到并超过 25%。同时推动和引领全球碳中和联盟的相关工作。

2030—2035 年，我国一次能源消费量有望进入平台期，能源结构不断优化，整体能源结构呈现煤炭、油气、可再生能源三分天下的格局，终端电力消费大幅提升。全国所有省市碳排放均实现达峰，交通、建筑等部门碳排放也将相继达峰。在措施上，注重以结构调整和系统创新促进绿色转型，继续深化产业结构、能源结构、运输结构、用地结构等变革，围绕零碳目标加快推进和调整重大基础设施和相关产业布局，促进数字智能技术与经济社会各领域深度融合，巩固形成绿色低碳产业链、供应链和价值链，以及相应的绿色气候投融资政策体系及可持续商业模式。

3. 远期

2035—2050 年，构建形成以可再生能源为主的能源供给和消费体系，加快化石能源的退出，加快 NETs 包括碳捕集与封存（CCS）、生物能源结合碳捕集与封存（BECCS）等的部署，争取实现 CO_2 近零排放，进一步提升适应能力，不断完善绿色低碳循环和可持续发展的社会经济体系，形成可持续消费方式。

2050—2060 年，通过碳汇、NETs、非 CO_2 排放控制等措施，争取向温室气体排放中和迈进，并努力促进全球在 2070 年前后实现碳中和。

（三）产业结构：构建绿色低碳循环的现代产业体系

现代产业体系是推动碳减排的最大动力。研究表明，产业结构调整对实现中国碳强度目标的贡献最高可达 60% 左右（王文举和向其凤，2014），建立绿色低碳循环发展的经济体系是建设现代化经济体系的重要组成部分。壮大节能环保、清洁生产、清洁能源等绿色战略性新兴产业，创新形成与绿色低碳循环产业相适应的技术、金融支持体系和政策制度环境。加快推进以绿色化、低碳化、数字化为特征的新型基础设施建设，提升服务业绿色发展水平，打造绿色低碳循环发展的新动能。同时要减少出口贸易的隐含碳，2016 年我国出口隐含碳占全国碳排放的 12.5%（顾阿伦等，2020），这将给我国碳减排带来重要影响，要推动我国制造业在全球价值链的高端跃升，并推动增加服务业的出口比重。

（四）能源结构：构建清洁低碳、安全高效的现代能源体系

能源结构去碳化是实现碳中和的关键路径，同时也有利于构建完善我国能源安全体系。一是要制定煤炭有序退出的路线图，采取更加有力的措施，控制化石能源消费特别是严格控制煤炭消费，不断优化和减少煤炭利用结构和规模，加大散煤治理力度，采取有效措施以扼制一些地方行业上马煤炭相关项目的冲动，严控煤化工等高碳行业发展规模，避免由此带来的高碳锁定效应及高昂成本。二是大幅提升终端用能电气化水平。工业部门应在制造业生产环节加快电力对化石能源直接利用的替代，建筑部门采用分布式可再生能源系统并拓展电力在供暖中的应用，交通部门大力发展电动汽车，限制和逐渐淘汰燃油车，促进氢燃料电池汽车的商业化开发，以电气化、高效化、智能化为导向推动各行业能源消费方式升级。三是构建高比例可再生能源供应体系。形成适应高比例可再生能源的基础设施、智能电网、分布式能源、储能、多能互补与灵活调节和智慧能源，推动颠覆性创新发展，促进各种技术、基础设施和模式相互结合配套并形成高比例可再生能源系统；稳妥推进梯级水电开发建设，打造一批水电、风电、光电一体化流域综合能源基地；大力推动风电协调发展，坚持集中式和分布式相结合的发展模式，本地消纳与外送并举，陆上、海上并举；加快拓展太阳能多元化的布局，中东部地区要创新"光伏 +"的模式，加快推进农业和光伏互补、屋顶光伏，推动工商业分布式户用光伏发展，在三北地区结合生态治理推动光伏的建设，推动光伏基地的建设，总结和推广可再生能源与扶贫、农林生产、生态恢复、制氢相互结合的经验、协同模式和 NbS；因地制宜地推进生物质能源的发展，积极推动地热能的开发应用。四是加快推动储能、氢能、智能电网的技术研发与应用，为高比例可再生能源的部署提供支持。五是建立健全完善落实可再生能源电力消纳保障机制，并加快科技创新和体制机制创新，为可再生能源高比例高质量发展创造良好的条件。

（五）技术创新：面向碳中和制定中长期减排技术发展战略

碳中和远景的实现，最终要落实到低排放、零排放和 NETs 在生产生活中的广泛应用。尽快面向碳中和目标需求，启动制定中长期低碳科技创新规划，加快碳中和关键核心技术研发与应用。建立世界领先的低碳科技创新体系，推动关键共性技术、前沿引领性技术和颠覆性创新技术的研发创新和商业化应用推广，包括：能效，可再生能源大型并网，分布式可再生能源，先进核能，氢燃料电池，大规模储能，智能电网，再生资源回收，碳捕集、利用与封存（CCUS），BECCS，直接空气捕集（DAC）等。部署一批具有前瞻性、系统性、战略性布局的低排放技术研发和创新项目，突破碳中和发展中关键材料、仪器设备、核心工艺、工业控制装置等领域的技术瓶颈，逐步打造全球碳中和发展的新技术、新产品、新业态、新模式的创新中心。

同时要推动新一代信息技术和先进低碳技术的深度融合，全面大幅提升能源利用效率，通过碳中和愿景的引领和倒逼，在发展潜力大、带动性强的数字经济、清洁能源、智慧城市等高科技、高效益和低排放领域培育出新的增长动能，逐步形成若干国际先进的绿色低碳制造业集群。进一步加强碳中和导向的国际技术合作与技术援助，启动中国主导的应对气候变化与碳中和国际科技计划，创建相关国际组织。

（六）区域协调：制定差异化的区域低碳发展战略

我国幅员辽阔，区域间经济发展方式、经济结构、社会发展水平、自然资源禀赋和技术水平等方面都存在着显著差异，这对不同区域的碳减排路径的设计提出了不同要求。出于国家经济社会发展的战略布局和中西部地区资源禀赋的现实情况，中西部地区在生产大量能源、电力的同时，也承担了来自东部省份的大量的转移排放（吕洁华和张泽野，2020）。如何防范不同区域之间碳泄漏的问题，不仅关系到碳减排目标分解的合理性和公平性，而且也关系到我国低碳发展目标的实现与公正转型问题。因此，应在现有排放责任区分的基础上，将消费和转移排放计入，确立差异化的区域低碳发展目标。

具体而言，在"十四五"期间，东部沿海比较发达的地区以及西南一些可再生能源资源非常丰富的地区，应该研究和规划在"十四五"期间率先实现 CO_2 排放达到峰值，为"十五五"期间全国范围内碳达峰创造有利条件。推动制造业加速向西北、西南地区的清洁能源基地转移，促进可再生能源的就地消化。同时要特别关注转型过程中可能带来的公平公正问题，尤其是煤炭依赖地区的就业和经济发展，以及贫困地区的清洁能源可及问题，要通过能力建设、财政转移支付、生态补偿等手段妥善加以解决。

（七）政策制度：完善形成中长期低排放的政策制度体系

一是加快应对气候变化法律的顶层设计，为长期低排放战略的部署提供法律保障。通过统筹制修订应对气候变化法、能源法、电力法、可再生能源法、节能法等相关法律法规，将应对气候变化和绿色低碳发展等内容融入其中，最大限度地优先确保实现碳达峰、碳中和以及应对气候变化相关工作有法可依，同时围绕碳中和愿景和高质量发展要求，设计和制定一系列行业、技术、产品的渐进且不断加严的标准标识，形成技术法规体系（中国科学院可持续发展战略研究组，2009）。二是完善气候投融资政策体系，加大各级政府对低碳发展的财政投入和税收优惠，推动构建有利于气候投融资工作的政策环境，鼓励开展气候投融资产品和工具创新，开发适用、高效、先进的气候投融资标准体系，完善多元资金的治理结构。三是继续推动和完善碳市场配套制度体系建设，考虑制定碳市场国际合作路线图，同时在开展碳交易的同时，中国仍有必要为开征碳税预留政策窗口，并择机推动碳税和碳定价政策的落实。四是完善和创新推动低碳消费的制度、政策和行动，包括：扩大低碳产品和服务的供给，加大推动循环经济发展力度，强化宣传教育，提高低碳消费意识，建立并完善低碳消费的治理机制。

（八）国际合作：引领构建公平正义、合作共赢的全球气候治理体系

在新冠肺炎疫情后，国际形势日趋复杂和充满不确定性。中国要更加积极推进全球气候治理及国际合作进程，推进公平正义、合作共赢的全球气候治理制度建设，坚持共同但有区别、公平和各自能力原则，加强多边、双边的国际合作，推动应对气候变化和绿色低碳转型成为全球共识。一是注重维护多边进程，面对美国将重回《巴黎协定》的新情况，不仅要延续和维护多边主义，而且要在多边框架下推动相关改革进程，提高合作效率，在做好国内应对气候变化工作的基础上，妥善应对美国可能做出的不合理单边主义行动，包括碳贸易壁垒等。二是加强双边合作，推动中欧、中美之间在绿色复苏、卫生健康、气候变化、生物多样性保护等领域取得共识，签署务实合作协议，携手美欧等发达国家和经济体发挥大国领导力。深化中欧绿色合作伙伴关系，推动中欧气候与环境高层对话及多方面对话，推动中欧基于共同利益的积极行动，形成中欧合作的良好态势。同时重开中美气候对话，在气候合作中寻找应对全球治理挑战的方案，并撬动关联领域合作。三是与各方合作助力第 26 次缔约方会议（COP26）的成功举办，并推动促进《生物多样性公约》第 15 次缔约方会议（COP15）和《联合国气候变化框架公约》COP26 的相互促进。四是加强绿色低碳技术、绿色金融等领域的合作交流，促进技术的转移与合作研发，推动全球绿色金融市场发展，支撑经济绿色低碳复苏和增长。五是与发达国家一起在第三方国家开展合作，充分利用发达国家的先进技术、中国的制造和资金，结合东道国的生态环境保护和气候需求，实现"1+1+1 > 3"的效果。最后，中国应加强绿色低碳"一带一路"建设的顶层设计，积极支持"一带一路"共建国家制定低碳发展规划和行动路线图，从单一的商业

项目合作模式转变为战略合作，从发展的视角与"一带一路"共建国家开展应对气候变化合作，支持"一带一路"共建国家更新其 NDCs 目标和制定落实 21 世纪中叶长期温室气体低排放发展战略，争取国际社会的广泛支持（谭显春等，2017）。

参 考 文 献

顾阿伦，何建坤，周玲玲．2020.经济新常态下外贸发展对我国碳排放的影响.中国环境科学，40（5）：2295-2303.

吕洁华，张泽野．2020.中国省域碳排放核算准则与实证检验.统计与决策，36（3）：46-51.

何建坤．2018.新时代应对气候变化和低碳发展长期战略的新思考.武汉大学学报（哲学社会科学版），71（4）：13-21.

黄晶．2020.中国2060年实现碳中和目标亟需强化科技支撑.可持续发展经济导刊，（10）：15-16.

谭显春，顾佰和，王毅．2017.气候变化对我国中长期发展的影响分析及对策建议.中国科学院院刊，32（9）：1029-1035.

王文举，向其凤．2014.中国产业结构调整及其节能减排潜力评估.中国工业经济，（1）：44-56.

王毅．2019.中国的环境保护与可持续发展：回顾与展望//潘家华，高世楫，李庆瑞，等.美丽中国：新中国70年70人论生态文明建设（上册）.北京：中国环境出版集团：49-62.

解振华．2020.2060年前实现碳中和任务艰巨，但势在必行.http：//www. chinareports. org. cn/rdgc/2020/1013/17799. html［2020-10-15］.

中国科学院可持续发展战略研究组．2009.2009中国可持续发展战略报告——探索中国特色的低碳道路.北京：科学出版社.

Antonio Guterres. 2020. Secretary-General's remarks at the Climate Ambition Summit. https：//www. un. org/sg/en/content/sg/statement/2020-12-12/secretary-generals-remarks-the-climate-ambition-summit-bilingual-delivered-scroll-down-for-all-english-version［2020-12-14］.

Bitkom. 2020. Climate protection through digital technologies. https：//www. bitkom. org/sites/default/files/2020-05/2020-05_bitkom_klimastudie_digitalisierung. pdf［2020-12-15］.

EC. 2020. State of the Union：commission raises climate ambition and proposes 55% cut in emissions by 2030. https：//ec. europa. eu/commission/presscorner/detail/en/IP_20_1599［2020-9-18］.

Energy and Climate Intelligence Unit. 2020. Net zero tracker. https：//eciu. net/netzerotracker［2020-12-31］.

Falk J，Gaffney O，Bhowmik A K，et al. 2020. Exponential Roadmap. https：//exponentialroadmap. org/wp-content/uploads/2020/03/ExponentialRoadmap_1.5.1_216x279_08_AW_Download_Singles_Small.

pdf［2020-12-10］．

ILO. 2018. World employment social outlook 2018：Greening with jobs. https：//www. ilo. org/weso-greening/documents/WESO_Greening_EN_web2.pdf［2020-10-18］．

IMF. 2020. World economic outlook. https：//www. imf. org/en/Publications/WEO/Issues/2020/09/30/world-economic-outlook-october-2020［2020-12-15］．

IPCC. 2018. Global warming of 1.5 ℃. https：//www. ipcc. ch/site/assets/uploads/sites/2/2019/06/SR15_Full_Report_High_Res. pdf［2020-12-10］．

Jiang Z J，Lyu P J，Ye L，et al. 2020. Green innovation transformation，economic sustainability and energy consumption during China's new normal stage. Journal of Cleaner Production，273：123044.

Pan X Z，Chen W Y，Zhou S，et al. 2020. Implications of near-term mitigation on China's long-term energy transitions for aligning with the Paris goals. Energy Economics，90：104865.

The World Bank. 2020. Global economic prospects. https：//www. worldbank. org/en/publication/global-economic-prospects［2020-12-31］．

UNEP. 2015. The Emissions gap report 2015. https：//uneplive. unep. org/media/docs/theme/13/EGR_2015_301115_lores. pdf［2020-10-31］．

UNEP. 2019. Emissions gap report 2019. https：//wedocs. unep. org/bitstream/handle/20.500.11822/30797/EGR2019. pdf［2020-10-31］．

von der Goltz J，Dar A，Fishman R，et al. 2020. Health impacts of the Green Revolution：evidence from 600，000 births across the Developing World. Journal of Health Economics，74：102373.

Zhu Y F，Wang Z L，Yang J，et al. 2019. Does renewable energy technological innovation control China's air pollution? A spatial analysis. Journal of Cleaner Production，250：119515.

第二章　构建迈向碳中和的低碳发展政策体系*

低碳发展既要依靠技术，又需要制度和政策支撑，制度和政策可以为技术研发和应用提供重要保障。目前，我国低碳发展缺少行之有效的制度安排和相关政策，甚至存在缺口和短板，难以有效支撑2060年前碳中和目标的顺利实现。因此，在应对全球气候变化和新冠肺炎疫情常态化的挑战下，我国"十四五"及中长期低碳转型和发展需要在制度与政策方面统筹布局，明确时间表、路线图和优先序（中国科学院科技战略咨询研究院课题组，2020）。

一、我国低碳发展政策体系的历史演进

中国低碳发展的制度逐渐完善，形成以约束性目标为引领，突出重点行业和地区，包括规划、法律、行政命令、试点、市场、财税等多方面的政策保障体系。从"十二五"开始，碳排放强度目标写入我国国民经济和社会发展五年规划纲要，"十三五"形成一套以能源总量、能源强度、碳排放强度为约束的目标体系。从政策类型来看，从行政命令型为主逐渐过渡到行政命令和市场型政策并重的局面。同时，积极参与气候合作，为中国参与全球治理提供了有力的支持。

（一）规划和目标制度

作为一个负责任的发展中国家，中国根据《联合国气候变化框架公约》和《京都议定书》的有关规定，结合国家可持续发展战略的总体要求，加强了应对气候变化体制机制建设，出台了一系列综合性规划文件（表2.1），推动了应对气候变化工作的有序开展。

---

* 本章由顾佰和、谭显春、王溥、安岩、郭建新执笔，作者单位为中国科学院科技战略咨询研究院。

表 2.1 "十二五"以来出台的应对气候变化相关规划文件

年份	文件名称	主要内容	发布单位
2011	《中华人民共和国国民经济和社会发展第十二个五年规划纲要》	把低碳、非化石能源比重等指标纳入五年规划	国务院
2012	《"十二五"控制温室气体排放工作方案》	提出了"十二五"控制温室气体排放的目标及主要任务	国务院
2012	《工业领域应对气候变化行动方案（2012—2020 年）》	提出了工业领域应对气候变化的目标及主要任务	工业和信息化部、国家发展和改革委员会、科学技术部、财政部
2012	《"十二五"国家应对气候变化科技发展专项规划》	提出了科技应对气候变化的目标及重点方向	科学技术部、外交部、国家发展和改革委员会等
2012	《交通运输行业"十二五"控制温室气体排放工作方案》	提出了交通运输领域应对气候变化的目标及主要任务	交通运输部
2013	《国家适应气候变化战略》	提出了适应气候变化的目标及主要任务	国家发展和改革委员会
2014	《2014—2015 年节能减排低碳发展行动方案》	提出了节能减排低碳发展的目标及主要任务	国务院
2014	《国家应对气候变化规划（2014—2020 年）》	提出应对气候变化的指导思想和主要目标，明确重点任务	国家发展和改革委员会
2015	《强化应对气候变化行动——中国国家自主贡献》	明确了中国 2030 年应对气候变化的行动目标	国务院
2016	《中华人民共和国国民经济和社会发展第十三个五年规划纲要》	支持低碳技术产业发展，深化低碳试点，推进重点领域低碳发展	国务院
2016	《"十三五"控制温室气体排放工作方案》	提出了"十三五"控制温室气体排放的目标及主要任务	国务院
2016	《全国造林绿化规划纲要（2016—2020 年）》	提出造林更新、城乡绿化美化等六方面的建设任务	全国绿化委员会、国家林业局
2016	《耕地草原河湖休养生息规划（2016—2030 年）》	提出耕地草原河湖休养生息的阶段性目标和政策措施	国家发展和改革委员会、财政部、国土资源部等
2016	《林业适应气候变化行动方案（2016—2020 年）》	部署林业九大重点行动	国家林业局
2018	《打赢蓝天保卫战三年行动计划》	提出经过 3 年努力，大幅减少主要大气污染物排放总量，协同减少温室气体排放	国务院
2018	《清洁能源消纳行动计划（2018—2020 年）》	提出到 2018 年，清洁能源消纳取得显著成效；到 2020 年，基本解决清洁能源消纳问题	国家发展和改革委员会、国家能源局
2019	《碳排放权交易管理暂行条例（征求意见稿）》	提出碳排放权交易实行政府引导和市场调节相结合	生态环境部

我国应对气候变化政策类型齐全、实践广泛，进入行政手段与市场化建设并重时期，行政手段具有鲜明的中国特色，但"十二五"以来，市场政策工具的应用从起步到加速，逐步与行动手段并驾齐驱。

然而，纵观近十年以来的气候治理实践，"十二五"和"十三五"呈现不同态势。"十二五"时期国内外形势均有利于国内气候治理，中国气候政策发展进入黄金时期；"十三五"中期以来，一方面国际推动力量开始减弱，另一方面国内气候政策进入调整期，各种原因使气候政策和行动的前进步伐暂时放缓（朱松丽等，2020）。

（二）法律制度

应对气候变化既是实现我国经济社会高质量发展的内在要求，也是我国深度参与全球气候治理的责任担当。我国关于应对气候变化的法律法规主要集中在生态环境保护领域和能源领域。目前，我国在生态环境保护领域形成了以《中华人民共和国环境保护法》为基本法的国家生态环境法制体系。2016 年实施的《中华人民共和国大气污染防治法》，以改善大气环境质量为目标，明确规定将温室气体与其他大气污染物协同控制，推行区域大气污染联合防治。《中华人民共和国清洁生产促进法》和《中华人民共和国循环经济促进法》，重点将生产工作的清洁化和循环化相结合，二者都将大大减少包括温室气体在内的"三废"的产生。在能源领域，我国出台了《中华人民共和国煤炭法》《中华人民共和国电力法》《中华人民共和国节约能源法》《中华人民共和国可再生能源法》。修正后的《中华人民共和国煤炭法》和《中华人民共和国电力法》强调生态环境的保护和污染公害的防治；新修订的《中华人民共和国节约能源法》，拓宽了节能领域，增加了激励措施，更加明确了法律责任，使得节能减排的有效性和合理性大大增加；新修订的《中华人民共和国可再生能源法》对多种可再生能源的开发利用进行了较为详尽的规制，大大优化了中国的能源结构，同时与温室气体减排相衔接，推动了我国应对气候变化的能力建设。

我国还制定了一系列应对气候变化的国家政策。《中华人民共和国国民经济和社会发展第十一个五年规划纲要》首次将能耗强度列为约束性指标，要求 5 年下降 20%左右（中华人民共和国国务院，2006）；《中华人民共和国国民经济和社会发展第十一个五年规划纲要》和《中华人民共和国国民经济和社会发展第十二个五年规划纲要》分别提出了单位国内生产总值 CO_2 排放量下降 17% 和 18% 的约束性指标，两者均明确"积极应对全球气候变化"（中华人民共和国国务院，2011，2016）。2014 年，《国家应对气候变化规划（2014—2020 年）》提出了中国 2020 年前应对气候变化的主要目标和重点任务。2015 年，中国向《联合国气候变化框架公约》秘书处提交了应对气候变化的国家自主贡献（NDCs）文件《强化应对气候变化行动——中国国家自主贡献》，明确提出中国 CO_2 排放量在 2030 年左右达到峰值并力争尽早达峰、单位国内生产总值 CO_2 排放量比 2005 年下降 60% — 65%、非化石能源占一次能源消费比重达到 20% 左右、森林蓄积量比 2005 年增加 45 亿立方米左右等一系列目标。

我国省市级均进行了应对气候变化立法的有益性探索。青海和山西出台了应对气候变化的办法，江苏、湖北、四川则开展了省级应对气候变化的立法研究，形成了立法草案。

综上所述，我国初步形成了以五年规划和 NDCs 为主、以生态环境保护领域和能源领域为支撑的应对气候变化的相关法律体系。

（三）管理制度

2018 年 9 月，生态环境部"三定方案"公布。这次改革是为了应对中国长期存在的环境治理职能分散和机构交叉重叠的痼疾。应对气候变化司的职能从发展改革系统转至生态环境系统，需要大量新的能力建设的支持，而政策和相关目标没有改变。应对气候变化工作涉及经济社会发展的方方面面，从来都不是某一个部委能够单独完成的。对于应对气候变化而言，本次机构改革调整有以下优点。

1. 完善应对气候变化体制机制

机构改革后，国务院调整了国家应对气候变化及节能减排工作领导小组的组成单位和成员：2018 年 7 月和 2019 年 10 月，国务院两次调整了国家应对气候变化及节能减排工作领导小组成员。2019 年 7 月李克强总理主持召开了机构改革后领导小组首次会议，对有关工作进行研究部署。目前，全国各地应对气候变化机构改革和职能调整已经全部完成。此外，应对气候变化涉及全球，环境污染治理是国内环境问题治理的工作，但应对气候变化和环境污染治理有很大的潜力进行协同增效。机构调整为我国实现应对气候变化与环境污染治理的协同增效提供了体制机制保障，但也面临新的挑战（中国环境与发展国际合作委员会"全球气候治理与中国贡献专题政策研究组"，2019）。同时我们国家已经提出了到 2020 年、2030 年中长期的应对气候变化的目标，现在最重要的就是抓落实，生态环境系统有非常强有力的监督体系和监督机制，更好地统筹、协调、利用好这样的体系，对推动我们国家应对气候变化目标的实现也具有非常重要的意义。

2. 实现气候变化与环境污染的协同治理

气候变化职能转入生态环境部，对于加强应对气候变化与环境污染治理和生态环境保护的统筹融合是一个非常好的契机。2018 年，生态环境部副部长庄国泰表示，机构改革将应对气候变化工作职能从发展和改革委员会转入生态环境部，是出于"从源头减少化石能源消费，协同推动大气污染防治，打通一氧化碳和二氧化碳控制"的重大考量[①]。应对气候变化、控制温室气体与控制污染物排放有很大的协同性，如果采取恰当的措施，这种协同的效果会更好，因为它们都是由化石燃料燃烧产生的，同根同源。应对气候变化需要采取调整能源结构、优化产业结构等一系列措施，这对大气污染治理也是有利的。因此，应对气候变化和环境污染治理有很大的潜力进行协同增效。在应对气候变化、温室气体排放控制、大气污染治理以及更广泛的生态环境保护的工作中，需要在监测观测、目标设定、制定政策行动方案、政策目标落实的监督检查机制等方面进一步统筹融合、协同推进。

3. 节省协调成本，提高行政效率

气候与环保职能整合有助于降低部门之间的协调成本，提高行政效率；这两者虽然控制的内容不一样，但是针对的对象基本是一致的，统一管理体系有利于降低企业的守法成本；另外，中国的温室气体和污染物排放主要源于不合理的产业和能源结构，有利于降低治理成本，提高治理效果。机构改革不仅仅是部门人员和部门的重新组合，以及机构规模的扩大，更重要的是对职能进行整合。温室气体控排与大气污染物减排目标的管理机制设计思路有所差异，机制改革有助于实现排放物减排管理机制优化，在减少企业减排负担和政府管理成本的同时确保减排效果。气候司从国家发展和改革委员会划到生态环境部，有助于组建一个职能协调、运转高效、监管有力的"强部"，并希望通过整合协调，同时应对国内严峻的环境问题和紧迫的全球环境问题。

（四）区域政策

试点示范是中国探索绿色低碳发展的新模式，是创新应对气候变化工作的重要尝试和抓手。开展不同层次、不同区域的试点示范，对完善应对气候变化政策体系、增强政策针对性和可操作性，发挥了重要作用。

---

① 发电行业碳配额分配技术指南有望出台，首批重点排放单位名单拟定中 . http：//www. ideacarbon. org/news_free/46711［2020-11-2］.

1. 低碳省份和低碳城市试点

2010 年、2012 年和 2017 年，国家先后分三批选择广东、湖北等 6 省和北京、深圳、广元等 81 个市区县开展低碳省份和低碳城市的试点工作。积极探索工业化城镇化快速发展阶段既发展经济、改善民生又应对气候变化、降低碳强度、推进绿色发展的做法和经验。

各试点综合考虑应对气候变化的要求和本地实际，结合经济与社会发展规划，提出本区域低碳发展的目标体系，并探索区域制度创新，结合国家规划和地区实践形成一批可复制、可推广的低碳发展制度。例如，安徽六安——低碳发展绩效评价考核，安徽淮北——新增项目碳核准准入机制，山东济南——重大项目碳评价制度，浙江金华——重点耗能企业减排目标责任评估制度，福建三明——碳数据管理机制与森林碳汇补偿机制，江苏南京——碳总量与强度双控制度（表 2.2）。

表 2.2　典型城市的创新做法

典型城市	创新做法
江苏南京	碳总量与强度双控制度， 碳排放权有偿使用制度
江苏常州	碳排放总量控制制度， 低碳示范企业创建制度， 绿色建筑发展及推广
安徽六安	低碳发展绩效评价考核， 绿色低碳和生态保护市场体系
安徽淮北	新增项目碳核准准入机制， 碳金融制度
福建三明	碳数据管理机制， 森林碳汇补偿机制
山东济南	碳排放数据管理制度， 碳排放总量控制制度， 重大项目碳评价制度
湖南长沙	试点"三协同"发展机制， 碳积分制度
浙江金华	重点耗能企业减排目标责任评估制度

2. 低碳工业园区

为贯彻落实《国务院关于印发"十二五"控制温室气体排放工作方案的通知》和《工业领域应对气候变化行动方案（2012—2020 年）》，2013 年 10 月，工业和信息化部与国家发展和改革委员会联合开展国家工业园区试点工作，发布《工业和信息化部、国家发展改革委关于组织开展国家低碳工业园区试点工作的通知》（工信部联节〔2013〕408号），研究制定相应的评价指标体系和配套政策，推广一批适合中国国情的工业园区低碳管理模式，引导和带动工业低碳发展。

2014年6月，工业和信息化部与国家发展和改革委员会审核公布了第一批55家国家低碳工业园区试点名单。2015年批复同意了39家低碳工业园区试点实施方案。各试点园区通过推广可再生能源，加快传统产业低碳化改造和新型低碳产业发展。通过3年左右的时间，打造一批掌握低碳核心技术、具有先进低碳管理水平的低碳企业，探索适合我国国情的工业园区低碳管理模式，引导和带动工业低碳发展。

3. 低碳社区试点

"低碳社区"是指通过构建气候友好的自然环境，以及房屋建筑、基础设施、生活方式和管理模式，降低能源资源消耗，实现低碳排放的城乡社区（国家发展和改革委员会，2014）。2015年2月，国家发展和改革委员会印发《低碳社区试点建设指南》，对城市新建社区、城市既有社区、农村社区的试点选取要求、建设目标、建设内容及建设标准进行分类指导，并于同年启动《低碳社区试点评价指标体系》和低碳社区碳排放核算方法学研究。

中国各省级地方政府根据《低碳社区试点建设指南》以及相关要求，结合本地区实际情况，制定了具体的低碳社区建设和规划发展目标及相关政策，低碳社区试点工作在中国地方全面展开。

4. 低碳城（镇）试点

2015年国家发展和改革委员会印发了《关于加快推进国家低碳城（镇）试点工作的通知》，选定广东深圳国际低碳城、广东珠海横琴新区、山东青岛中德生态园、江苏镇江官塘低碳新城、江苏无锡中瑞低碳生态城、云南昆明呈贡低碳新区、湖北武汉花山生态新城、福建三明生态新城作为首批国家低碳城（镇）试点。组织8个低碳城（镇）试点单位研究编制了试点实施方案并完成批复。试点重在吸收借鉴国际先进经验，结合各地实际情况，建成一批产业发展和城区建设融合、空间布局合理、资源集约综合利用、基础设施低碳环保、生产低碳高效、生活低碳宜居的国家低碳示范城（镇）。

此外，还开展了绿色交通试点示范，碳捕集、利用与封存（CCUS）试点示范，海绵城市试点等。开展碳排放权交易试点，探索市场化减碳机制，为全国碳市场建设积累经验。

总结来看，各地在推进低碳城市试点工作的过程中，开拓创新，争做典范，取得了明显成效，积累了许多值得推广的经验，同时也暴露出制约低碳发展的问题和短板。试点地区在低碳发展目标设定、转型路径探索和低碳发展动力转换等方面与社会的预期仍有差距，尤其在经济下行压力下，一些试点城市表现出一定程度的动力不足（庄贵阳，2020）。

（五）行业政策

行业部门是中国行业政策制定的主体，行业政策既体现了国家应对气候变化的总体战略要求，也体现了行业发展的特点和未来发展趋势，总体来看，中国行业气候变化政策具有以下特点。

1. 坚持把应对气候变化作为行业转型升级的重要着力点

中国的能源、工业、建筑、交通、农业等行业，既是国家发展的重点领域，也是温室气体排放的主要来源。改革开放以来，这些行业均保持了高速发展，产业规模在全球位居前列，但同时也存在大而不强、结构不优等问题。近年来，中国制定的一系列能源、工业、建筑、交通等行业发展规划和重大政策文件，均将应对气候变化和绿色低碳发展作为重要内容纳入政策框架，通过行业的结构调整、技术进步，推动行业的绿色发展，同时以绿色低碳为重要的政策导向，形成行业转型升级的倒逼机制，实现气候变化政策与产业政策相互融合促进。例如，2015 年国务院公布《中国制造2025》，将绿色发展作为重要的指导思想，将全面推行绿色制造作为重点任务，并提出了单位工业增加值能耗和 CO_2 排放量下降目标，形成了完整的政策体系。

2. 重视发挥行业规划统领作用

中国的行业政策，注重整体设计和长远规划。行业专项规划，是中国国家中长期规划体系的重要支撑性规划。一般来说，为了配合国家的五年规划，行业主管部门会组织编制本行业五年规划或中长期战略，明确本行业 5—10 年的发展目标。其中，绿色低碳发展是行业发展的重要任务和重点政策，规划一般会明确行业绿色低碳发展的主要约束性和指导性指标，以及具体的发展任务。同时，在国家总体应对气候变化战略规划制定出台后，行业主管部门在本行业分解落实国家总体目标任务。因此，对于中国行业应对气候变化政策来说，行业主管部门具有主导力，是主要的政策制定和实施者。行业的应对气候变化政策，往往具有较强的部门色彩和路径依赖。

3. 财税政策在政策工具中的作用比较突出

作为一个转轨国家，中国的市场化改革任务仍未全部完成。政府行政手段在行业运行调节中仍然发挥着较为突出的作用。与此相应，财政激励和税收优惠政策，由于操作比较简便，并易于同中国现行的行政管理体制相衔接，因而成为最为关键和重要的经济政策。中国对节能降碳的财政激励政策，体现在经济发展的各个层面，主要包括：优化产业结构，淘汰落后和过剩产能，开展低碳技术的研发应用和示范，实施重大节能工程，促进节能和绿色产品消费，推行绿色产品政府采购，控制煤炭消费和实行天然气替代，发展太阳能、风能、沼气等可再生能源，鼓励煤层气开发利用，推广新能源汽车等。在税收政策方面，制定了阶梯电价、阶梯水价制度，实行差别化的消费税政策。在此前对原油、天然气、煤炭、稀土、钨、钼等6个品目实施资源税改革的基础上，将合适的品目全部改为从价计征，清理收费基金，落实合同能源管理项目税收优惠政策，进一步完善节能、资源综合利用等企业和产品的税收优惠。

4. 重视发挥技术创新和应用的支撑作用

创新发展是中国经济社会发展重要的政策导向。低碳技术创新和推广应用既是产业转型升级的重要手段，也是行业应对气候变化的重要途径。近年来，中国着力推动低碳技术创新和应用，利用新技术、新工艺、新设备改造提升传统产业，显著提升能源、工业、建筑、交通等行业技术水平，也推动行业碳排放强度大幅降低。例如，在能源行业加快推动超超临界发电机组、大型水力发电机组、新一代核电、大型太阳能、风能发电设备应用，使得行业技术能效水平达到世界先进水平。加快推进信息化和工业化深度融合，加快传统工业生产设备的大型化、数字化、智能化、网络化改造。例如，在钢铁工业推动煤粉催化强化燃烧、余热、余能等二次能源回收利用等减排关键技术；在有色金属工业采用高效节能采选设备、冶炼过程能耗控制与优化技术；在石油石化工业采用新型化工过程强化技术、工业排放气高效利用技术等。推动建立以企业为主体、产学研相结合的技术创新体系，推动建立以市场为导向、多种形式相结合的低碳技术和产业联盟，形成良好的技术支撑和保障体系。

（六）资金政策

近年来，中国在气候投融资领域开展了积极探索，为推动气候投融资机制建设奠定了重要基础。在国务院印发的《"十三五"控制温室气体排放工作方案》中着重提出了"出台综合配套政策，完善气候投融资机制，更好发挥中国清洁发展机制基金作用，积极运用公共私营合作制（PPP）模式及绿色债券等手段，支持应对气候变化和低碳发展工作"，同时提出要在"十三五"期间"以投资政策引导、强化金融支持为重点，推动开展气候投融资试点工作"。在七部委联合发布的《关于构建绿色金融体系的指导意见》中共有 20 处提到了"气候"或"碳"，并专门论述了"发展各类碳金融产品"。气候金融与绿色金融范畴有大量交叉但各有侧重，绿色金融服务于环境保护，气候金融服务于应对气候变化，而气候变化问题是环境问题的累进表现形式，也属于环境保护的范畴（王遥等，2019）。

其实早在 2011 年，中国就已经启动了北京、天津、上海等 7 省市的碳排放权交易试点工作，2017 年发布了《全国碳排放权交易市场建设方案（发电行业）》。此后，气候投融资机制也在不断发展。2016 年，中国增设"低碳信贷合计"的统计口径，为统计绿色信贷设定制度标准，中国证券监督管理委员会于 2016 年和 2017 年两次修改上市公司年报信息披露准则。2017 年 5 月，发布了《金融业标准化体系建设发展规划（2016—2020 年）》。其发布的《绿色债券发行指引》《中国证监会关于支持绿色债券发展的指导意见》《绿色债券支持项目目录（2020 年版）（征求意见稿）》等指导性文件也推动了绿色债券的发展。

2020 年 10 月 20 日，生态环境部、国家发展和改革委员会、中国人民银行、中国银行保险监督管理委员会和中国证券监督管理委员会联合发布了《关于促进应对气候变化投融资的指导意见》（环气候〔2020〕57 号），这是气候投融资领域的首份政策文件，且紧随习近平总书记提出新达峰目标和碳中和愿景后发布，对指导和推动气候投融资工作、助力实现新达峰目标和碳中和愿景具有里程碑式的意义。

1. 资金来源

根据资金的特点，应对气候变化的资金一般又可归为公共资金、公共－私人资金和私人资金三大类。综合来看，可以将气候资金来源分为国内公共财政资金、国外公共资金、碳市场资金、传统金融市场（包括国际金融市场和国内金融市场），以及企业直接投资（包括国内企业直接投资和外商直接投资）、慈善事业和非政府机构几个方面。虽然做上述分类，但这几部分资金来源并不是完全独立的，而是相互关联或有所重合的。

目前主要的国际融资渠道面临资金规模萎缩的风险，如国际资金和清洁发展机制（CDM）资金，或面临大幅增加投入规模的资金限制，如财政预算；或仍处于没有完全发挥融资潜力的阶段，如传统金融市场和当前的碳市场。2008 年美国次贷危机以及2010 年欧洲主权债务危机导致欧美各国纷纷开始推行财政紧缩措施，这导致发达国家公共资金来源的收入不能保证，向发展中国家转移气候资金的承诺很难落实。另外，国内气候变化公共资金供需缺口较大，关键的公共财政资金还没有直接与气候变化相关的资金收入，这增加了公共财政支持应对气候变化的资金压力（王遥，2013）。总体来看，公共资金未能发挥其应有的引导社会资金投资的价值，公共资金对社会资本的引导能力还相当不足。

此外，中国传统金融市场的资金潜力也尚未充分挖掘。虽然中国银行保险监督管理委员会大力推动绿色信贷的发展，但绿色贷款占贷款总量的比重仍然不高；债券融资和股权融资市场规模也相对较小。融资风险以及渠道狭窄限制了气候融资各个参与方的发展，尤其是对于企业来说，单纯依靠内部融资无法满足公司逐渐增长的资金需求，同时外部融资渠道也非常有限。

2. 资金政策工具

政策工具，即实现气候资金转移、分配所使用的公共财政工具或金融工具。气候资金的主要媒介机构使用多种不同的融资工具，向气候领域进行投资。中国气候投融资工具主要包括赠款、优惠贷款、政策激励、碳信用及衍生品、绿色债券、绿色基金、市场利率贷款和公司股权等。

国家发展和改革委员会、中国人民银行、中国证券监督管理委员会等相关部门积极推动绿色债券市场的发展，均制定了积极的绿色债券政策制度，分别发布了《绿色债券发行指引》《绿色债券支持项目目录》《中国证监会关于支持绿色债券发展的指导意见》等指导性文件，大力推动了绿色企业债、绿色金融债、绿色公司债等多种绿色债券的发展。

国家发展和改革委员会于 2011 年启动了北京、天津、上海、重庆、湖北、广东、深圳 7 省市碳排放权交易试点工作，扎实推进了碳市场的建设。试点地区探索实践了包括碳配额质押贷款、碳配额回购、碳债券、碳基金等在内的碳金融产品创新。2017 年底，国家发展和改革委员会和相关主管部门宣布全国碳排放权交易市场启动并公布了《全国碳排放权交易市场建设方案（发电行业）》，明确了交易主体及品种、支撑体系及监管机构、建设步骤等。

3. 气候资金的使用

气候资金的主要流向包括减缓、适应、能力建设及国际合作等领域。气候资金流向减缓领域的比重相对较大；能力建设需要前期大量投资。应对气候变化对于政府、企业和公众来说是一个全新的领域，在初期需要投入资金以支持政策的顶层设计、体制和机制建设、温室气体排放量的统计核算能力的形成、科研能力的提高、人才的培养、企业气候变化业务能力的提升以及公众意识的培养等基础能力的建设。气候变化问题属于全球性议题，因此气候投融资活动需要在全球背景下开展，包括与发达国家和发展中国家的气候投融资的国际合作。

中国目前正在发挥负责任大国作用，积极推动气候投融资的国际化进程。一是加强应对气候变化南南合作。二是拓展气候投融资渠道。成立亚洲基础设施投资银行、丝路基金，发挥中资银行等金融机构作用从而引导更多资金流入减缓和适应领域。三是创新气候投融资工具。以气候债券为例，2016 年以来，我国境内发行人累计向境外发行了多只气候债券。例如，2017 年 10 月 30 日，中国工商银行于卢森堡证券交易所发行 21.5 亿美元"一带一路"绿色气候债券；2018 年 6 月 15 日中国工商银行伦敦分行发行了 15.8 亿等值美元的气候债券标准认证的绿色债券；2019 年上海证券交易所、深圳证券交易所与卢森堡证券交易所深化绿色债券领域跨境合作，开展了跨境绿色债券信息展示活动。

（七）协同政策

气候变化与空气污染的协同治理符合我国国情与治理现实的需要。我国在工业化和城市化进程当中消费大量能源，而我国当前能源结构仍然以煤为主，使得我国温室气体与常规空气污染物排放总量高居不下，减排和环境质量改善还需要较长时间。中国作为世界上最大的发展中国家，治理空气污染更具有紧迫性，更加有必要将两类政策有效结合。过去长时间内，我国气候变化与空气污染的治理分属于不同部门。气候变化主管部门主要通过制定能源规划、能效标准与产业政策以控制温室气体的排放，而空气污染的主管部门则通过末端排放治理、企业生产调节等措施来降低空气污染物的排放，两类政策的协同性相对较弱。

自 2013 年以来，我国政府投入大量人力与财政资源，加强对空气污染物重点排放源实施末端治理，很大程度上改善了我国城市地区空气污染的严重局面。但是，末端排放治理只能减少一定比例的污染物排放。例如，脱硫设施的平均二氧化硫（SO_2）去除率约为 95%，脱硝设施平均的氮氧化物（NO_x）去除率约为 85%，而现实中由于各种因素，真实的去除率远达不到理想状况。况且由于近年来脱硫、脱硝、除尘等设施的普及，中国通过末端排放治理实现减排的潜力已经基本用尽。要想从根本上改善我国的空气质量，则需要通过产业结构、能源结构、交通结构与用地结构的调整，大幅减少化石能源的燃烧。而这些领域的结构调整，也是促进我国碳达峰的根本手段。

以电力部门为例，作为中国最大的 CO_2 排放源，中国火力发电约占全国碳排放总量的50%（IEA，2019）。2018年，中国火力发电总装机容量达到11.4亿千瓦（其中燃煤10.1亿千瓦），占电力部门总装机容量的60%与全年发电量的71%。同时，火电部门也是中国重要的 SO_2、NO_x 和粉尘等空气污染物排放源，是造成近年严重空气污染的重要原因之一。近年来，中国通过推进淘汰落后机组与超低排放改造等措施，大幅度减少了火电部门的污染物排放。但是，根据研究测算，2014—2017年全国火电末端排放治理只减少了65%的 SO_2、60%的 NO_x 与72%的粉尘排放（Tang et al.，2019），且 CO_2 的排放有7.7%的增长。清华大学张强教授团队对我国电力、工业、居民和交通领域6种空气污染物排放变化的研究表明，2010—2017年绝大多数减排量都是由末端排放治理实现的（图2.1），仅在居民供暖方面，由于"煤改气""煤改电"等措施的推进，小范围实现了减少化石能源使用导致的减排。在当前通过末端排放治理实现减排的潜力大幅下降的情形下，未来推进减少化石能源使用总量的政策，是实现进一步深度减排的重要途径。

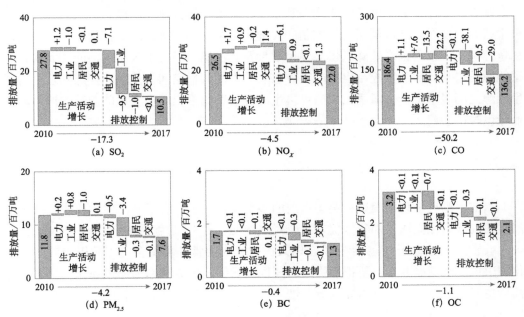

图2.1　2010—2017年电力、工业、居民和交通领域六种空气污染物减排驱动因素分析

资料来源：Zheng 等（2018）

二、我国低碳发展政策体系存在的主要问题及形势判断

（一）阶段性目标及减排路径还有待明晰

2020 年 9 月 22 日，中国国家主席习近平在第七十五届联合国大会一般性辩论上发表重要讲话强调："中国将提高国家自主贡献力度，采取更加有力的政策和措施，二氧化碳排放力争于 2030 年前达到峰值，努力争取 2060 年前实现碳中和。"[①] 远期目标已经确定，但如何将碳中和的远景目标与"十四五"规划、2035 年基本实现现代化以及 2050 年实现社会主义现代化强国目标有机结合，还有待回答。此外，各地区、各行业支撑碳中和的目标、路径和政策也有待进一步明确。

（二）国家层面的碳排放总量控制制度缺位

现有能源总量和强度双控制度不利于实现温室气体排放总量控制，并容易抑制可再生能源的发展。能源消费总量控制的关键是控煤，用碳排放总量控制代替能源消费总量控制，不仅可以有效降低煤炭使用增量及其占比，而且不限制清洁能源尤其是零碳能源的增长。碳总量控制也给了地方政府更多的选择空间，使其在控煤和发展可再生能源之间寻求平衡，激励其提高可再生能源消费比重，同步实现能源结构调整和产业绿色转型发展。

（三）应对气候变化立法缺位

当前，世界上包括美国、英国在内的多个发达国家都有了专门性的或者类似于专门性的气候变化立法，而我国仍未有应对气候变化的专门性法律的出台。全国人民代表大会常务委员会于 2009 年在《全国人民代表大会常务委员会关于积极应对气候变化的决议》中明确要求，要把加强应对气候变化的相关立法作为形成和完善中国特色社会主义法律体系的一项重要任务，纳入立法工作议程。然而，我国作为最早制定实

---

① 习近平在第七十五届联合国大会一般性辩论上发表重要讲话 . http://www. xinhuanet. com/politics/leaders/2020-09/22/c_1126527647. htm［2020-11-2］.

施应对气候变化国家方案的发展中国家，始终未能将应对气候变化法纳入实质性立法程序。

"碳排放权交易管理暂行条例"也尚未正式出台。目前有关部门正在对"碳排放权交易管理暂行条例"进行立法审查。该条例作为全国碳市场制度建设的重要进展，为中国碳市场建设提供了政策基础和立法保障。然而，时至今日，条例仍未正式出台，这不利于全国碳市场的运行启动与向更多行业进一步推广。

（四）我国碳市场建设进展缓慢，行业纳入范围较小

相比于预期，我国碳市场目前发展比较缓慢。在碳交易试点运行过程中，各试点之间的碳交易规模和碳交易价格有明显不同。此外，目前全国碳市场开启，但仅涉及了电力领域，而其他过去预期纳入碳市场交易的如化工、钢铁、有色金属等部门，由于多种因素还没有纳入全国碳市场交易的范围，因此我国现有碳市场建设步伐慢于预期，需要进一步加快建设。

（五）职能部门间协同作用未充分发挥

我国近年来实施了应对气候变化的职能转隶行动，因此同中央层面一样，地方的应对气候变化相应职能也同样从过去的发展改革部门转向地方的生态环保部门。然而，在低碳发展的政策执行能力方面，当地生态环境保护部门的能力远不如发展改革部门，因此地方层面的低碳发展政策执行能力面临着不足。此外，目前我国的低碳发展行政管理体系还存在着部门职能交叉重叠、利益切割明显、政策执行效率低的问题。应对气候变化的职能转隶并没有解决政策执行不畅的问题，而且还带来了比如应对气候变化与能源转型、产业转型等协同治理的问题。

（六）气候投融资政策体系尚不健全

我国尚未建立比较完善的碳定价制度。相比于政府投资，社会资金主动性和投入不足，对民营经济、中小企业投入太少。此外，当前我国应对气候变化融资渠道狭窄，还未形成市场撬动效应。当前我国气候资金大多投向了减缓领域中节能减排、可再生能源等领域，用于适应、能力建设、国际合作领域的资金投入不足。若要实现 2030 年碳达峰目标，来自碳市场、绿色信贷和绿色债券等传统金融市场、自有资

金、私有资金的需求缺口巨大，年均气候资金缺口高达 1.4 万亿—2 万亿（柴麒敏等，2019；李碧浩等，2017）。

（七）公众对低碳发展认知水平不足，参与度不够

目前我国与发达国家在低碳发展的社会参与水平上有较大差距。当前公众对于我国低碳发展的概念内涵、目标体系、具体行动以及公众自身定位都缺乏系统理解。以上不足导致公众对于我国低碳发展的参与度不够，而公众的低碳理念和行动是我国最终实现高质量低碳发展的关键一环。因此学习发达国家在公众低碳、理念培育方面的经验是十分必要的。

（八）对消费端减排重视不足

由于当前的经济结构和产业结构特征，我国的行业低碳发展体系主要面向生产领域，而对引致生产类碳排放的消费领域重视不够。随着我国经济转型，势必要将低碳发展的关注重点，由生产转向消费。

三、碳中和目标下完善我国低碳发展政策体系的建议

（一）面向碳中和制定近中远期一致的低碳转型目标与路径

以制定和实施"十四五"规划、"美丽中国 2035 计划"、"世纪中叶战略"为契机和抓手，建立健全应对气候变化与经济绿色低碳发展、产业提效升级、能源低碳转型的部门协调机制，形成有效的统筹手段，实现协同控制、协同管理、协同效应，具体体现中国在全球气候治理中的引领作用。"十四五"是落实和强化 NDCs 目标的关键时期，要保持战略定力，坚定走绿色低碳循环的可持续发展路径，坚持节能降碳不放松，控制能源消费和 CO_2 排放的反弹和增长，制定并实施 CO_2 排放总量控制制度。在力度上，要确保 NDCs 目标实现，力争"十四五"碳减排力度不降低。在指标的设定上，采用碳排放总量、碳排放强度、能源结构调整三类目标相结合的方式。甄选东部相对发达地区和工业部门特别是高耗能原材料部门，制定"十四五"重点地区和重点行业实现碳达峰的目标和路线图。加速推动碳排放权交易制度完善和市场建设，逐

步取代用能权交易。

以推动 CO_2 排放早日达峰为着力点，促进产业转型升级和经济高质量发展。借助国家加快实施创新发展战略的东风，把握低碳技术发展和低碳产业变革的重大机遇，从中国发展阶段和能源资源禀赋等基本国情出发，着眼于形成、保持和提高整体技术体系的竞争比较优势并将之转化为产业竞争优势。同时，明确低碳技术创新的主攻方向和突破口，超前规划布局，构建完整的低碳技术体系，提升中国未来低碳发展的技术和产业竞争力，着力构建绿色低碳循环发展的经济体系，并引领世界走向低排放的、气候适应型的经济社会发展道路。

（二）加快应对气候变化法律的顶层设计

2015 年出台的《中共中央 国务院 关于加快推进生态文明建设的意见》进一步明确要研究制定应对气候变化等方面的法律法规。2016 年"应对气候变化法"被列入《国务院 2016 年度立法计划》中的"研究项目"，但该法律始终未能进入实质性立法程序，目前仍未能出台，这对我国应对气候变化工作造成了上位法缺失的遗憾。

近期来看，要加强与立法机构的深度互动，推动气候变化议题在更高政治决策层的显示度和影响力。在当前立法资源紧张的情况下，可考虑通过修订与应对气候变化相关的法律法规将应对气候变化内容融入其中，特别是环境保护与能源发展等领域的法律法规，从加强对常规大气污染物的协同控制等角度提出控制温室气体的排放，最大限度地优先确保应对气候变化相关工作有法可依。中长期来看，为实现长期低排放战略，应考虑制定颁布一部专门的应对气候变化法，为相关工作提供法律依据和保障，填补生态环境领域气候变化立法空白，构筑完整的生态文明法律体系（田丹宇和郑文茹，2019）。

（三）加速推动全国碳市场落地及其配套制度建设

一是继续完善全国碳市场顶层设计，提供长期稳定的市场预期。对于碳市场的顶层设计与阶段性建设目标，需要长期视野，并且与新时代中国特色社会主义发展的新要求和我国全面建设社会主义现代化国家的两个阶段目标相匹配。碳市场未来需要通过确保配额总量的稀缺性、包含碳金融在内的市场机制设计以及严格的市场监管来使碳价保持在一定水平，从而实现市场主体对市场碳价格的长期稳定预期，并通过有效的价格传导机制实现对企业投资决策的影响，从而推动企业加强低碳技术与产品的创新。二是夯实碳市场建设的法律基础。产权明晰是建立碳排放要素市场的前提（Partnership for Market Readiness and International Carbon Action Partnership，2016；于天飞，2007），明晰碳排放权的资产属性，包括碳排放权是否需要以及是否能够被赋予财产权属性，避免碳排放权的分配和交易过程中的市场失灵，同时对于违约的严格执法也有法律依据，可以有效地保障碳市场的顺利运行。三是做好国家和地方机构改革过程中的政策衔接与能力建设。四是制定碳市场国际合作路线图，设定分阶段目标与重点任务。一方面，继续加强与欧盟等发达国家和地区的合作，通过借鉴国际碳市场的发展经验和教训，完善我国碳市场的顶层设计，预判市场发展过程中可能出现的问题。另一方面，随着"一带一路"倡议的深入推进，我国可以考虑推动"一带一路"沿线国家加入碳市场互联互通合作，并在这个过程中参与相关国际规则的制定，制定碳市场国际合作路线图，设定分阶段目标与重点任务，从而和我国推进人类命运共同体建设的各项举措更好地进行衔接。五是在开展碳交易的同时，中国仍有必要为开征碳税预留政策窗口，并择机推动碳税政策落实。由于政府管理能力和企业交易能力的限制，碳市场并不能覆盖所有的企业和碳排放量，而且碳市场存在价格失灵的可能（Zhu et al.，2019）。另外由于中国地区发展差异大，单纯依靠碳市场难以有效调节各地的碳排放行为，因此单靠碳交易机制不能充分实现中国碳减排的目标。基于实际国情，我们有必要为碳税预留政策窗口，择机与碳交易并行应用、协调配合。

（四）推动地方和行业形成促进达峰的政策合力

为确保推动地方、部门和行业采取行动的效力和国际显示度、影响力，建议由党中央国务院尽早制定发布"2030年前碳达峰行动方案"。核心内容是推动地方和行业认识达峰行动的重要意义，并要求各地方和重点行业制定达峰路线图和行动方案，明确相关部门在达峰行动中的责任，推动形成促进达峰的政策合力和良治体系。

推动地方和重点行业开展达峰行动。建议生态环境部会同有关部门，支持和推动各省（区、市）结合各自经济社会发展实际和实现高质量发展的要求，深入研究各地 CO_2 减排潜力，适时提出明确的达峰目标年，制定达峰路线图、行动方案、重点项目和配套措施，并纳入地方和行业发展规划，切实加以落实。对于已经提出达峰目标的省市，要进一步加强对目标力度和可行性的论证，并在2021年发布达峰行动方案；对于东部经济发达和工作基础好的省市，要求于2021年底之前发布其 CO_2 排放达峰目标年和行动方案；对于经济社会发展相对落后、工作基础不足的省市，要在2023

年之前确定 CO_2 排放达峰目标年并制定发布行动方案。研究提出重点行业 CO_2 排放达峰的具体要求，包括达峰时间、重点技术、重大举措，优先推动在高耗能、高排放行业开展达峰行动。同时，探索地方和行业在达峰目标、政策措施上相互协调的手段和路径。

（五）完善气候投融资政策体系

一是贯彻落实《关于促进气候投融资工作的指导意见》，逐步构建气候投融资政策体系。将气候因素纳入现有的绿色投融资体系，从源头上确保气候友好的投融资导向，为引导市场主体开展气候投融资活动和规范金融机构产品创新提供标准依据，推动构建有利于气候投融资工作的政策环境。二是尽快启动气候投融资地方试点工作。尽快选择有条件的城市，启动第一批气候投融资试点工作，鼓励和引导试点城市探索差异化的气候投融资发展路径和模式，推动形成可复制、可推广的先进经验和最佳实践。三是鼓励开展气候投融资产品和工具创新。大力发展气候信贷，针对气候友好型项目出台信贷优惠政策和相关税收减免政策。推动发行气候债券，探索开展气候保险业务，鼓励金融机构在服务模式、金融产品、风险管控等方面不断创新实践。结合碳市场建设，在保证碳市场稳步发展、风险可控的基础上，进行碳金融产品的开发研究，做好相关政策储备。鼓励互联网金融企业围绕气候投融资开发金融科技业务，利用"互联网＋金融"提供多样化、个性化、精准化的气候投融资产品，助力气候投融资方式的创新，更好地帮助中小型企业开展绿色低碳项目。四是推动制定气候投融资标准。总结多边金融机构、政策性和商业银行、企业等在"一带一路"国家的投资实践，分析其面临的绿色低碳投资风险，开发适用、高效、先进的气候投融资标准体系，完善多元资金的治理结构，规范金融机构和企业的投资行为和取向，降低"一带一路"投资的气候风险，帮助东道国实现经济增长的同时，实现其应对气候变化的 NDCs 承诺和可持续发展目标，构建绿色低碳的"一带一路"建设。

（六）完善和创新低碳消费的制度、政策和行动

未来我国将会继续推动产业结构转型，经济内需的扩大将会加大消费领域引致的碳排放压力，因此应加快推进针对消费端控制的低碳发展政策体系构建，这将极大助力于我国实现高质量经济转型。

1. 强化宣传教育，提高低碳消费意识

在全社会积极开展低碳消费宣传教育是培育低碳消费的基础性工作。低碳消费始于消费者的意识和觉悟，没有消费者自身改变的能动性，就不会有低碳消费的转化。降低低碳消费成本的基本前提是扩大低碳产品生产的规模，这需要政府、企业和消费者的共同努力。政府引导低碳消费方式，既是公众对提高自身生活品质提出的公共诉求，也是经济社会可持续发展的内在要求（国家应对气候变化战略研究和国际合作中心，2019）。政府可以从加强低碳消费价值观的培养和引导方面采取系统的措施来影响消费者低碳消费的态度，从而影响消费者低碳消费的意愿和行为。政府和企业可以通过为消费者提供更多的低碳或低碳消费信息和知识，来转变消费者的低碳消费态度和增强其低碳购买意愿。

2. 扩大低碳产品和服务的供给

一是尽快推进低碳产品认证工作。低碳认证和低碳标识是提高消费者认知的重要手段，应尽快推进现有低碳产品的认证工作，降低消费者甄别低碳产品的成本，提高低碳产品在市场中的识别度和占有率。二是党政机关、学校、医院等公共机构要率先垂范，优先采购和使用绿色低碳产品。开展创建节约型机关、低碳学校、低碳社区、低碳医院等。三是科学规划城市建设，合理布局城市功能分区，发展低碳化的公共休闲娱乐设施和文化消费基础设施，大力发展城市公共交通，为低碳出行提供便利。

3. 加大推动循环经济发展力度

推动落实生产者责任延伸制度，构建企业和社会绿色低碳供应链，把生产者对其产品承担的资源环境责任从生产环节延伸到产品设计、流通消费、回收利用、废物处置等全生命周期，通过生命周期管理促进低碳生产和消费。

4. 建立并完善低碳消费的治理机制

明晰政府相关部门在推动绿色消费中的职能定位，在促进低碳消费的起步阶段，政府要发挥主导作用，把低碳消费纳入经济社会发展规划，制定分阶段目标，有计划、有步骤地推进低碳消费。强化消费者协会推动绿色消费的职能作用，鼓励企业承担更多的环境社会责任，同时建立面向社会公众的绿色消费激励和惩戒制度。

（七）改革完善全球气候治理体系

一是坚持在多边框架下开展气候变化国际合作，积极主动与美国、欧盟等一起发挥引领作用，携手形成新的全球气候政治领导力，遵照《联合国气候变化框架公约》原则，促进《巴黎协定》的全面有效实施。并通过一轨半或二轨对话，在全球治理更加广泛的领域中探索拓展领导力的机会。二是强化与欧盟的绿色合作伙伴关系，推动中欧气候与环境高层对话，同时在地方政府、企业、智库等多层面展开对话交流，加强关于《生物多样性公约》第 15 次缔约方会议（COP15）以及《联合国气候变化框架公约》第 26 次缔约方会议（COP26）的合作，形成中欧合作的良好态势。三是加强"一带一路"气候合作顶层设计，积极支持"一带一路"共建国家制定低碳发展规划和行动路线图，从单一的商业项目合作模式转变为战略合作，从发展的视角与"一带一路"共建国家开展应对气候变化合作，打造"一带一路"应对气候变化多双边合作平台，支持"一带一路"共建国家更新其 NDCs 目标和制定落实 21 世纪中叶长期温室气体低排放发展战略，推动与发达国家在"一带一路"广泛开展应对气候变化的第三方国际合作。同时坚持义利相兼，百分之百落实南南合作承诺。四是注重调动非国家主体的积极性。随着全球气候变化影响的深化和民众环保意识的增强，国家以外的非国家行为体的作用开始日益凸显出来（于宏源，2018）。鉴于此，中国有必要对非国家行为体的力量和积极作用予以重视，结合当前的全球气候治理形势，因势利导，为非国家行为体参与全球气候治理创造更为有利的环境和条件，利用非国家行为体的力量推动全球气候治理，与非国家行为体组成多种多样的联盟，推动全球气候治理取得实质成效。

参 考 文 献

柴麒敏，傅莎，温新元，等 . 2019. 中国实施 2030 年应对气候变化国家自主贡献的资金需求研究 . 中国人口·资源与环境，29（4）：1-9.

国家发展和改革委员会 . 2014. 国家发展改革委关于开展低碳社区试点工作的通知 . http：//www. gov. cn/xinwen/2014-03/27/content_2648003. htm［2014-3-27］.

国家应对气候变化战略研究和国际合作中心 . 2019. 传播干预公众低碳消费项目成果报告 . https：//www. efchina. org/Attachments/Report/report-comms-20190804/%E4%B8%AD%E5%9B%BD2030%E5%92%8C2050%E5%B9%B4%E4%BC%A0%E6%92%AD%E5%B9%B2%E9%A2%84%E4%BD%8E%E7%A2%B3%E6%B6%88%E8%B4%B9%E9%A2%86%E5%9F%9F%E8%AF%86%E5%88%AB%E6%8A%A5%E5%91%8A. pdf［2019-8-4］.

李碧浩，陈波，黄蓓佳，等．2017．基于 CFDAM 模型的中国气候资金需求分析．复旦学报（自然科学版），56（5）：557-563.

田丹宇，郑文茹．2019．推进应对气候变化立法进程的思考与建议．环境保护，47（23）：49-51.

王遥．2013．气候融资瓶颈亟待突破．能源评论，1:62-63.

王遥，崔莹，洪睿晨．2019．气候融资国际国内进展及对中国的政策建议．环境保护，47（24）：11-14.

于宏源，2018．非国家行为体在全球治理中权力的变化：以环境气候领域国际非政府组织为分析中心．国际论坛，20（2）：1-7.

于天飞．2007．碳排放权交易的产权分析．东北农业大学学报（社会科学版），5（2）：101-103.

中国科学院科技战略咨询研究院课题组．2020．中国实现低碳发展的政策保障体系建设．北京．

中国环境与发展国际合作委员会"全球气候治理与中国贡献专题政策研究组"．2019．全球气候治理与中国贡献 2019 年度报告．http：//www.cciced.net/zcyj/yjbg/zcyjbg/2019/201908/P020190830107215811 332.pdf［2020-11-12］.

中华人民共和国国务院．2006．中华人民共和国国民经济和社会发展第十一个五年规划纲要．http：//www.gov.cn/gongbao/content/2006/content_268766.htm［2020-11-12］.

中华人民共和国国务院．2011．中华人民共和国国民经济和社会发展第十二个五年规划纲要．http：//www.gov.cn/2011lh/content_1825838.htm［2020-11-12］.

中华人民共和国国务院．2016．中华人民共和国国民经济和社会发展第十三个五年规划纲要．http：//www.gov.cn/xinwen/2016-03/17/content_5054992.htm［2020-11-12］.

朱松丽，朱磊，赵小凡，等．2020．"十二五"以来中国应对气候变化政策和行动评述．中国人口·资源与环境，30（4）：1-8.

庄贵阳．2020．中国低碳城市试点的政策设计逻辑．中国人口·资源与环境，30（3）：19-28.

IEA. 2019. CO_2 Emissions from Fuel Combustion. https：//iea.blob.core.windows.net/assets/eb3b2e8d-28e0-47fd-a8ba-160f7ed42bc3/CO_2_Emissions_from_Fuel_Combustion_2019_Highlights.pdf［2020-12-31］.

Partnership for Market Readiness，International Carbon Action Partnership. 2016. Emissions trading in practice：a handbook on design and implementation. Washington，DC：The World Bank.

Tang L，Qu J，Mi Z，et al. 2019. Substantial emission reductions from Chinese power plants after the introduction of ultra-low emissions standards. Nature Energy，4：929-938.

Zheng B，Tong D，Li M，et al. 2018. Trends in China's anthropogenic emissions since 2010 as the consequence of clean air actions. Atmospheric Chemistry and Physics，18：14095-14111.

Zhu J M，Fan Y C，Deng X H，et al. 2019. Low-carbon innovation induced by emissions trading in China. Nature Communications，10：4088.

第三章 建立健全绿色低碳循环发展的经济体系[*]

一、21世纪以来我国经济转型的战略取向

（一）发展转型与可持续发展

自工业革命以来，人类社会的生产力得到了大幅度提升，但也带来了间接性经济危机或金融危机、社会贫富差距拉大、生态环境破坏和气候变暖等一系列问题。尽管一些研究给出的解决方法是"停止增长"，如罗马俱乐部《增长的极限》一书提出"零增长对策"，或者赫尔曼·E.戴利的"稳态经济"（Daly，1973）、美国学者鲍丁的"宇宙飞船经济学"（Boulding，1966），但在实践层面，发展产生的问题最终仍需要在发展中解决，关键在于思路创新，在于转变经济发展方式。

按照经济学界定，经济发展方式是"生产要素的分配、投入、组合和使用的方式"。传统经济增长方式通常是粗放型或要素投入驱动型经济增长，指依靠生产要素的数量扩张而实现经济增长，表现为高投入、高消耗、高排放、产品质量低、经济效益不高；类似的概念还有黑色发展方式（胡鞍钢，2004）、"资源—产品—废弃物"的线性模式、外延式增长等。传统经济增长方式通常适用于工业化水平较低的国家和地区，在要素成本较低的情况下赢得价格优势，但这通常伴随着资源能源大量消耗、污染物和温室气体排放急剧增加、生态空间被大量破坏，以及处于价值链低端等现象，因此不利于社会经济的可持续发展以及跨越"中等收入陷阱"。

具体到经济发展方式的转型方向，关注不同维度就形成了不同的发展转型方向。若侧重经济维度，经济学提出了从粗放型经济增长向集约型经济增长方式转型或从外延式经济增长向内涵式增长转型，强调依靠生产要素的优化组合，通过提高生产要素的质量和使用效率，通过技术进步、提高劳动者素质以及提高资金、设备、原材料的利用率而实现增长。若侧重社会维度，则是包容性增长（inclusive growth）、共享发展

---

* 本章由苏利阳、孟小燕、汪明月、顾佰和执笔，作者单位为中国科学院科技战略咨询研究院。

的转型方向。前者由亚洲开发银行于 2007 年提出，强调经济增长所惠及的就不仅仅是一部分人、少数人，改革的成果也就不会仅仅为少数人、个别人所分享，要使经济发展的实惠更多地为广大的普通老百姓所享受，使更多的普通人群的生活得到实质性的提高和改善；后者是《中共中央关于制定国民经济和社会发展第十三个五年规划的建议》提出的理念。若侧重资源环境保护领域，转型的关键词则为"循环""生态""绿色""低碳"等。

资源环境这一维度下的众多转型方向，同样是各有侧重。循环经济和资源节约型社会的提出，就是为了应对资源消耗过多、经济发展中的资源利用不足等问题，以提高资源利用效率和控制资源消耗总量；生态经济的概念由美国学者 Boulding 于 20 世纪 60 年代提出，强调旨在生态系统承载能力范围内，运用生态经济学原理和系统工程方法改变生产和消费方式，发展一些经济发达、生态高效的产业。绿色经济最早见诸 Pearce 等（1989），在 2008 年国际金融危机后成为热点议题，经济合作与发展组织（OECD）国家于 2009 年通过了部长级理事会宣言，倡导"绿色增长"（OECD，2009）。低碳经济则是由英国政府于 2003 年发布的能源白皮书——《未来能源——创建低碳经济》首次提出的，并在 2009 年联合国气候变化大会前后在国际上广泛传播。

从国际上的实践经验看，经济发展方式转型是一个涉及理念创新、科技进步、制度改革的系统工程，转型成功绝非易事。日本与韩国通过成功转变经济发展方式，跨越了中等收入陷阱，解决了环境公害问题。例如，在经济维度，两国都十分注重教育和科技创新，政府和产业界合作成功实现了产业升级。在社会维度，第一，两国都贯彻了包容性增长的理念，韩国于 1971 年启动"新村运动"，以支持农村建设、缩小城乡差别为目的，将大量政府投资转向农村地区；日本实施了"国民收入倍增"计划，以缩小收入差距。第二，两国同样注重资源环境，在循环经济发展、绿色经济等方面取得了长足的进展。但相当一部分国家陷入中等收入陷阱，难言社会经济的可持续增长，生态环境质量自然也难以改善。

（二）21 世纪以来我国经济发展方式转型方向

改革开放以来，我国取得了巨大的经济成就，但也在短时期内出现了各种资源环境问题，并呈现明显的压缩型、复合型特征。压缩型表现为工业化国家 200 多年发展过程中陆续产生的问题，在我国短期内集中涌现出来；复合型突出表现为资源浪费、环境污染与生态破坏相重合，国内能源环境问题与全球气候变化问题相叠加。以温室气体排放为例，我国于 2006 年超越美国成为全球第一大排放国后，目前碳排放量已超过欧美之和，发展转型的迫切性已经毋庸置疑。可以说，当前我国面临的资源环境问题是前所未有的，要在社会经济发展过程中同步应对各项挑战，任务的复杂性和艰巨性也是世所罕见的（中国科学院可持续发展战略研究组，2014）。

应对这些挑战，显然不是自发的工业化和城镇化进程所能实现的，必须要通过一系列重大发展方式转型以及体制机制变革，才能迈向可持续发展道路。从我国政府决策看，我国很早就开始了探索经济发展方式转型。早在 1995 年，我国在制定第九个"五年计划"时就提出了"两个转型"，即经济增长方式由以粗放型为主向以集约型为主的转变、经济体制由传统计划经济体制向社会主义市场经济体制的转变。进入 21 世纪后，我国加入了世界贸易组织，社会经济发展阶段进入二次重化工业阶段，煤电油运开始全面紧张，拉闸停电的情况在各个地方开始重演，从而国家提出了一系列经济发展方式转型的战略取向（王毅等，2019）。

首先是"新型工业化"，这是 2002 年党的十六大报告提出的概念，要求坚持以信息化带动工业化，以工业化促进信息化，走出一条科技含量高、经济效益好、资源消耗低、环境污染少、人力资源优势得到充分发挥的新型工业化路子。中国提出新型工业化道路的核心目的，是希望自身在工业化进程中，能够避免西方发达国家在工业化进程中出现的"先发展经济、后治理环境""先污染、后治理""先破坏、后建设"的模式。

随后，旨在强调资源循环利用的"循环经济"概念被中国政府采用。中共中央总书记胡锦涛同志在 2004 年中央人口资源环境工作座谈会上强调："要加快转变经济增长方式，将循环经济的发展理念贯穿到区域经济发展、城乡建设和产品生产中，使资源得以最有效的利用。"2008 年，第十一届全国人民代表大会常务委员会通过了《循环经济促进法》。

2005 年，我国又进一步从社会形态的角度提出"资源节约型、环境友好型社会"，即整个社会经济建立在节约资源、环境友好的基础上，形成人与自然和谐共生的社会。党的十六届五中全会指出，"建设资源节约型、环境友好型社会和实现可持续发展的重要途径"。作为两型社会的核心举措，中国在"十一五"时期开始实施大规模节能减排行动。

2009 年国际社会围绕气候变化的讨论不断升温。中国是全球最大的发展中国家，但也是当时第二大温室气体排放国，在国际谈判中承受巨大的压力。在国内外因素的引导下，我国从减缓气候变化的角度，开始倡导"低碳发展"。中共中央总书记胡锦涛同志在 2009 年联合国气候变化峰会上发表讲话，提出"中国将进一步把应对气候变化纳入经济社会发展规划"，"积极发展低碳经济和循环经济，研发和推广气候友好技术"①。

2015 年，习近平总书记在党的十八届五中全会第二次全体会议上提出了创新、协调、绿色、开放、共享的新发展理念，其中就包括了绿色发展。新发展理念成为"十三五"乃至更长时期我国发展思路、发展方向、发展着力点的集中体现，是关系我国发展全局的一场深刻变革，是全面建成小康社会的行动指南，是实现"两个一百年"奋斗目标的思想指引。

总体来看，为解决社会经济发展过程中的资源环境问题，实现可持续发展，我国从不同侧面提出发展方式转型的方向，以协调环境与发展的关系。环境问题与社会经济发展驱动了理念的创新，理念的发展又为开展资源环境保护的实践工作提供了指引。

（三）绿色低碳循环发展是未来经济发展转型的重要方向

党的十九大报告作出了中国特色社会主义进入了新时代的判断，这是我国发展新的历史方位。2019 年我国 GDP 接近 100 万亿元，人均 GDP 突破 1 万美元，居民人均可支配收入首超 3 万元（国家统计局，2020），经济物质基础较改革开放之初有了翻天覆地的变化。但同时，我国以占全球 16% 左右的 GDP，消耗了全球将近一半的钢铁和水泥以及全球将近 1/4 的能源。

展望未来，发展仍然是解决我国所有问题的关键，但发展方式转型的必要性和紧迫性就更为凸显。根据相关研究预测，我国资源和污染密集型产业将在未来 5—10 年相继达到峰值和平台期，这意味着常规污染物排放和主要资源原材料消耗在 2025 年前后相继达到峰值；2020—2030 年，随着我国的人口总量达到峰值，传统意义上的工业化和城镇化基本完成，碳排放总量也将越过峰值进入平台期并开始下降，生态环境质量有望全面向好。但面向 2035 年美丽中国基本建成、2050 年建成富强民主文明和谐美丽的社会主义现代化强国、2060 年实现碳中和的目标，我国的发展转型任务依旧十分繁重。

党的十八大报告把"绿色发展、循环发展、低碳发展"作为实现生态文明建设的重要途径，这构成未来经济发展方式的基本转型方向。只有通过绿色低碳循环发展，更加注重降低消耗、减少污染、修复生态，更加注重发展的质量和效益，使经济社会发展与人口、资源、环境相协调，才能促进经济高质量发展，实现中华民族永续发

---

① 携手应对气候变化挑战——在联合国气候变化峰会开幕式上的讲话. http：//www. gov. cn/ldhd/2009-09/23/content_1423825. htm ［2020-11-12］.

展。绿色发展、循环发展、低碳发展相互关联、相互促进、相互协同，是推进生态文明建设、实现资源高效利用和改善生态环境的根本途径，是解决我国社会主要矛盾、实现高质量发展的重大举措。要将绿色低碳循环发展作为现代化建设的重要引领，贯穿到经济社会发展的各方面和全过程，加快形成节约资源和保护环境的空间格局、产业结构、生产方式和生活方式。

二、绿色低碳循环发展的经济转型与碳中和目标

习近平主席在第七十五届联合国大会一般性辩论上宣布，"中国将提高国家自主贡献力度，采取更加有力的政策和措施，二氧化碳排放力争于 2030 年前达到峰值，努力争取 2060 年前实现碳中和"[①]。经济绿色低碳循环发展转型与碳中和目标紧密相关。

（一）绿色发展与碳中和

与低碳发展和循环发展相比，绿色发展的概念存有广义和狭义之分。广义上的绿色发展，是统筹发展绿色经济、低碳经济、循环经济；狭义上的绿色发展，则是源头上优化空间布局、过程中提高资源能源利用效率、末端减少污染排放，以改善生态环境质量为根本目的的发展方式。狭义上的绿色发展，与碳中和的关系更多地体现的是协同作用，即在生产和消费环节以改善空气质量为主要目的的努力，能够在很大程度上减少温室气体排放，是支撑碳中和的重要方式。

1. 以控制大气污染物排放为重点的产业绿色化与温室气体减排的协同效应

鉴于都是以化石燃料燃烧为来源，应对气候变化、控制温室气体与控制大气污染物排放有很大的协同性。大气污染物主要包括细颗粒物（$PM_{2.5}$）、臭氧、二氧化硫（SO_2）、氮氧化物（NO_x）等，其中绝大部分都是以化石能源的消耗为主要来源。在温室气体来源上，根据中国温室气体清单（不包括土地利用、土地利用变化和林业，即 LULUCF），2014 年 CO_2 占温室气体排放总量的 84%，其中 87% 的 CO_2 来自能源活动。因此，以控制化石能源消费为结合点，有助于实现大气污染物排放与温室气体减排的协同效应。

---

① 习近平在第七十五届联合国大会一般性辩论上的讲话（全文）. http：//www. xinhuanet. com/politics/leaders/2020-09/22/c_1126527652. htm ［2020-11-30］.

　　绿色发展的重要内容是实现产业绿色化，其中控制化石能源消费是实现产业绿色化的倒逼机制之一。通过引导高能耗、高排放、低附加值、低竞争力的企业有序退出，促进产业结构绿色化；以节能减排、清洁生产为原则，对生产流程进行循环化改造，实现原材料减量投入，节能降耗、余热余压、水资源等回收循环利用等；在能源结构调整方面，加快发展可再生能源产业和加快新能源利用，推动煤炭消费量的减少，能够实现产业发展和能源转型的双赢。实际上，从我国"大气十条"和"蓝天保卫战三年行动计划"的内容看，采取的措施包括控制高能耗高污染行业新增产能、推动清洁生产、加快调整能源结构、强化节能环保约束等措施。

　　从协同效应的实际效果看，通过《大气污染防治行动计划》的实施，我国空气质量显著提升，温室气体减排效果同样明显。根据清华大学气候变化与可持续发展研究院、气候变化与清洁空气联盟（2019）发布的《环境与气候协同行动——中国与其他国家的良好实践》报告，中国 2005—2018 年每减排 1 吨 CO_2，相当于减排 $SO_2$2.5 千克、NO_x2.4 千克。当然，不同地区因产业结构、能源结构、城市化水平、气候条件等差异，时空上协同减排的效率是变化和不同的。

　　2. 以生态保护和建设为基础的绿色产业化与增加碳汇的协同

　　在温室气体排放的众多来源中，LULUCF 是极为重要的来源。根据 185 个国家最新提交的国家温室气体排放清单数据，农业以及 LULUCF 部门分别产生了 61.3 亿吨 CO_2 当量的净排放和 14.9 亿吨 CO_2 当量的净吸收，分别占总排放量（不含 LULUCF）的 14.6% 和 3.6%。

　　除了产业绿色化之外，绿色产业化也是绿色发展的重要内容，这就凸显出开展生态保护和建设的重要性，这些举措能够在很大程度上增加碳汇和保护生态环境。例如，人工湿地能够提供水过滤和水清洁服务，同时还具有相当程度的碳汇功能；推动大规模的国土绿化，是生态建设的重要内容；但自然生态系统（森林、农田、湿地）本身已在地上、水中或土壤里储存了大量的碳，而且每年还会吸收更多的碳，所以遏制森林砍伐或生态系统退化就会减少大量碳排放。

　　绿色产业化和生态产品价值的实现，还能够促进对自然资本高度依赖行业如旅游、房地产、农业等产业的发展。正如习近平总书记提出的"绿水青山就是金山银山"，其中，绿色产业化是"绿水青山"向"金山银山"转变的重要途径。绿色产业化按照产业化规律推动绿色发展，按照社会化大生产、市场化经营的方式提供绿色产品或服务，推动绿色要素向生产要素、生态财富向物质财富转变，促进环境与经济良性循环发展。其实质是针对独特的资源禀赋和生态环境条件，通过建立绿色发展与经济建设之间良性循环的机制，实现生态资源的保值增值。正因如此，基于自然的解决方案（NbS）成为应对气候变化的主要内容。

3. 节俭适度为主的绿色消费方式有助于减少碳排放

促进绿色消费是顺应消费升级趋势、推动供给侧结构性改革、培育新的经济增长点的重要手段，也是缓解能源资源压力、减少温室气体排放的重要手段。

绿色消费包括购买绿色产品、消费过程中通过行为改变来减少环境影响、在消费末端让废弃物最大限度回到生产领域并减少污染物排放。绿色消费是近年来随着环保运动发展而兴起的一种理性消费，通常指无污染、无公害、低耗能的节约型消费。绿色消费提倡"量入为出，简约、适度消费"的消费观，倡导消费者选择绿色产品，在消费中尽量不造成环境污染，注重环保、节约资源。大力推动绿色消费对转变发展方式、生活方式以及降低温室气体排放具有重要意义。一方面，绿色消费者倾向购买能源消耗和温室气体排放均较小的产品或服务。例如，倾向选择更高级别绿色低碳能效标识的产品，节约用电用能，选择制造工艺过程中污染少、碳排放低的产品。另一方面，绿色消费倡导废旧物品进行回收再利用而不是随便丢弃，间接减少资源浪费导致的温室气体排放等。同时，消费者对绿色节能产品的关注和需求能够使更多企业主动关注节能降碳目标，引领企业的产品研发和营销朝着绿色低碳方向发展。

2016 年发展和改革委员会等十部委联合出台的《关于促进绿色消费的指导意见》指出"绿色消费，是指以节约资源和保护环境为特征的消费行为，主要表现为崇尚勤俭节约，减少损失浪费，选择高效、环保的产品和服务，降低消费过程中的资源消耗和污染排放"[①]。目前，中国建立了环境标志、节能标志、绿色建筑标志、有机食品标志等制度。随着我国绿色消费制度的不断完善，绿色产品供给质量不断提高，市场绿色消费意愿不断被激发。2016 年环境标志认证和节能节水认证产品共节电约 190 亿千瓦时、节水 460 多万吨、减少 CO_2 排放量 1230 多万吨（国合会"绿色转型与可持续社会治理专题政策研究"课题组，2020）。

（二）低碳发展与碳中和

低碳发展无疑是实现碳中和的核心路径，主要是通过调整产业结构、优化能源结

---

① 关于促进绿色消费的指导意见. http://www.gov.cn/xinwen/2016-03/02/5048002/files/e0d02a75cff54a3fb51e59295d852245.pdf［2020-11-13］.

构、节能和提高能效来降低 CO_2 的排放，同时开展碳汇项目，包括通过创新和应用碳捕集、利用与封存（CCUS）技术来吸收生产和生活排放的 CO_2。

1. 调整产业结构来促进经济发展的低碳化

产业结构演变经历了由农业转向非农业，由劳动力密集型到资本密集型，再到知识密集型的过程，不同产业结构发展阶段对能源的需求和碳排放的水平存在较大的差异性。农业占主导的产业结构时期，产业发展对能源的依赖程度较低，产生的 CO_2 也非常有限；工业化初期，能源生产性消费量开始呈现增长趋势，CO_2 排放量随之增加；劳动力密集型工业占主导的发展时期，能源消费量有限且呈稳定增长态势，排放量也随之稳步上升；资本密集型工业化占主导的发展时期，能源消费量高速增长，碳排放量将会达到峰值；后工业化发展时期，以低能耗为特征的第三产业在国民经济中占据主导地位，此时的能源消费量增长幅度不大或呈递减态势。

从我国经济社会发展历程来看，产业结构调整与 CO_2 排放也遵循这一规律。随着改革开放、工业化建设进程的推进，我国的产业结构逐步由农业占主导向工业占主导转变，CO_2 排放量呈现出快速增长的趋势。在我国推进供给侧结构性改革后，产业转型不断升级和低碳产业持续发展，2016—2019 年全国累计退出煤炭落后产能 9 亿吨以上，产业结构持续优化。CO_2 排放增量从"十五"时期的 25.8 亿吨，减少到"十一五"时期的 19.9 亿吨，再减少到"十二五"时期的 13.7 亿吨，预计到"十三五"时期将下降至 6.3 亿吨。CO_2 排放总量的年均增速在"十五"时期为 12.5%，在"十一五"时期为 6.1%，在"十二五"时期为 3.3%，预计到"十三五"时期将下降至 1.4% 左右，排放量快速增长的趋势已经基本扭转，排放总量有可能进入平台期。

因此，无论是从理论研究还是从发展实践都可以发现，通过调整产业结构可以有效降低经济发展对化石能源的依赖程度，进而减少温室气体排放，这也是未来支撑碳中和目标的重要努力方向之一。

2. 通过优化能源结构来提高清洁能源消费的比重

经济的快速增长伴随着 CO_2 排放量的与日俱增，其主要原因是对化石能源需求的不断增长。而能源结构与碳排放之间存在着密切的联系，不同能源品种具有截然不同的碳排放水平，在能源消费总量不变的情况下，可以通过优化能源结构来降低 CO_2 的排放水平。从 2005 年以来，特别是"十三五"时期能源结构调整（单位能源 CO_2 排放量下降）对 CO_2 减排的贡献率逐步增大，从"十二五"到"十三五"时期贡献率由 7% 上升到 16%。

　　我国目前以煤炭为主要能源，碳基能源仍然是我国能源结构的主体，化石能源的消费占比超过 80%，其中，煤炭占比高达 55%。未来中国应循序渐进地调整能源结构，在逆全球化背景下，为资源优势寻找顺应潮流的出路，发展能源多元化战略，发展替代能源，实现传统能源之间、传统能源与新能源之间的替代。可再生能源是未来能源结构转变的方向，大力发展可再生能源能够减轻经济发展对化石能源的过分依赖。随着我国风电、太阳能发电等清洁能源已经达到平价上网的历史性拐点，市场竞争优势进一步凸显，能源结构优化将发挥更大的减排作用。据生态环境部统计，2020年我国可再生能源领域装机和发电量、投资、专利数连续多年位列全球第一，可再生能源投资连续五年超 1000 亿美元。为此，通过进一步优化能源消费结构来支撑碳中和愿景目标具有必要性，也有很大的可行性。

3. 节能和提高能效来改善碳的生产能力

　　能源利用效率是衡量一个国家和地区发展质量效益的重要标志。提升能源效率一直在各国能源战略和政策中居于优先地位，主要发达国家都制定了中长期能源效率提升目标，并将之作为增强能源安全、优化能源结构、改善环境质量的基础。我国巨大的能源消费基数、国内以煤为主的供应格局、可再生能源发展仍有待突破的基础，决定了未来降低碳排放仍然需要倚重节能，通过大幅度提高能效水平来减少化石能源消耗，进而降低 CO_2 排放量。根据相关研究测算，以实现到 2020 年、2030 年和 2050 年的经济社会发展目标——全面建成小康社会、迈入高收入国家行列、实现现代化和美丽中国梦为前提，考虑不同的发展路径取向形成的碳减排潜力中，2020 年、2030 年和 2050 年通过节能实现的碳减排贡献将分别达到其总减排量的 76%、56% 和 55%（解振华等，2017）。

　　从过往历史看，节能也是最具减排潜力、最经济的方式。2013—2019 年，我国单位国内生产总值能耗累计下降 24.6%，累计节能 12.7 亿吨标准煤，节能量接近目前京津冀、长三角地区一年能源消费量之和。作为全球能耗强度降低最迅速的国家之一，我国节约能源占同时期全球节能量的一半左右，对减少 CO_2 排放量起到了重要作用。截至 2019 年，火电厂平均供电标准煤耗已降至 306 克/千瓦时，比 2005 年下降 63.6 克/千瓦时，煤电机组供电煤耗继续保持世界领先。2019 年，全国火电仅因供电煤耗下降就产生了 8.6 亿吨 CO_2 相对减排量（相较于 2005 年水平）。生态环境部公布的统计数据表明，2019 年规模以上企业单位工业增加值能耗比 2015 年累计下降超过 15%，节约能源成本约 4000 亿元。可以看出，在中长期内，碳减排乃至实现碳中和愿景目标仍需节能和提高能效来改善碳的生产能力，也是从源头减少能源消耗来降低碳排放的有效方式。

4. 扩大 CCUS 技术的经济效益

调整产业结构、优化能源结构、提高能源效率均可以通过能源的消费路径减少 CO_2 的排放，但 CCUS 可以从末端对 CO_2 进行捕集、利用与封存，是降低 CO_2 排放量最直接的方法。CCUS 是在水泥生产过程减排的唯一技术解决方案，也是降低钢铁和化学品制造过程排放的最具成本效益的技术方法；CCUS 还可以支持低碳制氢生产规模的快速扩大，以满足交通、工业、建筑当前和未来的能源需求；最后，对于无法直接避免或减少的排放，CCUS 可以通过去除大气中的碳，抵消这部分碳排放量，助力构建净零能源系统（IEA，2020）。因此，为实现我国 2060 年前的碳中和愿景目标，加快 CCUS 技术的创新、示范和应用，并形成具备经济效益的技术群类是较为关键的方面。

创新储备和推广应用 CCUS 技术绝对不是为高碳行业开"绿灯"，而是为实现碳中和目标提供保障，因为无论是调整产业结构、优化能源结构，还是提高能源效率都具有一定的极限值，碳中和目标前的"一公里"离不开 CCUS。我国将 CCUS 作为推动发展低碳技术、积极应对气候变化的重要战略储备技术，采取了一系列积极举措，推动研发、示范与推广。目前，国内大型能源企业积极开展 CCUS 相关技术研究和试点示范，例如，陕西延长石油集团于 2018 年提出我国首个百万吨级 CCUS 示范项目建设计划。为此，有效整合国内主要相关机构的研究力量，围绕 CCUS 开展政策标准与技术规范的研究，推动相关技术的研发与交流，促进试验示范的大规模推广与应用，是支撑碳中和目标的重要保障。

（三）循环经济与碳中和

1. 发展循环经济带来巨大的碳减排潜力

从内涵来看，循环经济包括节约能源、降低能源消耗和 CO_2 排放，其与低碳发展的目标一致。循环经济是指通过资源循环利用而产生经济效益、社会效益和环境效益的经济形态或发展模式。其基本特征是低消耗、低排放、再利用、再循环、高效率，强调资源的高效利用和废弃物排放的最小化。循环发展以"减量化、再利用、资源化"为原则，按照自然生态系统物质循环和能量流动规律重构社会经济系统，把工业文明以来形成的主流"资源—产品—废物"的线性生产方式转变为"资源—产品—再生资源"的反馈式生产流程，使社会经济系统和谐地纳入自然生态系统的物质循环的过程中。循环发展通过资源的高效循环利用和能量梯级利用，实现污染的低排放甚至零排放，从而实现社会、经济与环境的可持续发展。循环经济强调使资源充分利用、废弃物尽可能少，其中包括提高能源的利用效率和 CO_2 排放量的最小化，这与低碳发展的目标具有一致性。

从国际、国内长期的实践经验来看，发展循环经济会带来巨大的碳减排效益，可有效助力碳中和目标的实现。国际一些机构研究测算了循环经济对气候中立目标实现的贡献潜力。根据联合国环境规划署的相关研究，通过发展循环经济结合应对气候变化的相关政策举措，到 2050 年可以减少约 28% 的全球资源开采量、63% 的 CO_2 排放，同时将全球经济产出提高 1.5 个百分点。2018 年发布的一份报告从生产基础性材料的重工业（钢铁、塑料、铝和水泥）入手，分析预测了通过更好地生产、使用和再利用材料来实现减少碳排放的潜力。研究结果表明，如果在工业领域采取强有力的循环经济措施的情景下，到 2050 年，欧盟每年将减少多达 2.96 亿吨的 CO_2 排放量，约占总减排量 5.30 亿吨的一半以上，全球每年约可实现碳减排 36 亿吨，即通过开展有效的循环经济措施，可以实现欧盟工业净零排放的一半以上。这些国际实践和研究表明，发展循环经济可以有效推动气候中和目标的实现（Material economics，2018）。

就中国实践经验而言，中国发展循环经济经历了逐步探索的过程。经过多年推动和努力，中国循环经济取得了明显成效，显著提升了能源利用效率，大大降低了 CO_2 排放量。根据相关研究机构综合测算，中国开展循环经济活动每年减少 CO_2 排放量超过 10 亿吨。2019 年底中国单位 GDP 能耗比 2015 年下降了 13.2%，废弃资源利用总量突破了 20 亿吨。经统计测算，其中，有色金属纸浆等产品有超过 20% 的原料来自再生资源，水泥等建材产品有超过一半的原料来自工业废弃物，每利用 1 吨的废弃资源代替原生资源平均节约矿产资源 4.12 吨，节约标煤 1.4 吨，减少废弃物排放 6—10 吨。

2. 循环经济成为国内外推动绿色复苏、实现气候中立目标的重要途径

欧洲各国将循环经济作为推动绿色复苏、绿色增长的重要内容和手段，并提出了较清晰的目标和关键行动时间表。2019 年 12 月，欧盟新一届执委会推出"欧洲绿色协议"，提出欧盟将在 2050 年实现碳中和目标，希望通过兼顾防止气候变暖与经济发展，最大限度地减少交通运输排放、提升建筑能效、增加可再生能源利用、保护生物多样性，为 2050 年实现净零排放努力（王子辰，2019）。2020 年 3 月，欧盟发布新

版《循环经济行动计划》，核心内容是将循环经济理念贯穿产品设计、生产、消费、维修、回收处理、二次资源利用的全生命周期，将循环经济覆盖面由领军国家拓展到欧盟内主要经济体，加快改变线性经济发展方式，减少资源消耗和"碳足迹"，增加可循环材料使用率，引领全球循环经济发展（廖虹云等，2020）。欧盟计划拟到2030年实现废弃物量大幅减少、不可回收城市废弃物减半的目标。未来10年，欧盟将投入1万亿欧元用于废物管理立法改革。该计划确定在七个关键领域重点落实可持续产品理念和政策框架，并在2022年前陆续出台细化的行业性法律政策建议和举措。新计划作为支撑"欧洲绿色协议"的一个重要支柱，将推动欧洲循环经济从局部示范转向主流规模化应用，助推实现2050年气候中立目标，实现经济增长与资源利用脱钩。

中国也将发展循环经济作为全面促进资源节约集约利用、节能减排，推动经济体系绿色低碳循环转型和高质量发展的重要途径。2020年9月，解振华在中欧绿色复苏研讨会上致辞，指出"循环经济是经济社会发展与污染排放脱钩、减缓气候变化的治本之策"（解振华，2020）。展望未来，可以预见，发展循环经济将持续释放巨大的碳减排潜力，将成为推动我国实现2030年碳达峰、2060年碳中和目标的重要途径。以工业领域为例，通过开展"钢铁—电力—水泥"工业废弃物循环利用，可带来很大的节能减排潜力。根据研究测算分析：相对于2015年，"钢铁—电力—水泥"工业循环系统在2020年可实现节约能源3574万吨标煤，减少 SO_2 排放18.9万吨，减少 NO_x 排放13.9万吨，减少颗粒物排放（PM）排放6.4万吨，节能减排量分别占2020年三个行业能耗、排放总量的1.9%、6.5%、3.2%和2.7%。对比我国《钢铁工业调整升级规划（2016—2020年）》中提出的钢铁行业在2020年能源消耗总量下降10%、污染物排放总量下降15%，以及《水泥工业"十三五"发展规划》中提出的水泥行业主要污染物排放量平均降低30%的总体目标，通过工业循环系统实现的节能量占总体目标的比例为19%、污染物减排量占总体目标的比例为10%—40%（Cao et al., 2020）。由此可见，发展工业循环经济，将对我国碳达峰、碳中和目标的实现做出较大贡献。

综上，国内外发展循环经济的实践证明，循环经济是实现可持续发展和绿色转型的重要路径，对应对气候变化、解决全球的环境问题具有重要的意义。发展循环经济不仅可以减缓气候变化，对促进全球碳中和与可持续发展目标的实现也具有巨大的潜力。

三、推动经济体系向绿色低碳循环发展转型的对策建议

（一）制定"绿色低碳循环发展行动计划"

利用好 2020—2030 年这十年关键期，加快构建绿色、低碳、循环、可持续发展的经济体系，并通过碳中和愿景引领和倒逼发展方式转型。建议制定"绿色低碳循环发展行动计划"，实现推动绿色低碳循环发展的全覆盖。

推动绿色低碳循环发展在生产、流通、消费领域的全覆盖。建设绿色发展体系，确保在生产领域、流通领域、消费领域中资源能源消耗量降低与生产资料的循环再利用。一是推动绿色低碳循环生产。以推动高质量发展为导向，以深化供给侧结构性改革为主线，着力构建技术创新体系，增强产业发展新动能，推进产业转型升级，厚植绿色产业发展新优势，创新绿色产业发展路径，拓展绿色产业发展新空间。二是推动流通领域绿色低碳循环化。在流通全过程中推广绿色低碳理念，抓住与生产和消费紧密联系的流通环节，采用现代信息技术和管理方式改造传统流通模式，应用绿色节能技术，推动流通企业节能减排，打造绿色商品供应链，建设绿色流通服务体系，促进形成"新商品—二手商品—废弃商品"循环流通的新型发展方式。三是倡导绿色消费。完善政府绿色采购体系，提高政府采购中的再生产品和再制造产品比重，推行无纸化办公、视频会议等，加强对政府机构的绿色考核。引导企业提供生产资源节约、环境友好的产品和服务，引导全民建立科学、健康、环保的绿色消费模式。聚焦群众日常衣、食、住、行、游向简约适度、绿色低碳、文明健康的方式转变，引导消费者购买节能低碳环保产品。

推动绿色低碳循环发展在农业、工业、服务业的全覆盖。推动技术创新和结构调整，提高发展的质量和效益，全面促进资源节约循环高效，推动资源利用方式发生根本性转变。农业领域大力推动生产资源节约化、清洁化、废物无害化与资源化利用，促进农业生产方式的转变。普及高效节水灌溉技术，推进土壤污染治理，加强化肥、农药、农膜、饵料、饲料等的全面监管，推广测土配方施肥，推动有机农业发展。加强农业废弃物的资源化利用，重点推动秸秆、畜禽粪污等农业有机就近还田高值利用，推动废旧农膜等农业无机残留回收再利用。工业领域全面推行"源头减量、过程控制、纵向延伸、横向耦合、末端再生"的绿色生产方式，开展生态设计，推行清洁生产，强化重点行业领域的节能减排、节水技术，提高工业集约用地水平。全面推广

循环经济运行模式，推动产业园区产业链的循环化，实施生产废渣、废水、废气、余热的全面回收与资源化利用。实施绿色开采，着重提高矿产资源开采的回采率、选矿回收率以及共伴生、低品位和尾矿的综合利用率，促进开采和环保措施同步推进。构建绿色服务业体系，大力发展金融、电商、文化、健康、养老等低消耗低污染服务业，聚焦商业、旅游、餐饮、交通运输等服务领域主体生态化、服务过程清洁化、消费模式绿色化。

推动绿色低碳循环发展在城市和农村的全覆盖。当前我国社会主要矛盾已经转化为人民日益增长的美好生活需要和不平衡不充分的发展之间的矛盾。必须把绿色发展融入协调发展之中特别是乡村振兴等重要战略。在区域协调发展、城乡协调发展特别是支援革命老区、民族地区、边疆地区、贫困地区的过程中不能忽略这些区域的绿色发展转型，要注重提升这些区域生产方式的层次，维护其生态环境质量。具体而言，要因地制宜，尊重自然格局，根据各地资源环境承载能力、自然禀赋、发展基础、人口规模、功能定位等，合理确定开发边界，优化城乡布局，推动生态绿色城乡建设，防止"千城一面""千乡一面"，增强城乡的生态功能。

推动绿色低碳循环发展从硬件到软件的全覆盖。绿色低碳循环发展应贯穿经济、政治、文化、社会建设的各方面和全过程。一方面，要促进基础建设等硬件的绿色化。在硬件绿色化方面，要统筹传统和新型基础设施发展，打造集约高效、经济适用、智能绿色、安全可靠的现代化基础设施体系。加强对传统基建的绿色化改造，同时要重视对新基建的绿色评价，新基建的绿色贡献有一定的不确定性，新基建中涉及的信息通信业已成为中国的重点耗能领域，在稳步发展、进行新基建建设活动的同时，要发展对其全过程、全要素的绿色评估，为长期绿色发展道路建立可持续保障。另一方面，也要推动软性制度和政策的绿色化。通过法律、行政命令、财税、市场等制度和政策的绿色化，强力促进绿色发展转型和绿色经济繁荣，推动经济社会持续健康发展。培育和树立绿色价值观，弘扬中华优秀传统文化，倡导人与自然和谐共生，发展绿色文化。

最后是加强绿色经济、循环经济和低碳经济的协同。绿色经济、循环经济和低碳经济本质上都是符合可持续发展理念的经济发展模式，都强调了人类和自然界相互依存，都认为要节省资源投入，提高利用效率，进行清洁生产；都强调适度消费、物质尽可能多次利用和循环利用。但由于各自侧重点不一，三者之间仍需强化工作协同，在提高资源利用效率的同时，最大程度减少碳排放和降低环境影响。将绿色化、低碳化、循环化理念，融入资源开采、产品制造、商品流通、产品消费和废弃产品回收再利用的整个过程，并紧紧抓住化石能源这一关键要素，积极推动能源革命，大力发展可再生能源和新能源，推动培育节能产业。

（二）加快形成经济绿色低碳循环发展的政策体系和管理体系

作为一种具有正外部性的发展模式，绿色低碳循环发展还需要法律法规、规划、政策和标准体系的支撑，以及正向激励和负面约束机制的建立健全。有必要根据生态文明建设"融入经济建设、政治建设、文化建设、社会建设各方面和全过程"的指导方针，研究探索法规政策的"生态化"，打造绿色低碳循环发展的法规政策体系。

推动法律体系的生态化。目前我国已形成了以宪法为统帅，以宪法、民法、刑法、经济法、行政法和民事诉讼、刑事诉讼及行政诉讼等七个法律部门的法律为主干，由法律、行政法规、地方性法规等多个层次的法律规范构成的法律体系。在生态文明建设领域，也形成了比较完整的资源与生态环境保护法律制度体系和行政、技术规范体系。但总体上看，我国的法律体系同绿色低碳循环发展各项要求相比还有很大的差距，存在比较突出的"非生态化"问题。因此，一方面要研究将绿色低碳循环发展的理念、原则和规范纳入七大法律体系中，如根据完善自然资源产权制度、生态环境损害赔偿制度的要求，深入研究和论证修改"民法通则""物权法""农村土地承包法""担保法""侵权责任法"等相关法律的规定等。从各国的经验来看，七大法律体系对于资源与生态环境法律的有效实施至关重要，若存在相冲突的或者不一致的地方，将极大地妨碍其有效实施。另一方面，要进一步研究健全资源与生态环境保护的法律和制度体系，从而为推进绿色低碳循环发展形成比较完备的法律体系。

推动规划体系的绿色化。在计划经济转向社会主义市场经济的过程中，我国逐渐实现了"计划"向"规划"转型，政府通过规划实现宏观经济调控、公共事务管理和公共产品供给。绿色低碳循环发展还需要推动规划体系的绿色化。一方面，将绿色低碳循环发展理念融入现有规划体系中，规划编制要突出绿色低碳循环发展的要求；另一方面，谋划编制绿色低碳循环发展的专项规划。

推动政策体系的绿色化。在法律体系中体现绿色低碳循环发展要求的同时，还需要构建有利于绿色低碳循环发展的政策手段。2019年3月，习近平总书记在《求是》上发表了《推动我国生态文明建设迈上新台阶》，强调环境治理是系统工程，需要综合运用行政、市场、法治、科技等多种手段。从另一个角度看，这也是要求按照绿色低碳循环发展的理念改造政策体系，形成有利于绿色生产方式和绿色消费方式的政策框架。在实践层面，需要采取分类推进的方式。对于已出台的政策文件，应当深入研究分析经济、政治、社会等领域涉及绿色低碳循环发展的政策内容，对不利于绿色低碳循环发展要求的部分进行梳理和清理；对于尚未出台的政策手段，要研究实施综合决策机制，适时引入政策的生态环境影响评价机制，将绿色低碳循环发展理念融入宏观调控、市场激励、财税体制等领域的政策当中，建立长效机制。

推动标准体系的绿色化。通过设定能耗、污染排放等限定值、新建准入值和先进值，能够为淘汰落后产能、严控新上项目、引导技术进步提供技术依据。此即标准体系的价值和作用所在。推动绿色低碳循环发展，需要构建起体现国家和地区特色、指标水平先进和系统完整的绿色环保、节能低碳和资源循环利用的标准。在实践层面，要健全完善方法科学、实施有效、更新及时的标准制定修订工作机制，形成政府引导、市场驱动、社会参与的标准化共治格局；实现绿色低碳循环标准体系的全公开、监督执法全覆盖、强制性标准全执行、推荐性标准全部鼓励采用等。

完善绿色低碳循环发展的管理体系。绿色低碳循环发展涉及方方面面的内容，因此还需要充分运用习近平生态文明思想的系统治理观，强化绿色低碳循环发展各领域工作和政策措施协同，达到"1+1>2"的效果。针对绿色低碳循环发展涉及多个主管部门的情况，要建立健全协调机制，畅通互动交流。要有效衔接绿色低碳循环发展相关目标的制定与分解，包括节能目标与低碳目标的衔接。加强绿色低碳循环发展的政策措施协同，如衔接碳排放权交易与用能权交易工作、完善试点布局等。

（三）全面强化绿色科技创新，充分发挥出科技支撑的作用

绿色发展离不开技术的支撑，通过绿色技术创新可以提高资源的利用效率、扩大资源的利用空间、降低和减少污染。清洁生产机制和循环经济等生产技术的推广，大大降低了资源能源的消耗，使生产和生活更为安全和清洁。绿色技术创新为人类的生存和发展提供了舒适的生活环境与优美的生态空间，使人的生产方式、生活方式、思维方式和消费方式绿色化。

绿色低碳循环发展领域基础共性技术攻关是绿色发展的有效前提。聚焦市场导向和产业发展重大需求，围绕促进区域产业结构调整和工业绿色转型升级，针对重点行业和技术领域特点及需求，明确制约产业发展的关键共性技术，明确技术研发攻关的战略、思路、目标和任务。同时突出分类指导，引导和聚集创新要素，促进产业由价值链低端向高端跃升。

发挥政府的引导作用，在重点领域开展产业前沿及共性关键技术研发。搭建起各类绿色技术研发平台和公共服务平台，积极推进绿色科技资源开放共享。充分利用国家实验室、综合性国家科学中心、国家重大科技基础设施等基础条件和已有优势，实

现资源开放共享和人员深入交流。充分发挥国家科技重点专项作用，在国家的科研规划、科技项目中重点突出绿色技术的研发，全面提升绿色技术的基础研究能力。

突出企业的主体作用，增强企业绿色技术创新能力和动力。不断增强企业绿色技术创新的积极性、主动性、创造性，既要追赶世界尖端领域的绿色发展技术，更要立足当前国内市场需求，在生产技术、循环再利用技术、新能源开发等方面加大投入力度。推动企业的制度创新和组织创新，形成从开发、生产、处理、营销到回收利用的完整绿色供应链。建立企业绿色创新人才激励机制，加快培养绿色技术研发队伍。

加强高校和科研院所的绿色技术创新的活力。高校和科研院所要把绿色技术的研究作为重点领域，要加快绿色技术人才培养，积极推动绿色技术创新成果转移转化和商业化应用。根据比较优势和重点领域，选择若干重点高校和科研院所，打造一批绿色技术知识创新和人才培养基地。

构建以市场为导向的产学研金介深度融合的技术创新体系，加速绿色低碳循环发展领域基础共性技术突破与产业化。以市场为导向建立绿色技术创新体系，既考虑生态和社会效益，也考虑经济效益，更多通过市场手段引导开发绿色低碳循环共性技术，增强节能环保产业、清洁生产产业、清洁能源产业的技术研发力度，为绿色发展提供坚强的技术支撑。建立以市场化机制为核心的成果转移扩散机制，加速绿色技术创新及其成果产业化进程。

（四）完善市场激励机制和社会参与机制

要坚持以市场为导向，以企业为主体，充分发挥市场配置资源的决定性作用；建立和完善社会公众参与机制和舆论监督机制，让广大人民群众、社会团体参与绿色低碳循环经济建设；政府更多地发挥引导和推动作用，通过提供制度供给、政策供给和服务供给，促进构建政府、市场、社会公众多元共治的绿色低碳循环发展机制。

首先，进一步完善价格激励机制。构建更加完善的市场交易体系，充分运用市场机制配置资源的激励环保手段对污染物进行控制、管理。通过引入消费税、环境税等因素，抑制浪费性能源和电力消费，倒逼企业使用新能源、鼓励节能节电，促进资源节约和高效利用等，为绿色低碳循环发展建立更高质量的正确价格信号体系。通过征收环境税、生态保护税，如 CO_2 排放税、水污染税等，增加能耗高、污染重产品的消费税，降低绿色产品消费税等，增加市场主体环境保护内生动力，引导企业发展绿色技术、推行绿色生产。此外，利用低成本的政策型资金来支持中小绿色企业融资，对绿色低碳循环发展有突出作用的重大项目，优先给予资金补助、贷款贴息等政策支持。

其次，构建多元绿色投融资机制。引导社会企业及各类社会资本广泛参与，调动各类市场主体参与绿色低碳循环发展的积极性，推动投资主体多元化。应用绿色信贷、绿色债券、绿色产业投资基金等绿色金融工具，建立政府、企业、社会资本等多元化绿色金融资金来源渠道，保障资金充足供给。充分发挥市场机制的作用，采取投资奖励、补助、担保补贴、贷款贴息等多种方式，调动社会资本参与环境治理和生态保护领域项目建设的积极性，鼓励各类社会资本投资环保市场，吸引各类资本参与与绿色低碳循环发展相关的投资、建设和运营。引导银行等金融机构对坚持绿色低碳循环发展的企业实行倾斜贷款优惠政策和优惠服务，加大支持力度，对有利于节约资源和保护生态环境的重点项目给予低息贷款、无担保贷款等。反之，则采取限贷、停贷、收回贷款等措施，倒逼企业绿色发展。此外，鼓励企业发行绿色债券，通过债券市场筹措投资资金，鼓励社会资本设立各类环境治理和生态保护产业基金。

最后，建立和完善公众参与机制。一是鼓励公众参与环境监管，通过机制创新，激发公众投身绿色低碳循环发展实践的积极性和使命感，扩大社会公众参与范围，并为其参与环境监管创造有利条件。要把公众事后监管与事前参与相结合，依法保障公众参与环境监管，明确和细化公民的环境权，完善社会全员参与的各项规章制度，规范参与程序，拓展参与渠道。二是充分发挥环保社会组织的积极作用，发挥新闻媒体的舆论引导作用，增强公众的生态环保意识，强化民众的生态环境责任，提高公众践行绿色、循环、低碳生活和消费的积极性，自觉维护生态安全，保护生态环境等。三是建立环境信息公开机制，为公众参与绿色低碳循环经济建设提供信息平台。加强对企业环境信息披露的规范和引导，强化企业的环境责任。充分利用政府公报、电视、报纸、互联网、微信、微博等多种渠道，向社会公众公开环境信息。

（五）加强绿色低碳循环发展的国际合作交流

把绿色低碳循环发展转化为重要的国家形象。虽然当今世界存在着不同利益群体、不同宗教信仰、不同意识形态与不同社会制度，但生态文明会让人类和平共处，理性选择人类共同的未来。人类命运共同体亦是"生命共同体"，倡导绿色发展，既是实现人与自然和谐永续发展目标的客观要求，也是构建人类命运共同体的内在规定。坚持绿色低碳循环发展，既是为了建设美丽中国，也是对维护全球生态安全的庄严承诺，彰显了中国作为负责任大国的使命担当。我国要深刻洞察和精准把握全球生态安全形势，承担应尽的国际义务，把绿色发展作为展现我国良好国际形象的发力点，摆上更加突出的位置，打造绿色低碳循环发展的国际示范样本。

将绿色发展理念作为对外开放的重要指导思想。把我国生态文明与绿色发展理念融入以"一带一路"为核心的对外开放战略当中，全面贯彻生态环境保护、资源节约和环境友好的原则，提升政策沟通、设施联通、贸易畅通、资金融通、民心相通的绿色化水平，将绿色低碳循环发展的理念融入对外开放的各方面和全过程，在具体交流、项目运作、工程建设等领域融入绿色的理念，以实际行动落实绿色发展理念，推动全球新旧动能转换。对外开放过程中尤其是实施"走出去"战略时，分享我国生态文明和绿色发展理念与实践，加强生态环境保护，有利于增进沿线各国政府、企业和公众的相互理解和支持，为"一带一路"建设提供有力的服务、支撑和保障。

推动我国绿色发展新模式的全球共享。"一带一路"区域多为发展中国家和新兴经济体，普遍面临工业化和城镇化带来的环境污染、生态退化等多重挑战，加快转型、推动绿色发展的呼声不断增强。与"一带一路"沿线国家共同推进绿色"一带一路"建设，是顺应和引领绿色、低碳、循环发展国际潮流的必然选择，是增强经济持续健康发展动力的有效途径。应进一步总结中国绿色发展的最佳实践，促进沿线国家绿色发展经验的交流与合作，探索可复制的绿色发展模式，推动中国色彩的绿色发展产品、技术、标准、模式走出去，帮助"一带一路"沿线国家实现其应对气候变化的国家自主贡献（NDCs）及可持续发展目标，进一步扩大中国在"一带一路"区域绿色发展中的影响力，推动区域一体化发展。

加强与世界各国绿色产业、技术的对接与协作。西方主要发达国家在绿色产业发展方面积累了较多的经验和技术，是我们交流、引进、合作、推广的重点。要加强与西方主要发达国家在绿色产业技术应用推广、共建全球绿色产业体系、共建绿色产业标准的合作。以"一带一路"区域为代表的发展中国家与我国发展阶段类似，发展需求和条件有共同之处，在发展路径的选择上容易达成共识。我国积累的大量先进适用技术和产业体系，能够为沿线国家提供更具借鉴意义的发展经验。与沿线国家平等协商，共同制定推进各国绿色产业发展合作的规划和措施。优化沿线国家绿色基础设施建设，形成维护生态环境与推动经济发展合作的绿色生态网络。解决沿线国家生态型产品贸易的便利化，减少贸易和投资壁垒，促进区域绿色经济一体化。加强沿线国家绿色产业合作，共建产业链，共享价值链。推进绿色低碳标准对接，加强绿色、先进、适用技术在"一带一路"区域发展中国家转移转化。深化绿色科技合作，发挥人才集聚优势和科技创新优势，推动由过去传统产业"优势产能"合作向绿色"新产能"合作转变，推动生态环保研发平台共建、技术共享、风险共担的合作机制，为沿线生态环境建设和国家高质量发展提供技术支撑。

积极参与全球环境治理。当前全球单边主义、保护主义、民粹主义盛行，国际合作渠道正在逐渐收紧，但应对气候变化、保护生物多样性等生态环境相关议题仍然是我国参与全球治理的重要窗口。受新冠肺炎疫情影响，气候变化和生物多样性相关国际公约的缔约方会议已经推迟，这既是挑战更是机遇。中国在维持气候变化以及生物多样性等议题方面，具备发挥重要领导作用的能力，我们应借此机会，共谋全球生态文明建设，深度参与全球环境治理，形成世界环境保护和可持续发展的解决方案，引导应对气候变化的国际合作。

参 考 文 献

国合会"绿色转型与可持续社会治理专题政策研究"课题组. 2020. 绿色转型与可持续社会治理专题政策研究报告. http://www.cciced.net/zcyj/yjbg/zcyjbg/2020/202008/P020200916717159556000.pdf〔2020-20-28〕

国家统计局. 2020. 中华人民共和国 2020 年国民经济和社会发展统计公报. https：//baijiahao. baidu. com/s?id=1692991725491505773&wfr=spider&for=pc〔2020-11-14〕.

胡鞍钢. 2004. 中国：新发展观. 杭州：浙江人民出版社.

廖虹云，康艳兵，赵盟. 2020. 欧盟新版循环经济行动计划政策要点及对我国的启示. 中国发展观察，（11）：55-58.

清华大学气候变化与可持续发展研究院，气候变化与清洁空气联盟. 2019. 环境与气候协同行动——中国与其他国家的良好实践. http：//www. riel. whu. cn/view/1815. html〔2020-11-14〕.

王毅，苏利阳，等. 2019. 绿色发展改变中国：如何看中国生态文明建设. 北京：外文出版社.

王子辰. 2019-12-13. "欧洲绿色协议"提出 2050 年率先实现"碳中和". 人民日报，第 16 版.

习近平. 2019. 推动我国生态文明建设迈上新台阶，求是，（3）：4-19.

解振华. 2020. 打造中欧绿色合作伙伴为全球气候治理做出更大贡献——在中欧绿色复苏研讨会上的开幕致辞. https：//mp. weixin. qq. com/s/55E_iE5lTWhQIlMQZ6UgOw〔2020-11-14〕.

解振华，等. 2017. 中国低碳发展宏观战略研究总报告. 北京：人民出版社.

中国科学院可持续发展战略研究组. 2014. 2014 中国可持续发展战略报告——创建生态文明的制度体系. 北京：科学出版社.

Boulding K E. 1966. The economics of the coming spaceship Earth//Jarrett H. Environmental Quality in a Growing Economy. Baltimore：Johns Hopkins University Press：3-14.

Cao X，Wen Z G，Zhao X L，et al. 2020. Quantitative assessment of energy conservation and emission reduction effects of nationwide industrial symbiosis in China. Science of the Total Environment，717：

137114.

Daly H E. 1973. Toward a Steady-State Economy. San Francisco：W. H. Freeman & Company.

IEA，OECD. 2020. Energy Technology Perspectives 2020：Special Report on Carbon Capture Utilisation and Storage. Paris.

Material Economics. 2018. The Circular Economy—A Powerful Force for Climate Mitigation. https：// materialeconomics. com/material-economics-the-circular-economy. pdf?cms_fileid=340952bea9e68d90 13461c92fbc23cae［2020-10-28］.

OECD. 2009. Declaration on Green Growth. Paris.

Pearce D，Markandya A，Barbier E B. 1989. Blueprint for a Green Economy. London：Earthscan.

第四章　有序退煤的路线图及重点领域对策[*]

一、退煤对我国实现碳达峰与碳中和目标的重要意义

习近平总书记提出 2030 年碳达峰目标与 2060 年碳中和目标，这是中国生态文明建设与全球气候治理史上的里程碑。煤炭是中国能源结构中占比最高的一次能源，也是中国按能源分类最大的碳排放来源（图 4.1、图 4.2）。根据《中华人民共和国 2019 年国民经济和社会发展统计公报》，截至 2019 年底，煤炭在全国一次能源中的占比为 57.7%，燃烧煤炭造成的碳排放占全国总碳排放的比例约为 70%。同时，电力、钢铁和建筑等部门的煤炭燃烧也是粉尘、SO_2、NO_x 等污染物排放的主要来源，是造成我国严重空气污染的重要原因（Zhang et al.，2019）。大幅减少重点部门的煤炭消费，增加非化石能源在一次能源中的占比，并通过逐步"退煤"倒逼传统产业转型升级与经济结构转型，是我国经济实现绿色高质量发展的重要途径。但是由于资源禀赋、管理体制与技术特征的约束，"退煤"将面临长期艰巨的挑战。

"十三五"以来，中国经济发展进入新旧动能转换的重要窗口期，开始从高能耗、高污染、高碳排放的粗放式增长模式逐渐向绿色、低碳和可持续的高质量发展模式转变。中国能源结构持续优化，能源利用效率明显提升；煤炭消费量在 2013 年达到峰值以后，进入稳中有降的平台期（Qi et al.，2016）；火电、钢铁、水泥等高能耗部门出现较严重的产能过剩，在供给侧结构性改革过程中大量淘汰落后产能；以智能制造、大数据、移动互联网等为代表的绿色低碳产业在国民经济中的占比快速上升。把握住这一战略机遇期，以"十四五"、2030 年以及 2060 年作为关键时间节点，将"退煤"的短、中、长期政策有机结合，对我国实现碳达峰与碳中和目标至关重要。

---

[*]　本章由王溥执笔，作者单位为中国科学院科技战略咨询研究院。

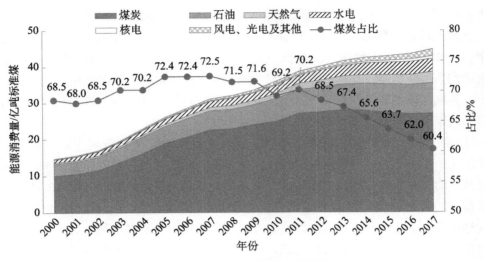

图 4.1　中国一次能源消费总量和构成

资料来源：国家统计局能源统计司（2018）

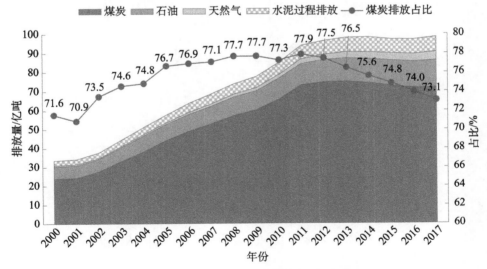

图 4.2　中国按照能源种类划分的 CO_2 排放来源

资料来源：IEA（2018）

　　总体而言，中国应以碳达峰与碳中和为总体目标，制定短、中、长期配套政策，在"十四五"期间，主要通过行政与财政手段，确保我国煤炭消费总量稳中有降，实现历史性拐点；"十四五"后期至 2030 年，重点通过深化能源市场改革、碳排放权交易、金融工具等市场化机制，提升非化石能源市场竞争力，用市场力量引导煤炭逐步退出，在 2030 年将煤炭在一次能源中的占比降至 40% 以下；至 2060 年，综合运用宏观调控与市场机制，优化产业结构与能源结构，使煤炭在一次能源中占比降至 10%以下，并利用碳捕集与封存（CCS）技术，在确需耗煤行业实现净零排放，为全经济部门实现碳中和奠定坚实基础。

"退煤"的关键在于控制重点部门的煤炭消费。2017 年，我国煤炭消费总量为38.6 亿吨，其中电力部门的煤炭消费占比为 44%，钢铁部门消费占比为 16%，工业与民用散煤消费占比约为 21%，三者合计占全国煤炭总消费量约 80%（图 4.3）（中国煤控项目，2019）。本章主要梳理电力、钢铁和工业生活散煤等三个重点领域的"退煤"现状与挑战，对我国在这些重点领域实现逐步有序退煤分别提出相关对策。由于中国企业在全球煤电投资中占有较高比例，对中国全球绿色发展引领者的形象造成负面影响，也部分抵消了全球应对气候变化方面的努力。本章也对中国海外煤电投资提出相关建议。

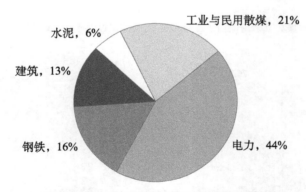

图 4.3　2017 年中国重点行业煤炭消费占比

二、电力部门有序降低煤电比例的挑战及对策

煤电在 2017 年中国总发电量中占比为 68%（《中国电力年鉴》委员会，2018），碳排放占全国总排放比例超过 40%（IEA，2018），电力部门"减煤"对实现碳中和至关重要。长期以来，中国电力发展的重心主要集中在"保供给"上，通过大量新建电厂以满足社会高速增长的电力需求。从 1995 年到 2015 年的 20 年间，中国的电力总

产量增长了5倍以上。但是自经济增长进入新常态以来，社会用电量增长率迅速下降，电力生产总量已产生富余。在新形势下，中国电力部门的主要任务已经不再是扩大生产，而是进行电力生产低碳化的转型，并以电力系统为核心进一步促进整个能源结构的低碳转型（王志轩，2015）。一方面，电力生产需要减少煤电的比例，增加非化石能源发电的比例；另一方面，电力系统需要为居民供暖"以电代煤"、交通电力化提供支撑。但是我国电力系统"退煤"仍然存在一系列管理体制与技术方面的约束，需要通过系统配套政策保障电力"退煤"的实施（图4.4）。

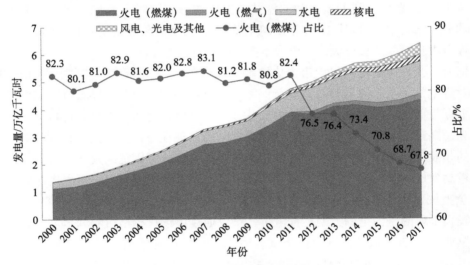

图4.4　煤电在中国总发电量中占比的历年变化

（一）电力部门"退煤"面临的主要挑战

1. 中国煤电装机总量巨大且仍呈现上升趋势

中国煤电现有装机容量已经超过10亿千瓦，占全球煤电总装机容量的约50%，且按照现有规划仍将继续增长（IEA，2018），与2060年碳中和目标相违背，将严重抵消中国在应对气候变化方面做出的努力。煤电是中国最大的碳排放源，排放占比超过40%，同时也是空气污染物的重要来源。全球范围内煤电的总体趋势是规模逐渐缩减直至最终退出。至2020年，有56个国家未来不再新建煤电项目，经济合作与发展组织（OECD）和欧盟国家中，有29个国家制定了明确的煤电退出时间表（Roberts et al.，2020）。新建煤电站使用寿命超过40年，我国现有煤电机组中80%为2000年后建设，大部分可以服役至 2050 年后（Kahrl et al., 2019）。中国继续新建煤电，将会使 2060 年实现碳中和目标的难度加大，严重抵消中国在其他低碳发展领域的巨大贡献和国际声誉。因此，中国亟须制定电力领域"退煤"的短、中、长期规划。

2. 当前管理体制不利于通过市场力量引导煤电退出

中国煤电产能过剩问题突出，近年全国平均利用小时数降至 4300 小时，远低于 5000 小时的合理值，大量煤电站处于亏损状态（《中国电力年鉴》委员会，2018）。2010 年以来，光伏、陆上风电和储能技术的成本分别下降了 82%、40% 和 87%，且未来将进一步下降，预计 2030 年后将对煤电形成全面价格优势（He et al., 2020），新建煤电项目可能造成巨大的投资成本搁浅与资源浪费。

但是，我国电力部门目前市场化机制尚未建立，"三公调度"与"上网标杆电价"政策对煤电的运营小时数与电价进行保障，造成经济激励扭曲，导致资本继续投入新建煤电项目（Kahrl et al., 2013）。尤其是新冠肺炎疫情之后，部分省份将上马煤电项目作为短期经济复苏的手段，缺乏对经济性的长期理性考量。首先，在发电端，我国采取的是发电配额制度，政府部门每年为所有火电厂分配固定的发电小时数，从而导致大量高效电厂不能充分利用，大量低效电厂长期保持服役，而且可再生能源发电不能完全上网，产生普遍的"弃风""弃光"现象（Zeng et al., 2016）。其次，在用电端，我国采取的是固定的上网标杆电价，难以通过市场化价格机制调节需求，在电力供应紧张时只能采取拉闸限电的方式，对生产与生活造成较大的经济损失（Zhang, 2012）。同时，地方保护主义和省间壁垒现象保护了当地煤电，影响到跨省的新能源调度与消纳（Davidson et al., 2016）。与具有完善电力市场的国家相比，可以发现我国电力系统存在很大的优化空间。

3. 新建煤电会使电力部门锁定高碳技术路径

我国当前主要使用煤电机组作为可再生能源的调峰电源。但是受自身发电技术的限制，煤电机组增减出力的响应时间长，系统灵活性调节能力严重不足，无法适应未来可再生能源装机占比逐年上升的趋势（Davidson et al., 2016）。虽然具有一定的灵活性改造空间，但是大规模使用煤电调峰会导致机组长期低负荷运转、频繁启停，增加了机组的能耗、污染物排放与运营成本，并不利于高比例可再生能源的消纳。从中长期看，煤电机组服役年限一般在 40 年以上，继续增加煤电装机将会使电力系统的灵活性和调节能力进一步恶化，使我国电力部门形成"高碳路径锁定"，从而阻碍能源系统的低碳转型。

（二）短、中、长期内有序降低煤电比例的对策

电力部门"退煤"在短、中、长期可选取不同策略："十四五"期间，主要通过行政与财政手段，限制煤电继续增长；"十四五"后期至2030年，重点利用电力市场、碳交易、金融工具等市场化机制，引导较落后煤电机组退出，将煤电装机占比降至40%以下；至2050年，综合运用宏观调控与市场机制，将煤电发电量占比降至10%以下，并对剩余机组应用CCS技术，在电力部门率先实现净零排放。

1. "十四五"期间实现中国煤电增长的拐点

"十四五"时期是中国经济发展的新旧动能转换期，也是实现2030年碳达峰的关键时期，应当力争实现中国煤电达峰并开始下降。在"十四五"期间，除已经在建的煤电项目外，停止上马新项目，包括已经规划但尚未开工建设的项目；继续推进煤电去产能，加大淘汰老旧煤电机组力度，实现"十四五"期间煤电装机容量与发电量"双下降"；避免出现发展煤电，同时增加CCS技术的增长模式；对现有燃煤电站进行灵活性改造，尽可能发挥存量煤电机组的灵活性潜力，增加电力系统对可再生能源的消纳能力。

2. 将能源开发的重点转到可再生能源发展

坚持经济"绿色复苏"，"十四五"期间将投资重点转到光伏、陆上风电、海上风电等绿色能源，以及储能、特高压、智能电网等新型能源基础设施的建设，使用清洁能源加速煤电产能替代，创造新的经济与就业增长点。深入探索可再生能源消纳机制，实施绿色经济调度，优先保障清洁发电；提升新能源并网友好性，统筹规划抽水蓄能、火电机组灵活性改造、需求侧响应、电化学储能等灵活性资源，确保电网调节能力与系统备用充足；加快跨区输电基础设施建设，鼓励东部受端地区采取长期协议、共同投资、兼并重组等多种方式与西部清洁能源大省加强合作，提升外送清洁电力规模和保障能力。

3. 利用市场化机制引导煤电逐步有序退出

建立开放的竞价上网机制和透明的输配电定价机制，打破对煤电机组运营小时数与电价的保障，利用市场力量淘汰落后机组；建立电力容量市场、辅助服务市场等机制，为电厂的灵活性服务提供经济激励；利用阶梯电价、峰谷电价等形式激励需求端响应，促进电力资源优化配置，降低调峰备用电站需求；完善全国碳市场建设，使碳排放产

生的环境成本包含在煤电价格之内，进一步扩大可再生能源相对于煤电的经济竞争力。

4. 利用金融工具大幅减少对煤电的相关投资

完善绿色投融资机制，利用金融手段加速我国的能源绿色低碳转型。国有银行调整贷款发放政策，将绿色低碳指标纳入评估标准，使政策性贷款与资金援助向可再生能源项目倾斜；调整风险评估指标，将长期气候风险纳入贷款评估之中，以降低投资搁浅，防范金融风险；取消对煤电项目的低息贷款支持，在 2030 年后彻底停止国有金融机构对煤电项目提供融资服务。

5. 长期内综合运用行政与市场机制引导煤电有序退出

依据区域主体功能定位、社会经济发展状况、大气治理目标，设定煤电退出的优先序与时间表，在 2030 年左右实现京津冀、长三角、珠三角等重点区域煤电彻底退出，在 2060 年将全国煤电发电量占比降至 10% 以下；对于经过政策筛选、市场竞争与特定需要保留下的部分高效清洁煤电机组，推广应用 CCS 或生物能源结合碳捕集与封存（BECCS）等固碳、负排放技术（NETs），抵消煤电碳排放，在电力部门率先实现净零排放，为全国所有经济部门 2060 年实现碳中和奠定坚实基础。对于"减煤"过程中导致的机组提前退役、职工失业等问题，建立合理的补偿机制与帮扶再就业措施，用制度保障电力部门"公正转型"。

三、我国钢铁行业实现有序退煤的挑战与政策

钢铁行业是国民经济的重要基础产业，在我国工业化、城镇化与现代化进程中发挥着不可替代的作用。改革开放以来，我国钢铁行业发展迅速，已建成全球产业链最完整的钢铁工业体系，成为钢铁总产量、总消费量与人均消费量第一大国，满足了建筑、交通、机械、能源等国民经济关键部门所需的绝大部分钢铁材料。同时，钢铁行业是我国六大高耗能行业之一，是能源消耗及污染物排放的重要源头（Mao et al.，2013）。作为能源密集型和资源密集型行业，我国钢铁行业生产规模大、工序多、流程长，生产过程消耗大量铁矿石、能源、水和其他原材料，排放大量废气、废水和固体废弃物。2018 年钢铁行业能源消费量为 7.5 亿吨标准煤，占一次能源消费的16.3%，碳排放占全国碳排放总量的 15% 左右（图 4.5），在国内所有工业行业中居第二位，仅次于电力部门（国家统计局能源统计司，2018）。我国钢铁行业一次能源以

煤炭为主，占钢铁能源消费量的 70% 以上，与世界主要国家钢铁行业能源结构相比，煤炭所占比例明显偏高，而天然气和燃料油的比例则明显偏低。

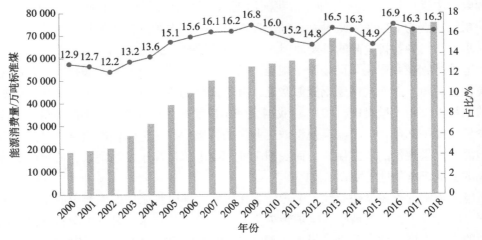

图 4.5　2000—2018 年我国钢铁行业能源消费总量及在一次能源消费中所占比例

（一）钢铁行业"退煤"存在的挑战与问题研判

1. 我国钢铁行业温室气体总排放量巨大

1）总排放量大，重点区域环境承载力达到极限

我国钢铁工业规模巨大，总产量世界占比超过 50%，人均钢铁消费量是世界平均水平的 2.5 倍。近年来，一系列相关政策的实施使我国吨钢综合能耗逐年降低，但降幅逐步缩小，吨钢综合能耗已经趋于稳定，在没有革命性的技术创新条件下，吨钢综合能耗下降空间有限。淘汰落后产能、强化末端污染治理等措施使吨钢碳排放量和污染物排放量都有所下降，但由于钢铁产量的持续大幅增长，CO_2、SO_2、NO_x、烟粉尘等总排放量仍然十分巨大，这种情况在京津冀、长三角等钢铁产能聚集区尤其突出（张春霞等，2015）。

2）短流程炼钢比例过低

当前我国的炼钢工艺按照基本流程可以分为转炉炼钢（长流程）和电炉炼钢（短流程）。相比转炉炼钢，电炉炼钢具有工序短、节能减排效果突出等优势（Conejo et al., 2020）。据测算，电炉炼钢使用 1 吨废钢，可以减少 1.7 吨精矿的消耗，比转炉炼钢使用生铁节省 60% 能源、40% 新水，可减少排放废气 86%、废水 76%、废渣 72%、固体排放物 97%。我国电炉炼钢比例远低于国际水平与发达国家水平，2018 年我国电炉粗钢产量为 1.08 亿吨，占我国粗钢总产量的比重仅为 11.6%，同期世界平均电炉粗钢比例为 28.8%，美国为 68%，日本为 25%。电炉炼钢比例较低是我国吨钢能耗、水耗与污染物排放高的重要原因之一（孙敏敏等，2018）。

电炉炼钢在我国主要面临两个困难。其一，电炉炼钢发展需要廉价、充足的废钢资源作为保障。然而我国废钢资源匮乏，并不充足的废钢资源不但没有转化为电炉炼钢的原料，反而大量出口，2017 年我国废钢出口量达 220 万吨。废钢的出口虽然换回了少量的经济利益，但可能会使钢铁工业失去升级生产工艺结构的机会。其二，电炉炼钢需要大量廉价的电力供应，而我国工业用电电价远高于发达国家，使得电炉炼钢在成本上缺乏竞争性（Ma，2011）。

电炉炼钢的收益低还导致了电炉转炉化现象，即电炉采用的原料由原来的主要是废钢，转变成了大量的铁水。电炉转炉化是中国独有的技术，是从中国特殊国情出发出现的电炉发展变化。我国容量大于 60 吨的电弧炉 70% 以上采用了电炉加部分铁水冶炼技术，使原来电炉炼钢钢厂的流程不再短，无法体现金属材料的循环利用，增加了碳排放和对环境的负担。

3）盲目上项目、扩产能导致产能过剩

近年来钢铁行业产能利用率长期低于合理水平。过去唯 GDP 的片面政绩考核标准导致地方政府间过度竞争，盲目上项目、扩产能，产业政策落实不够精准，产能过剩现象突出。对于市场竞争中失败的"僵尸企业"，地方政府基于就业等维稳方面的考虑，通过财政资金输血为"僵尸企业"续命（聂辉华等，2015）。在新旧动能转换与供给侧结构性改革的背景下，中国固定资产投资、大规模基建项目的近期增长空间有限，中长期将会出现大幅下降，会进一步加剧产能过剩，造成巨大的投资成本搁浅与资源浪费。

2. 钢铁行业去产能机制不健全

1）产业集中度低

中国作为产钢第一大国，却不是钢铁强国，不具有很强的国际竞争力，原因之一便是产业集中度低，缺乏在国际钢铁市场有较大影响力的钢铁企业（任晓娟，2020）。我国国民经济高速发展，市场需求推动钢铁产能产量快速增长，催生了大量民营中小钢铁企业，造成产业集中度不断下降（李拥军，2017）。钢铁行业规模以上企业数量占比从 2005 年的 31.2% 下降至 2017 年的 19.7%，前 10 家钢铁企业产业集中度由 2010 年的 49% 降至 2017 年的 37%。相比较而言，2019 年美国、欧盟、日本前 4 位钢铁集团集中度分别为 65%、73% 和 75%，韩国前两位钢铁集团集中度更是高达 85%（武海炜，2020）。

钢铁集中度低带来低水平重复建设、结构趋同、无序竞争等问题，不利于发挥钢铁行业的规模效应，无法通过行业自律实现产需动态平衡，也难以获得国际市场的话语权。同时中小钢铁企业环保投入不足，缺乏加大技术研发和先进设备引进的动力，制约钢铁行业整体的绿色发展水平。但是解决产业集中度低的问题也要尊重行业发展规律，不能片面追求集中度。当前部分地方政府用行政命令的手段，强行推进企业兼并重组，忽视行业发展规律，重规模合并轻企业整合，导致兼并重组流于形式，实际上并没有起到优化产能的作用。

2）去产能退出机制不健全

我国钢铁行业去产能工作取得了重大进展，包括淘汰落后产能、化解过剩产能、取缔"地条钢"、产能置换等。2009—2019 年我国共淘汰炼铁产能 2.27 亿吨、炼钢产能 2.70 亿吨，共取缔"地条钢"生产企业 773 家。2016—2020 年我国公布产能置换方案 181 个，新建炼铁产能 2.53 亿吨，退出炼铁产能 2.58 亿吨，新建炼钢产能 2.96 亿吨，退出炼钢产能 3.02 亿吨[①]。产能置换大多为减量置换，置换比例介于 1:1 至 1.25:1，河北、江苏、天津、云南等省（直辖市）产能减少，广西、福建等省（自治区）产能增加。

虽然我国钢铁行业去产能工作取得了重大进展，但仍存在一系列问题。首先，在产能大量退出的同时，粗钢产量仅 2015 年小幅下降，其他年份都在增长，而且在 2017 年后增长加快，2018 年、2019 年粗钢产量屡创历史新高。一边去产能，一边上产能的现象较为突出，减量置换未能严格执行。其次，从制度层面看，钢铁行业的"僵尸企业"缺乏有效的市场退出机制，企业破产的相关法律法规尚不完善，破产诉讼周期过长，破产成本高（聂辉华等，2015）。此外，社会保障制度不完善也导致"僵尸企业"破产后的就业安置工作压力较大。最后，"地条钢"是国家明令淘汰和禁止生产的劣质产品，但因其可以带来较好的就业和税收，仍可能死灰复燃。

3）钢铁企业绿色发展水平参差不齐

我国钢铁企业在绿色发展水平上存在很大差距。北京首钢股份有限公司、天津钢铁集团有限公司、宝钢湛江钢铁有限公司等 69 家钢铁企业被评为国家级"绿色工厂"，在绿色发展水平上走在全国甚至世界前列，但也有部分钢企因污染处理设施不健全而出现环保不达标的现象。从全国范围看，工业和信息化部公布的第四批符合规范条件

---

① 根据工业和信息化部，以及各省工业和信息化厅发布的数据整理计算。

的钢铁企业仅有 257 家（工业和信息化部，2019）。钢铁行业自主创新投入长期不足，企业研发投入占主营业务收入比重仅有 1% 左右，低于发达国家 2.5% 以上的水平（工业和信息化部，2016）。在高端产品研发能力、重大冶金装备制造能力等方面，我国与世界先进水平相比仍然存在着明显的技术劣势，钢铁工业所用重大装备的关键设备和技术大多依赖进口。

由于技术创新能力的长期不足和大量的低水平重复建设，我国钢铁企业产品类型趋同，钢材产品结构低端化，大部分都是相对低端的建筑用钢，具有高能耗、高污染的特点，但是经济附加值低。以钢铁进出口产品为例，我国出口产品以棒材、无缝管、线材、焊管等初级产品为主，进口产品以冷轧薄宽带、彩涂板等高附加值的产品为主，比重在 70% 以上。在钢材进出口价格上表现出明显的"低出高进"，是我国制造业需要实施绿色转型与升级的重点领域。

3. 产业布局不够合理

我国钢铁行业现有产业布局存在以下问题：①产业布局与资源分布存在严重错位。钢铁生产消耗大量水资源，而在水资源严重短缺的北方地区，钢产量却占全国总量的近 50%。②华北地区是钢铁生产的主要基地，但该区域并不是钢铁的最大消费地，而华东、中南地区经济发达，钢铁消费量大，生产却相对不足，供需矛盾比较突出（董雅君，2019）。③现有产业布局与国家发展战略存在冲突。全国 75 家重点钢铁企业有 26 家位于直辖市和省会城市，有 34 家位于百万人口以上的大城市，一些大型钢铁企业已成为当地主要的污染源，从而增加了环境压力。京津冀、长三角等钢铁产能集聚区，环境承载能力已达到极限。

产业布局的不合理增加了钢铁行业的物流量，华北和东北的过剩产品近 50% 要运往南方销售；华东和中南地区绝大多数钢厂都在内陆，远离海港，使用进口原料（铁矿石）的物流量大，从而导致钢铁运输过程中 CO_2 和污染物排放量增加。据估算，2018 年全国钢铁行业外部（进出厂）的物流量约为 46 亿吨，其中公路运输承担 50% 的物流量，加上厂内短途倒运汽车及工程机械的污染物排放量，实际发生的钢铁运输过程中的污染物排放占钢铁行业污染物排放总量的 30% 以上。

（二）我国钢铁行业绿色低碳发展的政策建议

钢铁工业绿色低碳转型具有长期性与复杂性，需要抓住中国经济由"高速增长"转向"高质量发展"的战略机遇期，以碳达峰与碳中和为总体目标，制定转型时间表与配套政策。针对短、中、长期的建议分别包括：①在"十四五"期间，主要通过行政与财政手段，限制钢铁产能增长，实现钢铁行业碳排放拐点，并初步实现多种污染物协同治理；②"十四五"后期至 2030 年，重点通过深化市场改革、碳交易、金融工具等市场化机制，引导落后钢铁产能退出，将短流程炼钢比例提升至 40% 以上；③至 2060 年，综合运用宏观调控与市场机制，优化产业布局与技术结构，使短流程炼钢与氢能炼钢比例达到 80% 以上，并利用 CCS 技术，在钢铁行业实现净零排放。

1. "十四五"期间实现中国钢铁行业碳排放的拐点

"十四五"时期是中国经济发展的新旧动能转换期，也是实现 2030 年碳达峰的关键时期，应当通过以下举措，力争实现中国钢铁行业碳达峰并开始下降。

（1）限制长流程炼钢产能增长，对于新审批的项目，严格实施减量产能置换，实现"十四五"期间长流程炼钢产能与产量拐点；坚持经济"绿色复苏"，限制地方政府将经济刺激资金投入到不必要的固定资产项目，鼓励通过发展绿色高科技产业找到新的经济增长点。

（2）继续加大淘汰老旧设备的力度，严格执行相关法律法规和产业政策，精准识别并淘汰落后产能，对"地条钢"始终保持"露头就打"的高压态势。

（3）鼓励大力增加短流程炼钢比例，促进以"短流程"产能替代"长流程"产能。充分利用取缔"地条钢"释放的废钢资源，允许符合再生原料标准的废钢材进口，多途径拓展废钢来源；灵活调度与利用电力系统难以消纳的可再生能源，降低电力成本与发电碳排放。

2. 运用循环经济理念实现多种污染物协同治理

（1）针对碳排放、烟气、废水、固废等多种污染物进行综合考虑，由单一污染物去除、简单组合治理模式转变为多种污染物综合协同控制，从技术与管理手段实现协同治理。

（2）在产能密集的重点地区，制定钢铁行业各类污染物排放总量控制目标，以总量控制促进多种污染物协同治理。

（3）提高固体废弃物资源化利用水平，提高固废利用附加值，延伸固废利用产业链，实现产业全生命周期的良性循环。

3. 利用市场化机制引导钢铁行业有序转型

（1）深化钢铁行业市场化改革，根据新形势下钢铁下游应用领域的实际需求，以市场力量为驱动，改善钢材产品结构，加快低端钢材品种升级换代，减少行政力量对生产工艺、技术路线的干预。

（2）完善市场化破产机制，引导缺乏市场竞争力的企业自然淘汰，禁止地方政府用财政资金为落后的僵尸企业"输血续命"。完善破产后就业安置与补偿机制，促进落后钢铁企业的员工转入新兴制造业、服务行业。

（3）规范废钢市场，完善工业用电市场化定价机制，保障废钢供应与合理电价，促进电炉钢比例提升，实现结构节能所蕴含的巨大潜力。

（4）完善全国碳市场建设，将钢铁企业碳排放产生的环境成本包含在总成本之内，增大短流程炼钢、氢能炼钢对于长流程炼钢的经济竞争力，扩大绿色清洁钢铁生产的市场份额。

（5）完善绿色投融资机制，调整国有银行风险评价指标与贷款发放政策，将绿色低碳指标与长期气候风险纳入评估标准，通过金融工具引导钢铁行业加速转型。

4. 长期内综合运用行政与市场机制实现全行业净零排放

（1）依据区域主体功能定位、社会经济发展状况、大气治理目标，设定重点区域长流程钢铁产能退出的优先序与时间表，在 2030 年左右实现京津冀、长三角、珠三角等重点区域长流程产能彻底退出，在 2060 年前将全国长流程占比降至 20% 以下。

（2）大力发展利用可再生能源的短流程炼钢、氢能炼钢等近零排放技术，在 2060 年前将二者产能比例扩大至 80% 以上。

（3）对于经过政策筛选、市场竞争与特定需要保留下的部分高效清洁长流程产能，推广应用 CCS/BECCS 等固碳、NETs，抵消炼铁、炼钢碳排放，在钢铁部门实现净零排放，为全国所有经济部门 2060 年实现碳中和奠定坚实基础。

四、工业与民用散煤的退出

（一）散煤治理的现状与存在的挑战

根据"中国煤炭消费总量控制与研究项目"发布的《中国煤炭消费总量控制与研究项目"十三五"中期评估与后期展望研究报告》（以下简称"中国煤控项目"报告），"散煤"是指电力和工业集中燃煤以外的散煤，包括工业、商业、农业等领域中使用的小锅炉、小窑炉、小煤炉等燃煤，以及城镇和农村居民取暖和炊事等燃煤（中国煤控项目，2019）。这些散煤通常煤质较差、使用分散、直燃直排，对大气污染的贡献远大于同等质量的工业集中燃煤，1吨散煤的大气污染物排放量可达一吨电煤的10—15倍。2015年，中国散煤消费量约7.5亿吨，占中国煤炭总消费量约1/5。其中，民用生活燃煤约为2.34亿吨，80%以上用于北方农村地区的冬季采暖；工业领域、农业生产、商用及公共事业单位的小锅炉燃煤约2.2亿吨；建材行业工业小窑炉散煤约2.36亿吨，主要来自落后产能。其余散煤消费约0.6亿吨（自然资源保护协会，2018）。自2013年发布《大气污染防治行动计划》以来，散煤治理成为大气污染防治的重要领域。同时，散煤治理关系到淘汰落后产能与居民绿色生活方式，因此也是高质量发展与能源转型的核心任务之一。

"中国煤控项目"报告显示，在2016—2017年《大气污染防治行动计划》的攻坚阶段，京津冀及周边"2+26"城市地区大规模推进"以气代煤"和"以电代煤"，约600万户居民完成生活散煤替代，初步估算减少散煤消费约1800万吨。在工业小锅炉治理方面，京津冀及周边地区散乱污企业整治共涉及近30万家企业，加速了落后产能的淘汰。其中，2017年砖瓦行业共计减少企业数量16 897家，减少散煤约2640万吨；建筑卫生陶瓷和石灰落后产能减少约1/4，初步估算分别减少散煤约348万吨和254万吨。但是，由于污染源数量大、分布广、经济成本高等原因，进一步彻底推进散煤治理的难度将会逐渐增大，主要表现在以下几个方面。

1. 农村清洁取暖经济成本问题尚未解决

农村地区基础设施条件差，部分地区天然气管网建设和煤改电的电网改造等基础设施建设施工条件复杂，工程成本高。"煤改气""煤改电"项目普遍存在气价、电价过高和取暖效果不理想等诸多问题。"中国煤控项目"报告的调研发现，北方农村"煤改气""煤改电"后冬季取暖成本是燃烧散煤取暖的3—4倍。由于大气污染治理和"煤改气"的推进，我国天然气需求增长幅度远大于产量增长幅度，对外依存度由2009年的5%迅速增长至2018年的45%（国家统计局能源统计司，2018），预计未来仍将继续上升。在高度依赖进口的情况下，不仅进口气价难以预测，而且极端情况下会面临"气荒"，从而严重影响居民生活与经济生产。

2. "散乱污"企业整治容易死灰复燃

"散乱污"企业数量大，对部分经济较落后地区的税收与就业贡献较大，地方政府彻底整治"散乱污"企业的意愿低，容易监管不力，不作为。砖瓦、陶瓷、石灰等行业进入门槛低，投资少，且存在庞大的市场需求，"小锅炉"极易死灰复燃，且一般位置较为隐蔽，对环保督察与彻底清理工业散煤造成很大压力。

3. 散煤治理工作仍然高度依赖政府补贴

按照 2017 年印发的《关于开展中央财政支持北方地区冬季清洁取暖试点工作的通知》，中央财政支持试点城市推进清洁方式取暖替代散煤燃烧取暖，试点示范期为三年。补贴到期之后是否会延期，是否会采取逐步退出机制，以及如何建立合理的成本分摊长效机制等核心问题目前都没有明确答案。多方调研显示，如果以后没有补贴，农户大多表示"将再使用燃煤取暖"。在农村地区人均收入较低的背景下和保障群众"温暖过冬"的要求下，农村冬季散煤取暖替代将是长期而艰巨的任务。

（二）有序彻底退出"散煤"的政策建议

1. "十四五"期间将散煤消费总量降低到 3 亿吨以内

在农村散煤治理方面，避免实施"一刀切"政策，强调因地制宜，宜电则电、宜气则气、宜煤则煤、宜热则热。扩大中央财政支持清洁取暖试点范围并延长支持时间，重点支持京津冀及周边地区、汾渭平原等重点区域，完善相关价格政策，实现"十四五"期间重点区域农村散煤基本退出。抓好天然气产供储销体系建设，加大天然气供应量和管网互联互通建设，明确新增天然气量优先用于城镇居民和大气污染严重地区的生活和冬季取暖散煤替代，防止出现"气荒"。对暂不具备清洁能源替代条件的山区，积极推广洁净煤，加强煤质监管，严厉打击销售、使用劣质煤行为。在工业散煤治理方面，继续加大力度，疏堵结合，避免散煤复烧；环保督察新常态进一步下沉，对重点区域工业小锅炉形成"露头就打"的态势，争取实现"十四五"时期京津冀及周边重点区域彻底清除工业小锅炉。

2. 依靠市场力量推动清洁供暖成本下降

逐步完善能源领域的市场化建设，利用市场机制增加天然气供给，促进基础设施建设，从而扩大天然气消费，进一步保障能源安全。深化天然气市场化改革，在"放开两头，管住中间"的思路指导下，进一步开放上游油气勘探开采，加速国家管网公司功能建设，为下一步市场化奠定基础。鼓励民营资本和外资通过多种方式进入市政供气领域的基础设施建设和运营，形成以地方燃气国有企业、民营燃气公司、国有油气公司为主的多类型市场主体竞争格局。在电力部门，建立灵活的零售电价制度，将峰谷电价与智能电表计量技术结合，降低夜晚工商业用电低谷时的电价，从而降低夜间取暖成本。完善可再生能源消纳机制，在供暖季充分利用冬季充足的风电资源。

3. 在 2030 年之前实现散煤彻底退出

提高城镇集中供热率，强化建筑保温和节能标准，实现城市建筑领域彻底消除散煤使用。在 2030 年前，在城市建成区逐步推广"禁煤区"或"禁燃区"，彻底淘汰城市建成区的燃煤小锅炉。加大在水泥、砖瓦、陶瓷、石灰等领域的产业整合力度，提高产业集中度，升级生产设备，形成大型模范企业与规模效应，利用市场机制彻底淘汰"散乱污"小企业。对于具有特殊功能的少量小锅炉，选择使用经过洗选加工的洁净煤，并通过过程控制、末端处理等，提高燃烧或供热效率，大幅降低污染物排放，使之达到相关排放要求（岳光溪等，2018）。

五、中国海外煤电投资面临的问题与建议

（一）中国海外煤电投资现状

自 2000 年以来，中国电力企业开始积极拓展国际市场。本部分梳理中国海外煤电投资的现状与驱动因素，分析海外煤电投资对国家形象与应对气候变化产生的负面影响，并提出针对性的建议。

中国海外煤电投资的规模呈现逐渐上升的趋势。图 4.6 为中国从 2001 年至 2016 年参与的海外燃煤电站装机容量统计，包括已建、在建与规划中的电站。如果只计算在建与规划中的火电站，根据美国能源经济与金融分析研究所（IEEFA）汇总的数据，截至 2018 年 7 月，中国在全球 27 个国家资助和承建煤电项目共 102 吉瓦，约占中国以外全球煤电新建项目体量（399 吉瓦）的 26%，涉及金额 359.04 亿美元。其中，在 13 个国家有 31 吉瓦煤电装机在建；在 24 个国家有 71 吉瓦煤电项目正在进行施工前期准备（图 4.7）（IEEFA，2019）。

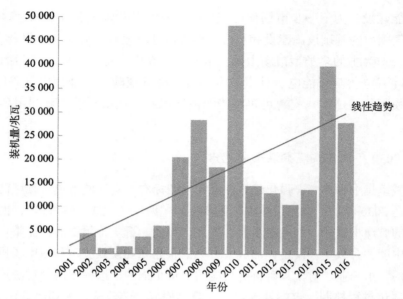

图 4.6　中国 2001 年以来在"一带一路"沿线国家参与的煤电项目历年装机量

资料来源：永续全球环境研究所，2017

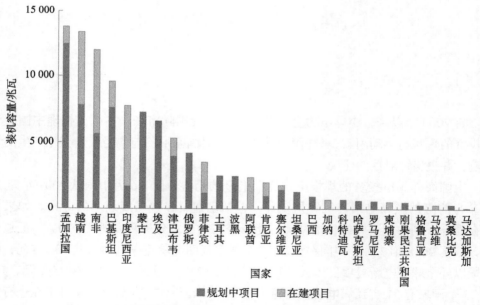

图 4.7　中国投资的在建与规划燃煤电站在不同国家的装机容量

从地域分布来看,南亚的孟加拉国、巴基斯坦和东南亚的越南、印度尼西亚是海外火电项目的主要集中地区。其中,巴基斯坦的中巴经济走廊是"一带一路"旗舰项目,基于国家政府层面的推动,卡西姆港燃煤电站等重点项目取得较好进展。而印度尼西亚政府大规模的电力建设计划,为中国企业提供了市场机遇。2010 年以来,中国火电投资有向非洲、西亚和东欧国家扩散的趋势,在南非、埃及、土耳其、波黑等国的增长迅速。2012 年之前,中国曾经是印度煤电设备的最重要国际供应商。但是自 2012 年以来,印度实施贸易保护政策,对进口电力设备征收高额进口税,中国的参与也随之大幅减少。

中国海外燃煤电站项目的参与形式主要包括对外工程承包、设备出口、股权投资等。其中,对外工程承包是中国参与"一带一路"沿线国家煤电项目的主要方式,有超过 50% 的项目属于此类。设备出口曾经是第二大参与方式,尤其是对印度煤电项目的参与以这种方式居多,但这种方式自 2012 年后逐渐减少。股权投资方式所占比例在近几年逐渐上升,根据绿色和平和山西财经大学(2019)的估计,该方式 2018年所占的比例已经超过对外工程承包所占的比例。

(二)中国海外煤电投资的驱动因素与负面影响

中国海外煤电投资不仅取决于国内企业决策,也取决于投资东道国自身的资源禀赋条件。得益于中国在制造业上的优势,中国在风能、太阳能等清洁能源和水电、火电等传统能源的设备与工程建设上都具备较强竞争力。在发达国家,受环保法规与政府政策导向影响,中国参与的项目主要以风、光、垃圾发电等清洁能源项目为主。而在发展中国家,则主要以水电和火电项目为主,其中绝大多数项目为燃煤电站。一方面,稳定、廉价的电力供应是帮助发展中国家摆脱贫困的重要手段,尤其是对于目前尚未接通电力的最贫困地区。而在很多"一带一路"沿线国家,煤电是最便宜且可靠的电力来源,因此会被优先选择。另一方面,中国企业施工建设高效,成本优势明显,且投产设备一般较为先进。2018 年中国海外投资建设的燃煤电站中,超超临界机组的装机容量占比为 38%,超临界占比为 35%,而落后的亚临界机组占比仅为 23%(IEEFA,2019)。因此,在不考虑碳排放约束的情况下,中国投资建设的煤电项目成为很多国家的首选。

但是,在《巴黎协定》签订之后,应对气候变化成为全球共识,能源系统绿色低碳转型成为多数国家的长期目标。煤电作为全球最大的碳排放源与单位发电碳排放最高的电力来源,成为全球减排的最重要目标之一。2013 年,世界银行对煤炭项目投资做出了严格限制。包括日本与韩国在内的多个 OECD 国家也承诺，除个别极端贫困的国家之外，将停止为海外燃煤发电项目提供公共融资。在此背景下，中国企业在"一带一路"沿线国家大举投资与建设煤电，导致了较多国际批评，对中国国家形象与全球应对气候变化造成较大的负面影响，主要集中在以下两个方面。

其一，中国海外煤电投资不仅是企业的经营决策，而且是由国家政策引导的，体现国家意志。多数海外煤电项目都由国有银行提供政策性低息贷款支持，其中大部分融资来自国家开发银行与中国进出口银行。海外煤电项目的设备提供商也都是中国几家最大的电厂设备制造商。某些煤电项目的投资更是直接由国家推动的。比如 2016 年习近平主席对孟加拉国进行国事访问期间，中孟两国共同签署协议，由中方出资援助建设 4 个煤电项目。在世界银行和许多发达国家相继退出煤炭项目投资之际，中国企业积极投身海外燃煤电厂的建设，会对中国应对气候变化的全球引领者形象造成严重的负面影响，也会影响中国绿色"一带一路"理念的国际公信力。

其二，中国大规模的海外煤电投资，在一定程度上使部分发展中国家形成对煤电的路径依赖，成为长期绿色低碳转型的障碍。据统计，2015 年中国在其他亚洲国家建设的电厂中，燃煤发电总量比例高达 68%。而在没有获得中方能源投资的国家，燃煤电厂只占新增发电容量的 32%。中国煤电投资的一些国家之前几乎没有燃煤电厂（Walker，2016）。据测算，以中国为主的全球开发商的投资，在埃及，将使该国煤电装机容量从接近于零上升至 1.7 万兆瓦；在巴基斯坦，将使煤电装机容量从 190 兆瓦上升至 1.53 万兆瓦；在马拉维，将使煤电装机容量从零上升到 3500 兆瓦（Tabuchi，2017）。而新建的燃煤电厂还需要建设配套的煤矿、港口、铁路等基础设施，使这些国家对煤炭形成路径锁定，可能会影响这些国家未来几十年的能源结构，从而严重抵消全球为应对气候变化所做出的努力。

（三）政策建议

鉴于中国海外煤电投资已经对国家形象与全球应对气候变化产生较大的负面影响，我国应从构建人类命运共同体与全球生态文明的高度出发，在"一带一路"沿线国家的项目投资建设中，加强对中国电力企业海外投资行为的规范与风险评估，减少对煤电海外投资的政策性支持，大力推动清洁能源项目与绿色低碳基础设施海外投资，加强绿色"一带一路"品牌建设，树立我国全球低碳发展引领者与负责任大国的形象。

1.规范电力企业海外投资行为

中国需要提高电力行业"走出去"的标准，强化海外投资指引，确保海外电力项目符合国家战略导向及发展方针，能够对绿色"一带一路"建设与沿线国家国民经济发挥促进作用。建立国别电力投资分类指引，避免在原本具有较好绿色能源发展潜力的国家和地区大规模投资煤电项目。帮助电力企业海外投资建立综合、长远的风险观，加强中长期环境风险识别和管控，尤其是将气候变化政策与碳减排趋势纳入投资风险评估之中。

2.充分发挥绿色投融资机制引导电力投资

国家政策性银行应调整贷款发放政策，将绿色低碳指标纳入评估标准，取消对煤电项目低息贷款支持，将政策性贷款与资金援助向可再生能源项目倾斜，助推"一带一路"沿线国家形成可再生能源市场。把握可再生能源成本下降，以及国际对低碳能源重视程度不断提高的时机，鼓励国内企业的投资逐步向可再生能源领域倾斜，充分发挥我国在可再生能源装备制造与工程建设领域的优势，强化我国在国际可再生能源市场上的领导地位。

3.加强绿色"一带一路"品牌建设

在"一带一路"相关项目建设的宣传中，注重"讲好中国故事"。讲究宣传策略，避免将煤电项目与国家政策导向挂钩。尤其是在国家领导人出访等重要时机，应当着重推动可再生能源与绿色基础设施合作项目的签署。同时，注重宣传中国在清洁能源与绿色基础设施项目上的海外投资建设，使"一带一路"倡议与绿色低碳发展在舆论宣传中高度关联，形成绿色"一带一路"品牌效应。

参 考 文 献

董雅君 . 2019. 对我国钢铁产业布局政策的探讨 . 冶金管理，（23）：110，112.

工业和信息化部 . 2016. 钢铁工业调整升级规划（2016—2020 年）. https：//www.miit.gov.cn/jgsj/ycls/gzdt/art/2020/art_06e068a41d2b477ebc56f3d8204a53d4.html［2021-2-8］.

工业和信息化部 . 2019. 符合《钢铁行业规范条件》企业名单（第四批）. https：//www.miit.gov.cn/jgsj/ycls/wjfb/art/2020/art_609bbd41c8d2473495e4b3cf3ede088b.html［2021-2-8］.

国家统计局能源统计司 . 2018. 中国能源统计年鉴 . 北京：中国统计出版社 .

李拥军 . 2017. 2016 年中国钢铁产业粗钢集中度指标分析 . 冶金管理，（4）：4-9.

绿色和平，山西财经大学 . 2019. 中国海外煤电股权投资趋势与风险分析 . https：//www.greenpeace. org.cn/wp-content/uploads/2019/07/%E4%B8%AD%E5%9B%BD%E6%B5%B7%E5%A4%96%E7% 85%A4%E7%94%B5%E8%82%A1%E6%9D%83%E6%8A%95%E8%B5%84%E8%B6%8B%E5%8 A%BF%E4%B8%8E%E9%A3%8E%E9%99%A9%E5%88%86%E6%9E%90.pdf［2021-2-8］.

聂辉华，江艇，张雨潇，等 . 2016. 中国僵尸企业研究报告——现状、原因和对策 . 北京：中国社会 科学出版社 .

任鹏，刘畅，张力文 . 2017. "一带一路" 中国参与煤电项目概况研究 . https：//max.book118.com/ html/2018/0925/5000311331001314.shtm［2020-11-30］.

任晓娟 . 2020. 中国钢铁产业国际竞争力分析 . 中国地质大学（北京）硕士学位论文 .

孙敏敏，宁晓钧，张建良，等 . 2018. 炼铁系统节能减排技术的现状和发展 . 中国冶金，28（3）：1-8.

王志轩 . 2015. 中国电力低碳发展的现状问题及对策建议 . 中国能源，37（7）：5-10.

武海炜 . 2020. 破解我国钢铁行业长痛之道 . http：//www. zgkyb. com/yuqing/20200710_63258. htm ［2021-2-8］.

岳光溪，周大力，田文龙，等 . 2018. 中国煤炭清洁燃烧技术路线图的初步探讨 . 中国工程科学，20 （3）：74-79.

张春霞，王海风，张寿荣，等 . 2015. 中国钢铁工业绿色发展工程科技战略及对策 . 钢铁，50（10）： 1-7.

《中国电力年鉴》委员会 . 2018. 中国电力年鉴 2018. 北京：中国电力出版社 .

"中国煤炭消费总量控制和政策研究" 课题组 . 2019. 中国煤炭消费总量控制与研究项目 "十三五" 中期评估与后期展望研究报告 . http：//coalcap.nrdc.cn/Public/uploads/pdf/155435063955081351.pdf ［2021-2-8］.

中国煤控研究项目散煤治理课题组 . 2018. 中国散煤综合治理调研报告 2018. http：//coalcap.nrdc.cn/ pdfviewer/web/?1536203604405867388.pdf［2021-2-8］.

Conejo A N，Birat J P，Dutta A. 2020. A review of the current environmental challenges of the steel industry and its value chain. Journal of Environmental Management，259：109782.1-109782.20.

Davidson M，Zhang D，Xiong W，et al. 2016. Modelling the potential for wind energy integration on China's coal-heavy electricity grid. Nature Energy，1（7）：16086.

He G，Lin J，Sifuentes F，et al. 2020. Author correction：rapid cost decrease of renewables and storage accelerates the decarbonization of China's power system. Nature Communications，11（1）：3780.

IEA. 2018. CO_2 Emissions from Fuel Combustion 2018. Paris：International Energy Agency.

IEEFA. 2019. China at a Crossroads：Continued Support for Coal Power Erodes Country's Clean Energy Leadership. Lakewood：Institute for Energy Economics and Financial Analysis.

Kahrl F, Lin J, Liu X, et al. 2019. Sunsetting coal power in China. https：//eta-publications.lbl.gov/sites/default/files/sunsetting_coal_power_in_china_lbnl-2001356.pdf［2021-2-8］.

Kahrl F，Williams J H，Hu J. 2013. The political economy of electricity dispatch reform in China. Energy Policy，53：361-369.

Ma J. 2011. On-grid electricity tariffs in China：development，reform and prospects. Energy Policy，39（5）：2633-2645.

Mao X Q，Zeng A，Hu T. 2013. Co-control of local air pollutants and CO_2 in the Chinese iron and steel industry. Environmental science & technology，47（21）：12002-12010.

Qi Y，Stern N，Wu T，et al. 2016. China's post-coal growth. Nature Geoscience，9：564-566.

Roberts L，Littlecott C，Burton J，et al. 2020. Global status of coal power：Pre-Covid19 baseline analysis. London：E3G.

Tabuchi H. 2017-7-2. As Beijing joins Climate Fight，Chinese companies build coal plants. The New York Times（Section A）.

Walker B.2016. China stokes global coal growth. https：//chinadialogue. org. cn/en/energy/9264-china-stokes-global-coal-growth/［2021-2-8］.

Zeng M，Yang Y，Wang L，et al. 2016. The power industry reform in China 2015：policies，evaluations and solutions. Renewable and Sustainable Energy Reviews，57：94-110.

Zhang L. 2012. Electricity pricing in a partial reformed plan system：the case of China. Energy Policy，43：214-225.

Zhang Q，Zheng Y，Tong D，et al. 2019. Drivers of improved $PM_{2.5}$ air quality in China from 2013 to 2017. Proceedings of the National Academy of Sciences of the United States of America，116：24463-24469.

第五章　交通运输领域碳达峰与低碳转型[*]

一、交通运输低碳发展现状

交通运输是国民经济中的基础性、先导性、战略性产业，是重要的服务性行业，同时也是应对气候变化、推动低碳发展的重要领域。改革开放以来，中国交通运输发展取得了历史性的巨大成就，实现了历史性跨越，在高速铁路、公路、桥梁、港口、机场等交通基础设施规模、客货运输量及周转量方面均已位居世界前列。交通运输快速发展的同时，高耗能、高排放等问题日益凸显，2018 年交通运输能源消耗量、CO_2 排放量分别占全国总量的 10.7%、9.1%，并呈持续快速增长的态势。[①] 据国际能源署预测，到 2040 年，交通部门将有可能成为中国 CO_2 排放不能达峰的唯一部门（IEA，2017）。

交通运输行业高度重视节能减排与应对气候变化的工作，正在加快建设以低碳排放为特征的交通运输体系（李忠奎等，2015；欧阳斌等，2017）。特别是党的十八大以来，在习近平新时代中国特色社会主义思想的指引下，交通运输行业坚持创新、协调、绿色、开放、共享的发展理念，加快转变发展方式，积极调整交通运输结构，大力推进新能源和清洁能源应用，切实强化低碳科技创新与智慧交通发展，着力提升低碳交通治理能力，使得低碳交通运输体系建设取得了显著成效，为加快构建安全、便捷、高效、绿色、经济的现代化综合交通运输体系提供了有力支撑，为应对气候变化和加强生态文明建设做出了重要贡献。

---

[*] 本章由邹乐乐、欧阳斌、郭杰、张海颖、王雪成、毕清华执笔。邹乐乐单位为中国科学院科技战略咨询研究院，其余作者单位为交通运输部科学研究院。
① 课题组测算结果。

（一）交通运输低碳发展成效

1.交通基础设施网络集约化和投资绿色化趋势明显

交通基础设施规模及运输能力快速提升，网络集约化水平明显提高。"五纵五横"[①]综合运输大通道全面贯通，基本形成了由铁路、公路、水路、民航、管道等多种运输方式构成的综合交通基础设施网络。2005—2019年，高速铁路从无到有，所占比重提高了25个百分点；高速公路、内河三等级以上航道、万吨级以上泊位所占比重也均有明显提升，分别提高了0.9、4.0和8.1个百分点，综合交通网络结构明显优化，高速化、集约化趋势明显，1949—2019年综合交通基础设施发展状况如表5.1所示。

表 5.1 1949—2019 年综合交通基础设施发展状况

类别	1949 年	2013 年	2019 年	1949—2019 年增长倍数
铁路营业里程 / 万公里	2.2	10.3	13.9	5.3
高速铁路里程 / 万公里	—	1.1	3.5	—
公路里程 / 万公里	8.1	436	501	60.9
高速公路里程 / 万公里		10.4	14.96	—
内河航道里程 / 万公里	7.4	12.6	12.7	0.7
生产性码头泊位 / 个	161	31 760	22 893	141.2
民航机场 / 个		193	238	
航线里程 / 万公里	1.1	634	948	860.8
油气管道总里程 / 万公里	—	9.8	13.9	—

资料来源：历年《中国统计年鉴》《交通运输行业发展统计公报》《铁道统计公报》《民航行业发展统计公报》

绿色投资为低碳交通发展注入新动能。我国分别于2011年和2012年设立了公路水路交通运输节能减排专项资金和民航节能减排专项资金，累计投入中央财政资金63.4亿元，通过中央和地方专项资金的共同引导，带动了行业数百亿资金投入。2013年，中国银行业监督管理委员会发布了《绿色信贷统计制度》，明确了绿色信贷支持的12

---

① "五纵五横"综合交通运输网络，指的是黑河至三亚、北京至上海、满洲里至港澳台、包头至广州、临河至防城港等五条南北向综合运输通道，以及天津至喀什、青岛至拉萨、连云港至阿拉山口、上海至成都、上海至瑞丽等五条东西向综合运输通道。

类项目。2018 年中国绿色债券发行规模达到 2655.7 亿元，其中约 19% 的募集资金投向清洁交通领域；截至 2018 年末，中国绿色贷款余额为 8.2 万亿元，其中 46.5% 投向了绿色交通项目，基本覆盖了铁路、港口、内河航道、航空机场等基础设施建设。

2. 交通运输装备技术水平和绿色化程度不断提高

营运车船大型化、专业化和标准化水平明显提升。如图 5.1 所示，2019 年营运车辆中专用货车为 50.5 万辆，较 2005 年增长 106%，营运货车平均吨位为 11.7 吨 / 辆，较 2005 年增长 179%。2019 年大型专用客车为 30.3 万辆，较 2005 年增长 137%，平均载客位为 25.8 客位 / 辆，较 2005 年增长 79%；标准船型呈现大型化趋势，2019 年平均净载重量为 1951 载重吨 / 艘，较 2005 年增长 275%。交通运输装备大型化、专业化和标准化水平变化如图 5.1 所示。

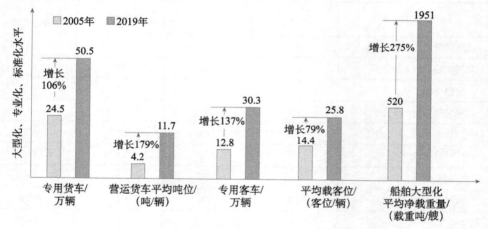

图 5.1　交通运输装备大型化、专业化和标准化水平变化

新能源与清洁能源应用比例逐步提升。铁路电力机车、电气化比例明显上升。根据《2018 年铁道统计公报》统计数据，截至 2018 年，全国铁路电力机车 1.3 万台，占比 61.9%，较 2005 年提高 2 倍。铁路电气化比例达到 70%，较 2005 年提高 2.3 倍。我国积极推广应用新能源和清洁能源汽车，印发了《关于加快推进新能源汽车在交通运输行业推广应用的实施意见》等政策文件，支持新能源装备的推广和配套设施的建设，推动电动汽车普及应用。2019 年全国新能源汽车产销分别完成 124.2 万辆和 120.6 万辆，保有量达 381 万辆，占汽车总量的 1.46%。相关配套基础设施发展较快，2019 年已在 810 个高速公路服务区内建成充电桩 7629 个，2019 年全国 69.3 万辆公共汽电车中，新能源公交车超过 41 万辆。2013—2018 年累计推广天然气营运车辆 18 万

辆，建成液化天然气动力船舶 280 余艘；全国共建成岸电设施 5400 多套，覆盖泊位 7000 余个。

3. 综合运输结构绿色低碳化发展初现成效

2005—2019 年，货运量和货运周转量分别增长 153% 和 172%。2019 年，全国完成铁路货物发送量 43.9 亿吨，水路货运量 74.7 亿吨，分别比 2017 年增长 7.0 亿吨和 7.9 亿吨。先后组织实施了三批共 70 个多式联运示范工程，两批共 46 个绿色货运配送示范城市。2019 年全国集装箱铁水联运量完成 515.5 万标箱，比 2017 年增长 48.1%。2005—2019 年全社会货运周转量及变化趋势如图 5.2 所示。

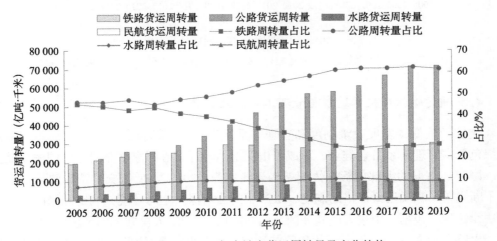

图 5.2 2005—2019 年全社会货运周转量及变化趋势

资料来源：历年《交通运输行业发展统计公报》《铁道统计公报》《民航行业发展统计公报》

全社会客运量和客运周转量[①]均呈现快速增长态势，民航客运量、客运周转量增长最快。2005 年以来，公路客运（包括私家车和城际客运）的客运量占比有所下降，公路客运周转量及其占比呈先升后降的趋势，铁路客运量、客运周转量稳步增长，民航客运量、客运周转量及其占比呈较快增长趋势。私人乘用车出行客运量则增长最快，从 2005 年的 69 亿人次，增长到 2019 年的 736 亿人次，增长了 10 倍，2005—2019 年城际客运周转量及变化趋势如图 5.3 所示。

---

① 城际客运中私家车出行量由抽样调查估算。

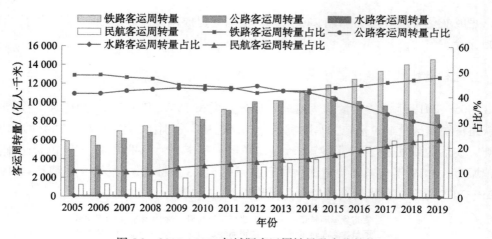

图 5.3　2005—2019 年城际客运周转量及变化趋势

资料来源：历年《交通运输行业发展统计公报》《铁道统计公报》《民航行业发展统计公报》

4. 交通运输低碳技术进步与管理工作成效显著

交通运输低碳发展政策制度和管理体系逐步完善，综合交通运输管理体制机制和绿色低碳管理体系日益健全，形成了由交通运输部管理国家铁路局、中国民用航空局、国家邮政局的大部门管理体制架构（陆化普，2018）。低碳交通法律法规规章体系不断完善，强调用最严格的制度、最严密的法治保护生态环境，制定和修改了一系列法律法规，包括《中华人民共和国节约能源法》《中华人民共和国环境保护法》《公路、水路交通实施〈中华人民共和国节约能源法〉办法》《道路运输车辆燃料消耗量检测和监督管理办法》《港口和船舶岸电管理办法》等法律法规和部门规章，交通运输低碳发展相关法律法规和配套规章制度体系基本形成。低碳交通政策制度体系逐步完善，制定发布了《大气污染防治行动计划》《国务院关于城市优先发展公共交通的指导意见》《关于加快新能源汽车推广应用的指导意见》等相关制度文件。制定发布了《绿色交通标准体系（2016 年）》，从节能降碳、生态保护、污染防治、资源循环利用、监测、评定与监管等方面，纳入 221 项标准。

绿色低碳交通试点示范取得明显成效。开展了绿色交通省、绿色交通城市、绿色公路、绿色港口示范工程，取得了一批可复制、可推广的先进经验与典型模式。2016—2019 年完成的 62 个示范工程，年节能量约 63 万吨标准煤，替代燃料量约 213 万吨标准油。开展了"车、船、路、港"千家企业低碳交通运输专项行动，发布了 2016 年度、2019 年度两批《交通运输行业重点节能低碳技术推广目录》。

（二）交通运输 CO_2 排放现状

1. 交通运输 CO_2 排放总量增长迅速

随着我国经济社会快速发展，全社会货运量和货运周转量大幅增长，交通运输 CO_2 排放总量从 2005 年的 4.6 亿吨增长到 2019 年的 9.5 亿吨，增长了 106.5%，年均增长率达 5.3%。交通运输 CO_2 排放量占全国总排放量比重从 2005 年的 7.2% 上升为 2019 年的 9.2%，2005—2019 年交通运输 CO_2 排放量及占比如图 5.4 所示。

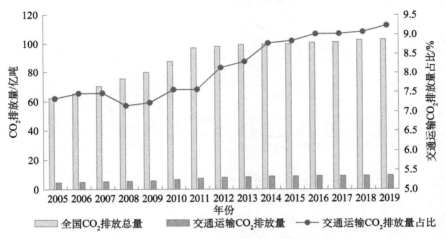

图 5.4　2005—2019 年交通运输 CO_2 排放量及占比

资料来源：本章课题组测算结果

货物运输是交通运输行业中 CO_2 排放量最多的领域，城际客运 CO_2 排放量自 2005 年起持续增长，但增速相对较慢。城市客运的 CO_2 排放量也呈现出持续增长的趋势，且增速较快，2005—2019 年交通运输分领域的 CO_2 排放情况如图 5.5 所示。

2. 货物运输中公路货运 CO_2 排放总量最大且增速较快

2019 年公路货运 CO_2 排放量占比达 83.1%。随着我国经济快速发展，对货物运输需求显著提升，我国货物运输主要以公路为主，2005—2019 年公路货运周转量年均增长 8.5%，导致公路货运 CO_2 排放量增长 2.4 倍，货物运输 CO_2 排放情况如图 5.6 所示。

3. 城际客运中民航 CO_2 排放量占比最高

居民城际出行方式逐步转向以铁路、航空出行为主。铁路实现了较为全面的电气化改造，铁路客运 CO_2 排放强度较低，CO_2 排放量呈逐渐下降态势。航空客运 CO_2 排放量从 2005 年的不到 0.2 亿吨增长到 2019 年的 0.69 亿吨，增长 2.5 倍，占比达到 56.3%，2005—2019 年城际客运 CO_2 排放情况如图 5.7 所示。

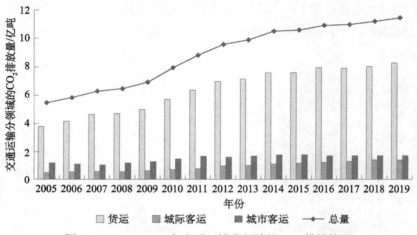

图 5.5　2005—2019 年交通运输分领域的 CO_2 排放情况

资料来源：本章课题组测算结果

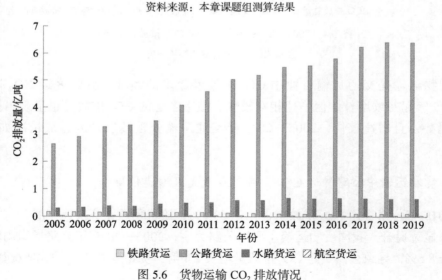

图 5.6　货物运输 CO_2 排放情况

资料来源：本章课题组测算结果

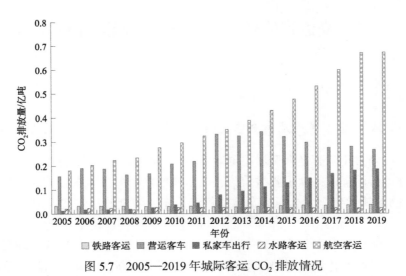

图 5.7　2005—2019 年城际客运 CO_2 排放情况

资料来源：本章课题组测算结果，私人乘用车数据来自《中国高速公路运输量统计调查分析报告》

4. 私人乘用车成为城市客运 CO_2 排放量最多的方式

2005—2019 年，私人乘用车保有量从 2005 年的 0.24 亿辆快速增长到 2019 年的 2.07 亿辆，年均增长率为 15.5%，导致了其 CO_2 排放量的快速增加。2013 年私人乘用车超越出租车成为城市客运中 CO_2 排放量最多的方式，2005—2019 年城市客运 CO_2 排放情况如图 5.8 所示。

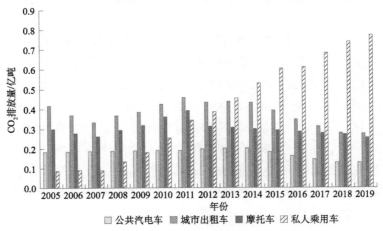

图 5.8　2005—2019 年城市客运 CO_2 排放情况

资料来源：本章课题组测算结果

二、交通运输低碳发展面临的问题和挑战

（一）面临形势与要求

1. 交通运输低碳发展是应对全球气候变化和全球可持续发展的重要途径

世界正面临百年未有之大变局。全球气候治理在曲折中不断前行，推动低排放发展作为全球气候治理的一项重要举措，已成为全球推动可持续发展的基本共识。2015年12月，巴黎气候变化大会通过全球气候新协定，使全球尽快实现温室气体排放达峰，21世纪下半叶实现温室气体零排放，把全球平均气温较工业化前水平升高控制在2℃之内，并为把升温控制在1.5℃之内而努力。当前，中国已成为全球最大的CO_2排放国，国际气候变化谈判形势日益严峻，减排压力不断加大。中国高度重视气候变化问题，习近平主席多次在各个场合阐述积极应对气候变化的重大意义，指出应对气候变化是中国可持续发展的内在要求，也是负责任大国应尽的国际义务。中国向《联合国气候变化框架公约》秘书处提交的应对气候变化的国家自主贡献（NDCs）文件《强化应对气候变化行动——中国国家自主贡献》，提出了CO_2排放量于2030年左右达到峰值并争取尽早达峰，单位国内生产总值CO_2排放量比2005年下降60%—65%，非化石能源占一次能源消费比重达到20%左右的行动目标。2020年，习近平主席在第七十五届联合国大会一般性辩论上提出"中国将提高国家自主贡献力度，采取更加有力的政策和措施，二氧化碳排放力争于2030年前达到峰值，争取2060年前实现碳中和"的新承诺。

交通运输是全球CO_2的主要排放源，约占全球碳排放总量的1/4左右，而且是未来全球CO_2增长的主要动力，是应对气候变化的重点领域。2018年中国交通运输能源消耗占全国能源消耗总量的10.7%，交通运输CO_2排放总量占全国CO_2排放总量的9.1%，而且未来增长潜力巨大。为此，中国交通运输行业必须主动适应应对全球气候变化和全球可持续发展的新目标，必须采取更加有力的管理措施和更加有效的技术手段，走出一条中国特色的交通运输低碳发展的新路子，通过强化温室气体排放控制倒逼交通运输发展方式的加快转变、运输结构和能源结构的调整优化、用能方式和消费模式的加速变革，实现绿色低碳转型，探索在交通运输现代化的进程中同步实现温室气体低排放的发展路径，有效支撑国家应对气候变化的战略。

2. 交通运输低碳发展是建设生态文明和美丽中国的迫切要求

党的十八大以来，以习近平同志为核心的党中央高度重视生态文明建设，提出一系列新理念、新思想、新战略，形成了习近平生态文明思想，这是新时代交通运输生态文明建设的根本遵循，为未来推进生态文明建设和绿色发展指明了路线图。党的十八大提出将生态文明建设纳入"五位一体"总体布局；党的十八届五中全会提出要坚持创新、协调、绿色、开放、共享的新发展理念；党的十九大把"建设美丽中国"作为现代化目标之一，明确提出"建设生态文明是中华民族永续发展的千年大计"。2018 年全国生态环境保护大会正式提出和确立了习近平生态文明思想。近年来，中共中央、国务院陆续颁布《关于加快推进生态文明建设的意见》和《生态文明体制改革总体方案》等，提出了生态文明建设和生态文明体制改革的总体要求、目标愿景、重点任务和制度体系，明确了路线图和时间表。这些都表明，我国经济社会发展已进入新阶段，对能源资源节约、应对气候变化和生态环境保护提出了更高的要求，必须将低碳发展作为国家重大战略，加快推动经济社会发展转型升级提质增效。

交通运输是经济社会发展的基础性、先导性、战略性产业和服务性行业，同时也是生态文明建设、绿色低碳发展和打好污染防治攻坚战的重点领域。《中共中央国务院关于全面加强生态环境保护坚决打好污染防治攻坚战的意见》《打赢蓝天保卫战三年行动计划》等政策文件都对交通运输业提出了明确的任务要求。《交通运输部关于全面加强生态环境保护坚决打好污染防治攻坚战的实施意见》等文件提出了 2020 年具体发展目标以及 2035 年展望目标，新时代交通运输低碳发展责任重大、任务艰巨。交通运输行业必须着眼于中华民族伟大复兴的战略全局，加快转变交通运输发展方式，调整交通运输结构，强化节能减排和污染防治，加快推进新能源、清洁能源应用，为加强生态文明和美丽中国建设提供有力支撑。

3. 交通运输低碳发展是加快建设交通强国的重要内容

党中央、国务院印发的《交通强国建设纲要》明确提出"构建安全、便捷、高效、绿色、经济的现代化综合交通体系"，并将"绿色发展、节约集约、低碳环保"作为未来交通运输发展的战略重点。建设交通强国是新时代赋予交通运输行业的历史使命。交通运输低碳发展是加快交通强国建设的重要目标和关键领域，是实现交通运输高质量发展和绿色转型的战略举措。

未来一段时期，是我国从"交通大国"向"交通强国"迈进的重要时期，我国社会主要矛盾在交通运输领域体现为人民群众日益增长的美好生活需要和出行需求，与交通运输发展不平衡不充分、供给能力质量效率还不够高之间的矛盾。交通运输必须坚持以人民幸福生活为宗旨，由注重提高供给能力向注重提升供给质量和供给效率转变，促进绿色出行、绿色物流发展，走科技含量高、经济效益好、资源消耗低、环境污染少的发展道路，建设更安全、更普惠、更可持续、更具竞争力的现代综合交通运输体系，为建设人民满意、保障有力、世界前列交通强国奠定坚实基础（陆化普，2019）。未来中长期，交通运输行业亟须促进公路货运节能减排，推动城市公共交通工具和城市物流配送车辆全部实现电动化、新能源化和清洁化；亟须开展绿色出行行动，倡导绿色低碳出行理念。

4. 交通运输低碳发展是抢抓科技革命机遇的必然选择

当前，全球新一轮科技革命和产业变革蓄势待发，信息网络、人工智能、大数据、云计算、物联网、新能源、先进制造、3D 打印等与交通运输息息相关的领域呈现出群体跃进态势，自动驾驶汽车、智能船舶、智能航运、低真空管（隧）道高速列车等引领交通产业变革的前瞻性、颠覆性技术不断涌现。国家部署加快 5G、数据中心、人工智能、新能源汽车充电桩、高速铁路和城际轨道交通等新型基础设施建设，加快 5G 等新技术商用步伐。技术革新是低碳交通运输发展的关键所在，我国高度重视并大力支持绿色低碳新技术发展，以及电动汽车、混合动力汽车、燃料电池汽车等新能源车辆和天然气、生物燃油等替代能源车船装备研发与推广，目前，节能与新能源汽车产业被国家列为国家战略型新兴产业（宿凤鸣，2010）。

作为技术密集型和集成应用型行业，交通运输的生产生活方式和组织模式面临变革性影响，日益呈现出智能化、自动化、无人化、电动化、低碳化、共享化等几大主要趋势和特征（傅志寰和孙永福，2019）。移动互联网、物联网、云计算、大数据等新技术的应用，以及新能源汽车、储能技术、自动驾驶等技术的突破，对交通运输格局产生了较大影响。互联网租赁自行车（俗称"共享单车"）在优化交通出行结构、满足最后一公里需求方面发挥了显著作用；网络预约出租汽车（俗称"网约车"）减少了乘客打车等待时间，降低了车辆空驶率，提高了能源利用效率。这些新技术、新产业、新业态、新模式不仅改变着人们的出行方式，影响着传统交通运输服务业态，也为行业的转型升级、低碳发展带来了前所未有的机遇。

这就迫切需要交通运输行业抢抓新一轮科技革命和产业变革的历史机遇，把创新作为推动低碳发展的第一动力，加强与新技术的融合发展，积极部署推动自动驾驶、智能交通、新能源等关键技术及装备研发，加快发展新技术、新产业、新业态、新模式的"四新经济"，推进先进适用的低碳交通技术和产品推广应用，加快交通基础设施数字化改造、交通运输装备智能化升级、交通能源系统绿色化转型、交通运输服务高效化发展，全面提升交通运输科技实力和低碳发展水平，提高国家竞争力。

（二）主要问题与挑战

总体而言，交通运输行业在运输结构优化、能源清洁化、低碳技术进步、低碳管理提升等各方面取得显著成效，与此同时，与应对全球气候变化、实现全球绿色低碳可持续发展的新形势相比，与建设生态文明和美丽中国、推动经济高质量发展的新要求相比，与建设人民满意、保障有力、世界前列的交通强国的新使命相比，仍然存在一些问题、差距与不足，主要体现在以下几个方面。

1.运输结构还需优化

受到基础设施网络布局系统性不足、缺乏有效衔接、空间资源利用效率低等一系列限制，铁路、水运等节约能源资源、长距离大宗货物成本较低的比较优势尚未充分发挥；货物运输规模化集约化程度较低，经营主体过于分散，企业经营的综合优势难以发挥，交通运输结构性矛盾尚未根本解决。

2.绿色交通消费和出行模式尚未形成

城市公共设施与交通系统规划衔接性不够，"职住分离"的城市布局，增加了城市出行需求，导致交通拥堵。基础设施供给不足，慢行系统建设相对滞后，自行车、步行等绿色出行分担率有待进一步提升。公共交通服务质量有待改善，旅客联程运输发展尚处于初级阶段，与人民群众高品质的出行期待还有较大差距。

3.低碳交通技术与装备水平有待进一步提升

低碳交通科技创新与智能交通建设有待进一步加强，节能低碳新技术、新产品、新材料、新工艺等研发与推广应用力度有待进一步加强，智能化、信息化助推交通运输系统运行效率和综合能效提升的潜能有待进一步挖掘；运输装备标准化和清洁水平仍需提升，老旧和高耗能、高排放交通工具更新缓慢，以清洁能源和新能源为燃料的运输装备设备应用缓慢，目前新能源车主要应用于公交、出租、城市配额等，在货物运输、班线客运等应用较少，充换电、加氢、加气等配套设施建设不足。

4.绿色低碳交通治理基础还比较薄弱

我国交通运输绿色低碳治理体系和治理能力总体水平不高、区域发展不平衡，存在层层递减现象，特别是地市以下交通运输有关部门职能和人员配置较为薄弱。对交通运输绿色低碳发展的认识还不够到位，治理能力不够强、行动不够实。相关法规制度仍不完善，绿色低碳交通标准较为缺乏，统计监测、评价考核等基础能力薄弱。

三、交通运输领域碳达峰情景分析

（一）情景设置

伴随着移动互联网、物联网、云计算、大数据等新技术的应用，新能源汽车、储能技术、自动驾驶等技术突破，"互联网+"渗透到交通运输各领域，推动了交通运输发展业态创新，对交通运输格局产生了革命性影响。在经济新常态的宏观背景下，我国国内生产总值、产业结构、城镇化进程、人口、收入水平等宏观经济社会因素，共享出行、电子商务、城市配送、自动驾驶等新业态和新模式，消费理念、工作方式的转变等因素，都将对未来交通运输行业 CO_2 排放产生重要影响（Huo et al.，2007；Hao et al.，2011；Ou et al.，2011；Huo et al.，2012；Peng et al.，2018）。本章考虑的影响因素主要包括：宏观经济中国内生产总值总量、人均国内生产总值、经济结构、人口、城镇化率，绿色出行中共享出行、定制公交、轨道交通，模式转变中消费理念、汽车租赁等因素对交通运输的需求和结构变化两方面的影响；邮轮、私人游艇对交通运输需求变化单方面的影响；智能化中智能交通技术应用、智慧物流，新能源化中新能源车、新能源船舶、生物质能飞机对交通运输能源消耗和 CO_2 排放的影响；自动驾驶应用对交通运输需求及能耗和 CO_2 排放的影响；基础设施中货运、客运通道对交通运输结构的影响。根据以上所考虑的影响因素，本报告设置政策情景、强化减排情景、2℃情景以及1.5℃情景等四种情景（He et al.，2005；Mittal et al.，2016；Yang et al.，2017）。

1.政策情景

考虑现有政策手段和技术水平的城市交通碳排放趋势，我国的产业布局、客货运结构、不同交通模式的能效改进、替代燃料技术的发展没有大的变化或重大技术突破。

2. 强化减排情景

在政策情景的基础上，考虑优化运输结构，促进交通节能减排技术不断应用，绿色出行比例提升，新能源车船普及率上升。

3. 2℃情景

为实现《巴黎协定》中温升控制在2℃之内的目标，在强化减排情景的基础上，交通运输行业在运输结构、燃油经济性等方面均有显著提升，新能源车船普及加快，绿色出行比例上升幅度加大。

4. 1.5℃情景

为了进一步探索实现温升控制在1.5℃以内目标的途径，在2℃情景的基础上，交通运输行业在运输结构、低碳技术等方面出现跨越性、突破性发展，绿色出行比例大幅上升，新能源车船成为绝对主流。

（二）不同情景下交通运输碳排放结果分析

1. 需采取强有力的政策和手段保障交通运输碳达峰

按照目前发展趋势，随着经济社会的快速发展，工业化和城镇化进程加快，全社会交通运输碳排放总量呈快速增长趋势，必须要采取强有力的政策和手段，才有可能在2030年前后达峰。从情景对比分析来看，采取强化减排情景，2035年交通运输行业碳排放峰值比政策情景峰值下降17.5%；采取2℃情景、1.5℃情景，2030年交通运输行业碳排放峰值比政策情景峰值下降19.3%。在2℃情景下，得益于电动化的普及、货车节油减排技术的应用等，公路运输碳排放下降的趋势最快，2050年公路运输碳排放总量为3.47亿吨，相比于政策情景下降63%。航空运输碳排放总量在2040年前保持较为显著的增加，随着生物质能的应用，航空运输碳排放有缓慢下降的趋势；在2℃情景下，2050年，航空运输占比达到16.4%。水路和铁路运输碳排放先增加后减少，2015—2050年交通运输行业CO_2排放情景结果如图5.9所示。

政策情景下，交通运输CO_2排放总量持续增加。虽然单位周转量/客运量的碳排放量有所下降，但是由于货运量和客运量的增长速度高于单位碳排放强度的下降速度，交通运输 CO_2 排放总量将持续上升，经课题组研究测算，2030 年达到 12.1 亿吨，2040 年达到峰值 12.5 亿吨，2050 年下降到 10.7 亿吨。

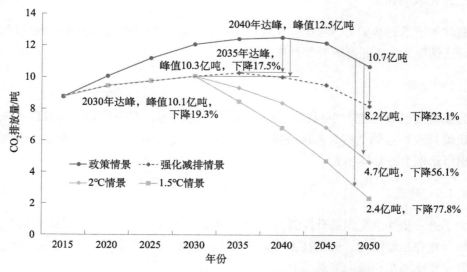

图 5.9　2015—2050 年交通运输行业 CO_2 排放情景结果

资料来源：本章课题组测算结果

　　强化减排情景下，随着交通运输装备结构的优化、技术的发展以及资源的合理配置，交通运输 CO_2 排放总量将呈现先增长、后下降的趋势，经课题组研究测算，大致在 2035 年左右达峰，CO_2 排放量峰值为 10.3 亿吨，2050 年下降到 8.2 亿吨，相比于政策情景下降 23.1%。

　　2℃情景下，强化综合交通运输枢纽衔接协调，加强区域、城乡交通一体化，提升交通运行效率；加强"互联网＋"在交通运输中的应用，推进智能交通建设；优化运输结构，合理配置铁路、公路、水路和民航客货运输；改善运输工具燃料结构；通过采用更为激进的电动车等新能源车辆的渗透率等措施，经课题组研究测算，交通运输碳排放总量有望于 2030 年左右达峰，CO_2 排放量峰值为 10.1 亿吨，相比于政策情景峰值下降 19.3%。2050 年 CO_2 排放量下降到 4.7 亿吨，较政策情景下降 56.1%。

　　1.5℃情景下，交通基础设施网络布局持续优化、新能源载运工具大规模普及、自动驾驶成为乘用车的主流、铁路和水运承担绝大部分大宗货物的运输、交通运输技术进步应用于交通行业的各个方面、共享交通等新业态新模式不断涌现并大规模应用。经课题组研究测算，交通运输 CO_2 排放总量有望于 2030 年左右达峰，峰值排放量为 10.1 亿吨，2050 下降到 2.4 亿吨，较政策情景下降 77.8%。

2. 交通运输依旧以油品为主要能源

经课题组研究测算，在政策情景下，交通运输能耗将在2040年达峰，峰值为6.26亿吨标准煤。电力增幅最大，从2020年的4.3%增加到2050年的17.8%，增长了3.1倍。

在强化减排情景下，交通运输能耗将在2035年达峰，峰值为5.32亿吨标准煤，较政策情景下降15%。车辆用油占比持续下降，从2020年的82.7%下降到2050年的52.3%。同时，受到铁路电气化、车辆电动化的推动，电力占比从2020年的4.5%增长到2050年的30.3%。

在2℃情景下，交通运输能耗将在2030年达峰，峰值为5.21亿吨标准煤，较政策情景下降16.7%。电力逐步成为主要的能源，电力占比从2020年的4.4%增长到2050年的44.5%，氢能使用量也有所提升，到2050年氢能占比达1.4%。车辆用油占比高速下降，从2020年的82.5%下降到2050年的36.2%。

在1.5℃情景下，清洁能源成为最主要能源，电力占比高速增长到2050年的61.8%，生物质燃料占比增加到全部能源的6.7%，占航空能源的60%。车辆用油主要集中在公路货物运输和特殊场景下的长途客运，占比下降到17.3%。同时，氢能源车也将承担一部分公路长途货运、长途客运及内河水路货运，2050年占比达到4.3%。

不同情景下交通运输能源消费结构如图5.10所示。

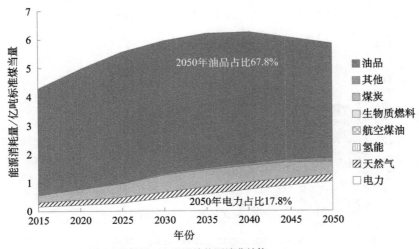

（a）政策情景下交通运输能源消费结构

图5.10 不同情景下交通运输能源消费结构

资料来源：本章课题组测算结果

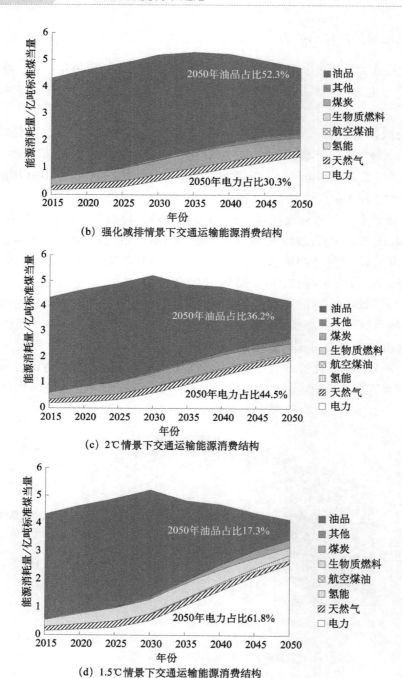

（b）强化减排情景下交通运输能源消费结构

（c）2℃情景下交通运输能源消费结构

（d）1.5℃情景下交通运输能源消费结构

图 5.10　不同情景下交通运输能源消费结构（续）

柴油仍旧是货运最主要的能源，但占比持续下降。经课题组研究测算，在政策情景、强化减排情景、2℃情景和1.5℃情景下，2050年柴油占比分别为80%、68.2%、50.9%、32.2%。与此同时，电力等清洁能源占比持续上升，四种情景下电力占比分别为11.2%、24.7%、41.5%、60.5%。总体来看，清洁能源和新能源运输工具的推广应用将推动货物运输能源消费结构变革，降低碳排放总量和强度。

航空用能是城际客运最主要的能源，且占比较为稳定。四种情景下，2050年航空用能（航空煤油＋生物质能）占比均为50%左右。与此同时，电力等清洁能源占比持续上升，2050年占比分别为19.6%、23.2%、27.8%、41.2%。

城市客运能源消费逐步从汽油转向电力。四种情景下汽油占比从2035年的53.8%、48.2%、40.5%和38.6%，下降到2050年的30%、19.1%、10.7%和3.3%。而2050年四种情景下，电力占比分别达到49.2%、60.7%、71.9%和85.4%，成为城市客运中最主要的能源消费品种。

3. 公路货运减排是货运碳达峰的主要驱动力

在政策情景下，公路货运碳排放量2030年占全部货运碳排放总量的82.3%，2030年前占比持续增长，2050年占比下降至77.9%。在强化减排情景下，运输结构调整优化是未来货运碳排放总量和强度下降的重点方向。从运输方式来看，公路货物碳排放量是未来行业碳排放增长的重点，占货运能耗的70%以上。不同货物运输方式的碳排放强度存在较大差异，2018年公路运输单位周转量碳排放强度约是铁路（货运）的9—12倍，是内河水运的4倍左右。在保持相同货运周转量的前提下，调整优化综合运输结构和城市空间布局，例如在城市间货运交通中提高铁路和内河水运的比重，都会降低交通运输行业的碳排放量。在2℃情景和1.5℃情景下，通过各种运输方式的结构调整，继续发挥铁路和水路运输方式的比较优势，在满足货运运输需求的情况下，降低能源需求和碳排放量，不同情景下货运碳排放结构如图5.11所示。

4. 航空客运碳排放是城际客运碳排放增长的主要驱动力

政策情景下，城际客运CO_2排放量将在较长一段时间内持续增长，将于2040年左右达峰，峰值为1.9亿吨。在工业化、新型城镇化发展背景下，加上我国人口基数较大，对交通运输的需求会越来越大，对交通运输服务水平的要求会越来越高，高端出行比例增加。同时，我国航空客运依然处于快速发展期，与欧美发达国家相比，我国航空客运还有很大的发展空间，因此，城际客运的碳排放量在2045年前保持较高速度的增长，2045 年后增长才有所放缓。在强化减排情景、2℃情景和 1.5℃情景下，随着高铁逐步承担更多的城际出行比例，各种运输方式能源利用效率不断提升，尤其是航空领域生物质能的大规模应用（2050 年生物质能分别占全部航空能源的 15%、30%、60%），城际客运总体碳排放量有所下降。到 2050 年，强化减排情景、2℃情景和 1.5℃情景的碳排放量将分别比政策情景下降 10.4%、38.1% 和 65.4%，不同情景下城际客运碳排放构成如图 5.12 所示。

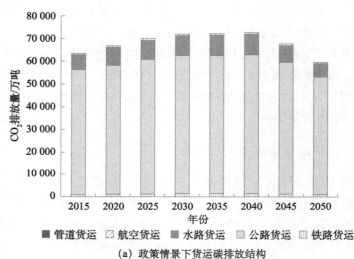

（a）政策情景下货运碳排放结构

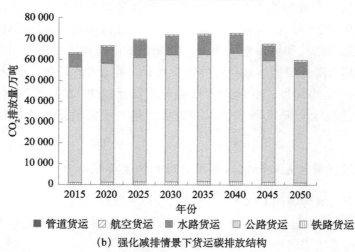

（b）强化减排情景下货运碳排放结构

图 5.11　不同情景下货运碳排放结构

资料来源：本章课题组测算结果

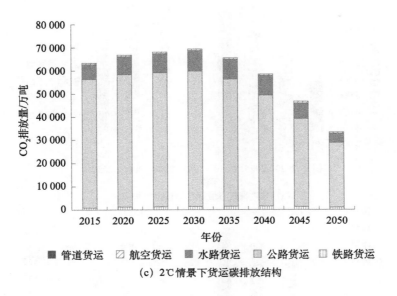

（c）2℃情景下货运碳排放结构

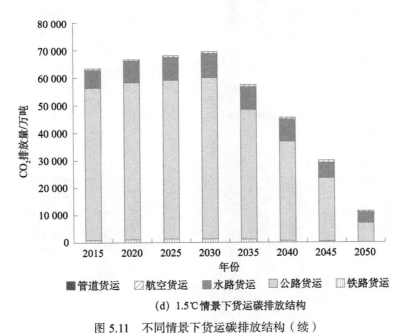

（d）1.5℃情景下货运碳排放结构

图 5.11 不同情景下货运碳排放结构（续）

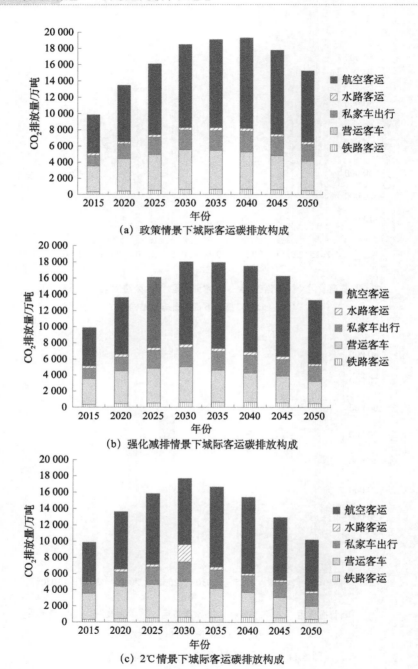

（a）政策情景下城际客运碳排放构成

（b）强化减排情景下城际客运碳排放构成

（c）2℃情景下城际客运碳排放构成

图 5.12　不同情景下城际客运碳排放构成

资料来源：本章课题组测算结果

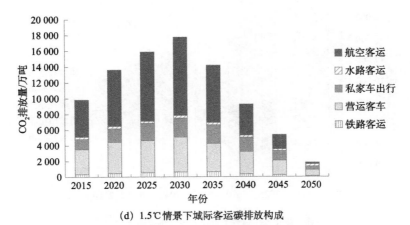

(d) 1.5℃情景下城际客运碳排放构成

图 5.12　不同情景下城际客运碳排放构成（续）

5. 新能源车占比将会决定城市客运碳排放结构和趋势

在政策情景下，依然按照当前发展方式，到 2050 年全国城市交通碳排放总量将持续增加，私人乘用车依旧是最主要的增长源。在强化减排情景、2℃情景和 1.5℃情景下，通过实施优先发展公共交通、控制私人汽车出行比例、推动低碳技术革新和推广新能源车（包括混合动力电动汽车、纯电动汽车、燃料电池电动汽车），使得 2050 年强化减排情景、2℃情景和 1.5℃情景的碳排放量分别比政策情景碳排放量下降22.6%、40.8% 和 82.6%，不同情景下城市客运碳排放构成如图 5.13 所示。

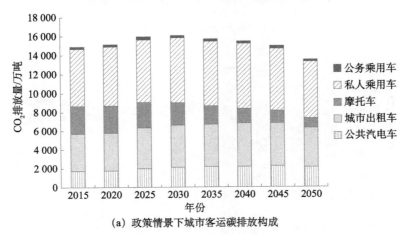

(a) 政策情景下城市客运碳排放构成

图 5.13　不同情景下城市客运碳排放构成

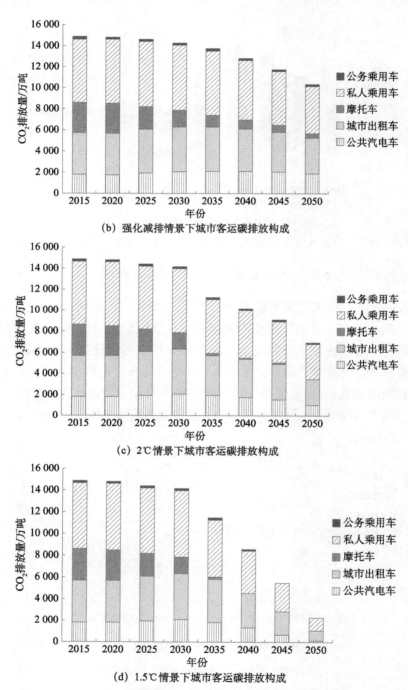

（b）强化减排情景下城市客运碳排放构成

（c）2℃情景下城市客运碳排放构成

（d）1.5℃情景下城市客运碳排放构成

图 5.13　不同情景下城市客运碳排放构成（续）

四、交通运输领域低碳转型的政策建议

（一）建设低碳综合交通运输体系

坚持把调整交通运输结构作为交通运输低碳发展的主攻方向，以建设以低碳排放为特征的现代综合交通体系为统领，充分发挥各种运输方式的比较优势和组合效率，加快发展水运、铁路等绿色运输方式，实现结构减排效应的最大化。

1. 积极推进大宗货物的"公转铁"行动

加快推进港口集疏运铁路、物流园区及大型工矿企业铁路专用线等"公转铁"重点项目建设，持续推进煤炭、矿石等大宗货物及中长距离货物运输向铁路有序转移。积极推进煤炭、焦炭、石油等大宗货物采用铁路、管道、管廊等绿色运输方式。完善大型企业铁路运输网络建设，提高大型企业铁路运输比例。

2. 积极开展内河航运振兴行动

加快畅通重要航段和运输通道，补齐内河航运短板，提升内河航运干支联动能力。大力推广应用集装化运输装备，推进内河运输船舶、江海直达船舶的标准化。统筹江海直达和江海联运发展，积极推进干散货、集装箱江海直达运输。推进长三角、珠三角等港口群加强合作，提高水水中转比例。

3. 积极推进运输方式创新

加快推进多式联运、江海直达运输、甩挂运输、滚装运输、水水中转等先进运输组织方式，提高运输及物流效率。依托铁路物流基地、公路港、沿海和内河港口等，推进多式联运型和干支衔接型货运枢纽（物流园区）建设，加快推进集装箱多式联运。积极推进以港口为枢纽的铁水联运，打通海铁联运"最后一公里"，提高海铁联运比例。推动扩大集装箱、干散货江海直达船队规模。持续推进内河船型标准化工作，研究完善过闸运输船舶标准化船型主尺度，制定出台国家强制性标准，发布特定航线江海直达船舶标准规范。建设城市绿色物流体系，支持城市现有铁路、物流货场转型升级为城市配送中心。加快物流业从追求规模速度增长向质量效益增长转变，加快货运规模化发展和连锁化经营，推进物流业转型升级。发展精益物流、共同配送等多样化、专业化城际货运服务体系，加快构建物流园区、配送中心、末端网点三级配送网络，推进现代化物流网络建设。积极完善航空物流网络，提升航空货运效率，积极发展无人机（车）物流递送、城市地下物流配送等。

4. 着力优化旅客运输结构，构建便捷优质的客运服务体系

着力提升客运服务水平，加快构建便捷舒适、优质高效的客运服务系统。积极构筑以高铁、航空为主体的大容量、高效率区际快速客运服务，提升主要通道的旅客运输能力。鼓励开通连接机场、铁路站点等重要枢纽的快速客运班线，提高运输接驳水平；加大省际班线、市际线路、县际线路运力投入，建立以高速公路、国省道为依托的快速客运网络。

5. 优化交通运输网络布局，提升资源集约利用水平

统筹优化交通基础设施网络布局，科学编制交通运输规划，充分衔接协调国土空间规划，促进国土综合开发和优化利用，加强交通基础设施网络、运输服务网、能源网和信息网的深度融合。统筹考虑区域间和区域内产业布局、资源条件及发展需求，合理确定交通运输大通道的结构与规模，提升完善通道功能，节约集约利用线位资源，避免重复建设，提高综合交通枢纽衔接转换效率和能源资源利用效率。大力推进公交导向的发展模式，支撑引领新型城镇化、乡村振兴等战略实施，从源头上合理控制、科学引导交通运输需求。

（二）打造绿色出行服务体系

坚持把倡导绿色交通消费理念、完善绿色出行体系作为交通运输低碳发展的重大战略选择。深入实施城市公交优先发展战略，大力发展自行车、步行等慢行交通，加快推广网约车、共享单车、汽车租赁等共享交通模式，从源头上尽可能降低无效需求，促进交通运输系统减排。

1. 深入实施"公交 +"优先发展战略

积极推进公交都市建设示范创建工程，加强城市交通拥堵综合治理，优先发展城市公共交通。鼓励引导绿色公交出行（陆化普，2009），加快建设方便、快捷的城市轨道交通体系和安全、连续的慢行交通体系，合理引导个体机动化出行。大力发展共享交通，发展"自动驾驶＋共享汽车""共享单车"等模式，打造基于移动智能终端技术的服务系统，实现出行即服务。

2. 积极构建完善的绿色出行客运服务体系

大力发展绿色低碳出行方式，推进出行服务快速化、便捷化，加快构建以高速铁路和城际铁路为主体的大容量快速客运城际系统，推进城市群交通一体化，提高城市群内轨道交通通勤化水平，推广城际道路客运公交化运行模式，打造旅客联程运输系统。建设高品质步行和自行车系统，构建起步区慢行交通体系。

3. 积极开展全民绿色出行宣传教育活动

开展面向政府、企业等社会单元的绿色出行常态化教育和培训，建立健全绿色生活宣传和展示平台，利用行业媒体等各类渠道和"全国低碳日"等宣传活动开展以生活方式绿色化为主题的沉浸式、互动式教育。建设行业节约型机关，充分发挥行业公共机构的节能低碳示范引领作用。

（三）提升交通运输综合能效和减排效率

1. 加快推进新能源汽车的电动化、智能化和共享化应用

加快促进交通能源动力系统的电动化和高效化，大力推进新能源车辆推广应用。积极推进新增和更新的城市公共交通、出租汽车、城市物流配送车辆，以及大气污染防治重点区域的港口和物流园区采用新能源运输装备。加快研究电动货车、氢燃料电池重载卡车在货运中的应用，促进公路货运节能减排。继续支持发展和推广智能充电桩。加快推进新能源汽车的智能化应用，积极推动无人驾驶技术在城市普通公交、消防车、物流车、出租车、智慧高速、景区无人摆渡、清扫车等不同类型的车辆上的应用。加快推进新能源汽车的共享化应用，积极推进新能源汽车的分时租赁、网约车、综合出行服务等商业模式发展，满足未来个性化的出行需求。

2. 加快提升低碳交通技术研发能力

集中优势资源，在国家重点研发计划等科研专项中设置绿色低碳交通的相关研究，着力突破制约交通运输低碳发展的相关技术瓶颈。瞄准科技前沿，强化基础研究，重

点围绕基础设施、载运工具、运输组织等方面的科技攻关，协同推进先进轨道、大气和水污染防治、水资源高效开发利用等重点专项及高科技船舶科研项目的实施。

3. 加快推进低碳交通成果转化与推广

编制交通运输行业重点节能低碳技术目录，加快节能、环保、生态、先进适用技术、产品的推广和应用，加大建筑信息模型（building information modeling，BIM）应用技术、车牌识别、新一代快速支付系统、快速安检系统、新型智慧物流汽车等技术在绿色交通与绿色出行领域的应用。积极推进绿色交通科技成果市场化、产业化，大力推进绿色低碳循环交通技术、产品、工艺的标准、计量检测、认证体系建设。

4. 加快完善低碳交通的科技创新机制

建立健全绿色交通科技投入机制，逐步形成以政府为引导、企业为主体、社会和中介机构积极参与的交通科技投入体系。建立以企业为主体、产学研用深度融合的低碳交通技术创新机制，鼓励交通行业各类低碳交通创新主体建立创新联盟，建立低碳交通关键核心技术攻关机制。建立低碳交通关键技术与产品推广应用的信息沟通和共享平台、鼓励性政策和管理机制。建设一批具有国际影响力的低碳交通实验室、行业研发中心、试验基地、技术创新中心等创新平台，加大资源开放共享力度，优化科研资金投入机制。

（四）构建高效运输模式

1. 新技术与交通行业深度融合

推进数据资源赋能交通发展，加速交通基础设施网、运输服务网、能源网与信息网络融合发展，构建泛在先进的交通信息基础设施。构建综合交通大数据中心体系，深化交通公共服务和电子政务发展。大力推进北斗卫星导航系统在交通运输领域的应用。将自动驾驶和车路协同作为未来智能交通系统发展的核心内容，在公共交通、快递物流等领域，率先推广自动驾驶技术，逐步拓展自动驾驶应用。

2. 大力推进互联网＋现代物流发展

以互联网为依托，通过运用大数据、人工智能等先进技术手段，形成线上服务、线下体验与现代物流深度融合的零售新模式，不断提升物流的及时响应、定制化匹配能力。积极推进物流运作模式革新，促进物流行业与互联网深度融合，推动智慧物流需求提升，不断适应物流企业在物流数据、物流云、物流设备三大领域对智慧物流发展的需求。加强智慧物流基础设施建设，加快发展"互联网+"高效物流，创新智慧物流营运模式，积极建设多层次物流公共信息服务平台，提高物流效率，降低物流成本，培育发展新动能，推动行业提质增效。

（五）实现低碳交通治理体系和治理能力现代化

1.切实增强交通运输低碳转型的紧迫感

把交通运输低碳发展理念全面融入国家、地区和企业的行业中长期发展规划，要长期坚持把交通运输碳强度控制作为推进交通运输低碳发展的重要指标。把运输周转量/增加值、单位运输周转量的碳强度等相关指标作为重要内容，纳入各级交通运输主管部门的考核评价体系。进一步把行业应对气候变化与节能低碳相关工作内容融入国家和地方各级政府和交通运输行业的规划，使其成为重要组成部分，强化行业低排放发展相关工作的协同意识。

2.建立健全低碳交通战略法规标准体系

完善低碳交通战略规划体系，加快推进综合交通运输体系与规划建设，注重低碳发展的顶层设计，加快研究制定低碳交通与综合交通和智慧交通有机结合、相互促进的中国绿色交通中长期发展规划。健全低碳交通制度标准，推进低碳交通标准化建设，加快低碳交通标准制修订的落实，着力推进低碳交通建设地方标准编制工作，通过健全低碳交通法规标准，建立低碳交通生产、消费的法律制度和政策导向。加快完善低碳交通监督管理体系，健全低碳交通管理体制机制，完善低碳交通统计及考核评价体系，建立低碳交通考核评价指标体系，鼓励重点省份或区域先行开展低碳交通考核评价试点。

3.积极推进交通碳排放统计监测考核体系建设

继续完善交通运输能耗统计监测制度，稳步推进铁路、民航、公路客货运、城市客运、沿海和内河船舶、港口等能耗在线监测工作及数据库平台建设，加强交通运输碳排放统计核算平台和监测网络建设，建立标准统一的行业能耗及碳排放统计数据库。积极建立完善交通运输低碳发展的指标体系、考核办法、奖惩机制。

4. 积极推进碳交易、绿色金融等市场机制在交通领域的应用

积极推进交通运输部门参与节能量交易和碳排放交易；积极探索和制定市场调节政策，设置合理的鼓励和引导政策，通过财税激励、市场行为等手段大力推广新能源汽车；积极推进交通运输领域碳交易、绿色金融等市场机制应用，加快制定交通运输行业参与碳交易的技术路线，明确交通运输行业参与碳交易的主体范围、时间节点、准入退出门槛等；积极研究并制定适用于我国交通运输行业的碳配额分配方法。

5. 积极完善低碳交通发展的经济激励政策

加强低碳交通财税等政策研究与储备，研究完善促进低碳交通发展的财税、金融、土地、贸易、保险、投资、价格、科技创新等激励政策；加大低碳交通运输资金投入力度，鼓励地方政府研究建立符合地方实际的经费投入鼓励政策和机制，逐步形成以国家和地方政府资金为引导、企业资金为主体的良性投入机制，拓宽交通运输节能减排融资渠道，研究设立绿色交通产业基金。

6. 积极开展低碳交通示范工程

积极组织开展以绿色交通省区、城市（群）、区（县）、乡镇等为主的区域性的绿色交通示范重大工程，加强交通运输节能降碳新技术在绿色交通与绿色出行领域的应用。鼓励低碳交通区域示范的省份和城市（群），在全国率先提出交通运输行业达峰时间和零碳排放行动计划，制定面向未来的行业零碳行动路线图，尽早实现零碳排放目标。继续推进低碳交通企业示范，密切配合国家企业节能低碳专项行动，深入开展交通运输行业低碳交通运输企业示范行动。鼓励企业主动强化低碳交通技术创新与应用，提升企业主动加快温室气体减排的意识，鼓励低碳交通示范企业自愿加入近零排放行动计划。积极推进绿色铁路、绿色公路、绿色港口、绿色航道、绿色机场、绿色场站、绿色枢纽等重大示范工程建设，以绿色交通示范项目为支撑，积极推进铁路、公路、港口、航道、机场、场站、枢纽等基础设施建设和运营领域在低碳交通关键技术与产品推广、智慧交通等方面的交通科技创新发展。

参 考 文 献

傅志寰，孙永福．2019．交通强国战略研究．北京：人民交通出版社．

李忠奎，郭杰，欧阳斌，等．2015．中国交通低碳发展战略研究．北京：人民出版社．

陆化普．2009．城市绿色交通的实现途径．城市交通，7（6）：23-27．

陆化普 . 2018. 绿色智能一体化交通 . 中国公路，523（15）：27-29.

陆化普 . 2019. 智能交通系统主要技术的发展 . 科技导报，37（6）：27-35.

欧阳斌，凤振华，等 . 2017. 低碳交通运输规划方法与实证 . 北京：人民交通出版社股份有限公司 .

宿凤鸣 . 2010. 低碳交通的概念和实现途径 . 综合运输，5：13-17.

Hao H，Wang H，Yi R，2011. Hybrid modeling of China's vehicle ownership and projection through 2050. Energy，36（2）：1351-1361.

He K，Huo H，Zhang Q，et al. 2005. Oil consumption and CO_2 emissions in China's road transport：current status，future trends，and policy implications. Energy Policy，33（12）：1499-1507.

Huo H，He K，Wang M，et al. 2012. Vehicle technologies，fuel-economy policies，and fuel-consumption rates of Chinese vehicles. Energy Policy，43（4）：30-36.

Huo H，Wang M，Johnson L，et al. 2007. Projection of Chinese motor vehicle growth，Oil demand，and CO_2 emissions through 2050. Transportation Research Record：Journal of the Transportation Research Board，2038：69-77.

International Energy Agency（IEA）. 2017. World Energy Outlook 2017 . Paris.

Mittal S，Dai H，Shukla P R，2016. Low carbon urban transport scenarios for China and India：a comparative assessment. Transportation Research Part D，44：266-276.

Ou X，Xiao Y Y，Zhang X. 2011. Life-cycle energy consumption and greenhouse gas emissions for electricity generation and supply in China. Applied Energy，88（1）：289-297.

Peng T，Ou X，Yuan Z，et al. 2018. Development and application of China provincial road transport energy demand and GHG emissions analysis model. Applied Energy，222：313-328.

Yang Y，Wang C，Liu W，et al. 2017. Microsimulation of low carbon urban transport policies in Beijing. Energy Policy，107：561-572.

第六章 面向碳中和目标的汽车产业转型路径*

2020年9月22日,习近平主席在第七十五届联合国大会一般性辩论上做出"二氧化碳排放力争于2030年前达到峰值,努力争取2060年前实现碳中和"[1]的承诺,彰显出中国绿色低碳发展的雄心。2020年,我国的汽车保有量将超过美国,成为汽车工业和汽车保有量第一大国,同时,我国汽车行业的碳排放量也一直保持快速增长态势。国家碳中和目标的提出,必将加快我国汽车产业的转型步伐,推动汽车产业全生命周期低碳化、绿色化。

一、我国汽车产业碳排放现状及构成

近年来,我国汽车产业蓬勃发展,道路交通基础设施日益完善,人们生活水平不断提高,汽车已经成为我国交通出行的主要方式。根据中国汽车工业协会历年发布的数据(图6.1),2019年我国汽车产销分别完成2572.1万辆和2576.9万辆,连续11年蝉联全球第一,如图6.1(a)所示。乘用车产销分别完成2136万辆和2144.4万辆,占汽车产销比重83%左右,新能源汽车产销分别完成124.2万辆和120.6万辆,占汽车产销比重4.8%左右,如图6.1(b)所示。

截至2020年6月,全国汽车保有量达2.7亿辆,占机动车总量的75%(图6.2);新能源汽车保有量为417万辆,占汽车总量的1.5%;载货汽车保有量达2944万辆,占汽车总量的10.9%。汽车保有量超过100万辆的城市共有69个,与去年同期相比增加了3个。其中,汽车保有量超过200万辆的城市有31个,北京、成都等12个城市汽车保有量超过300万辆,北京超过600万辆,成都超过500万辆。

---

* 本章由朱永彬、王晓明执笔,作者单位为中国科学院科技战略咨询研究院。
① 习近平在第七十五届联合国大会一般性辩论上发表重要讲话. http://www.xinhuanet.com/politics/leaders/2020-09/22/c_1126527647.htm[2020-11-8].

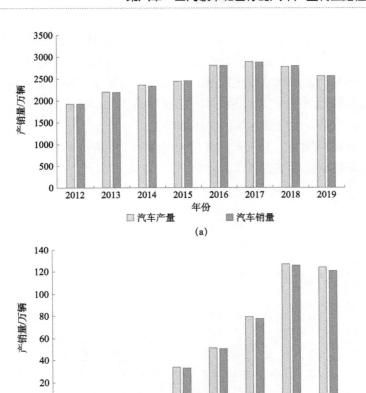

图 6.1　中国 2012—2019 年汽车产销量

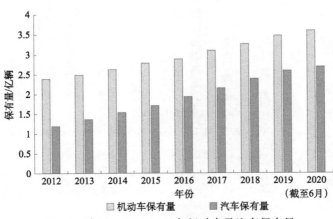

图 6.2　中国 2012—2020 年机动车及汽车保有量

与此同时，道路交通也已成为客运和货运的主要载体。据历年《中国统计年鉴》的数据（图 6.3），公路客运量和公路货运量在客运总量与货运总量中的占比均在 70% 以上。尽管近年来高铁和航空快速发展，给公路客运带来了很大的冲击，同时多式联运也推动水运和铁运对公路货运实现了一定程度的替代，公路客货运比重在多年连续降低的情况下，依然处于交通运输的主体地位。

在汽车产业快速发展以及汽车拥有量和使用率不断提升的背景下，汽车生产制造和使用过程带来的碳排放不容忽视。

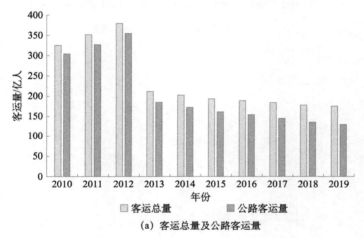

（a）客运总量及公路客运量

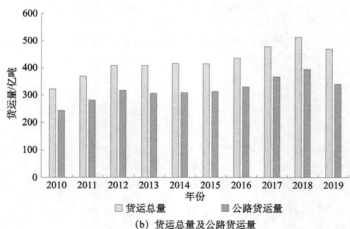

（b）货运总量及公路货运量

图 6.3　中国 2010—2019 年客（货）运总量及公路客（货）运量

（一）汽车全生命周期碳排放

从汽车全生命周期来看，汽车产业从原材料的获取，产品的生产、使用直至产品使用后的处置过程中所产生的碳排放[①]可以分为两个独立的循环：①车辆循环（vehicle cycle）包括汽车生产原料开采、加工、生产制造、回收处理环节，在此过程中所产生的碳排放为材料周期碳排放；②燃料循环（fuel cycle）包括从矿井到加油机（well to pump，WTP）和从加油机到车轮（pump to wheel，PTW）的车用燃料上游生产和下游使用两个阶段。对于内燃机汽车而言，燃料上游阶段指燃料开采、提炼和提纯过程中产生的碳排放，后者则指车辆使用过程中燃料消耗产生的碳排放；对于新能源电动车而言，前者指电力生产过程的碳排放，后者则不产生任何碳排放。

其中，材料周期碳排放与汽车的整装质量和使用的材料有关，燃料周期碳排放则与汽车使用年限、行驶公里数和汽车能效等因素有关。胡勇（2014）的研究表明，汽车用原材料和零部件制造环节能耗大体相当，以一辆整装质量为1200千克的内燃机乘用车为例，其零部件制造环节大约产生6.8吨碳排放，经过冲压、焊接、涂装和总装四大工艺之后，生产制造过程产生大约0.6吨碳排放，但在运行期间，大约需要产生104.5吨碳排放。因此，总体来看，一辆汽车全生命周期排放量估值约110吨，其中使用阶段碳排放占比达到93%左右。

对于新能源电动汽车来说，发电结构直接影响其全生命周期的碳排放量。研究发现，在我国目前的发电构成比例下，电动汽车使用过程的碳排放与燃油汽车相比减少10%左右，但若考虑充电效率和煤炭运输损失等因素，则预计电动汽车的碳排放量会和燃油汽车接近。而在水电、风电、核电发达的区域，使用电动汽车的碳减排效果会非常明显（孙涵洁，2017）。

根据《中国汽车低碳行动计划2020》报告，针对2019年中国境内生产的乘用车，从汽车材料、零部件到整车生产、使用、回收等全生命周期进行碳排放核算，发现2010—2019年，中国乘用车单车平均全生命周期的碳排放量由243.6克CO_2当量/千米逐年递减至212.2克CO_2当量/千米。2019年中国量产乘用车生命周期碳排放总量达到6.2亿吨CO_2当量，其中汽油车贡献了乘用车碳排放总量的94.7%。此外，不同级别乘用车的生命周期碳排放也存在明显差异，A级车碳排放占比最高，为60.8%。

---

① 本章所提的碳排放，均指CO_2排放。

（二）我国汽车使用阶段碳排放量

汽车全生命周期碳排放主要发生在使用阶段。随着我国汽车保有量的快速增长，汽车使用产生的碳排放逐年递增。有研究表明，自 1990 年以来，我国道路交通 CO_2 排放量占交通领域 CO_2 排放量的份额总体呈现不断上升的态势，当前已经成为交通领域 CO_2 排放量的绝对主体，这和发达国家的发展历程基本一致（冯相昭和蔡博峰，2011）。随着中国汽车保有量的不断增加，交通领域客运量有向道路交通转移的趋势（Timilsina and Shrestha，2009），尤其是短途客运的汽车出行需求增多。

车用汽油和柴油在石油消费中的比重一直占据主要地位。沈满洪和池熊伟（2012）的研究认为，除交通运输部门营运用油外，工业、建筑业、服务业所消费汽油的 95% 以及所消费柴油的 35% 均用于交通运输工具，居民生活和农业消费的全部汽油以及居民生活消费的 95% 的柴油均用于交通运输工具。但与国际口径不同，我国交通领域碳排放仅包括从事社会运营车辆的能源活动排放，而大量非运营交通工具的排放没有纳入，尤其是随着收入水平的提高，我国以私人汽车为主的交通方式的能源消耗量占交通领域的比重越来越大，仅将社会运营车辆纳入交通排放的数据，明显低估了道路交通的 CO_2 排放量。由于很难获得中国全口径汽车运行阶段能源消耗的数据，汽车碳排放数据核算较为困难。

根据《2006 年 IPCC 国家温室气体清单指南》，对于移动源（交通领域） CO_2 排放量核算，可以采用两种方法：一是自上而下基于交通工具燃料消耗的统计数据计算，即从燃料端入手建立针对车用燃料的统计核算体系，进而计算燃料消耗过程产生的碳排放，从而将之作为汽车碳排放量；二是自下而上基于不同类型汽车的车型、保有量、行驶里程、单位行驶里程燃料消耗等数据计算燃料消耗，进而计算单车行驶过程的 CO_2 排放量，从而汇总得到总排放量。但是在当前的统计数据质量条件下，两种核算方法均面临数据可得性问题。相较而言，利用第一种方法，即基于燃料消耗的统计数据来估算我国汽车 CO_2 排放量显得更具有操作性。

国内有学者采用油品分摊法对汽车碳排放进行估算（沈满洪和池熊伟，2012）。由于涉及统计口径问题，因此一方面需要将交通部门能源消耗中与汽车相关的道路交通用能剥离出来，另一方面需要对非营运汽车的能耗进行估算。对于交通部门本身来说，包含了道路运输、铁路运输、水路运输和航空运输，需要进一步剥离出道路交通的能源消耗。从不同运输方式的能源消耗类型看，铁路运输已由过去以煤为主发展到目前以柴油和电力为主，水路运输的主要燃料类型为燃料油与柴油，航空运输的燃料为航空煤油，只有铁路运输和水路运输包含部分柴油消耗（周银香和李蒙娟，2017）。

其中，柴油的终端消费量分别为：柴油车用油占22%、铁路用油占7%、水运用油占6%，其他则为农业生产和电力用油（殷明汉和肖寒，2004）。基于以上油品分摊比例，根据历年《中国统计年鉴》中"分行业汽（柴）油消费总量"数据，可以估算得到我国道路交通能源消耗导致的碳排放量。

计算结果显示（图6.4），我国汽油消费的98%以上均用于客运和货运汽车，而且这一比例近年来还在持续提高，接近98.7%。汽车的柴油消耗量经历过一段时间的

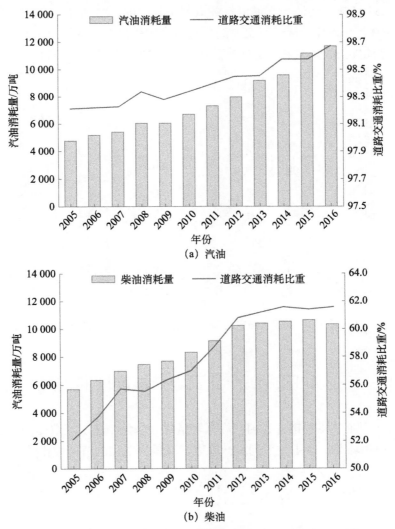

图 6.4　我国道路交通汽油和柴油消耗量及在两种油品总消耗中所占比重

稳步增长，近年来逐渐趋于平稳，在柴油总消耗中的比重已经由 52% 提高到 62%，增加了 10 个百分点。从道路交通对两种油品的消耗结构来看，柴油和汽油消耗量总体基本持平。但从演变趋势来看，随着私人汽车的逐步普及，人均汽车保有量不断提高，道路交通的燃料结构已从 2005 年的柴油消耗高于汽油消耗逐渐发展到 2017 年的汽油消耗明显超过柴油消耗。

计算结果显示（图 6.5），我国道路交通碳排放已从 2005 年的 3.12 亿吨增加到 2016 年的 6.54 亿吨，柴油与汽油消耗各贡献了其中的 50% 左右，且汽油的排放贡献比例有明显的上升态势。从道路交通碳排放占全国排放总量的比重来看，2005—2011 年这一比重稳定在 5.7% 左右，近年来逐步提高，2016 年达到 7.2% 的水平。

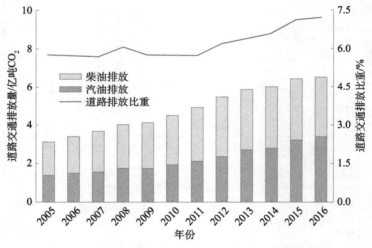

图 6.5　我国道路交通碳排放构成及占排放总量的比重

二、我国汽车产业实施节能减排的进展

围绕汽车产业节能减排，我国在汽车轻量化、绿色制造、能效提高、电动化以及汽车购置和使用环节出台了一系列刺激政策，取得了明显的节能减排效果。

（一）汽车轻量化和制造绿色化

汽车轻量化和小型化一方面可以节约原材料的使用，减少全生命周期中原材料和零部件制造环节的碳排放；另一方面也可以有效降低汽车运行过程中的碳排放，从而起到节能减排的总体效果。《汽车生命周期温室气体及大气污染物排放评价报告 2019》给出的数据显示，同等技术配置条件下，小型车的燃油经济性更高，碳排放总量随着车型级别的提升而增加（图 6.6）。

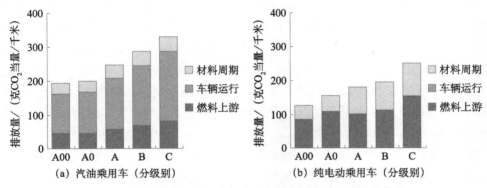

图 6.6 我国不同车型级别汽油（纯电动）乘用车碳排放构成

近年来，我国加强对小型车的消费引导。中国制造强国战略中关于汽车发展的整体规划中也强调"轻量化仍然是重中之重"，"轻量化"已然成为国家的重要战略。同时，随着各国推行强制汽车制造商降低汽车油耗的政策，汽车轻量化也成为各大车企的重要突破口。经过多年发展，我国在零部件轻量化设计方法以及材料、成型工艺技术等领域取得了较大进步，高强度钢应用技术基本达到国际同等水平，高性能铝合金应用开始起步，先进复合材料应用的相关研究工作不断深入。同时，我国整车轻量化水平显著提升，以燃油乘用车为例，2019 年全行业乘用车轻量化系数达到 2.40，较 2010 年下降 30.8%。此外，我国在全球率先发布了《乘用车整车轻量化系数计算方法》团体标准，建立了车身参数化与结构 - 材料 - 性能一体化集成优化设计方法，并在自主品牌乘用车车身设计上实现了推广应用。

但是由于我国车型准入上市一直采用基于整车整备质量的燃料消耗量管理体系（质量法规），车型燃料消耗量评价体系是以整车整备质量为依据设定的，车辆越轻，油耗目标值也越严格。因此，车辆向轻量化发展的驱动力不足，导致近年来自主品牌车型的平均整备质量不断上涨。同时，受消费习惯的影响，汽车平均装备质量在 2012—2019 年反而提高了 19% 左右（国务院发展研究中心产业经济研究部等，2020）。

（二）汽车节能技术应用

虽然我国新能源汽车得到快速发展，但传统燃油汽车仍是消费主力，加强传统汽车节能技术应用推广，对汽车产业整体节能减排具有重要意义。

当前，我国实行的是乘用车单车燃料消耗量限值与企业平均燃料消耗量目标值综合管理的方式。我国乘用车燃料经济性标准体系的研究和制定相比欧盟等发达国家起步晚，2004 年才开始发布实施第一项《乘用车燃料消耗量限值》标准，目前正在执行面向 2020 年的乘用车第四阶段燃料消耗量标准。2019 年，工业和信息化部开始对《乘用车燃料消耗量限值》（第五阶段）和《乘用车燃料消耗量评价方法及指标》（第五阶段）两个标准公开征求意见，拟扩大标准实施范围，并对车型燃料消耗量评价体系做出调整。

2011 年底，我国发布《乘用车燃料消耗量评价方法及指标》，并从次年起开始实施乘用车企业平均燃料消耗量目标值评价体系。当前正在执行的面向 2020 年的乘用车第四阶段燃料消耗量标准，要求新车车队平均油耗在 2020 年达到 5.0 升 /100 千米［新欧洲驾驶循环（New European Driving Cycle，NEDC）工况］。

在上述政策的刺激之下，涡轮增压、先进变速器、缸内直喷、混合动力等节能技术日趋成熟，并已实现规模化应用，在传统燃油汽车减排方面成效显著。涡轮增压技术可使最大功率提高至少 40%，在有效提高燃油经济性的同时，降低尾气排放，达到实现动力性和环保性的双重目的，该技术近年来应用规模不断扩大，在新生产汽油车中的占比已从 2012 年的 11.27% 提升至 2019 年的 58.93%，2020 年上半年，这一比例达到了 62.44%。缸内直喷技术可以大幅提高发动机的燃油经济性，节油效果可达8%—15%，2012—2019 年，该技术在新生产汽车中的采用率提高了约 45 个百分点，到 2020 年上半年，这一比例达到 58.6%。混合动力技术通过电机与内燃机特性的互相配合，使得混合动力汽车在获得更强动力的同时也降低了燃油的消耗，2011—2019年混合动力乘用车产量增加了 84 倍，市场份额提升到 1.03% 左右。综合来看，汽车节能技术的应用促进乘用车企业平均燃料消耗量整体下降明显，年均降幅达到 4.3%（国务院发展研究中心产业经济研究部等，2020）。

（三）汽车用能结构调整

近年来，随着汽车节能减排压力逐步提升，以低碳化燃料为主的替代燃料汽车以及电动新能源汽车逐步进入市场，成为我国汽车低碳绿色技术路线的重要组成部分。

当前，我国车用替代燃料主要为天然气（压缩天然气/液化天然气）。乘用车产量中，天然气汽车占比已经由 2011 年的 10.1% 提升到 2019 年的 33.9%，总体呈现稳定增长趋势。其中，轻型天然气汽车在燃料上游阶段的单车 CO_2 排放量相比轻型汽油车可减少 50% 以上，而在车辆运行阶段可减少约 40% 的 CO_2 排放量；重型天然气汽车燃料周期的 CO_2 排放量可以比同级别柴油车降低 8% 左右，但天然气汽车排放的大量甲烷影响了其温室气体总体减排效果（国务院发展研究中心产业经济研究部等，2020）。

纯电动汽车具备运行阶段零排放、生命周期低排放的特征，相比传统燃油车具有明显的碳减排效果。在全国平均电力水平下，各级别的纯电动乘用车全生命周期温室气体排放相比对应级别的汽油乘用车已显现出明显的减排效果。

因此，我国出台了一系列政策措施来支持新能源汽车的发展。2017 年，我国开始实施《乘用车企业平均燃料消耗量与新能源汽车积分并行管理办法》，增加了新能源汽车积分制度。要求年产 5 万辆以上传统汽油车的乘用车企业需要生产或进口一定比例的新能源车。2018—2020 年这三年的新能源积分比例分别达到 8%、10% 和 12%。2016—2017 年为过渡期，暂不做新能源汽车积分比例的要求。2020 年对该办法重新进行修订，明确了 2021—2023 年新能源汽车积分比例要求，分别为 14%、16%、18%，按照该比例要求，基本可以实现《汽车产业中长期发展规划》中提到的"到 2025 年乘用车新车平均燃料消耗量达到 400.0 升/公里、新能源汽车产销占比达到汽车总量 20%"的规划目标。

同时，我国先后在多个规划文件中也都提到新能源汽车的发展目标。2012 年发布的《节能与新能源汽车发展规划（2012—2020）》将纯电驱动确定为中国新能源汽车发展的战略方向，明确提出"到 2020 年纯电动汽车和插电式混合动力汽车生产能力达 200 万辆，累计产销量超过 500 万辆"的目标。2017 年发布的《汽车产业中长期发展规划》中，提到"到 2025 年，新能源汽车占汽车产销 20% 以上"的目标。此外，中国制造强国战略和《节能与新能源汽车技术路线图》中也提及了新能源汽车的发展目标。2019 年底发布的《新能源汽车产业发展规划（2021—2035 年）》（征求意见稿）进一步更新了新能源汽车的发展目标，即到 2025 年新车销量占比达到 25% 左右。

在政策规划引导和市场竞争推动的共同作用下，我国汽车电动化进程快速推进，目前已经基本建成新能源汽车产业体系，形成了全球最大的电动汽车市场规模。2019 年，我国新能源汽车销量达 120.6 万辆，新能源汽车保有量达 381 万辆，在全球占比均超过 50%。

与此同时，我国汽车上游电力清洁化水平也在持续提高，推动电动新能源汽车全生命周期碳排放显著降低。2019 年，我国水电、风电、光电等可再生能源的发电量达到 19 314 亿千瓦时，比 2015 年增长 44.3%，在发电总量中的占比由 2015 年的 23.3% 提高到 2019 年的 26.4%；火电在发电总量中的比重则由 2015 年的 73.7% 下降至 2019 年的 68.9%（国务院发展研究中心产业经济研究部等，2020）。根据《电力发展十三五规划》要求，到 2020 年，包含核电在内的非化石能源发电量占比将达到 31%。

（四）汽车购置使用环节

为加大汽车节能减排技术应用和新能源汽车推广普及力度，我国在消费端的汽车购置与使用环节实施了一系列刺激政策。在购置环节，实施了包括新能源汽车购置补贴、新能源汽车免征车辆购置税和 1.6 升及以下排量乘用车减半征收车辆购置税，以及购车配额指标向新能源汽车倾斜等政策。2008 年，国务院印发《关于开展节能与新能源汽车示范推广试点工作的通知》，选取北京、上海等 13 个城市开展新能源汽车推广试点工作。2009 年，我国发布《节能与新能源汽车示范推广财政补助资金管理暂行办法》与《节能与新能源汽车示范推广应用工程推荐车型目录》，由中央财政出资对指定车型新能源汽车提供购置补贴，明确了新能源汽车的财政补贴标准。2013 年，多部委印发《关于继续开展新能源汽车推广应用工作的通知》，在继续对消费者提供新能源汽车购置补贴的同时，明确了补助标准将会在考量多因素后实行“逐年退坡”机制。随后又分别发布《关于进一步做好新能源汽车推广应用工作的通知》和《关于 2016—2020 年新能源汽车推广应用财政支持政策的通知》，对补贴标准“退坡机制”的下降范围进行了调整。

2015 年 9 月，国务院常务会议确定了支持新能源和小排量汽车发展的措施，提出“各地不得对新能源汽车实行限行、限购”（国务院，2015），“从 2015 年 10 月 1 日到 2016 年 12 月 31 日，对购买 1.6 升及以下排量乘用车实施减半征收车辆购置税的优惠政策”。2016 年 12 月 15 日，财政部、国税局宣布，车辆购置税减半征收优惠政策延期至 2017 年 12 月 31 日。2020 年 4 月发布的《关于新能源汽车免征车辆购置税有关政策的公告》将新能源汽车免征车辆购置税政策进一步延续到 2022 年底。

在使用环节，政策制定主要围绕便利化出行和降低出行成本两方面展开。在便利化出行方面，我国先后制定《关于新能源汽车充电设施建设奖励的通知》《关于加强城市停车设施建设的指导意见》《国务院办公厅关于加快电动汽车充电基础设施建设的指导意见》《电动汽车充电基础设施发展指南（2015—2020 年）》《关于“十三五”新能源汽车充电基础设施奖励政策及加强新能源汽车推广应用的通知》《加快单位内部电动汽车充电基础设施建设》等政策，对新能源充电设施建设进行财政补贴、用地支持等，提高新能源汽车使用过程中的便利化程度，降低消费者里程焦虑。在降低出行成本方面，为利用价格杠杆促进新能源汽车推广，2014 年，国家发展和改革委员会发布《关于电动汽车用电价格政策有关问题的通知》，提出"对向电网经营企业直接报装接电的经营性集中式充换电设施用电，执行大工业用电价格。2020 年前，暂免收基本电费"，"其他充电设施按其所在场所执行分类目录电价"，"确保电动汽车使用成本显著低于燃油（或低于燃气）汽车使用成本，增强电动汽车在终端市场的竞争力"（国家发展和改革委员会，2014）。

三、国外汽车产业低碳发展战略与实践

（一）主要国家（地区）汽车产业低碳发展战略

近年来，全球主要国家、地区或城市纷纷提出燃油车禁售计划（表 6.1）。

表 6.1　全球各国（地区 / 城市）燃油车禁售计划汇总

"禁燃"区域	提出年份	提出方式	实施年份	禁售范围
荷兰	2016	议案	2030	汽油 / 柴油乘用车
挪威	2016	国家计划	2025	汽油 / 柴油车
德国	2016	议案	2030	内燃机车
英国	2017/2018	官员口头表态 / 交通部门战略	2040	汽油 / 柴油车
英国苏格兰	2017	政府文件	2032	汽油 / 柴油车
法国	2017	官员口头表态	2040	汽油 / 柴油车
爱尔兰	2018	官员口头表态	2030	汽油 / 柴油车
以色列	2018	官员口头表态	2030	进口汽柴油乘用车
印度	2017	官员口头表态	2030	汽油 / 柴油车
意大利罗马	2018	官员口头表态	2024	柴油车
法国巴黎、西班牙马德里、希腊雅典、墨西哥城	2016	市长签署行动协议	2025	柴油车
美国加利福尼亚州	2018	政府法令	2029	燃油公交车

"禁燃"区域	提出年份	提出方式	实施年份	禁售范围
中国台湾	2017	政府行动方案	2040	汽油/柴油车
中国海南	2018	政府规划	2030	汽油/柴油车

资料来源：首个"禁燃"时间预测表出炉 留给车企的"余额"还有多少？ https://www.sohu.com/a/315711309_115542［2021-2-2］

1. 欧盟

2020年3月，欧盟委员会公布《欧洲气候法》草案，决定以立法的形式明确到2050年实现碳中和的政治目标，而此前欧盟的目标是"到2030年温室气体排放量比1990年低40%"。同时，《新欧洲能源政策》中提出，2030年将城市中的传统燃油汽车的保有量下降至一半，而在2050年传统燃油汽车将完全消失于欧盟的城市中。为此，欧盟委员会2018年提出了新一轮更为激进的2025年和2030年汽车CO_2排放目标，呼吁在2025年之前将轿车和厢式货车的碳排放量较2021年的水平降低20%，而到2030年则要降低45%，相比欧盟此前制定的15%和30%的目标更加严格。2019年，欧盟规定，从2020年起，新车每公里排放的CO_2不得超过95克。超过这一目标，每辆车按照每克罚款95欧元计算，这将促使汽车制造商通过提供更多的油电混合动力车和完全由电池供电的汽车，加快其产品线的电气化。

2018年，德国环境部公布了一份汽车行业的意见书，提出汽车行业要力争到2025年汽车碳排放降低25%，到2030年减少50%，相比欧盟的目标更加严格。作为欧盟内的汽车工业大国，德国早在2007年就颁布了《综合能源与气候计划》，提出制定辅助燃料战略和高技术战略发展的电动交通工具领域的专项发展规划，由多部门联合参与共同制定了《国家电动汽车发展计划》，该计划明确提出"到2020年、2030年和2050年分别实现100万辆、600万辆和基本实现电动车汽车普及"的发展目标。此外，德国在2014年9月颁布《电动汽车法》，给予电动汽车包括专用停车位、通行线路、特别车牌等在内的道路交通特权，促进电动汽车的推广普及。同时，不仅修订《道路交通法》为电动汽车充电基建提供有力的法律保障（李晓慧等，2016），还利用《充电基础设施条例》对电动汽车充电接口标准制定、设备安装、运行要求等做出详细规定（刘晨，2018）。另外，德国总理默克尔还向民众允诺在2030年前实现100万个公共充电桩的建设目标；为进一步吸引消费者并助推新能源汽车产业发展，实施了购车补贴、减免税务、保险优惠等政策，尤其是自2016年开始的环保补贴政策，从2020年延长至2025年（冯雪珺，2020）。

法国从 2008 年开始实行汽车碳排放税收制度，对购买碳排放较低的车辆给予奖励，反之处以罚款；并投入 4 亿欧元用于研制清洁能源汽车。2013 公布了总金额高达 120 亿欧元的"未来十年投资计划（PIA）"，其中超过一半的投资用于交通电动化。此外，为推广电动汽车和绿色新能源汽车，在 2017 年 7 月 8 日正式宣布计划在 2040 年将全面禁止在国内销售汽油和柴油汽车（韩刚团和沈嘉聪，2018）。

2. 日本

日本既是汽车工业大国，也是碳排放大国之一。2020 年 10 月 26 日，日本首相菅义伟在首场施政演说中做出重磅承诺：争取在 2050 年实现温室气体净零排放。而此前日本政府设定的减排目标是到 2030 年温室气体排放量比 2013 年降低 26%。[①] 碳中和目标的约束，将推动日本产业结构升级，其中，作为日本经济重要支撑，汽车产业将迎来更强劲的变革。

日本是世界上最早进行电动汽车研发的国家之一，早在 1965 年就将电动汽车发展计划列为国家项目，1971 年正式启动电动汽车研发计划，随后累计推行了 10 个新能源汽车普及计划（李晓慧等，2015），但仅最近 4 个计划在总结经验与前期相关政策逐渐成熟的情况下取得一定成效。2006 年日本出台的《新国家能源战略》提出，到 2030 年交通领域的石油依存度要下降至 80%（尹晓亮，2007）。2010 年的《能源基本修正案》和《新一代汽车战略》指出，在 2020 年前使新生代新能源汽车销售量达到新车的 50%，建成 200 万个普通充电设施以及 5000 个快速充电站以配套新能源汽车运行，使生活 CO_2 排放量减少 50%（任之于，2010）。为此，政府每年都投入大笔资金用于联合汽车企业进行关键技术攻坚推广和传统汽车环保性能改造；2019 年提出的 xEV 战略，推进全球日系车 xEV 化以实现燃料周期零排放，并计划将电动汽车市场占有率从目前的约 40% 提升至 100%（左世全等，2020）。此外，日本政府承诺将会继续通过完善新能源汽车设施配套，落实"清洁能源汽车补贴"和"绿色税制"，促进低碳目标的实现。

3. 美国

美国的低碳政策受政治影响很大，特朗普时期的一系列保守操作使其在全球合作减排中的领导地位和国际声誉极大受损。新当选总统拜登在其此前的政治生涯中，一直是清洁能源计划的支持者，将对能源进行统一规划一直作为指导该国新能源汽车产

---

① 重磅承诺！菅义伟首份施政演说：日本要在 2050 年实现碳中和．https：//baijiahao. baidu. com/s?id=16816050 82776011944&wfr=spider&for=pc［2020-12-8］．

业发展的手段。在此次竞选中，其一直主张在联邦政府层面投资电动汽车、充电基础设施和其他前瞻性技术，并进一步限制排放。2020 年 7 月，拜登在其竞选纲领中揭示了一项 2 万亿美元的气候变化应对计划，承诺在 2050 年之前美国实现 100% 的清洁能源经济，并达到净零碳排放。①

根据拜登竞选团队 10 月发布的《清洁能源革命和环境计划》，拜登上任后将立即实施的短期解决方案包括：①每年花费 5000 亿美元通过联邦政府采购系统实现能源 100% 清洁和车辆零排放；②制定更加严格的燃油排放新标准，确保新销售的轻型 / 中型车辆 100% 实现电动化。此外，《清洁能源革命和环境计划》拟采取的中长期解决方案将加快电动车推广，在 2030 年底之前在全美部署超过 50 万个新的公共充电网点，同时恢复全额电动汽车税收抵免。按照其规划，美国电动汽车市场份额到 2026 年至少达到 25%，美国电动车年销量将达到 400 万辆。

在实现碳中和的目标上，美国多州各级政府也纷纷表态，加州零排放汽车法案经过多次修订后要求加州在 2025 年前拥有零排放汽车 150 万辆和 2050 年前落实削减以 1990 年为基准的交通温室气体排放量 80% 的目标。新墨西哥州承诺到 2030 年全州温室气体排放量将减少 45%；科罗拉多州承诺到 2040 年实现 100% 的清洁电力，同时加大电动车的采购和推广力度，施行更加严格的燃油排放标准。俄勒冈州议员提出了碳排放上限和交易提案，该提案将为温室气体排放设定 5200 万吨的上限。此外，还有超过 35 个城市设定了到 2050 年减排 80% 的目标，超过 400 个市长遵守了《巴黎协定》②。另外，美国《H. R. 633 法案》要求联邦政府每年拨款 1600 万美元用于混合动力重卡的研发、生产与销售，并扩大对新能源汽车支持的类型（邓立治和刘建锋，2014）。针对在交通运输业温室气体排放占比 20% 的卡车，2016 年美国环保局和国家高速公路管理局发布了针对中重型车辆温室气体排放和燃油效率的标准，将推动卡车行业减少 20 亿桶原油消耗。

4. 其他国家

韩国今年也提出碳中和目标，即力争在 2050 年实现零碳排放目标。韩国政府从 2008 年开始就正式提出并实施"绿色低碳增长战略"，其中包括到 2012 年跻身世界"绿色汽车四大强国"行列等发展目标（王慧，2010）。为实现该计划，韩国产业通商资源部专门设立动力电池基金，并颁布《氢燃料电池车发展路线图》，为韩国新能

---

① 拜登的 2 万亿美元气候计划旨在重塑辩论. https://xw. qq. com/cmsid/20200715A0NX8L00 ［2020-12-8］.
② 拜登的清洁能源革命和环境正义计划. https://www. solarbe. com/topnews/202011/23/4304. html ［2020-12-2］.

源汽车动力驱动变革奠定基础。2015 年公布的《未来环境友好车型规划》指出，到 2020 年新能源汽车销量占比达 20%，保有量超过 100 万辆，并完善相应的配套措施（左世全等，2020）。2019 年 3 月又通过《大气环境保全法》修订案，将环保汽车的义务普及制度实施范围从首都圈扩大到全国，并对未达标的汽车厂商处以罚款（郭苑等，2020）。

英国于 2019 年 6 月出台《气候变化法》，明确了到 2050 年实现净零碳排放目标。作为碳中和计划的重要部分，英国首相于 2020 年 11 月宣示了一项重大的环保目标，即在 2030 年之前禁止汽油车与柴油车的销售，时间比原计划提前了 5 年。其实早在 2013 年英国就提出了每公里行驶尾气排放少于 75 克 CO_2 的超低碳汽车发展战略，制定了到 2050 年英国超低碳汽车技术研发水平、保有车辆型号、配套设施以及顾客吸引程度等发展目标，以及强有力的研发投入、定向市场、政府激励与监管、扩大车辆研发种类、强化基础设施建设等为支撑的战略举措。2018 年 7 月，英国又提出一个短期"道路零战略"用于辅助，旨在实现到 2030 年将至少一半的新车转为超低排放车辆的目标。

（二）主要车企汽车低碳发展实践

为了应对日益严重的环境问题，国外先进企业在减缓温室气体排放方面发展较快，并致力于降低 CO_2 的排放。例如，福特汽车承诺到 2025 年将使全球工厂的 CO_2 排放量降低 25%（赵振家等，2017），并自 2008 年以来已连续 8 年公布旗下企业温室气体排放报告。而丰田汽车发布的"丰田环境挑战 2050"战略更是提出了实现全生命周期 CO_2 零排放的目标（Toyota，2015）。并且众多汽车主机厂纷纷向新能源汽车产品转型，部分主机厂还提出各自禁售燃油车的时间表（表 6.2）。可见，先进汽车企业在温室气体减排战略和举措方面均走在前列。

表 6.2　各大主机厂禁售燃油车时间表

车企	实施年份	规划
沃尔沃	2019	停产停售传统燃油车
大众	2026	发布最后一代内燃机车型
戴姆勒	2022	停产停售传统燃油车
宝马	—	未来产品均实现电动化
通用	2025	实现不同程度电气化
丰田	2025	停产停售传统燃油车

续表

车企	实施年份	规划
捷豹路虎	2020	实现全部产品电气化
FCA 集团 Jeep 品牌	2021	全部采用电动版本
福特林肯品牌	2022	停产停售传统燃油车
长安	2025	停售传统燃油车
海马	2025	淘汰传统燃油车
北汽	2025	全国全面停售燃油车

资料来源：从一场电池争冠热潮 再看电动汽车的"热"浪潮与"冷"思考.https://m.gasgoo.com/a/70186823.html[2020-06-11]

1. 沃尔沃

沃尔沃汽车是全球第一家在联合国提出环保宣言的车企，始终将可持续发展视为企业发展的价值核心，并将新能源汽车技术的研发作为长期研发策略并不断向前推进。沃尔沃汽车先是在 2011 年提出了从发展高效发动机、发展插电式混合动力至使用纯电动并最终实现"零排放"愿景的"三步走"新能源技术发展战略，在全球范围内进行的 C30 纯电动车推广使用正是这一战略的具体实施。[1] 此后又于 2019 年发布了"2040 环境计划"，旨在 2025 年实现生产制造的全球气候零负荷运营，在 2040 年前将公司发展成为全球气候零负荷标杆企业。[2] 其中，沃尔沃汽车在成都工厂率先利用 100% 清洁电力，实现电能零碳排放，以实际行动减轻环境负担，已成为行业内的生态制造标杆。事实上，沃尔沃汽车在中国一向秉持可持续发展理念，充分采用生态设计理念建设制造基地，旨在实现原料生态化、能源低碳化、生产洁净化、废物资源化，以及用地集约化，落实产品、供应链等全价值链的全方位节能减排举措。

2. 大众

大众集团在第三届中国国际进口博览会上进一步阐明其未来的低碳愿景，即在 2050 年之前实现 100% 碳中和。根据大众集团的规划，未来十年（2020—2030年），大众计划推出约 70 款纯电动车型，到 2030 年生产大约 2600 万辆纯电动汽

---

[1] 低碳生活绿色出行 沃尔沃新能源战略驱动绿色未来.https://auto.huanqiu.com/article/9CaKrnJQMQK［2020-2-2］.

[2] 100% 采用可再生电力 实现电能碳中和 沃尔沃汽车成都工厂成为国内首个电能零碳排放汽车制造基地.https://www.volvocars.com/zh-cn/about/our-company/brand-news/20200605［2020-2-2］.

车。大众汽车集团（中国）为助力这一目标的实现，推出包括减少产品生产过程中的能源消耗，以及到 2025 年新能源汽车产品占整体产品组合至少 35% 的目标在内的"goTozero"战略。同时，该战略为中国市场专门制定了"脱碳指数"评价体系，要求强化脱碳进程中的成果并降低汽车全生命周期中的 CO_2 排放量。

3. 丰田

丰田汽车基于 1992 年制定的"丰田基本理念"，分别于 2015 年和 2018 年以"丰田地球环境宪章"的形式制定了环境工作方针《丰田环境挑战 2050》和《2030 阶段目标》，并计划在 2021—2025 年推进新一期 5 年计划《第 7 次环境行动计划》。除此之外，其在 2019 年的规划目标中指出，油电混动、插电混动、纯电动和氢燃料电池等全系列车型将于 2025 年在全球推出；到 2030 年在全球导入 10 款纯电动汽车，零排放车型销量达 100 万辆以上，全球电动化汽车销量超过 550 万辆。[1] 为实现上述目标，丰田汽车从公司发展体制、企业生存环境、科技创新能力、员工归属感、顾客幸福感、社会责任感等角度进行全方位自我评估和行业对比。

4. 福特

福特汽车专注于遵守《巴黎气候变化协定》并落实加利福尼亚州温室气体排放标准，面对日益严峻的全球气候变化趋势，计划在 2050 年之前实现碳中和，此战略高度浓缩了福特汽车提升其产品及企业运行中应对气候变化环保标准的决心和信心。为达成减排目标，福特汽车将目光聚焦在占其总体排放 95% 的车辆尾气排放、供应链以及企业与工厂设施等三个相关领域。在此战略计划之前，福特汽车秉持可持续发展理念，曾在 2010 年提出 2025 年前实现单车制造的 CO_2 排放量降低 30% 的目标，目前已经提前 8 年完成。（张雪弢，2018）。作为中国汽车市场的重要一员，福特汽车于 2018 年制定"中国 2025 计划"，即在 2025 年之前推出 15 款全新电气化车型，届时其在中国将有 70% 的销售车型具备电动版本（王立峰，2020）；福特汽车目前正在平稳推进其全球制造工厂在 2035 年前实现可再生能源 100% 利用，并致力于实现其对碳目标倡议在范围一、范围二和范围三所定义的碳排放目标。[2] 其中，范围一约定福特汽车降低其所拥有和控制的资源所产生的直接排放，范围二约定福特汽车需降低对于其采购的电力、蒸汽、制热和制冷过程中消耗的非直接碳排放，范围三则约定福特汽

---

[1]　丰田中国：企业社会责任报告. http://www.toyota.com.cn/contribution/download/report.pdf［2020-2-2］.
[2]　福特汽车发布可持续发展年报，计划 2050 年之前实现碳中和. https://aikahao.xcar.com.cn/item/452219. html［2020-12-2］.

车降低其出售的车辆使用过程中所产生的碳排放，以及其他福特供应体系的碳排放。面对日益复杂的全球气候变化严峻趋势，福特汽车计划 2050 年之前实现碳中和。

四、我国汽车产业实现碳中和的总体思路

若要实现汽车产业碳中和的最终目标，需要综合考虑汽车的材料周期碳排放以及燃料周期的上游碳排放和运行阶段碳排放，同时不仅要实现新增汽车零排放，还要实现所有存量汽车的零排放。据公安部交通管理局发布的消息，截至 2020 年 6 月，我国汽车保有量规模为 2.7 亿辆，新能源汽车保有量为 417 万辆，占汽车总量的 1.5%；汽车销量为 2576.9 万辆，新能源汽车占比 4.8% 左右。为此，可以通过"三步走"发展战略实现 2060 年汽车产业碳中和目标。

1. 第一阶段（2020—2028 年）：碳达峰，排放量较 2020 年增长 2%

汽车节能技术取得突破，乘用车油耗将实现 3.2 升 /100 千米，商用车油耗达到国际领先水平；动力电池、驱动电机、车载操作系统等关键技术取得重大突破，新能源汽车市场竞争力明显提高。到 2025 年，新能源汽车新车销量占比达到 25% 左右，新能源汽车相较于传统燃油车具备全生命周期成本优势；到 2028 年，我国新能源汽车销量占当年新车销量规模的比例达到 40% 左右，新能源汽车保有量占比超过 17%。氢燃料电池汽车在私人乘用车、大型商用车领域实现规模化、商业化推广。对于共享出行领域，平台技术逐渐发展成熟，共享理念愈发普及，汽车共享出行呈线性增长，渗透率增至 25%。

2. 第二阶段（2029—2050 年）：近零排放，排放量较 2020 年下降 80% 以上

到 2050 年，汽车保有量实现燃油车与新能源车为 20：80 的结构；纯电动与插电式混合动力新能源汽车在燃料周期上游阶段基本实现零碳排放，通过分布式可再生能源与智能电网互动融合，使电动新能源汽车具有交通工具与分布式储能装置的双重功能，更加有效地利用风能、太阳能等可再生能源；氢燃料电池汽车突破可再生能源制氢技术，氢燃料电池汽车实现产业化规模推广；车用可再生燃料甲醇、乙醇、氢、生物柴油等生物质能在减少汽车产业碳排放和增强能源安全方面发挥重要作用。到 2050 年，预计生物燃料可占到汽车产业燃料总量的 27%。出行模式发生重大变革，共享出行渗透率稳定在 80% 左右。

3. 第三阶段（2051—2060 年）：净零排放，实现碳中和目标

汽车产业将进入绿色化、智能化发展阶段，可再生能源比例空前。但受资源、技术的局限以及安全、经济等因素的影响，到 2060 年，汽车产业仍然存在少量碳排放，并非绝对零排放，但通过植树造林、碳捕集与封存（CCS）等碳移除技术，可将汽车产业排放完全抵消，综合实现碳源－碳汇平衡的碳中和目标。

五、推动汽车产业实现碳中和的对策建议

为实现我国汽车产业碳中和目标，需要汽车产业供给端和需求端协同发力，围绕汽车全生命周期碳排放各个环节，从顶层设计提出战略目标到实施层面完善政策体系促进汽车产业绿色低碳转型。供给侧要继续鼓励传统燃油车向新能源汽车转变，促进汽车低碳技术研发应用，推进汽车能源结构多元化；需求侧要进一步优化交通结构，推动汽车产业向电动化、轻量化、低碳化和绿色化转型。

（一）供给侧对策建议

1. 加强汽车新材料研发和绿色制造工艺应用

从降低材料周期碳排放角度出发，汽车生产制造过程中产生的碳排放包括材料制备与制造工艺过程两方面。有关测试数据显示，如果汽车整车降低 10% 的质量，油耗可以减少 6%—8%，碳排放率能够降低 4%（曾昆，2015），因此汽车装备材料是除发（电）动机能源利用效率以外，导致能耗和碳排放较高的重要因素。此外，整车制造过程也伴随着能源的使用，因此需要从汽车制造的全生命周期角度推动汽车绿色制造技术的应用。

一是加强汽车绿色设计。转变理念，从源头上对汽车产品制造过程进行控制，加强汽车产品绿色规划，统筹进行汽车结构设计、原材料选择、制造工艺和报废回收等环节，在满足产品技术功能和经济成本目标之外，重视汽车对资源环境的影响。二是促进新材料研发和汽车轻量化发展。推进新型高强度钢及合金钢、铝合金、镁合金、非金属复合材料等研发和在汽车制造中的应用，促进轻量化技术突破，满足传统汽车和新能源汽车的迫切要求，解决新能源汽车里程焦虑的同时促进汽车的节能减排。三是推进汽车绿色制造工艺应用。利用工业互联网和智能制造技术对汽车制造过程进行

升级改造，打造更多的"零排放"汽车工厂。四是完善汽车回收体系。运用物联网、大数据等信息化手段，打造规模化、高效化、可追溯的汽车废旧零部件和电池回收利用管理体系，加大零部件健康状况评估和回收再利用技术研发，推动汽车零部件回收产业化、规模化有序发展，提高资源利用效率。

2. 加快发展新能源汽车和节能技术应用

从降低运行周期碳排放角度出发，通过将汽车燃料由汽油等化石能源向清洁电力、氢能等新能源转变，以及通过节能技术提高汽车能源效率、降低能耗，都有助于降低汽车使用运行过程中的碳排放，因此要将节能与新能源汽车作为汽车产业未来的发展方向。

一是加快电动汽车的发展。我国电动汽车产业近年来得到国家支持而快速发展，但仍在性能和成本两方面显露劣势。因此要加强动力电池研发，综合平衡电池能量密度、充电速度、安全性和成本，推动"电池革命"，同时加强电机和电控技术研发，推动汽车电动化发展。二是支持燃料电池汽车发展。相对于纯电动汽车，燃料电池汽车具有续航里程长、加注时间短的特点，更加适应市场要求，因此要加强燃料电池研发与核心技术突破，提升燃料电池安全性、可靠性、稳定性。三是推动节能技术应用。当前，传统燃油车与新能源汽车相比仍具有成本优势，尚不具备完全被新能源汽车替代的可能，因此要加快传统燃油汽车技术攻关，在发动机结构、传动系统、整车材料和设计等方面加快技术变革，提升传统汽车燃油经济性。四是优化新能源汽车产业政策。将新能源汽车支持政策由后端消费补贴向前端研发支持过渡，加大新能源关键技术攻关与车用操作系统等开发创新，加强新能源汽车与能源、交通、信息通信等产业深度融合，推动电动化、智能化、网联化技术互融协同发展，依靠技术创新获得对传统燃油车的竞争优势。

3. 加快实现绿色电网和清洁能源制取存储

新能源汽车虽然实现了运行阶段的清洁零排放，但是从燃料上游来看未必能够实现零排放。因此，从降低燃料上游周期碳排放的视角，应该将交通与能源系统统筹考虑，着力推进电力能源清洁化和绿色可再生能源制取。

一是推动电力能源清洁化。提高风电、水电、光电以及核电等清洁能源发电比例，逐步调减化石能源火力发电占比，提高火力发电机组发电效率，在技术条件成熟时通过 CCS 技术抵销火电排放，促进电力能源清洁化。二是打造能源互联网。发展以能源互联网为载体的智慧电网，实现汽车与新能源的有效结合，利用智慧电网实现分布式新能源并网，通过风电和光电大数据全生命周期管理、源荷储网互动、分布式和微网技术有效补充等手段，依靠电动汽车储能对电网进行调节，减少弃风弃光现象。三是实现氢能绿色利用。加快突破电解水制氢技术并尽快实现量产，利用"清洁可再生能源发电－电解水制氢"实现氢能绿色制取；加快突破氢能使用和存储技术，推动氢能安全利用。四是加快可再生燃料技术的推广应用。推动甲醇、乙醇、氢、生物柴油等车用可再生燃料电池的开发利用，利用成熟的生物质能开发利用技术和丰富的生物质资源制取可再生燃料，为车用燃料电池提供可再生燃料，实现废物低排放或零排放，减少环境污染。

（二）需求侧对策建议

1. 加强新能源汽车推广普及

新能源汽车是比传统燃油汽车更低碳、更绿色的出行载具，因此要加大新能源汽车的推广普及力度，实现从新能源车在新车销售中的比例提高到在汽车拥有量中占比提高的转变，逐步替代当前占比巨大的燃油汽车存量。

一是在公共服务领域加强新能源车推广。推动各地在公交车、出租车、网约车等城市客运以及政府机关、事业单位、公共机构等公共服务领域加强新能源汽车的推广应用，不断提高新能源汽车比重。二是完善新能源汽车的基础设施。适度超前建设充换电设施、加氢站等新能源基础设施，为新能源汽车出行使用做好服务保障；制定新能源基础设施发展规划、技术标准，与城市规划对接，完善设施布局；鼓励政府机关、公共机构、企事业单位、居民社区加快内部停车场充电设施建设，加强公共停车场新能源基础设施建设。三是完善新能源汽车售后服务。推动新能源汽车生产企业提高售后服务水平，鼓励社会资本进入新能源汽车充电设施建设和运营、整车租赁、电池租赁和回收等服务领域，完善新能源汽车后市场服务，为消费者转向新能源汽车提供服务保障。

2. 推动出行方式深层次变革

随着经济社会发展水平和人们对出行安全性、舒适性、便捷性需求的日益提高，我国私家车的数量急剧增加，从而带来交通拥堵、城市空气污染和碳排放增加等一系列问题。因此，推动出行方式向共享、安全、智慧、绿色、高效方向变革，在满足人们出行服务的同时，也将带来汽车碳排放的大幅降低。

一是发展汽车共享出行。近年来，随着互联网技术向出行领域不断渗透，以滴滴为代表的共享出行方式深刻改变了人们的出行方式。未来，要大力发展网约车和分时租赁等共享汽车服务新模式，实现出行即服务；统筹汽车共享出行与智能交通协同规划，同时在汽车共享出行数字化平台创新技术、创新商业模式方面给予支持，打造基于移动智能终端技术的服务系统，充分利用社会闲置的汽车资源，有效缓解交通拥堵和停车难问题。二是鼓励公共交通出行。未来，要进一步完善城市公共交通基础设施，打造便捷、舒适、安全的长短途无缝衔接城市公共交通体系，加强城市地铁和城际铁路的规划建设，提高地铁、城铁、公交的覆盖率和运力，有效承接城市客运需求，降低对私人交通工具的依赖。要进一步提升公共交通服务质量，发展多层次的公共交通服务，综合采用不同类型的电动公共汽车，改善公共交通线路和站点的设置布局，提升多模式的换乘效率。三是采取政策手段减少私人交通出行需求。随着城市汽车保有量的进一步增加，道路交通限行将成为不可逆转的趋势，未来要加强道路交通管理，实施道路限行、征收拥堵费、加大停车收费力度等政策措施，引导公众向绿色低碳的公共交通出行方式转变。

3. 推动交通运输智慧化发展

随着大数据、物联网、人工智能、云计算等新一代信息技术的发展，传统交通基础设施将向新型智能化基础设施转变，从而带动交通运输服务向智慧化发展，成为解决交通拥堵、交通安全、交通节能减排的有效方式。数据显示，智慧交通可使车辆安全事故率降低 20% 以上，交通堵塞减少约 60%，短途运输效率提高近 70%，使现有道路网的通行能力提高 2—3 倍。[①] 因此，发展基于车路协同的智慧化交通运输模式，也是实现交通碳中和的重要途径。

一是发展智慧交通。智慧交通是将先进的新一代信息技术集成运用到整个交通运输管理体系，从而建立起一种实时、智能、高效的综合运输和管理系统。未来要加强道路基础设施的智慧化改造，实现道路智能，从而与智能网联汽车实现智能交互、车路协同，为交通出行提供更加实时精准的服务，基于大数据分析进行交通出行规划，方便出行者灵活选择交通工具、规划交通路径。二是发展智慧物流。除客运之外，货物运输在交通运输中的地位更加重要，并且未来产业供应链和消费物流的快速发展将催生更多的货运物流需求。智慧物流通过智能软硬件、物联网、大数据等智慧化技术

---

① 智慧交通落地，车路协同是关键 . http：//www. xinhuanet. com/tech/2020-03/16/c_1125718407. htm ［2020-11-2］.

手段，实现物流各环节精细化、动态化、可视化管理，提升物流运作效率。智慧物流基于智慧化物流平台，可以实现车货高效智能匹配和科学合理规划货运路线，降低物流导致的交通碳排放。三是打造智慧城市。从智慧交通领域不断扩大城市智慧范围，用大数据和数字智能技术指导城市规划，实现交通领域与城市其他领域有效互动衔接，助力交通绿色智能发展。

参 考 文 献

邓立治，刘建锋．2014.美日新能源汽车产业扶持政策比较及启示．技术经济与管理研究，（6）：77-82.

冯相昭，蔡博峰．2011.中国交通领域碳排放现状、低碳政策与行动//王伟光，郑国光．应对气候变化报告．北京：社会科学文献出版社．

冯雪珺．2020.德国新能源汽车驶入"快车道"．能源研究与利用，（2）：17.

郭苑，陈佚，方凯正．2020.韩国新能源汽车和动力电池政策及市场分析．汽车与配件，（3）：46-48.

国家发展和改革委员会．2014.关于电动汽车用电价格政策有关问题的通知．http：//law. esnai. com/do. aspx?controller=home&action=show&lawid=148762［2020-2-8］.

国务院．2015.李克强主持召开国务院常务会议（2015年9月29日）.http：//www. gov. cn/guowuyuan/2015-09/29/content_2940663. htm［2020-2-8］.

国务院发展研究中心产业经济研究部，中国汽车工程学会，大众汽车集团（中国）.2020.中国汽车产业发展报告（2020）.北京：社会科学文献出版社．

韩刚团，沈嘉聪．2018.国内外电动汽车推行政策模式分析．城乡建设，（8）：11-16.

胡勇．2014.汽车产品生命周期碳排放探讨．质量与认证，（4）：56-57,59.

李晓慧，贺德方，彭洁．2016.德国发展电动汽车的政策措施与未来趋势．全球科技经济瞭望，31（9）：64-69.

李晓慧，彭洁，贺德方．2015.日本电动汽车的发展现状及政策规划．全球科技经济瞭望，30（4）：43-47.

刘晨．2018.德国电动汽车发展政策评析．国际研究参考，（1）：20-24.

任之于．2010."基本计划修正案"凸显日本能源安全意识．中国石化，（6）：48-50.

沈满洪，池熊伟．2012.中国交通部门碳排放增长的驱动因素分析．江淮论坛，（1）：31-38.

孙涵洁．2017.基于不同发电构成的电动汽车全生命周期成本碳排放分析．电工技术，（8）：146-148.

王慧．2010.韩国的低碳行动计划．资源与人居环境，（4）：54-55.

王立峰．2020．争议新能源汽车泡沫．http：//t. 10jqka. com. cn/pid_142161149. shtml［2020-12-2］.

殷明汉，肖寒 . 2004. 解读我国柴油发动机燃油标准 . 国际石油经济，（2）：21-22.

尹晓亮 . 2007. 世界能源形势与日本新国家能源战略 . 东北亚论坛，（5）：104-109.

曾昆 . 2015. 新材料在汽车轻量化中的应用 . 新材料产业，（2）：5-7.

张雪弢 . 2018. 福特汽车发布可持续发展年报：提前 8 年完成 CO_2 减排目标 . http：//www.gongyishibao. com/html/gongyizixun/14570. html［2020-2-2］.

赵振家，张鹏，赵明楠，等 . 2017. 汽车制造过程的能耗及碳排放分析 . 中国人口·资源与环境，27（5）：186-190.

周银香，李蒙娟 . 2017. 基于 IEA 统计视角的我国交通碳排放测度与修正 . 绿色科技，（12）：264-268.

左世全，赵世佳，祝月艳 . 2020. 国外新能源汽车产业政策动向及对我国的启示 . 经济纵横，（1）：113-122.

Timilsina G R，Shrestha A. 2009. Transport sector CO_2 emissions growth in Asia：underlying factors and policy options. Energy Policy，37（11）：4523-4539.

Toyota. 2015. Toyota environmental challenge 2050. http：//www. toyota-global. com/sustainability/environment/challenge2050/index. html［2020-11-10］.

第七章　推动基于自然的解决方案[*]

一、基于自然的解决方案的内涵和边界

（一）基于自然的解决方案的起源

生态环境和自然资源是人类赖以生存和发展的前提和基础。然而，掠夺式的资源开发利用，导致人类尝到"牧童经济"式发展带来的苦果。虽然科技发展带来的工程手段，一定程度上调和了人与自然的矛盾，但是工程手段注重经济效益最大化，忽视了社会、生态的需求，割裂了人类社会与生态环境的天然联系。

基于自然的解决方案（NbS）提倡借助自然的力量，改善人与自然的关系，增强社会经济和生态系统韧性。这一理念与"绿水青山就是金山银山""山水林田湖草是生命共同体"等生态文明建设的思想不谋而合。NbS 最早出现于世界银行的《生物多样性、气候变化和适应性：来自世界银行投资的基于自然的解决方案》（World Bank，2008），这是首次在官方文件中提出 NbS 的概念，要求人们更为系统地理解人与自然的关系。2009 年世界自然保护联盟（IUCN）向《联合国气候变化框架公约》（UNFCCC）第 15 次缔约方会议（COP15）提交的工作报告中提出利用健康、多样化和管理良好的生态系统为解决全球性问题提供实用、自然的解决方案，建议采用 NbS来应对气候变化（IUCN，2009）。

2014 年，欧盟启动了 NbS 的"地平线 2020 研究和创新议程"，并通过BiodivERsA 平台召开了 NbS 专题研讨会，于 2015 年发布了《基于自然的解决方案和自然化城市》报告（张小全等，2020；European Commission，2015），认为 NbS 具有健康、经济、社会和环境等多重效益，能帮助我们可持续地应对面临的一系列社会挑战，相对传统方式具有更高的成本效益。

---

*　本章由安岩、顾佰和、翟寒冰执笔，作者单位为中国科学院科技战略咨询研究院。

2017 年，大自然保护协会（TNC）联合 15 家研究机构的专家团队，从全球层面识别出基于自然的气候解决方案（natural climate solutions，NCS）最重要的 20 个路径，定量评估了这些路径在实现《巴黎协定》达成的 2℃升温目标中的最大、成本有效和低成本的减排潜力和贡献，并对不同路径在空气、水、土壤和生物多样性方面的协同效益进行了评估（Griscom et al.，2017）。

2019 年 8 月，政府间气候变化专门委员会（IPCC）发布的《气候变化与土地特别报告》指出，有必要在全球范围内彻底改变我们目前的土地利用方式。通过可持续的土地利用，例如改善农田和草地管理，实施可持续森林经营，提高土地生产力，增加土壤含碳量，以及保护和恢复诸如泥炭地、森林和海岸带等自然生态系统以及生物多样性保护，不但是减缓和适应气候变化的一个重要途径，而且有助于防治荒漠化和土地退化，增强粮食安全（Shukla et al.，2019）。同年，NbS 被联合国秘书长列入其应对气候变化的九大项优先行动之一，并于 2019 年 9 月的气候峰会上开展了专题讨论，在中国和新西兰的牵头下，各国提出了 150 多项倡议和大量的良好做法。

2020 年 7 月 23 日，IUCN 发布了一项全球标准，为应对全球挑战的 NbS 提供了第一套全球标准。新标准的目标是帮助各国政府、企业和民间组织确保 NbS 的有效性，并最大限度地发挥其潜力，以帮助解决全球范围内的气候变化、生物多样性丧失和其他社会挑战。该体系包括八项标准和相关指标，允许用户评估各种方案的适宜性，经济、环境和社会可行性，对比各种方案可能的权衡取舍，确保透明度和适应性项目管理，探索与国际目标和承诺的可能联系。

NbS 是应对 21 世纪的人口、自然、环境、经济、社会诸多问题的伞形新概念，换句话说，NbS 是最新的跨学科研究领域，涉及经济、生态、环境等诸多领域。尽管 NbS 作为新概念，发展尚不成熟，但其能够利用自然或人工的生态系统增强气候韧性，加强应对气候变化的能力。

（二）NbS 的内涵

NbS 是一个非常典型的伞形概念，包括保护生物多样性、增强生态系统服务、促进绿色经济发展，通过更多地借助自然的力量实现应对气候变化、减灾、消除贫困等多重巨大挑战的目标。

由于界定的背景和立场不同，NbS 很难有统一的明确定义。IUCN 认为，NbS 是通过保护、可持续管理和修复自然或人工生态系统，从而有效和适应性地应对社会挑战，并为人类福祉和生物多样性带来益处的行动（IUCN，2009）。

欧盟委员会认为，NbS 是受到自然启发和支撑的解决方案，在具有成本效益的同时，兼具环境、社会和经济效益，并有助于建立韧性的社会生态系统（European Commission，2015）。

世界银行认为 NbS 是一种使用自然系统来提供关键服务的方法，强调保护生物多样性对气候变化减缓与适应的重要性（World Bank，2008）。

TNC 认为针对气候变化及其应对，NbS 通过生态系统的保护、恢复和可持续管理减缓气候变化，同时利用生态系统及其服务功能帮助人类和野生生物适应气候变化带来的影响和挑战（基于自然的适应或基于生态系统的适应）（张小全等，2020）。

清华大学气候变化与可持续发展研究院认为 NbS 是通过倡导人与自然和谐共生的生态文明理念，构筑尊崇自然、绿色发展的社会经济体系，以有效应对气候变化、实现相关可持续发展目标（清华大学气候变化研究院，2020）。

中国国务委员兼外交部部长、法国外交部部长、联合国秘书长共同发表的"气候变化会议新闻公报"指出，NbS 旨在对天然或改良的生态系统进行保护、可持续管理和修复，对适应和减缓气候变化具有积极意义，同时也有益于生物多样性。

目前，广为接受的 NbS 定义来自 IUCN 和欧盟委员会。

（三）NbS 的边界

鉴于 NbS 内涵的结论尚未统一，其边界的讨论也未停止。在界定 NbS 并研究其应用时，应将其视为涵盖一系列能应对社会挑战的、与生态系统相关的伞形概念。

IUCN 认为，在为 NbS 制定框架并实施时，可将其视为一整套以生态系统相关的方法来应对社会性挑战的概念，并将这些方法分为五个主要类别，包括：①生态系统修复（如生态修复、生态工程、森林景观修复）；②特定议题的生态系统方法（如基于生态系统的适应和减缓、气候适应服务、基于生态系统的灾害风险减缓等）；③与基础设施相关的方法（如自然基础设施和绿色基础设施）；④基于生态系统的管理方法（如海岸带综合管理、水资源综合管理）；⑤生态系统保护方法（如区域保护方法，包括保护区管理）。

TNC 将 NbS 在应对气候变化领域的路径分为：森林（造林、避免毁林和森林退化、天然林管理、人工林管理、避免薪材使用、林火管理）、农田［生物炭、混农（牧）林系统、农田养分管理、保护性耕作、稻田管理］、草地（避免草地转化、最适放牧强度、种植豆科牧草、改进饲料、牲畜管理）、海岸带和湿地（避免海岸带湿地转化和退化、海岸带湿地恢复、避免泥炭地转化和退化、泥炭地恢复)。

创绿研究院认为，NbS 基本包含自然生态系统保护和修复，造林以及再造林，减少毁林，泥炭、沼泽和湿地保护及修复，增强景观联动性，珊瑚保护和修复，草地保护，可持续农业、渔业，城市内涝治理以及替代能源等。UNFCCC 和《京都议定书》中的"可持续土地管理""可持续森林管理""促进气候变化下可持续农业发展"等条文、2007 年提出的减少发展中国家毁林和森林退化排放机制，以及近年来利用红树林等海岸带生态系统来减缓和适应气候变化的行动和尝试，也在 NbS 的范畴之内。

考虑到 NbS 带来的社会、经济、环境效益，目前 NbS 的研究更聚焦于城市。随着城镇化的发展以及城市人口比重越来越大，改进城市的生活质量、减少生态足迹和适应气候变化是人类面临的三个根本性挑战（康蓉等，2020）。NbS 是一种实现城市环境的可持续发展的干预方法，并且其内涵和外延，都比"城市绿色基础设施"这个概念更加宽泛（Wild et al.，2019）。

二、NbS 与应对气候变化

气候变化的提出远早于 NbS，其部分应对措施可以归为 NbS，但 NbS 作为完整的概念提出来，进入应对气候变化领域的时间尚短，仅十余年。NbS 强调基于自然的理念，以生态系统及其服务功能为切入点，解决人类社会遇到的一系列挑战，气候变化则是人类社会面临的挑战之一，即 NbS 也在其他领域发挥着作用。应对气候变化的措施主要包括调整产业结构、优化能源结构、提高能效、增加碳汇，以及提升适应气候变化能力的一系列措施等，NbS 属于众多应对气候变化措施中的一类。

（一）NbS 有助于实现温室气体减排的愿景

为实现《巴黎协定》的目标，在通过技术创新应对气候变化的同时，还应最大限度地利用基于自然的方式。

减限排路径分析表明，农业、林业和其他土地利用（agriculture, forestry and other land use，AFOLU）措施在 2030 年、2050 年和 2100 年可分别吸收 0—50 亿、10 亿—110 亿和 10 亿—50 亿吨 CO_2/ 年，取决于成熟期、吸收能力、成本、风险、协同效益和损益，其中造林碳汇潜力可达 36 亿吨 / 年（Masson-Delmotte et al.，

2018)。

TNC 等机构对全球 NbS 潜力的分析表明，在考虑粮食和纤维安全以及生物多样性保护的约束条件下，到 2030 年，全球 NbS 的最大潜力达 238 亿吨 CO_2 当量 / 年，其中约 1/2（113 亿吨 CO_2 当量 / 年）是成本有效的（成本 ≤ 100 美元 / 吨）；2016—2030 年，NbS 可为实现《巴黎协定》制定的 2℃ 目标贡献 37% 的成本有效的减排量，其中 1/3 的潜力（41 亿吨 CO_2 当量 / 年）属低成本（10 美元 / 吨以下）。这些成本有效的或低成本的减排潜力主要来源于发展中国家。在 2030 年、2050 年和 2100 年，NbS 的贡献率分别为 29%、20% 和 9%（Griscom et al.，2017 ）。

据 IPCC，减少毁林和森林退化的技术潜力可达 4 亿—58 亿吨 CO_2 当量 / 年。到 2050 年，全球通过改进粮食生产（增加土壤有机质、减少土壤侵蚀、改进肥料管理、改善水稻等作物管理、抗逆性遗传改良等）、养殖业（改进放牧管理、粪便管理、提高饲料质量、遗传改良等）和混农（牧）林系统的技术潜力可达 23 亿—96 亿吨 CO_2 当量 / 年。膳食结构改变，以植物性食物为主的平衡饮食（如粗粮、豆类、水果、蔬菜、坚果和种子），以及可持续的低排放源动物食品，到 2050 年其技术减排潜力达 7 亿—80 亿吨 CO_2 当量 / 年，同时释放数百万平方公里的土地，并产生健康方面的协同效益。如果在全球 1/4 的农田实施作物覆盖措施，潜在碳汇量可达 4.4 亿吨 / 年（Shukla et al.，2019 ）。

我国森林生态系统碳汇潜力巨大，通过全球林产品模型与 IPCC 碳汇估计方法，模拟出 2015—2030 年中国森林资源存量和相应的碳储量、碳汇量，并设定经济增长率为 8% 的高速增长情景与基准情景对比。结果发现 2030 年，基准情景和高增长情景下中国森林碳储量将分别达到 88.69 亿吨碳和 86.43 亿吨碳，中国森林年平均碳汇未来预计达到 1.17 亿—1.3 亿吨碳（姜霞和黄祖辉等，2016 ）。

（二）NbS 在各国国家自主贡献中多有涉及

目前为止，已有 186 个缔约国提交国家自主贡献（NDCs），NDCs 中涉及 NbS 部分主要包括阐述生态系统脆弱性、NbS 的重要性及愿景、NbS 目标及行动、NbS 相关政策、NbS 行动的资金需求、NbS 减缓与适应间的协同作用。

1. NDCs 中 NbS 以定性目标为主，缺乏定量目标

减缓部分定性目标主要包括保护森林、提高森林覆盖率、增强碳汇能力等加强生态系统碳汇能力的目标，适应部分定性目标主要包括改善森林结构、提高适应气候变

化能力等适应气候变化带来的影响，加强适应能力和复原力，减少气候变化脆弱性的目标。

　　NDCs 中减缓部分有 51 个国家提到 NbS 的量化目标，占 27.4%，适应部分仅有 20 个国家提到 NbS 的量化目标，占 10.75%。定量目标主要集中于森林生态系统，且指标类型以面积＆覆盖率为主，以 CO_2 当量为指标的定量目标仅有 14 个国家，占比为 7.5%（图 7.1）。

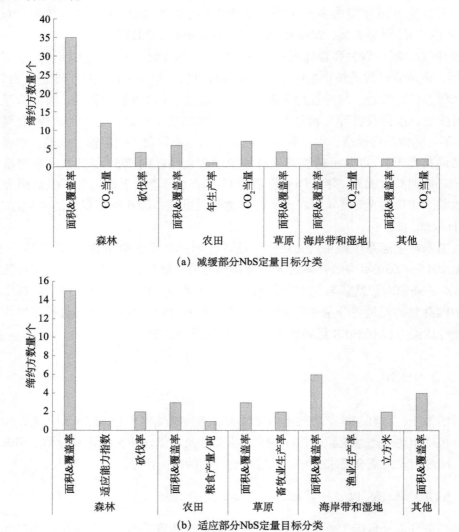

（a）减缓部分NbS定量目标分类

（b）适应部分NbS定量目标分类

图 7.1　各国 NDCs 减缓和适应部分中的 NbS 定量目标分类

2. NDCs 中 NbS 路径集中于森林、农田、海岸带和湿地生态系统

NbS 在 NDCs 中还未受到重视，目前 NDCs 中 NbS 路径主要集中于森林、农田和海岸带和湿地生态系统。

减缓部分主要路径包括：森林生态系统中的造林和再造林（93 个缔约方）、避免毁林和退化（41 个缔约方），农田生态系统中的农田管理（44 个缔约方）、水土管理（18 个缔约方）、混农林系统（11 个缔约方），海岸带和湿地生态系统中的海岸带、湿地恢复（10 个缔约方）（图 7.2）。

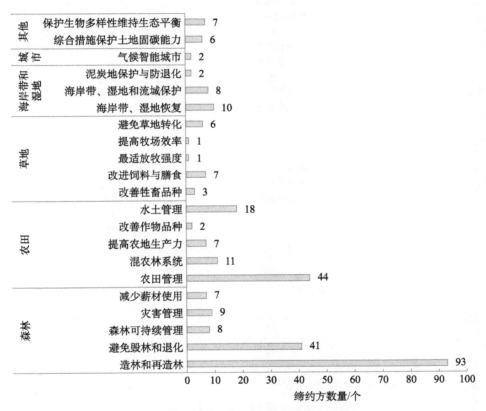

图 7.2　减缓部分各 NbS 路径缔约方数量

适应部分主要路径包括：森林生态系统中的造林和再造林（36 个缔约方）、避免毁林和退化（13 个缔约方）；农田生态系统中的水土管理（37 个缔约方）、改善作物品种（25 个缔约方）；海岸带和湿地生态系统中的海岸带、湿地恢复（30 个缔约方），避免海岸带、湿地转化和退化、流域保护（27 个缔约方），海岸带综合规划和管理、

综合流域管理、湿地管理（22 个缔约方）（图 7.3）。

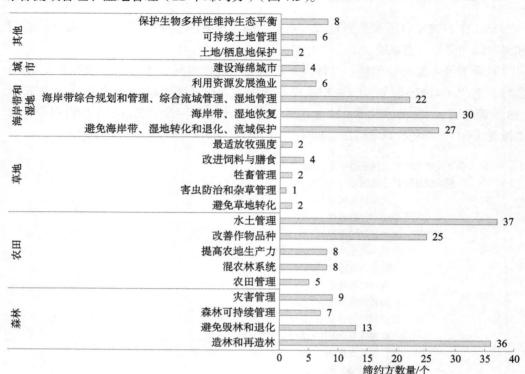

图 7.3　适应部分各 NbS 路径缔约方数量

3. NDCs 中 NbS 政策多措并举

NDCs 中有关 NbS 的政策包括法规类、规划类、资金类、信息系统和研发类、能力建设类五类政策。各国 NDCs 中大都以规划为主，辅之以法规、资金、信息系统和研发、能力建设类政策，采取多种政策，协助开展 NbS 行动。

减缓方面，NbS 政策集中于规划类（42 个缔约方）和法规类（26 个缔约方）；适应方面，NbS 政策则以规划类（85 个缔约方）为主，资金（57 个缔约方）、信息系统与研发类（45 个缔约方）为辅（图 7.4）。

（三）NbS 可带来多重协同效益

NbS 除碳汇作用外还存在协同效益，主要包括经济方面的增加就业与收入、创

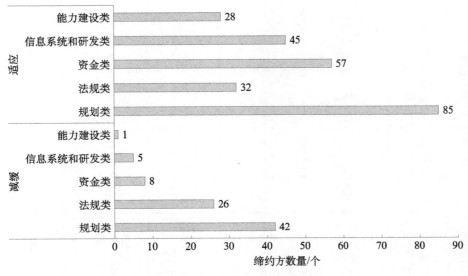

图 7.4 各类 NbS 相关政策国家数量

造就业等，环境方面的生物多样性保护，水资源的调节、净化、防洪，土壤改善与减少土地侵蚀以及空气质量的净化，社会方面的食品安全及营养和健康（表 7.1）。

1. NbS 促进生物多样性的保护

生物多样性是地球的生命结构，是可持续未来的基础。生物多样性和良好的生态系统对于人类进步和繁荣至关重要，关乎可持续发展目标的实现和气候变化《巴黎协定》的落实。

从应对气候变化的角度来考虑，保护生物多样性对气候变化减缓与适应具有重要的作用。NbS 则是具有良好成本效益的保护生物多样性的方法，而保护生物多样性可以创造就业、促进经济增长，一定程度上缓解新冠肺炎疫情对经济带来的创伤，确保后疫情时代的稳就业、保民生，有助于打赢脱贫攻坚战。

具有生物多样性保障措施的 NbS 是几个关键领域的缓解、恢复和适应的关键，包括保护和恢复森林和其他陆地生态系统，保护和恢复淡水资源以及海洋和海洋生态系统、可持续农业和粮食系统，确保自然界在可持续发展中的系统性作用，从而制止生物多样性的丧失，帮助减缓和适应气候变化，以及优化自然对恢复生计、绿色基础设施和可持续居住区的贡献。

为提高人们对 2020 年后全球生物多样性框架谈判的认识，2020 年 5 月 22 日国际生物多样性日的主题为"答案在自然"（Our solutions are in nature）。2021 年，中国将

表 7.1　NbS 路径协同效益总结

路径	经济效益	环境效益				社会效益	
	增加就业与收入	生物多样性（α多样性、β多样性、γ多样性）	水（调节、净化、防洪）	土壤（改善土壤、减少土地侵蚀）	空气（空气质量净化）	食品安全	营养和健康
再造林	创造就业（Ghana NDCs 指出每年创造 29 000 个岗位）	创造野生动物走廊和缓冲区，保护动物	改善作物灌溉用水、缓解干旱，协助水力发电、调节地下水资源	土壤里动物量增加（蚯蚓等）	减少臭氧		空气过滤有助于身体健康
天然林管理		无脊椎动物、两栖动物和哺乳动物的物种丰富度随着伐木强度的增加而降低		清除大量木本碎片的木材采伐，减少了土壤的生物和物理特性，从而降低了健康和生产力			
林火管理			火灾幸存后的森林含更多有机质，增加水的渗透和滞留	火灾幸存后的森林含更多有机质，能改善土地性质	森林野火急剧增加烟雾中的颗粒物浓度		有助于降低死亡率
避免薪材使用		木材燃料的收集减少了作为森林生物和动物的食物和栖息地的腐殖材料	增加森林保水性	木材燃料收集造成土壤压实和扰动，改变土地化学性质	改善室内空气质量		降低发病率和死亡率
使用生物炭				增加土壤质量和肥力			

续表

路径	经济效益	环境效益				社会效益	
	增加就业与收入	生物多样性（α多样性、β多样性、γ多样性）	水（调节、净化、防洪）	土壤（改善土壤、减少土地侵蚀）	空气（空气质量净化）	食品安全	营养和健康
农业保护	提高农民收入		适当地覆盖作物将减少农业用水需求	减少土壤侵蚀，保持土壤保墒度和水分保持		提高粮食安全	
避免草原退化		鸟类的主要栖息地	维持生态系统水平衡、防洪				
耕地养分管理		增加鱼类物种丰富度和丰度	改善饮用水质量	维持土壤肥力	减少氨和一氧化氮的排放		
牧场最优放牧强度		减少对植物－昆虫相互作用的总体干扰	管理放牧做法可以减少管理牧场的用水	过度放牧会降低土壤捕捉污染物的能力			
海岸湿地恢复		为鱼虾生产提供环境	红树林和其他湿地的防洪和滤水效益	海岸保护	有助于捕捉空气中的颗粒物和污染气体	为当地人民提供海鲜	
泥炭地恢复		泥炭地再次恢复将带来多样性社区	废水与雨水处理	有助于发展土壤结构和肥力，提高生产力	降低火灾风险，减少火灾污染物产生		
泥炭地保护		泥炭沼泽含有独特的昆虫	湿地和湿土壤会减弱洪水的危害		减少泥炭地火灾发生带来的污染物		

以东道国的身份，筹办召开《生物多样性公约》第 15 次缔约方会议（COP15），充分运用 NbS 的理念，推动气候变化、生态安全、防灾减灾、贫困等问题的协同解决，推动达成兼具雄心和务实的"2020 年后全球生物多样性框架"。

2. NbS 有助于实现可持续发展目标

联合国可持续发展目标（SDGs）旨在到 2030 年消除贫困、保护地球和确保所有人的繁荣，NbS 在水资源领域有助于 SDGs 的实现（United Nations World Water Assessment Programme，2018）（表 7.2）。

表 7.2　NbS 助力实现的部分 SDGs 目标

SDG		目标
SDG1：消除贫困	1.4	到 2030 年，确保所有男女，特别是穷人和弱势群体，享有平等获取经济资源的权利，享有基本服务……
SDG2：可持续农业	2.4	到 2030 年，确保建立可持续粮食生产体系并执行具有抗灾能力的农作方法，以提高生产力和产量……
SDG3：健康的生活方式	3.3	到 2030 年，消除艾滋病、结核病、疟疾等流行病，抗击肝炎、水传播疾病和其他传染病
	3.9	到 2030 年，大幅减少危险化学品以及空气、水和土壤污染导致的死亡和患病人数
SDG6：水和环境卫生	6.1	到 2030 年，人人普遍和公平获得安全和负担得起的饮用水
	6.2	到 2030 年，人人享有适当和公平的环境卫生和个人卫生，杜绝露天排便……
	6.3	到 2030 年，通过以下方式改善水质：……将未经处理废水比例减半，大幅增加全球废物回收和安全再利用
	6.6	到 2020 年，保护和恢复与水有关的生态系统，包括山地、森林、湿地、河流、地下含水层和湖泊
SDG7：清洁能源	7.3	到 2030 年，全球能效改善率提高一倍
SDG9：具备抵御灾害能力的基础设施	9.4	到 2030 年，所有国家根据自身能力采取行动，升级基础设施，改进工业以提升其可持续性……
SDG11：可持续城市	11.3	到 2030 年，在所有国家加强包容和可持续的城市建设……
	11.6	到 2030 年，减少城市的人均负面环境影响，包括特别关注空气质量，以及城市废物管理等
SDG12：可持续的消费和生产模式	12.4	到 2020 年，根据商定的国际框架……并大幅减少它们排入大气以及渗漏到水和土壤的概率
SDG14：可持续利用海洋和海洋资源	14.1	到 2025 年，预防和大幅减少各类海洋污染，特别是陆上活动造成的污染……
SDG15：生态系统	15.1	……保护、恢复和可持续利用陆地和内陆的淡水生态系统及其服务，特别是森林、湿地、山麓和旱地

三、NbS 在我国应对气候变化领域的政策进展

（一）NbS 在应对气候变化领域的界定

TNC 提出 NbS 在应对气候变化领域涉及森林、草地、农田、湿地、海洋五个生态系统（张小全等，2020），考虑到城市生态系统排放了大量的 CO_2（C40 Cities，2018；岳溪柳等，2017），将城市生态系统也纳入 NbS 在应对气候变化领域的系统框架中，即包括六大生态系统：森林、草地、农田、湿地、海洋、城市（图 7.5）。

图 7.5　NbS 在应对气候变化领域的六大生态系统

（二）NbS 在我国应对气候变化领域的政策框架的构建

环境问题伴随经济发展的全过程，环境政策作为解决环境问题的制度设计，有助于引导社会各方选取环境友好型的设施、工具参与社会经济活动（Vollebergh，2007）。环境政策工具成为政府解决环境问题或引导公众行为以改善环境的一种手段。国内外学者根据研究的需要，对环境政策工具进行不同的分类（Bergek et al.，2014；Henstra，2016；张坤民等，2007；李冬琴，2018；陈迎，2006）。采用传统环境政策

工具的分类（林枫等，2018），根据管控的强弱程度，将 NbS 在我国应对气候变化领域的政策工具分为命令控制型、经济激励型、自愿参与型。

在政策工具分类的基础上，重点梳理我国生态保护政策中与应对气候变化相关的内容，以及应对气候变化的政策性文件，主要包括：①应对气候变化、生态环境保护的总体战略规划，以及针对六大生态系统颁布的与应对气候变化相关的规划；②近十年发布的《中国应对气候变化的政策与行动》；③与六大生态系统相关的法律法规、指导意见、行动方案等文件中应对气候变化的内容。以上文件的颁布主体涉及中国共产党中央委员会、全国人民代表大会常务委员会、国务院及国家发展和改革委员会、生态环境部（原环境保护部）、自然资源部、农业农村部（原农业部）等机构。

考虑到政策和措施的不同，将二者分开表述。措施主要参考张小全等（2020）提及的 NbS 路径，并结合我国 NbS 相关措施行动的实际情况作了调整，而城市生态系统的措施（建设海绵城市、整治河湖水系）则来自政策性文件的梳理结果。进而结合命令控制型、经济激励型、自愿参与型的政策工具分类，构建 NbS 在我国应对气候变化领域的政策框架（表 7.3）。从中可以看出，森林、草地生态系统的政策工具最为完备、最为成熟，而城市生态系统的政策工具布局较为薄弱；命令控制型政策是政策工具的最主要形式，广泛应用于六大生态系统中，而自愿参与型政策则最为单薄。总体来看，由于 NbS 提出的时间较晚，我国尚未围绕 NbS 形成系统性的政策体系，目前相关政策散落在不同的职能部门。但基于我国在生态保护上的长期努力，六大生态系统已经积累了大量有利于应对气候变化的政策实践。可以说，我国已经初步形成了以命令控制型政策为主，重视通过经济激励型政策引导，并逐步完善自愿参与型政策的 NbS 政策体系。

（三）NbS 在我国应对气候变化领域的政策分类

根据我国 NbS 在应对气候变化领域的政策框架，相关政策可以分为命令控制型、经济激励型、自愿参与型，不同类型的政策工具具有不同的进展情况和特点。

1. 命令控制型

目前，命令控制型政策是我国最主要的 NbS 政策类型。由于命令控制型政策具有约束力强、见效快的特点，且部分政策成效与地方政府考核挂钩，因此在命令控制型政策的推动下，我国在相对短的时间内建立了比较完备的生态系统保护、恢复制度和工作体系，初步形成了包含制定战略规划、出台法律法规、深化研发体系建设和促进成果转化、促进生态系统保护和利用能力提升等在内的命令控制型政策体系（表 7.3）。

表 7.3　NbS 在我国应对气候变化领域的政策框架

生态系统	措施	政策		
		命令控制型	经济激励型	自愿参与型
森林	造林，避免造林和森林退化，天然林管理，人工林管理，避免薪材使用，灾害管理	①制定《全国造林绿化规划纲要（2011—2020年）》等战略规划，明确造林基地种基地建设等林业发展自标；②出台《森林法》《中共中央国务院关于加快林业发展的决定》等法律法规；③推进标准化，建立健全林业质量标准和检验检测体系；④深化造林、重大森林病虫害防治等关键技术，条件恶劣地区造林、灾害防治、实敢林木良种选育，开展科技示范点，建立科技示范企业，促进成果转化，鼓励包创办和科研企业承包技术咨询服务等；⑥培养保护、执政、监督、注重执政队伍，建立护林等，增加护林设施；⑦注重科技培训体系培养体制建设，建立各类林业职工的培训机构，加大对林业碳汇监测预警监测体系	①设立森林生态效益补偿基金等专项资金；②加大财政投入，国家财政重点保障关系国计民生的生态工程建设投资纳入预算，地方财政要将规划内的生态工程建设投资纳入预算；③减轻经费负担，取消不合理收费，返还征收育林费等专项费用；④征收税费；⑤发放造林、退耕被恢复育林补贴，森林植被恢复费专项补贴；⑥增强金融支持，加大还林等金融补贴，探索运用林业发展资国土绿化行动等新型融资工具，多渠道筹集资金，发展碳排放权等；⑦开展森林碳汇交易市场；⑧吸收社会资金，完善以政府购买服务为主的公益林管护机制	①成立绿色碳汇基金会等自愿性组织；②加强森林宣传，开展"世界森林日"等主题宣传活动，普及林业应对气候变化政策与知识；③开展项目示范和实施，号召积极参与植树造林等活动
草地	避免草地转化，改证放牧方式和强度，种植豆科牧草，改进饲料，牲畜管理	①制定《耕地草原河湖休养生息规划（2016—2030年）》等战略规划，明确草原保护建设方向；《关于加强草原保护利用的若干意见》明确最适宜放牧强度和方式，提出半舍饲牧业的发展方向；②出台《草原法》等法律法规，强调轮牧采草等草原保护措施；③深化草原研发体系建设，加强优良畜种和草种选育，草原生态系统恢复与重建技术的研发力度；④促进成果转化，尽快转化草原科研成果；⑤培养保护、监督、执法队伍，强化执法和考核，提升人员素质和专业水平；⑥加大专业技术人才队伍学科建设，无实专业技术人才培训，加强素质和专业水平；⑦构建监测预警机制，建立草原生态监测调查制度落实草原动态监测和资调查制度	①加大财政投入，中央和地方财政加大对草原保护与建设的投入；②征收费用；③严格草原植被恢复费征收和管理，加大草原良种补贴、退耕还草、草畜平衡放牧良种、禁牧、退耕还草、加大对牧草产业金融支持；④增强金融支持，扩大收社会资产业的信贷投入；⑤收社会资金，拓宽筹资渠道，增加用于草原保护与建设投入	①成立内蒙古草原文化保护基金会等自愿性组织；②加强自愿性组织，弘扬爱草、护草、种草的绿色发展理念；③开展项目实施，探索可持续和草地治理

续表

生态系统	措施	政策		
		命令控制型	经济激励型	自愿参与型
农田	生物炭、混农（牧）林系统、农田养分管理、保护性耕作、稻田管理、种子选育和培育	①制定《耕地草原河湖休养生息规划（2016—2030年）》等战略规划，提出开展轮作休耕试点，实行保护性耕作的政策；②出台《农业法》等实施法律法规，增加使用有机肥、农药，合理使用水农业、早作农业，抗旱保墒等技术的研发力度；③深化研发技术适应性合作，开展国际交流合作，进行保护性耕作人才培养体制建设；⑤构建监测预警工作体系，注重保护农业科学观测工作体系	①设立良种、保护性耕作等专项资金；②发放良种、肥料使用、25度以上陡坡地等补助补贴	①成立中华农业科教基金会等自愿性组织，②加强宣传，广泛宣传保护性耕作的优越性，引导农民自觉走上保护性耕作发展道路；③开展项目示范和实施，推行气候智慧型农业发展
湿地	避免海岸带湿地转化和退化、海岸带湿地恢复、避免泥炭地转化和退化、泥炭地恢复、湿地修复	①制定《全国湿地保护"十三五"实施规划》等战略规划，明确增加湿地面积，实施湿地保护修复工程；②出台《农业法》《自然保护区条例》等法律法规，规范保护湿地的行为；③深化研发技术与修复技术示范；④构建监测评价网络，强化国家重要湿地生态风险预警；⑤建立追踪评价机制，开展湿地的绩效评价	①发放退耕（牧）还湿、环境治理等补助补贴；②增强湿地绿色金融的信贷支持，发行湿地项目专项债券	①成立湖北省湿地保护基金会等自愿性组织，②加强湿地科学知识普及宣传，形成全社会保护湿地的良好氛围；③开展项目实施，对湿地生态修复地进行生态修复
海洋	避免海岸带湿地转化和退化、海岸带湿地恢复、避免泥炭地转化和退化、泥炭地恢复、湿地修复	①制定《全国海洋经济发展"十三五"规划》等战略规划，明确海洋强国战略；②出台《自然保护区条例》《渔业法》等法律法规，规范海洋生态环境，提出滨海湿地保护利用体系；③推进海域生态环境，完善滨海湿地保护标准体系；④深化研发技术攻关，开展滨海湿地恢复修复关键技术攻关；⑤构建监测预警机制，建立沿海湿地灾害预警和应急系统，以及滨海湿地资源监测	①设立海岛保护、海域使用等专项资金；②发放渔民转产转业、休养休渔渔民依法等补助补贴	①成立中国海洋发展基金会等自愿性组织，②加强宣传，结合"世界海洋日"等主题日，提高滨海湿地保护的宣传力度；③开展项目实施，关注海洋生态保护
城市	建设海绵城市、整治河湖水系	①制定《全国城市市政设施规划建设"十三五"规划》等战略规划，②出台《关于推进海绵型城市建设的指导意见》等法规，提出推广海绵型道路与广场等基础设施建设；③建立追踪评价机制，开展海绵城市建设绩效评价；④注重人才培养体制建设，加强新技术推广运用的技术培训	①设立海绵城市建设试点等专项资金；②增强金融支持，将海绵城市建设作为信贷投入的重点领域；③吸收社会资金，鼓励公共私营合作（PPP）模式，整体海绵城市运作打包	①成立桃花源生态保护基金会等自愿性组织，开展城市生态化建设；②加强宣传，开展城市适应气候变化，社会组织社会科普宣传；③开展项目示范和实施，助推海绵城市建设

制定战略规划是最为常用的命令控制型政策，分布在六大生态系统之中。战略规划主要用于明确未来生态系统的发展方向，提出未来生态系统的发展目标。例如，2011 年印发的《全国造林绿化规划纲要（2011—2020 年）》明确林木良种基地建设等林业发展目标；2016 年印发的《耕地草原河湖休养生息规划（2016—2030 年）》提出促进草原畜牧业由天然放牧向舍饲、半舍饲转变的发展方向，以及实行保护性耕作的政策等；2017 年印发的《全国湿地保护"十三五"实施规划》明确增加湿地面积，开展湿地保护修复工程；2017 年印发的《全国海洋经济发展"十三五"规划》提出发展海洋强国战略；2017 年印发的《全国城市市政基础设施规划建设"十三五"规划》明确推进新老城区海绵城市建设。其中《耕地草原河湖休养生息规划（2016—2030 年）》涉及草地、农田、湿地等多个生态系统，明确各生态系统发展的主要目标，推进耕地草原河湖资源利用与养护全面步入良性循环，实现人与自然和谐共生。然而，当前我国出台的与 NbS 相关的多项战略规划，基本以生态系统保护和可持续利用为目标，还没有主动与应对气候变化关联起来。

出台法律法规也是广为使用的一项命令控制型政策。六大生态系统均出台了法律法规，用于规范各生态系统的保护和修复行为，明确提出破坏生态系统带来的法律后果，起到明示、矫正和预防等作用。2019 年末新修订的《中华人民共和国森林法》和2013 年新修订的《中华人民共和国草原法》分别是保护森林和草原生态系统的单行法，2012 年修订的《中华人民共和国农业法》则是较为综合的法律，涵盖种植业、林业、畜牧业、渔业等相关产业，提出扶持良种的推广使用，建立耕地保护制度，对基本农田依法实行特殊保护，禁止围垦国家禁止围垦的湿地，保护渔业水域生态环境等政策。除了法律的颁布外，国务院和各主管部门也出台了行政法规和部门规章等，2002 年发布的《关于加强草原保护与建设的若干意见》，以及 2015 年印发的《关于推进海绵城市建设的指导意见》等，明确不同生态系统的保护和建设等问题。

在推动技术研发和推广方面，各大生态系统形成以深化研发体系建设、促进成果转化、推进标准化为主的政策保障体系，其中森林生态系统在技术领域的政策保障最为完善，而城市生态系统则较为薄弱。森林生态系统注重突破林木良种选育、条件恶劣地区造林、重大森林病虫害防治等关键技术，以深化研发体系建设，鼓励通过创办科技型企业、建立科技示范点、开展科技承包和技术咨询服务等方式，促进成果转化，以及推进标准化，建立健全林业质量标准和检验检测体系。保护性耕作是农田生态系统中增加土壤有机质和提升肥力的重要措施，也是一项重要的适应性技术，发挥着防止水土流失、培肥地力、固碳减排等作用。我国保护性耕作的研究始于 20 世纪60 年代，在吸收国外先进经验的基础上，针对我国农业生产实际，已经取得了较多的理论和技术成果，为我国大面积推广应用保护性耕作技术奠定了良好的基础（高旺盛，2007）。

在能力建设领域，六大生态系统以培养保护、监督、执法队伍，注重人才培养，构建监测预警机制，建立追踪评价机制为核心，推进生态系统保护和利用的能力建设，其中森林生态系统的保障政策最为完备。监测预警体系是应对气候变化领域一项重要的内容，我国监测预警体系构建了以资源监测、环境监测为主体，同时在湿地、城市生态系统兼顾追踪评价的监测体系。目前，针对气候变化，森林生态系统建立了碳汇监测体系，成立了1个国家级、4个区域级（华东、中南、西北、西南）碳汇计量监测中心。人才培养也是能力建设不可或缺的部分，学科建设、技术培训等举动提升了从业人员的职业素养。国家林业和草原局加强林业应对气候变化专业人才的培养，积极推进林业应对气候变化工作，举办了全国林业应对气候变化政策与管理培训班，以及林业碳汇交易与项目管理培训班（生态环境部，2019）。

2. 经济激励型

经济激励型政策工具主要包括财税政策和市场性政策。我国NbS领域初步形成了以财税政策为主、市场机制为辅的经济激励型政策体系。当前资金的主要来源是财政投入，尤其是中央财政投入，地方财政呈现缓慢上升态势。此外也初步探索了市场机制在NbS中的作用，包括增强金融支持、开展森林碳汇交易、吸收社会资金等。

财税政策方面，我国在森林、草地、农田等生态系统建立了从中央到地方的相对系统的财政投入机制，并且在森林、农田、海洋、城市等领域设立了专项资金，例如森林生态效益补偿基金、保护性耕作专项资金、海岛保护专项资金、海绵城市建设专项资金等。相比财税政策，市场机制还处于起步阶段，没有充分发挥各种金融工具、社会资金的力量，其中林业碳汇和PPP模式是我国已经探索建立的较为有特色的市场机制。我国林业碳汇交易发展相对成熟，2018年中央一号文件《关于实施乡村振兴战略的意见》、2018年六部委联合印发的《生态扶贫工作方案》以及2014年国家林业局出台的《关于推进林业碳汇交易工作的指导意见》等政策性文件，均提出探索林业碳汇交易，发展碳排放权交易市场。

生态保护补偿机制是NbS一项重要的经济激励型政策，兼具财税和市场政策的特征，涵盖了除城市生态系统以外的其他五大生态系统。我国生态保护补偿顶层设计的总体架构基本形成，构建以《关于健全生态保护补偿机制的意见》为纲、《中央对地方重点生态功能区转移支付办法》《关于加快建立流域上下游横向生态保护补偿机制的指导意见》为目的横纵结合的制度体系（吴乐等，2019）。

3. 自愿参与型

我国 NbS 政策以命令控制型为主体，而社会自愿参与型政策较为薄弱。目前，自愿参与型政策主要以成立自愿性组织、加强宣传、开展项目示范和实施为主。

成立自愿性组织是自愿参与型政策的重要组成部分，而民间环保公益组织则是自愿性组织的主要形式。作为我国最早的环保民间组织，从自然之友 1994 年正式成立以来，我国环保民间组织数量得以迅速增加，截至 2015 年底，我国的环保民间组织共 2768 家，总人数为 22.4 万人（"中国环保公益组织工作领域分析报告 2016"研究团队，2016）。我国环保民间组织通过组织环保公益活动和培训等方式进行环境宣传教育，致力于倡导公众参与环境保护，已经成为推动环保事业发展的一支重要力量。

加强宣传，正确引导公众行为也是自愿参与型政策的重要内容。组织世界地球日、世界环境日、世界森林日、世界水日、世界海洋日等主题宣传活动，通过典型示范、展览展示等形式动员公众参与，树立积极、正确的舆论导向。中国绿色碳汇基金会举办第八届"绿化祖国·低碳行动"植树节公益活动，以碳汇造林的创新方式，推动全民义务参与气候变化行动（生态环境部，2018）。此外，在 20 余年的发展过程中，环保民间组织从早期的知识宣传，发展到现在的公众参与、项目示范、环境维权和政策建议，工作领域和手法都有较大拓展。"蚂蚁森林"作为企业发起的植树和保护活动，自 2016 年以来，短短几年时间引导 5.5 亿人参与，植树约 1.22 亿株，树木总计覆盖 11.2 万公顷（168 万亩）土地，被授予联合国最高环保荣誉地球卫士奖激励与行动类别奖项。

（四）存在的问题

我国高度重视生态系统保护和可持续利用，在六大生态系统均制定和实施了不同程度的与 NbS 有关的政策措施。但 NbS 作为一个新生的概念，在战略目标的制定、政策体系的构建和完善方面还存在诸多问题，如 NbS 尚未成为应对气候变化的主流措施，缺乏自上而下的管理机制，资金、技术、能力建设等环节仍较为薄弱，公众参与度有待进一步加强，等等。

1. 尚未成为应对气候变化的主流措施

从政策梳理结果来看，NbS 的理念还未根植于决策者的思维之中，各部门的 NbS

政策行动并没有主动与应对气候变化建立联系，没有将应对气候变化作为一项重要的目标，也没有考虑到与气候变化的协同治理潜力。我国向 UNFCCC 提交的 NDCs 文件中，2030 年的自主行动目标仅有森林蓄积量一项指标与 NbS 相关，草地、农田、湿地、海洋等诸多生态系统均未被纳入我国的 NDCs 目标中。而从路径和政策来看，我国的 NDCs 中没有专门提及 NbS，只是在碳汇和适应气候变化方面间接提到了 NbS 相关内容。

2. 缺乏自上而下的管理机制

当前，NbS 在实际操作中，仍需依附原有的载体（各大生态系统、各职能部门）自下而上地开展工作。

在应对气候变化领域，我国初步建立了国家应对气候变化及节能减排工作领导小组统一领导、生态环境部归口管理、有关部门和地方分工负责、全社会广泛参与的应对气候变化管理体制和工作机制（国家发展和改革委员会，2016）。相比而言，NbS 的相关职能则散落在各主管部门（表 7.4），各主管部门在领域内各自发力，缺乏部门之间的横向沟通协调机制，尚未形成自上而下、高效统筹的管理机制。

表 7.4 相关主管部门及职责

生态系统	主管部门	具体部门	职责
气候相关	生态环境部	应对气候变化司	负责应对气候变化和温室气体减排工作
森林	自然资源部	国家林业和草原局森林资源管理司	组织编制全国林地保护利用规划；组织编制和审核全国森林采伐限额；指导监管重点国有林区森林资源；指导天然林资源保护管理工作等
		国家林业和草原局生态保护修复司	负责林业生态保护修复、全国造林绿化、林业重点生态保护修复工程、林业和草原应对气候变化管理等工作
		国家林业和草原局国有林场和种苗管理司	负责国有林场、林草种苗、森林公园的管理工作等
	生态环境部	自然生态保护司	组织制定各类自然保护地监管制度并监督实施，承担自然保护地、生态保护红线相关监管工作等
草地	自然资源部	国家林业和草原局草原管理司	负责草原生态修复治理、草原生态补偿、划定和保护基本草原等工作
农田	农业农村部	种植业管理司	承担发展节水农业工作，指导农药科学合理使用等工作
		农田建设管理司	承担耕地质量管理工作等工作
		种业管理司	监督管理农作物种子、种苗等工作

续表

生态系统	主管部门	具体部门	职责
湿地	自然资源部	国家林业和草原局湿地管理司	负责湿地保护和湿地公园的工作，承担国际湿地公约履约和湿地应对气候变化工作等
海洋	生态环境部	海洋生态环境司	负责全国海洋生态环境监管工作，组织开展海洋生态保护与修复监管等
	自然资源部	海洋战略规划与经济司	负责海洋强国战略的制定和监督实施，以及海洋的保护利用等工作
		海洋预警监测司	承担海洋生态预警监测、灾害预防等工作
		国家林业和草原局自然保护地管理司	负责管理海洋特别保护区等工作
城市	住房和城乡建设部	城市建设司	指导市政设施、园林、市容环境治理等工作

3. 未形成理论与实践的有机统一

NbS 作为完整的概念提出仅有十余年，研究尚处于起步阶段。然而，NbS 的实践经验（如增加碳汇和系统适应能力等），则已经有比较多的积累。

目前，NbS 未有统一的内涵和解读，且其研究较为零散，尚未构成系统性的研究体系。NbS 强调"生态适应性""自然启发和支撑"的思想和理念，而缺乏从概念到实操的抓手，研究多集中于案例分析，方法论的研究相对较少。关于方法论，较为成熟的是 Raymond 提出的七阶段评估框架，以应对城市面临的十项挑战（Raymond et al.，2017），评估框架仍局限于理论层次的探讨。该评估框架被应用于案例研究，以评估解决方案产生的协同效益（陈梦芸和林广思，2019）。

4. 资金来源较为单一

NbS 能够为实现《巴黎协定》目标贡献 30% 左右的减排潜力，然而，仅吸收全球不到 3% 的气候资金（大自然保护协会，2020），这与其巨大的生态环境效益远远不匹配。另外，NbS 具有包括减贫、防灾减灾在内的多重社会效益，应当获取更多的资金支持。但是，从经济激励型政策的梳理可以看出，我国 NbS 资金仍以财政投入为主，资金来源单一，没有形成社会各方广泛参与的多元化的资金投入机制。十八大以来，随着生态保护补偿的进程加快，资金投入大幅增加，数据表明，2011—2016 年，中央财政资金占比由 96.9% 下降至 87.7%；地方财政资金占比由 2.4% 增长至 12%；其他资金较为稳定，占比一直未突破 1%。可见，中央财政资金是生态保护补偿资金的主要来源，地方财政的资金投入逐步增加（吴乐等，2019）。然而，来自社会各方的资金量占比仍较低，徘徊在 0.4%—0.9%，表明政府为市场提供的生态投资的信号不足，导致社会投资、捐赠等的意愿有限，动力不足。

5. 技术支撑和能力建设薄弱

技术支撑和能力建设的政策主要集中在命令控制型政策中，其政策行动较为零散，难以构成体系。以技术支撑为例，支持技术发展的政策内容较少，且较为零散，没有形成系统性的政策体系。

NbS 初步形成以环境和资源监测为主的测量体系，森林、草地、农田、湿地、海洋等生态系统建立了资源、环境监测制度和体系，但监测手段较为单一，监测时间间隔较长，数据共享机制不完善。除森林建立了碳汇监测体系外，其他生态系统并没有构建专门针对应对气候变化的监测体系，即便已经建立的森林碳汇监测体系也远不完备，存在调查监测技术落后、时耗长、成本高、见效慢等问题，从建立至今发布的监测数据和成果仍非常有限。在 NbS 政策执行和追踪评价方面，除湿地和城市生态系统外，其他生态系统的后期报告和核查的政策行动仍显不足，较为欠缺。

6. 公众参与度有待进一步加强

NbS 七阶段评估框架将与利益相关方的沟通作为流程之一，除解决问题外，NbS 也能提升公众参与的潜力、治理和监测的意愿（Raymond et al.，2017），另外，满足公众的需求也是实施 NbS 的要点之一（Frantzeskaki et al.，2020）。

虽然各生态系统均有自愿性组织，但与发达国家相比，我国自愿性组织的数量较少，募集的资金数量也有限。即使截至 2015 年底，我国的环保民间组织已经达到 2768 家，总人数达到 22.4 万人，但这与全国 31.5 万家民间组织，总人数 300 多万人相比，处于中下等发展水平（"中国环保公益组织工作领域分析报告 2016"研究团队，2016）。另外，尽管我国广泛开展宣传活动，公众在植树造林等领域的参与热情逐渐提高，生态保护意识不断觉醒，但我国公众参与环保公共活动大多是在政府指导下开展的，公众多是被动参与，参与欠缺自主性，公众对环境保护的参与度有待加强（杨超，2016）。

四、NbS 贡献碳中和目标的对策建议

NbS 在应对气候变化领域的巨大潜力，正逐步引起国际社会的重视。考虑到 NbS 能够为全球实现《巴黎协定》的目标贡献约 30% 的减排量，同时产生环境和社会经济的协同效益，提出采用 NbS 应对气候变化、贡献碳中和目标的若干对策建议。

（一）推动 NbS 在应对气候变化中的主流化

1. 将 NbS 纳入我国下阶段 NDCs 更新文件中

加强对各生态系统 NbS 路径减排潜力及成本的研究，评估成本有效的 NbS 路径，筛选出优先发展和纳入 NDCs 的路径。科学合理增加 NbS 相关行动的定量目标，将各类保护地面积指标纳入 NDCs 更新文件中，以定量指标增强 NbS 的政策效力，强化 NbS 在治理层面的地位。

2. 将 NbS 纳入"十四五"规划进行谋篇布局

"十四五"是我国应对气候变化的关键时期，可将 NbS 作为重要手段纳入"十四五"规划，为碳排放尽早达峰和碳中和目标实现打下制度和行动基础。同时考虑到 NbS 在经济、社会、环境领域巨大的协同效益，要强化其在应对气候变化和生态环境保护、大气污染治理等多领域的协同治理。制定多目标多领域 NbS 协同治理的政策、措施和行动，将 NbS 纳入国家总体和各部门发展战略和规划，统筹布局，协同治理。

（二）构建自上而下的 NbS 管理机制

1. 推进跨部门业务合作交流

评估 NbS 在环境、社会、经济等多领域的协同效应，以国家应对气候变化及节能减排工作领导小组为中心，围绕应对气候变化，加强部门之间在 NbS 领域的协同工作。考虑开展 NbS 的试点工程，搭建工作交流合作平台，试行不同主管部门之间的合作，摸索形成各部门协同治理的体制机制。

2. 推动 NbS 成为应对气候变化领域的常规工作

从战略规划到政策落地，在以能源、工业作为减排重心的同时，兼顾推进 NbS 成为应对气候变化的主流手段。此外，在将 NbS 纳入"十四五"规划进行谋篇布局的同时，各相关部门也需要将 NbS 纳入部门的相关规划之中，促进 NbS 行动协同生效，并且有助于横纵向管理机制的构建。

3. 运用大数据技术推动各相关部门实现数据共享

打破信息壁垒和"数据烟囱"，构建一体化、整合式的大数据交换共享平台，推进 NbS 数据开放和基础数据资源跨部门共享，优化管理流程，提升协同治理能力。同时，健全制度规定，使 NbS 数据共享有章可循，并建立考核机制，将 NbS 数据共享工作成效纳入绩效考核体系，促进数据共享科学高效地开展，逐步化解数据壁垒问题。

（三）充分调动资金支持 NbS 行动

1. 推动国内外治理和融资考量的转变

促进和采用绿色供应链，避免为毁林和其他危害生态系统的活动提供资金，增加公共和私人资金对 NbS 的投资，促进绿色金融和创新激励措施。赋予自然要素科学合理的价格，重塑自然的价值，指导人类认识 NbS，并通过定价机制引导市场投资自然资本。

2. 建立多元化的资金投入机制

加大财政投入，发挥财政资金的引领作用，充分发挥市场的资源配置作用，鼓励社会资本和公众积极参与资金投入，引导更多社会资金流入 NbS 领域。开展采取自然保护和不作为的成本分析，以便为 NbS 筹措额外的公共和私人资金，增强人类社会和生态系统的韧性。围绕 NbS 目标将不同利益进行整合，提高政府、金融机构、企业和所有其他利益相关方对 NbS 的认识，从而在应对气候变化的资金投入中进行优先考虑，制定计划并采取切实行动。

3. 开展激励政策和机制研究

加强碳市场中 NbS 活动的激励机制和政策研究，考虑在碳市场中纳入 NbS 相关行动，完善制度安排设想，掌握碳市场相关政策和规划，推动碳市场建设工作有序进行。尝试采用强制履约的管控型碳市场或自愿碳市场的减排交易，解决 NbS 的资金问题。

（四）注重 NbS 行动的协同效益

1. 科学评估 NbS 行动的协同效益，加强对自然资本价值的认知

评估气候变化下 NbS 优先路径对生物多样性、生态文明建设、减灾防灾、扶贫减困的协同效应，量化 NbS 在生态保护、气候变化减缓和适应以及社会经济等方面的多重效益，评估 NbS 在恢复生态系统、增强生态系统韧性、提高人类适应气候风险等方面的能力，以及增加陆地碳汇、改善居民福祉、为野生动植物提供栖息地等众多效益。同时评估生物多样性保护、NbS 减灾防灾措施、生态文明建设、生态扶贫等措施和行动的气候贡献，通过量化评估，让决策者更好地了解自然资本的价值，也能鼓励投资者投资 NbS 项目。

2. 推动多领域 NbS 行动的协同治理，提高社会和生态系统的韧性

加强 NbS 在应对气候变化、支持可持续发展、保护生物多样性、减灾防灾、扶贫减困等问题上的协同治理。在 NbS 推进过程中，充分考虑应对气候变化、生物多样性保护以及其他生态社会经济问题所带来的协同效益，并应当优先投资促进此类协同作用的行动。

3. 推动国际环境公约的协同履约，共同推进 NbS 行动的发展

在国际层面，以 NbS 为纽带，推动《联合国气候变化框架公约》《生物多样性公约》《荒漠化防治公约》等国际环境公约的协同履约，制定和实施协同履约的具体措施和行动计划。在国家层面，构建各履约机构间正常的协调机制，明确牵头履约部门与其他相关部门之间的职责范围，并建立履约机构间数据信息的共享机制，推动形成各履约机构间信息交换和报告制度的建立。

（五）发挥中国在 NbS 进程中的引领作用

1. 充分利用案例推广，讲好 NbS 领域的中国故事

梳理和总结中国 NbS 案例，形成案例集，在"一带一路"国际合作高峰论坛、《生物多样性公约》COP15、《联合国气候变化框架公约》COP26 等多边平台宣传推广，以 NbS 为桥梁促进《生物多样性公约》COP15 和《联合国气候变化框架公约》

COP26 的对接和协同增效，输出我国 NbS 的成功智慧，引领国际 NbS 进程。同时结合我国国情，引入国际成功的 NbS 案例，为我国完善提升 NbS 行动提供支持。

2. 借助 NbS 推广生态文明理念，促进国际社会对我国的理解和支持

在推动 NbS 政策行动传播的过程中，注意与生态文明、两山理论、人类命运共同体等理念有机结合，用国际社会理解的语言讲好中国故事，获取国际社会的理解与支持。加强本土机构与 IUCN、TNC 等 NbS 领域主流国际机构和非政府组织（NGO）的合作，可考虑依托联合国环境规划署（UNEP）或其他国际机构建立支持 NbS 工作的专门机构，促进各项行动实施以及各方交流合作。

参 考 文 献

陈梦芸，林广思 . 2019. 基于自然的解决方案：利用自然应对可持续发展挑战的综合途径 . 中国园林，35（3）：81-85.

陈迎 . 2006. 英国促进企业减排的激励措施及其对中国的借鉴 . 气候变化研究进展，2（4）：197-201.

大自然保护协会 . 2020. 中国"基于自然的解决方案"研究项目启动 . https：//baijiahao. baidu. com/s? id=1664760551373394812&wfr=spider&for=pc［2021-2-9］.

高旺盛 . 2007. 论保护性耕作技术的基本原理与发展趋势 . 中国农业科学，40（12）：2702-2708.

国家发展和改革委员会 . 2016. 中国应对气候变化的政策与行动 2016 年度报告 . http：//www. ncsc. org. cn/yjcg/cbw/201611/W020180920484681815728. pdf［2021-2-9］.

姜霞，黄祖辉 . 2016. 经济新常态下中国林业碳汇潜力分析 . 中国农村经济，（11）：57-67.

康蓉，史贝贝，任保平 . 2020. 基于自然的解决方案的气候变化治理 . 环境经济研究，（3）：169-184.

李冬琴 . 2018. 环境政策工具组合、环境技术创新与绩效 . 科学学研究，36（12）：2270-2279.

林枫，徐悦，张雄林 . 2018. 环境政策工具对生态创新的影响：研究回顾及实践意义 . 科技进步与对策，35（14）：152-160.

清华大学气候变化研究院 . 2020. 何为"基于自然的解决方案" . https：//mp. weixin. qq. com/s?_biz= MzU5MzY5ODIwNQ==&mid=2247486027&idx=1&sn=844a87bf45b14f27bbb7eab2e523895f&chksm=fe0dc6b9c97a4fafe4fa15001a5f7d222deb204493dbb7da1130d5bbd9be1d1cab90876feb37&mpshare=1&srcid=1005svknL6aBuMo6aX4ihDsq&sharer_sharetime=160186［2021-2-9］.

生态环境部 . 2018. 中国应对气候变化的政策与行动 2018 年度报告 . http：//www. mee. gov. cn/ywgz/ydqhbh/qhbhlf/201811/P020181129539211385741. pdf［2021-2-9］.

生态环境部 . 2019. 中国应对气候变化的政策与行动 2019 年度报告 . http：//www. mee. gov. cn/ywdt/

hjnews/201911/W020191127531889208842. pdf［2021-2-9］.

吴乐，孔德帅，靳乐山. 2019. 中国生态保护补偿机制研究进展. 生态学报，39（1）：1-8.

杨超. 2016. 关于我国环境保护公众参与的思考和建议. 环境保护，（11）：61-63.

岳溪柳，於琍，黄玫，等. 2017. 人类活动影响下的北京地区气候承载力初步评估. 气候变化研究进展，13（6）：517-525.

张坤民，温宗国，彭立颖. 2007. 当代中国的环境政策：形成、特点与评价. 中国人口·资源与环境，17（2）：1-7.

张小全，谢茜，曾楠. 2020. 基于自然的气候变化解决方案. http://www. climatechange. cn/CN/abstract/abstract1206. shtml#AbstractTab［2021-2-9］.

"中国环保公益组织工作领域分析报告2016"研究团队. 2016. 中国环保公益组织工作领域观察报告. http：//cegc. npi. org. cn/Upload/thumpic/201805/2018050916572433. pdf［2021-2-9］.

Arneth A，Barbosa H，Benton T，et al. 2019. Climate Change and Land：an IPCC Special report on climate change，desertification，land degradation，sustainable land management，food security，and greenhouse gas fluxes in terrestrial ecosystems. https：//www. ipcc. ch/site/assets/uploads/2018/07/sr2_background_report_final. pdf［2021-2-9］.

Bergek A，Christian B，KITE Research Group. 2014. The impact of environmental policy instruments on innovation：a review of energy and automotive industry studies. Ecological Economics，106：112-123.

C40 Cities. 2018. A global opportunity for cities to lead. http：//www. c40. org/why_cities［2021-2-9］.

European Commission. 2015. Towards an EU research and innovation policy agenda for nature-based solutions & re-naturing cities. http：//bookshop. europa. eu/en/towards-an-eu-research-and-innovation-policy-agenda-for-nature-based-solutions-re-naturing-cities-pbKI0215162/［2021-2-9］.

Frantzeskaki N，Vandergert P，Connop S，et al. 2020. Examining the policy needs for implementing nature-based solutions in cities：findings from city-wide transdisciplinary experiences in Glasgow（UK），Genk（Belgium）and Poznań（Poland）. Land Use Policy，96：1-9.

Griscom B W，Adams J，Ellis P W，et al. 2017. Natural Climate Solutions. Proceedings of the National Academy of Sciences of the United States of America，114（44）：11645-11650.

Henstra D. 2016. The tools of climate adaptation policy：analysing instruments and instrument selection. Climate Policy，16（4）：496-521.

IUCN. 2009. No time to lose—make full use of nature-based solutions in the post-2012 climate change regime. https：//www. iucn. org/sites/dev/files/import/downloads/iucn_position_paper_unfccc_cop_15. pdf［2021-2-9］.

Masson-Delmotte V P，Zhai H O，Pörtner D，et al. 2018. Summary for policymakers. https：/www. ipcc.

ch/site/assets/uploads/sites/2/2019/05/SR15_SPM_version_report_LR. pdf［2021-2-9］.

Raymond Christopher M，Frantzeskaki N，Kabisch N，et al. 2017. A framework for assessing and implementing the co-benefits of Nature-Based Solutions in urban areas. Environmental Science and Policy，77（7）：15-24.

United Nations World Water Assessment Programme. 2018. The United Nations World Water Development Report 2018：Nature-Based Solutions for Water. https：//www. unwater. org/publications/world-water-development-report-2018/［2021-2-9］.

Vollebergh H. 2007. Impacts of environmental policy instruments on technological change. http：//www. oecd. org/officialdocuments/publicdisplaydocumentpdf/?doclanguage=en&cote=com/env/epoc/ctpa/cfa（2006）36/final［2021-2-9］.

Wild T，Dempsey N，Broadhead A. 2019. Volunteered information on Nature-Based Solutions—dredging for data on deculverting. Urban Forestry & Urban Greening，40：254-263.

World Bank. 2008. Biodiversity，climate change，and adaptation：nature-based solutions from the World Bank portfolio. http：//documents. worldbank. org/curated/en/149141468320661795/Biodiversity-climate-change-and-adaptation-nature-based-solutions-from-the-World-Bank-portfolio［2021-2-9］.

第八章　完善我国适应气候变化的治理体系[*]

碳达峰与碳中和目标的提出对我国实现绿色低碳转型、推动高质量发展具有重大的现实意义。适应在气候工作中与减缓同等重要，未来应对气候风险需要适应能力的不断提高，绝不能只重减缓不顾适应。当下我国需要尽快完善气候适应治理体系，在减缓和适应方面同时发力。在气候适应的目标与路线上，发达国家已开展诸多布局工作并取得积极进展。我国起步晚，亟须识别并弥补自身差距，以尽快实现减缓适应协同治理，提升应对气候风险能力，实现气候治理的系统性、整体性、协同性，保障碳中和目标的实现，打造全球气候治理新格局。

一、当前及未来全球气候适应治理的焦点分析

（一）全球气候适应治理的国际国内背景

全球温室气体排放路径前景不明朗，使得存在无法达成1.5℃甚至2℃温升目标的可能性（Tong et al.，2019）。尽管《巴黎协定》提出需将适应与减缓同等对待，但当前适应行动缺乏全球共识且适应能力远无法应对未来温升带来的负面影响（Chambwera et al.，2014）。

作为当前温室气体排放量最大的国家，中国在应对气候变化领域受到国际广泛关注。例如，中国中长期减缓目标的制定将直接影响未来全球减排路径的走向。但是单独做好减缓行动是远远不够的。当前世界面临百年未有之大变局，气候领域同样面临着深度不确定性。一方面，未来各国气候行动不确定导致全球排放路径未知；另一方面，全球排放路径与最终区域气候影响的关系仍存在较大不确定性（Watkiss，2015）。因此，在做好温室气体减排的同时，深化适应领域行动既是我国未雨绸缪应对气候不确定性的重大需求，又是提升国际话语权的重要手段，具有重

---

[*]　本章由谭显春、黄晨执笔。谭显春单位为中国科学院科技战略咨询研究院，黄晨单位为中国科学院大学。

大的战略现实意义。

随着第十四个五年规划和 2035 年远景目标的提出，我国正迈入新发展阶段，气候适应工作受到了更多关注。其中，推进气候适应治理体系和治理能力现代化是强化适应工作的重中之重，是完善中国特色社会主义制度的重要一环，也是推动高质量发展和加强生态文明建设的关键构成要素。现阶段，我国在适应领域面临着如何完善气候治理体系、提升气候治理能力的问题。识别当前不足并确定未来的重点方向与目标，是完善气候治理体系的关键环节和必要途径。因此，通过比较国际适应治理模式，梳理当下国内外适应特征，提出完善我国未来适应行动的方案，将有助于为加快我国气候适应进程提供决策参考。

欧盟国家气候行动与目标制定始终走在世界前列（曾静静和曲建升，2013），其中英国与德国是作为全球气候治理重要角色的典型国家。尽管经历了"退欧"风波，英国始终在减缓与适应领域目标制定与政策安排上表现积极并取得许多进展（UK Parliament，2008）。德国作为欧盟最具有领导力的国家之一，也已通过国家战略提前布局使自身适应领域走在世界前列（German Federal Cabinet，2008）。

为了不断提高我国的适应能力和完善适应治理体系，需要更好地分析英国、德国等先进国家在适应领域取得的进展，研判当前国际适应气候变化领域的焦点问题，比较和总结不同国家的适应气候战略演变与治理体系特点及对我国的启示，并通过解读全球适应焦点，汲取有益的国际经验，识别中国未来完善气候适应治理体系的重点并提出相应的政策建议，为我国争取新一轮国际气候博弈主动权、提升全球气候治理领导力提供参考。

（二）气候适应治理的国际焦点

当前全球适应进程远落后于减缓，根据气候政策倡议组织（CPI）的研究（Buchner et al.，2019），适应资金投入仅占总气候资金投入的 5% 左右。相比更多聚焦于减缓领域的国家政治意愿和力度，适应领域在全球信息通报、资金渠道、技术手段、国际援助等许多方面缺乏共识且仍需数年的议题探讨（刘硕等，2019）。加快适应进程的前提是有效识别适应治理未来的关键方向和侧重点。

当下，较为权威的适应初步盘点源于联合国环境规划署（UNEP）的全球适应差距报告（Global Adaptation Gap Report）。类似于全球排放差距报告（Global Emissions Gap Report），UNEP 先后于 2014 年、2016 年、2017 年和 2018 年发布了全球适应差距报告（Olhoff et al.，2014；Puig et al.，2016；Olhoff et al.，2017；Neufeldt et al.，

2018），每年覆盖适应领域的一个特别主题。其中，2014年报告是系列报告的奠基性成果，接下来数次的差距盘点报告均未超出2014年报告指出的三大差距（资金、技术与知识）。因此，简要解读2014年报告对厘清世界各国未来适应道路具有重要的参考价值。

1. 资金差距

UNEP指出当前与未来全球适应成本巨大且呈不断扩大之势，近期年度成本在700亿—1000亿美元之间（Olhoff et al.，2014），2050年可能达到2800亿—5000亿美元（Puig et al.，2016）。然而，现有可统计的全球公共适应气候资金仅为250亿美元左右，因此适应资金缺口巨大。此外，全球适应成本与资金需求规模分布极不均衡，最不发达国家面临的未来气候影响和损失最大，但其资金供给同样严重不足。

2. 技术差距

依据作用对象与方式的不同，可将适应技术分为传统型（如传统农业）、现代型（如化学药品）与高科技型（如信息通信），这三类技术都面临着创新、转移援助和技术扩散的巨大考验（Olhoff et al.，2014）。UNEP指出当前适应形势与理想状态相比面临着三大技术差距：技术研发差距、技术转移差距和技术吸收扩散差距（Olhoff et al.，2014）。由此可见，当前适应技术创新链条的各环节都存在不足，涵盖了上游科研创新、中下游技术转移和实际应用的全适应流程。

3. 知识差距

UNEP将适应领域知识差距划分为知识创造、知识整合和知识向治理决策转化三个方面（Olhoff et al.，2014）。在知识创造维度，未来气候变化的科学预估不确定性大，未来社会经济影响不明以及各类数据资料匮乏；在知识整合维度，科研领域内部各主体知识见解不一致，负责适应领域自然与社会科学知识信息整理加工与统合的气候智库建设不足；在治理决策维度，面临着国家顶层设计不足、政府职能机构能力建设不足、适应行动效果的评价和考核能力不足等问题。

通过对全球适应三大差距与不足的阐述，可以初步判断出相对于减缓领域在资金、技术及知识上取得的长足进步（Pachauri et al.，2014），适应领域还有许多工作需要补足。接下来，通过对英国、德国与中国适应战略演变与治理特征的比较分析，有助于从国家治理实践的视角来考察其各自适应知识、技术、资金等领域的进展。

二、气候适应治理的国际经验与启示

（一）英国气候适应战略与政策

1. 英国气候适应战略演变

英国于 2008 年通过《气候变化法案》（Climate Change Act）（UK Parliament,
2008），同年根据该法案成立了独立法定机构：气候变化委员会（CCC）。其目标是针
对排放目标向英国政府提供建议，并向议会汇报英国在减少温室气体排放和适应气候
变化影响方面取得的进展。次年，又在 CCC 之下成立了适应气候变化小组委员会（简
称适应委员会），其主要职能是为国家气候风险评估提供证据报告，定期评估国家适
应规划进展并为政府和议会提供独立且专业的对策建议。英国于 2009 年首次发布国
家气候模式，于 2012 年开展气候风险评估（法案规定每五年一次），旨在为 2013 年
颁布的首份国家适应规划（每五年一次）的制定提供坚实的科学基础，适应委员会于
2015 年向议会首次报告国家适应规划的行动进展（每两年一次）。此外《气候变化法
案》要求适应委员会为每次风险评估提供证据报告，识别需优先应对的风险并回答下
一次适应规划的优先领域和行动措施。在 2017 年和 2018 年，英国分别更新了风险评
估报告和国家适应规划，具体适应进程见图 8.1。

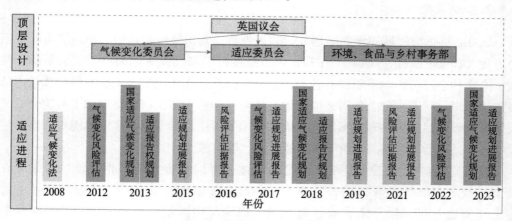

图 8.1　英国适应进程时间线

2. 英国气候适应治理特征

首先，英国十分重视适应制度的顶层设计。在最初阶段，英国议会便以制定气候变化法案的方式明确规定政府各部门权责，并设置第三方机构 CCC 和适应委员会，与制定国家适应规划的英国环境、食品与乡村事务部及其他部门相互配合，根据气候风险形势变动定期动态调整适应规划与行动。英国形成了定期的气候模式、风险评估、风险证据报告、国家适应规划及规划进展报告发布的适应形式，形成了动态的、考虑不确定性的适应进程体系。此外，英国《气候变化法案》以适应报告权（Adaptation Reporting Power）的形式（UK Parliament，2008），规定了各部门的定期报告适应行动的法律责任，使适应行动真正分解落实到实处。并且鉴于不同区域的适应异质性，英国选择将适应行动下放到苏格兰、威尔士、北爱尔兰各区域，当地可根据各自条件和需求制定自身规划并执行（UK Government，2017）。

其次，英国十分重视对受援国家和地区的适应气候变化的资金、技术和能力建设的援助。以实地项目为依托载体，强调对受援助方开展三方面的适应工作，即协助预防（anticipate）气候变化（更好地规划和预测），协助对长期影响做预先调整如当地生计多样化行动；改进基础设施功能（adapt）；协助受援国家增加抵御（absorb）能力如对灾害和极端气候事件的快速有效响应（UK Government，2019b）。2011—2015 年，英国使用国家公共预算通过其气候资金项目向国际提供了 38.7 亿英镑的气候资金援助，并承诺 2016—2020 年提供 58 亿英镑的资金援助以及 2021—2025 年在其基础上再次翻倍达到至少 116 亿英镑（Buchner et al.，2019）。在国内领域，英国推动以清洁经济增长和提升国家适应韧性为主题的绿色金融战略（UK Government，2019a），旨在实现保障经济发展的同时减缓和适应未来气候风险的目标。特别地，其适应具体行动所需资金目前主要来源于政府公共预算。在 2019 年，适应委员会发布报告指出英国商业部门当前尚未抓住未来适应气候变化的商业机遇（Climate Change Committee，2019），同时指出英国应向适应领域提前布局，如创新产业战略和完善金融产品，拉动更多私人资金投入适应气候变化的领域。

总的来讲，目前英国国内仍主要通过金融创新、商业模式创新和政府适应政策等手段来提高其自身适应能力。英国将气候金融发展视为未来核心战略（UK Government，2019a），而对布局未来气候适应技术体系的理念较弱。这可能与英国当前世界金融中心的角色息息相关，在世界绿色与可持续转型过程中，英国仍想以布局国际绿色金融体系的方式，提升其金融业未来竞争力，继续在全球环境与气候相关的新兴资本市场中扮演主导角色，提前占据全球气候金融中心地位。

（二）德国气候适应战略与政策

1. 德国气候适应战略演变

德国于 2005 年在《气候保护计划》（Climate Protection Programme）中首次提及气候适应问题，并提出制定适应气候变化的国家战略。2008 年 12 月，德国政府通过了《德国适应气候变化战略》（German Federal Cabinet，2008），该文件为德国适应气候变化行动搭建了总体框架。《德国适应气候变化战略》的长期目标是减少自然、社会和经济系统的脆弱性，保持和提高其适应气候影响的能力。《德国适应气候变化战略》所涉及的领域包含：水资源和水资源管理、沿海和海洋保护、渔业、土壤、农业、林业和林业管理、生物多样性、建筑、能源、交通、工业和人类健康。为使适应战略具体化，德国又分别于 2011 年和 2015 年发布了《适应行动计划》（German Federal Cabinet，2011）、《气候变化适应战略的进展报告》以评估战略进展并根据自身进展与气候形势变化更新发布了第 2 版《适应行动计划》（BMUB，2015）。此外，德国强调每 4 年左右定期评估一次气候适应进展并据此调整行动计划（BMUB，2017），具体气候适应领域进程见图 8.2。

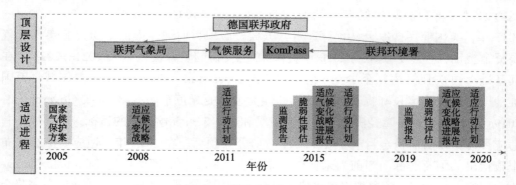

图 8.2　德国适应进程时间线

2. 德国气候适应治理特征

德国气候适应治理主要聚焦于更准确的气候预估和更完善的适应行动两部分。德国联邦气象局下设了德国气候服务中心（Climate Service Center Germany），联邦环境署也下设了德国气候影响与适应项目（BMUB，2017）。前者负责提供日益精细化的气候预估，后者负责制定并推进国家适应战略，并且通过整合专家知识为政府提供政策建议，开展环境研究项目，为公众提供气候与适应相关信息化产品以及建立全球合作网络等。此外，德国各州根据《德国适应气候变化战略》，分别制定了因地制宜的各自适应规划并建立了行动监测体系（BMUB，2017）。

美国退出《巴黎协定》后，德国在国际资金援助领域处于全球领先地位，其对于履行发达国家责任始终较为积极（German Federal Cabinet，2019）。2018年，德国官方捐助资金达66.1亿欧元，主要包括政府官方预算33.7亿欧元和资本市场资金32.4亿欧元。德国致力于实现2020年公共预算资金援助较2014年增加一倍的承诺，达到40亿欧元（BMUB，2017；German Federal Cabinet，2019）。在双边气候援助领域，资金流向在减缓（55%）和适应领域（45%）较为均衡（BMUB，2017；German Federal Cabinet，2019）。国内方面，与英国一样，德国适应资金相较于减缓资金同样占到了少数。目前学界和政策界对于德国国内适应资金的组成、来源以及规模尚缺乏研究，因此难以明确其现状，但Juergens等（2012）和Harnisch（2015）的研究指出德国的国内气候相关资金主要投向了减缓领域，并且减缓私人投资占主要部分。

德国致力于成为绿色环境技术领域的全球领导者（Germany Trade & Invest，2020）。借助其发达的工业体系和高新技术研发实力，德国在水、农业、森林管理以及气象监测和气候预估等适应各领域长期布局，试图构建完整的适应技术体系。此外，在《联合国气候变化框架公约》技术倡议框架下，德国广泛调研和识别了国内适应技术的研发者和提供者（公司、科研机构、学会等），试图结合发展中国家的技术需求，寻求德国技术援助供给与国际技术需求的匹配（BMWi，2014），进而实现德国气候适应技术市场的国外拓展与普及。鉴于此前德国始终致力于推进"工业4.0"计划，抢占全球工业行业标准制定的话语权（丁纯和李君扬，2014），其通过全球适应技术援助布局未来全球适应技术标准制定的雄心不容小觑。

（三）国际经验与启示：适应能力提升的三维框架

综合全球适应治理关注焦点，可表述为弥补三类差距：资金、技术和知识。透过进程回溯，可以观察到资金流动与分配、技术研发、转移与扩散以及知识创造、整合与治理决策转化是贯穿于英、德两国适应进程的，其各自适应目标也与弥补这三类适应差距密切相关、互为表里。

在未来全球排放路径不清和非人为影响气候研究不足的背景下（Tong et al.，2019；Cooke，2014），气候变化对社会经济系统的影响存在多重不确定性。尽管影响存在不确定性，但影响会发生是确知的，因此，当下及未来采取无悔的适应气候行动是必要的（Watkiss，2015）。根据以上总结分析，可以从国际适应三大差距的弥补进程切入,将其进行视角转换和引申,构建完善的适应气候治理体系,提升适应能力的理念框架,如图 8.3 所示。气候适应能力和韧性提升可以归结为三类子能力的提升:资金供给能力,技术创新能力与应用水平,知识创造、整合与知识向决策转化能力。

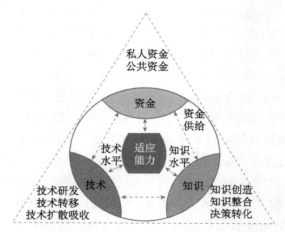

图 8.3　提升国家气候适应治理能力的三维框架

适应领域的宏观知识水平决定对气候变化本身的认知、应对手段的掌握、自身进程的评估和监管以及治理体系的完善的程度。从上述全球适应治理关注焦点分析可知各国气候适应领域目前在知识创造、整合和治理决策转化维度都有欠缺和不足。无论是气候适应领域的科学预估,监测、报告和核查体系建设以及对自然科学、社会科学知识创造的有效整合与政策启示凝练,还是适应的治理体制都存在着问题。因此,我国不仅需要在对标国际的基础上加强顶层设计,还需要通过加大基础研究投入,加快能力建设,加强适应智库建设等来完善自身适应治理体系。

适应技术是应对未来气候影响的主要保证,构建系统完善的适应技术体系是提升适应能力的重要方式之一。当前各国适应技术普遍未形成系统体系,根据不同气候影响采取的涉及差异化区域和领域的适应技术还较为散乱。此外,在国际技术援助和转移层面,援助国仍面临着手段单一、对受援方技术需求了解不足以及当地技术扩散方案不清等障碍。据此,我国未来的适应技术发展的重点应是:瞄准未来适应领域国际和国内潜在重大需求,开展分阶段、分类别、分区域、分领域的技术布局和研发,形成详细的技术战略路线图,制定各行业指导目录,完善气候不确定下的国际国内技术需求分析,明确国内外适应技术的供需主体。

适应资金是适应各类行动的动力来源和必要保障,无论技术研发、援助和推广扩散还是知识维度的科学研究、能力建设及政府政策行动等都创造出大量的资金需求。当前世界在适应资金领域面临着两个未得到妥善解决的问题，一方面是各国国内适应资金供给严重短缺，另一方面是气候适应投融资的国际合作模式与手段仍十分匮乏。因此，对我国来讲，未来需要明确适应资金的来源和对象，探索未来资金增长点。

综合以上国别比较分析与适应治理框架搭建，可以得出对于未来完善我国气候适应治理体系、提升气候适应治理能力的总体启示，如表 8.1 所示。

表 8.1 国际经验对我国气候适应治理的启示

治理维度	启示
创造适应知识	明晰适应各个领域和维度的知识欠缺；投入财力、智力资源加快知识创造速度
整合适应知识	建立和完善国家适应高端智库，有效整合适应不同专业领域的知识，持续提供有利于我国的对策建议
提升政府适应决策能力	健全法律、定期制定和更新规划、明确部门权责、将适应指标纳入政府考核体系
搭建技术体系	搭建覆盖广泛、分类精细的适应技术体系，识别体系不足，研判出未来技术的发展重点
技术创新与研发	提前布局面向未来战略和广泛前景的多区域、宽领域适应技术研发与创新
健全完善技术转移机制与提升技术话语权	通过"一带一路"、南南合作将自身适应技术向目标国家转移，促进技术扩散和吸收；加强国际适应科技合作，提高适应技术的全球领导力
完善资金渠道	详细划分适应资金的来源、分析各自规模并评估未来潜力，使弥补自身适应气候资金空缺有明确的拓展方向
做好成本评估	根据不同排放情景有效评估未来气候变化对我国各领域的社会经济影响，算出成本和代价，为国家资金投入提供标尺和依据

三、我国气候适应治理的现状、不足与机遇

（一）我国气候适应治理现状

1. 我国气候适应战略演变

2007 年，我国在《中国应对气候变化国家方案》中提出了要提升适应能力，在农业、林业、水资源、海平面等领域作出了适应战略安排。在 2008 年及随后多

次的《中国应对气候变化的政策与行动》年度报告中，单独阐述了适应领域进展。2008 年之后，我国科技、林业等管理部门先后发布了关于应对气候变化的部门与行业规划（中华人民共和国科学技术部，2017，国家林业局，2009）。2013 年《国家适应气候变化战略》的发布明确了我国适应重点领域、重点工作和具体保障措施。依据总体战略要求，国家发展和改革委员会与住房和城乡建设部于 2016 年发布《城市适应气候变化行动方案》，以城市试点示范的方式探索提升城市适应能力的中国方案。

我国于 2013 年对未来国家适应气候变化工作开展了初步顶层设计。在《国家适应气候变化战略》中，指出气候变化持续影响到我国许多地区的生存环境和发展条件，并在长远的未来将对我国宽领域、多区域产生众多负面影响，并且强调我国适应气候变化工作存在许多薄弱环节，如适应工作保障体系还未形成、适应基础设施建设薄弱、敏感脆弱领域适应能力不足、生态系统保护措施不到位等。根据以上不足，该战略提出针对基础设施、农业、水资源、海岸带和相关海域、森林和其他生态系统、人体健康以及旅游业七项重点适应领域的工作安排，旨在提升我国未来整体适应能力。此外，还拟在区域层面对我国适应工作进行分类推进，总体分为三大区域即城市化地区（东部、中部、西部）、农业发展地区（东北平原、黄淮海平原、长江流域、汾渭平原、河套地区、甘肃新疆区、华南区）以及生态安全区（东北森林带、北方防沙带、黄土高原－川滇生态屏障、南方丘陵、青藏高原生态屏障）。针对以上重点领域和区域，我国提出了相应的战略保障措施来为气候适应工作提供支撑，如体制机制、资金、技术和国际合作方面，这为未来气候适应治理能力的进一步提升提供了基本遵循。

作为《国家适应气候变化战略》的贯彻与拓展性政策文件，国家发展和改革委员会与住房和城乡建设部于 2016 年联合印发的《城市适应气候变化行动方案》，提出了面向 2020 年和 2030 年的我国城市适应气候变化工作愿景。该方案强调要在城市规划、基础设施设计与建设、建筑适应能力、生态绿化、水安全、风险管理系统、科技支撑这七个方面开展行动，建设 30 个适应气候变化试点城市，使典型城市适应气候变化治理水平显著提高，以及绿色建筑推广比例达到 50%。到 2030 年，使适应气候变化科学知识广泛普及，城市应对内涝、干旱缺水、高温热浪、强风、冰冻灾害等问题的能力明显增强，城市适应气候变化能力全面提升，推进海绵城市建设和绿色建筑推广比例达到 50%；并且通过开展气候适应型城市试点示范发挥前瞻带头作用，引领全国各区域和城市气候适应工作。

2. 我国气候适应治理特征

回顾适应领域的战略演变，可以发现我国是以国务院及其组成部门、各省市为主体，以制定国家、行业与区域层面适应领域的战略与政策规划为主要治理途径，以原则、目标与重点手段为主要规定，来引导和推动国家适应进程的。尽管我国在气象、农业、水资源、林业、海岸带管理等方面已取得了一些进展，然而我国当前气候适应治理进程仍面临着如战略规划权责分配不清、定期目标不明确且难以量化、具体政策安排模糊、预期保障机制落实不到位等一系列重要问题（陈馨等，2016）。我国适应总体战略尽管先行出台良久，但具体细部工作安排和详细机制支撑的政策文件还未及时跟进，导致缺乏明确的权责划分与考核原则，使得适应工作的开展一定程度上未及预期。并且，由于此前国家应对气候变化工作职能转隶，新的气候治理形势已经逐渐形成，对国家长期宏观适应战略的及时调整和相应适应细则的进一步完善是当前的紧要工作。

在国际援助领域，2011—2018年，我国通过南南合作框架向其他发展中国家提供气候援助资金约1亿美元，通过开展节能低碳项目、组织能力建设等帮助其他国家应对气候变化（解振华，2018）。此外，我国已于2015年承诺设立200亿人民币南南气候合作资金支持其他发展中国家开展气候行动。但目前我国并未明确区分减缓和适应援助，导致适应资金的流向与规模仍模糊不清（刘硕等，2018）。并且，我国国家财政支出仍缺乏对适应领域专项资金的考虑，适应相关的财政投入长期分散于如科学技术、卫生健康、农林水、节能环保等支出门类之下（中华人民共和国财政部，2020）。基于公共资金缺乏、市场激励不足、多重风险并存等原因（许寅硕和刘倩等，2018），我国私人适应资金投入也处于严重不足的状态，有效且活跃的适应产品与服务投资市场尚未建立。

作为发展中国家，我国通过相关领域的自身技术优势，以物资捐赠、能力与技术培训等方式向其他发展中国家提供适应技术援助，但主要以政府官方的行为为主，我国在气候技术援助与转移领域面临着资金不足、多头管理、信息不对称和私人企业走出去意愿不强等特点。国内层面，目前我国在适应气候变化诸多重点领域如农业、林业、草地畜牧业、海洋、水资源、城市发展、基础设施等取得了许多工程技术进展，根据《国家适应气候变化科技发展战略研究》（中国21世纪议程管理中心，2017），我国适应科技发展呈现出如下趋势：第一，从自然系统适应为主扩展到包括社会经济领域的全面适应；第二，从适应已有影响为主扩展到适应未来气候变化；第三，从单项适应技术研发到分领域、产业、区域三维适应技术体系构建；第四，从研究国内紧迫问题扩展到国际合作解决全球性重大适应问题；第五，从单纯硬技术研究扩展到全方位气候变化"适应善治"研究。然而，尽管我国适应技术发展取得了一定进步，但适应技术的发展整体仍远落后于气候减缓技术，我国适应技术体系还不够健全和完备，技术分类缺乏精细化、尚未制定专门的适应技术中长期技术路线规划等问题（刘燕华等，2013），仍然是制约我国推动适应进程并产生深远国际影响的重要因素。

（二）国际比较下的我国气候适应治理不足

通过上述比较分析可知，中、英、德三国都在有计划地推动各自适应气候变化的进程，对适应知识、资金、技术有着各自的优势和劣势，但根据这三个国家的适应行动现状，中国相较于英国与德国仍存在以下差距。

（1）适应顶层设计与治理能力欠缺。首先，现有适应相关的战略与决策主要是原则性要求，具有部门和行业约束力的细则政策较少。其次，适应相关立法进程滞后，对国家适应战略规划和各主体行动的法律规定和保障不足。最后，缺乏对适应领域的专业国家智库建设，对适应领域的知识整合以及提供决策参考的能力不足。

（2）适应战略与决策的事前、事中与事后评估不足。英国通过定期发布气候模式与气候风险报告，为其适应战略规划提供坚实的科学基础，并通过适应委员会定期评估规划进展，不断调整规划行动。德国也通过设立专门机构根据外部环境变化定期调整规划、核查进展并向公众报告更新。相比于英德两国，我国适应战略的政策过程评估能力亟须提高，机制有待完善。

（3）多利益主体参与程度不高。英德两国战略规划中明确提出确保多主体参与的政策与机制以及如何通过各方利益诉求得出新颖政策启示并调整政策行动（BMUB，2017）。受制于政策细化不足以及对政策实施主体与政策目标对象不明确，多方共同参与推动我国适应进程的愿景还有待实现。

（4）适应技术体系发展不完善。当前我国适应技术分类不清晰，体系不完善（刘燕华等，2013），在基础设施、农业、林业、水资源、海岸带、生态保护、人体健康等领域适应技术发展不均衡，各领域子类技术分类不清晰。此外对国内未来适应技术研发与供给主体缺乏广泛调研，对未来技术趋势缺乏科学判断，尚未明确未来近、中、远期分行业、分区域的适应技术发展路线。

（5）适应资金渠道不清，未来供给规模可能不足。中、英、德都面临着国内适应资金的渠道、规模不明确以及未来拓展方向不清的问题。我国接受的适应国际援助和国内财政支持都面临严重不足，公共适应支出分散且数额不明，社会和私人资金鲜有摄入。

（6）自身的适应全球定位与布局缺失。与英德的全球化目标布局相比，近年来我国适应的侧重点仍聚焦于国内，自身尚缺乏明确的全球适应目标定位，未有效利用"一带一路"和南南合作框架开展国际适应布局，尚未意识到布局未来全球适应资金与技术体系、提升话语权的必要性。

（三）我国气候适应治理新机遇

尽管当前我国气候适应治理面临诸多层面的不足，亟须补齐相应短板，但在不足的背后，我国气候适应工作同时面临着两个重大机遇。

首先，我国有机会在完善适应治理体系过程中推动气候协同治理工作。相关研究表明气候适应和减缓工作在管理体制、工程技术项目、金融工具等多个维度都存在潜在的气候和经济协同性（Grafakos et al., 2019; McEvoy et al., 2006; Watkiss et al., 2015）。二者的协同关联关系使得在统筹考虑气候减缓工作和气候适应工作时将可能会产生"1+1>2"的政策效果，即形成气候适应行动强化气候减缓效果、气候减缓行动提升气候适应能力的局面。因此，在我国提出的"二氧化碳排放力争于2030年前达到峰值，努力争取2060年前实现碳中和"的目标导向下，如果在科学机理研究、决策部门行动、减缓和适应工程项目开发、气候投融资机制保障等方面统筹考虑气候减缓和适应工作，则可能使我国未来形成"气候适应助益碳中和目标实现、气候减缓强化国家应对气候风险整体能力"的双赢治理格局。

其次，强化气候适应治理是填补后疫情时代全球气候领导力赤字的关键一环。在后疫情时代，国际治理格局和领导力正面临着长期的重新洗牌。在这场国家治理能力大考中我国取得了优异成绩，也向世界展现了国际重大事务中我国的领导力提升的潜力。对于与新冠肺炎疫情风险同样具有重大潜在危害的气候变化风险，我国可以借鉴自身疫情风险防控的模式与经验，提升气候风险防控能力并探索构建气候适应的"中国模式"，可以通过"一带一路"倡议、中非合作论坛等国际合作平台开展广泛的气候适应治理合作，实现互利共赢的全球气候适应合作新局面。在全球温升加剧、气候风险提升的背景下，这将有助于我国赢得气候治理乃至全球事务治理的领导力和话语权。

四、完善我国气候适应治理体系的对策建议

随着实现深度减排的难度和成本不断增大，作为全球气候治理的关键参与者，中国面临国内气候风险加大与气候治理国际责任加重的双重考验。通过梳理国际适应热点与经验并引出完善适应治理体系的资金、技术、知识的三维概念框架，可得出如下四点研究结论：首先，气候适应进程在全球层面落后于减缓进程，这预示未来气候风险加剧可能会弱化世界各国防范气候风险的能力。其次，发达国家如英、德两国在气候适应治理已提前布局，在制度顶层设计、管理体制、科学技术研发、资金机制等方面进行前沿探索并取得成效。再次，中国的适应行动有所迟缓，为争取全球气候领导力和提升国内气候风险的应对能力，亟须完善自身适应治理体系。最后，资金供给能力，技术创新能力与应用水平，知识创造、整合与治理决策转化能力这三类子能力的提高，将有助于总体提升我国的气候适应能力，也是我国完善气候适应治理的新机遇。据此，我国要在践行人类命运共同体价值观、二氧化碳排放力争于 2030 年前达峰、2060 年努力争取实现碳中和的目标下完善气候适应治理体系，并布局以下五方面的气候适应工作。

一是强化国家安全观下的气候适应顶层设计。从防范化解重大气候风险、维护国家总体安全的战略高度来部署未来适应气候变化的战略；推进适应气候变化法律体系建设；制定适应总体战略，明确适应工作重点领域，布局适应重大工程建设，构建系统完整的适应政策体系框架，提前谋划面向 2030 年和 2060 年的适应工作。加快解决重大气候科学问题，做好全领域气候风险近期、中期、远期评估，降低不确定性。进一步细化适应政策领域和责任部门，明确适应定期考核指标。建设第三方国家适应智库，为战略制定提供专业科学理论，定期评估国家适应进展，向决策部门和社会提供专业咨询报告。强化适应气候变化的公众主体参与，加快适应气候变化多渠道科学普及和知识平台建立，为科学团体、企业、非政府组织（NGO）和普通公众提供专业的气候科学信息。

二是构建气候适应技术的创新和援助体系。厘清和构建分区域、分领域、分行业的适应技术体系，增强适应技术研发及其领域可用性、区域适用性。识别国际前沿和国内现实需求，制定中长期国家适应技术发展路线图，实现适应技术产业发展精准布局。探索人工智能、5G、空天一体化、新型材料等我国高新技术产业对气候适应治理的促进作用。调研和识别国内适应气候变化技术的供需侧，寻求全球匹配。强化南南

合作框架下适应技术走出去战略，为受援国家技术发展提供战略咨询和高新技术转移服务，做好适应技术援助最佳案例总结与宣传。提出"一带一路"国家间适应科技合作倡议，加快国家间共性技术研发合作，完善适应气候变化信息全球共享平台建设，加大适应科技成果共享力度。

三是完善气候适应的市场经济与金融环境。明确和理清公共适应资金支出规模，设立适应专项资金，加大财政支出力度，探索建立适应资金统计核查与信息披露机制，开展适应金融工具创新，综合运用气候保险、巨灾债券等工具撬动金融杠杆，吸引和拓宽社会资金投入。积极参与 G20、央行与金融监管机构绿色金融合作网络等多边合作机制，提前布局北京、上海未来全球绿色金融中心的地位，发挥区块链技术在气候融资的支撑作用，开展全球气候适应性基础设施投资，借助于南南合作、"一带一路"进行气候适应援助，建立资金核查机制以明确资金去向。

四是提升国际视野下的气候适应软实力。成立专职气候适应战略研究智库，定期评估国家和全球适应战略进展并提供决策信息。建立适应专业能力建设培训体系，建设国家典型适应示范基地，吸引全球适应人才参与交流培训。在"一带一路"和南南合作框架下定期开展适应气候变化的国际交流活动，在中国定期召开适应领域高级别国际论坛，持续提高我国气候适应软实力。

五是加强气候治理的系统、整体与协同性。在国家应对气候变化及节能减排工作领导小组的统筹下，整合发展和改革委员会、能源局、科学技术部、生态环境部、住房和城乡建设部、水利部等多部门力量，在基础科研、重大项目、金融工具、管理体制等多方面深入探索减缓与适应行动的协同机理，深化科研投入、工程审批、财税体制、治理体系等多领域的改革，破除协同障碍，实现适应行动助力节能减排、减缓行动提升适应能力的双向协同发展新格局，确保 2030 年碳达峰、2060 年碳中和目标的实现。

参 考 文 献

陈馨，曾维华，何霄嘉，等. 2016. 国际适应气候变化政策保障体系建设. 气候变化研究进展，12：467-475.

丁纯，李君扬. 2014. 德国"工业 4.0"：内容、动因与前景及其启示. 德国研究，29（4）：49-66.

国家林业局. 2009. 应对气候变化林业行动计划. 北京.

刘硕，李玉娥，秦晓波，等. 2019.《巴黎协定》实施细则适应议题焦点解析及后续中国应对措施. 气候变化研究进展，15（4）：436-444.

刘硕，张宇丞，李玉娥，等. 2018. 中国气候变化南南合作对《巴黎协定》后适应谈判的影响. 气候变化研究进展，14（2）：210-217.

刘燕华，钱凤魁，王文涛，等．2013．应对气候变化的适应技术框架研究．中国人口·资源与环境，23（5）：1-6.

解振华．2018．中国累计安排 7 亿元帮助其他发展中国家应对气候变化．https：//www. chinanews. com/cj/2018/12-13/8700222. shtml［2020-5-5］.

许寅硕，刘倩．2018．全球气候适应资金的现状与展望．中央财经大学学报，（8）：25-36.

曾静静，曲建升．2013．欧盟气候变化适应政策行动及其启示．世界地理研究，22（4）：117-126.

中国 21 世纪议程管理中心．2017．国家适应气候变化科技发展战略研究．北京：科学出版社．

中华人民共和国财政部．2020．2019 年财政收支情况．北京．

中华人民共和国科学技术部．2017．科技部 环境保护部 气象局关于印发《"十三五"应对气候变化科技创新专项规划》的通知．北京．

BMUB. 2015. Adaptation to climate change：initial progress report by the Federal government on Germany's adaptation strategy. Berlin.

BMUB. 2017. Germany's seventh national communication on climate change. Berlin.

BMWi. 2014. Technologies and services for climate mitigation and adaptation from Germany. Berlin.

Buchner B，Clark A，Falconer A，et al. 2019. Global landscape of climate finance 2019. London.

Chambwera M，Heal G，Dubeux C，et al. 2014. Economics of adaptation. New York.

Climate Change Committee. 2019. Progress in preparing for climate change 2019 report to Parliament. London.

Cooke R M. 2014. Messaging climate change uncertainty. Nature Climate Change，5：8-10.

German Federal Cabinet. 2008. German strategy for adaptation to climate change. Berlin.

German Federal Cabinet. 2011. Adaptation Action Plan of the German Strategy for Adaptation to Climate Change. Berlin.

German Federal Cabinet. 2019. Germany's Fourth Biennial Report on Climate Change under the United Nations Framework Convention on Climate Change 2020. Berlin.

Germany Trade & Invest. 2020. Environmental technologies. Berlin.

Grafakos S，Trigg K，Landauer M，et al. 2019. Analytical framework to evaluate the level of integration of climate adaptation and mitigation in cities. Climatic Change，154（1-2）：87-106.

Harnisch J. 2015. Trends in climate change adaptation finance（The KfW Perspective）. Berlin.

Juergens I，Amecke H，Boyd R，et al. 2012. The landscape of climate finance in Germany. Berlin.

McEvoy D，Lindley S，Handley J. 2006. Adaptation and mitigation in urban areas：synergies and conflicts. Proceedings of the Institution of Civil Engineers：Municipal Engineer，159（4）：185-191.

Neufeldt H，Martinez G S，Olhoff A，et al. 2018. The Adaptation Gap Report 2018. Nairobi.

Olhoff A，Alverson K，Puig D，et al. 2014. The Adaptation Gap Report 2014. Nairobi.

Olhoff A，Neufeldt H，Naswa P，et al. 2017. The Adaptation Gap Report 2017. Nairobi.

Pachauri R K，Meyer L A，Barros V R，et al. 2014. Climate Change 2014：Synthesis Report. Contribution of Working Groups Ⅰ，Ⅱ and Ⅲ to the Fifth Assessment Report of the Intergovernmental Panel on Climate Change. Geneva.

Puig D，Olhoff A，Bee S，et al. 2016. The Adaptation Finance Gap Report. Nairobi.

Tong D，Zhang Q，Zheng Y，et al. 2019. Committed emissions from existing energy infrastructure jeopardize 1.5℃ climate target. Nature，572：373-377.

UK Government. 2017. 7th National Communication. London.

UK Government. 2019a. Green Finance Strategy. London.

UK Government. 2019b. UK's Fourth Biennial Report. London.

UK Parliament. 2008. Climate Change Act 2008. London.

Watkiss P，Benzie M，Klein R J. 2015. The complementarity and comparability of climate change adaptation and mitigation. Wiley Interdisciplinary Reviews：Climate Change，6（6）：541-557.

Watkiss P. 2015. A review of the economics of adaptation and climate-resilient development. London.

第九章　加快建设气候投融资体系*

2020 年 9 月 22 日，中国在第七十五届联合国大会上向全球承诺力争于 2030 年前实现 CO_2 排放达到峰值，2060 年前实现碳中和，与此前我国提出的 2030 年左右实现 CO_2 排放达到峰值相比，新目标要求更高。[①]10 月 20 日，生态环境部等五部门印发了《关于促进应对气候变化投融资的指导意见》，明确提出要更好地发挥投融资对应对气候变化的支撑作用。气候投融资既能引导资金投向绿色低碳产业和项目，推动经济社会低碳转型，又能防范和化解气候风险，是保障实现气候变化新目标资金需求的最有效途径。

一、气候投融资对实现应对气候变化目标的重要性

气候投融资是应对气候变化的核心问题之一，并随着国际气候治理进程和国内绿色金融的发展而不断推进，旨在引导和促进更多资金投向应对气候变化领域，从而发挥填补资金缺口的关键性作用。气候投融资既是应对气候变化的内在要求，也是绿色复苏的重要推动力，更是维护金融稳定的重要举措，对于实现应对气候变化目标具有重要意义（丁辉，2020）。

（一）气候投融资概述

气候投融资的概念最初起源于国际气候治理资金机制，其确切定义和治理机制在国际社会仍然处于讨论、探索和演变之中，在中国的投融资实践中也仍然是一个较新的概念。

---

* 本章由谭显春、曾桉执笔，作者单位为中国科学院科技战略咨询研究院。

① 习近平在第七十五届联合国大会一般性辩论上的讲话（全文）. http://www.xinhuanet.com/politics/leaders/2020-09/22/c_1126527652.htm［2020-9-28］.

1. 气候投融资背景

气候变化是当今人类可持续发展面临的最严峻挑战，对经济社会发展造成的影响具有全局性、综合性和长期性的特点。应对气候变化已经成为国际社会共识，各国纷纷在低碳政策制定、低碳技术创新、低碳市场建设等领域开展广泛探索。增长方式、能源结构和消费模式的低碳转型将引发新的技术和产业革命，也将带来新的经济增长点、新的市场和新的就业机会，低碳发展已经成为新一轮国际经济、技术和贸易的竞争高地。以《巴黎协定》为标志，全球低碳转型进入加速发展阶段。

气候投融资在支持全球低碳经济发展方面将发挥关键作用。在《巴黎协定》的框架下，世界各国一方面要积极推进未来经济社会向低碳转型以减缓气候变化，另一方面也要加强适应气候变化的能力以应对未来的气候风险。减缓气候变化涉及经济结构调整、能源转型、低碳技术创新、工业以及交通等生产生活方式调整等各个领域，而适应气候变化涉及农业发展、水资源开发利用、基础设施建设以及人类健康等多个领域。实现上述减缓和适应气候变化的方方面面都需要以当前及未来大规模的投资为基础，包括基础设施投资、能力建设投资以及研发投资等。为保障各国应对气候变化目标的实现，《巴黎协定》确定的综合性目标中明确要求，要提供与增强气候耐受力和低排放增长模式相适应的资金支持，使资金流向更加符合温室气体低排放和气候适应型发展的路径。尽管《巴黎协定》及其后续的马拉喀什、马德里气候大会均未能就全球气候合作的资金机制做出明确的安排，但国际金融体系却已经"自下而上"地对绿色和可持续发展的诉求做出了明确而积极的响应，成为推动全球绿色发展的重要抓手。在中国的倡议和推动下，2016 年 G20 会议首次将绿色金融和气候合作列为重点议题，并成立"绿色金融工作组"以研究建立绿色金融体系、推动全球经济绿色转型、加强绿色金融国际合作等问题。气候投融资由此成为当前全球应对气候变化领域的一个核心问题，对于当前及未来的政策制定者而言，完善相应的制度、政策、法规及机制以促进全社会的资金流向气候变化领域是实现应对气候变化目标的关键。

2. 气候投融资的国际内涵

国际上多采用"气候融资"这一概念，《联合国气候变化框架公约》（UNFCCC）及其他气候变化国际谈判进程和成果是建立国际气候融资和资金治理框架的重要基础和依据。1992 年通过的 UNFCCC 为发达和发展中国家之间的融资机制建立了重要的原则，即共同但有区别的责任。发达国家承诺为发展中国家提供"议定的增量成本"（UNFCCC 条文 4.3），以帮助发展中国家减缓和适应气候变化。根据国际气候谈判进程中的讨论和博弈，UNFCCC 对气候融资的定义是：帮助发展中国家减缓和适应气候变化影响的资金。这些资金必须是相对于官方发展援助而言"额外"的资金，并覆盖相对于常规情景下发展成本的、应对气候变化的"增量成本"。此外气候融资还应包括从依赖化石能源的经济发展轨迹过渡到低排放的气候适应型的经济发展轨迹做出的努力（例如能力建设活动及技术研发活动）所付出的成本。全球环境基金（GEF）有力地支持了 UNFCCC 的实施。

1997 年签订的《京都议定书》和随后的多次缔约国大会达成的一系列共识和决定成为建立气候融资基金机制的基础。其中，清洁发展机制（CDM）帮助发达国家降低了减排成本，并在某种程度上实现了发达国家向发展中国家的资金和技术转移。2009 年的《哥本哈根协议》提出，发达国家承诺 2010—2012 年提供 300 亿美元的"快速启动资金"，并在 2020 年实现每年 1000 亿美元的资金支持目标。2010 年的坎昆会议不仅确定了这些内容，还决定建立"绿色气候基金"（GCF）作为 UNFCCC 核心资金机制之一，从而管理这些资金的应用。

政府预算是国际气候融资中公共资金的主要来源。这些公共资金一部分通过国际双边和多边机制流向发展中国家，一部分用于实现自身减排承诺。由于发展阶段的不同，发展中国家对国际资金依赖的程度产生差异，以中国为代表的主要新兴经济体在接受一定量国际资金援助的同时，更多地通过筹措国内资金资源，推动经济和产业的转型与发展；同时，这些主要新兴经济体也与其他发展中国家开展战略性的国际合作——"南南合作"，将资源、市场和贸易的需求与应对气候变化有机结合，开发应对气候变化相关的技术、产品、服务和市场。最不发达国家（LDCs）和小岛屿发展中国家（SIDS）作为在气候变化中受影响较大但适应能力最欠缺的国家，是国际气候相关基金和资金的主要去向之一。

除了公共资金，UNFCCC 之外的私营资本通过与公共资本相似的中介——各种多边双边机构和发展银行，或以直接投资的形式进入应对气候变化活动中，成为气候融资的主要力量。另外，以《京都议定书》为基础建立的碳市场也提供了不可忽视的资金来源，其中配额交易市场的配额拍卖收入或交易收入流向公共资金，碳抵消市场和远期初级市场的资金则通过购买核证减排量（CERs）为减排行为提供了直接激励。

基于气候资金来源和途径不断扩大的事实，"气候政策倡议组织"（CPI）给出了一个比 UNFCCC 更为广泛的定义：发达国家和发展中国家为减缓和适应项目所投入的成本被广义地称作气候融资（CPI，2011）。因此，气候融资包括：从发达国家流向发展中国家的，从发展中国家流向发展中国家的，从发达国家流向发达国家的，以及发达国家和发展中国家各自应用于自身国内减缓和适应的气候资金（公共、私营和公私合作的资金）。CPI 和"经济合作与发展组织"（OECD）都强调，这些资金必须专门用于碳减排或适应气候变化，即减缓或适应必须明确地出现在项目目标或成果当中（OECD，2011）。

3. 国内对气候投融资概念的理解

中国的气候投融资是在应对气候变化的背景下，随着绿色金融蓬勃发展而衍生出来并日益受到关注的新概念（柴麒敏等，2019）。此前，缺乏统一的定义，导致金融资源难以有效地配置到气候投融资项目中，也给风险管理、企业沟通和政策设计带来不便。2020 年 10 月 20 日，生态环境部、国家发展和改革委员会、中国人民银行、中国银行保险监督管理委员会、中国证券监督管理委员会联合发布《关于促进应对气候变化投融资的指导意见》，首次明确了气候投融资的概念和范围，即"为实现国家自主贡献目标和低碳发展目标，引导和促进更多资金投向应对气候变化领域的投资和融资活动，是绿色金融的重要组成部分。支持范围包括减缓和适应两个方面"（生态环境部等，2020）。

气候投融资与绿色金融存在非常密切的关系。首先，气候投融资是在绿色金融的基础上衍生出来的，绿色金融的概念和范围大于气候投融资的概念和范围，绿色金融包含气候投融资。2016 年，中国人民银行、财政部、发展和改革委员会等七部委共同印发了《关于构建绿色金融体系的指导意见》，明确了绿色金融的概念和范围，即"为支持环境改善、应对气候变化和资源节约高效利用的经济活动，即对环保、节能、清洁能源、绿色交通、绿色建筑等领域的项目投融资、项目运营、风险管理等所提供的金融服务"（中国人民银行等，2016）。由此可见，"绿色金融"聚焦与生态环境相关的领域（钱立华等，2019）。"气候投融资"则是在绿色金融的基础上进一步聚焦与应对气候变化相关的领域。这一定义明确地将气候投融资从绿色金融中剥离出来，聚焦在应对气候变化方面，既阐明了与绿色金融的密切关系，也凸显了其气候属性。同时，这一定义也有别于国际上对气候投融资的理解，即发达国家和发展中国家为减缓和适应项目所投入的成本，更符合我国气候投融资以气候目标为导向、兼顾投资和融资的实际情况。

其次，绿色金融在中国已经由权威机构发文，相关部委已经分工推进工作，比较有工作基础，气候投融资属于后来者，是绿色金融的重要组成部分，目前也已经由权威机构发文推进相关工作。现阶段气候投融资很多工作都是在绿色金融的框架下开展的，包括气候投融资政策体系、指南标准、工具产品等。

再次，绿色金融的框架已经成形，在中国的决策机构、职能部门、金融机构、企业、公众等各利益相关方中也达成了一定的共识。气候投融资在今后的发展中，可以继承和借鉴绿色金融的政策行动框架，并借助绿色金融在利益相关方尤其是金融机构中的影响力，争取将气候的概念嵌入金融机构的决策框架中，迅速起效。同时，在后续的绿色金融体制机制建设过程中，将气候投融资更好地与绿色金融结合，更加突出减缓和适应气候变化，完善气候投融资的政策标准体系、工具产品和实践应用，引导更多资金流向应对气候变化领域。

最后，气候投融资也有其特殊性，主要在气候资金方面。由于气候变化的全球性特征，发达国家承诺向发展中国家转移部分资金用于应对气候变化。绿色金融中除气候变化外的其他方面很少有这种大规模的国际资金转移机制。当然，随着中国经济的迅速发展，这方面的资金量有缩减的趋势。

（二）气候投融资与应对气候变化和绿色低碳发展的关系

1. 气候投融资是应对气候变化的内在要求

不断完善和发展应对气候变化的资金机制已成为国际共识。《巴黎协定》也明确提出了"使资金流动符合温室气体低排放和气候适应型发展的路径"的要求（联合国，2015）。长期以来，气候资金供需存在十分突出的矛盾，这在一定程度上制约了我国经济转型升级和国家应对气候变化目标任务的落实。尽管在过去的若干年中，我国在发展可再生能源等领域已经投入大量资金，但要实现"二氧化碳排放力争于2030年前达到峰值，努力争取2060年前实现碳中和"的新目标，还需要付出艰苦卓绝的努力，也需要更多的资金支持，气候投融资将是新时期应对气候变化工作的重要内容。[1]

2. 气候投融资是绿色复苏的重要推动力

2020年暴发的全球新冠肺炎疫情一定程度上延缓了全球气候治理进程，但疫情终将过去，而气候变化的风险和挑战依然长期存在，规划和实施好"疫后"经济复苏计划，直接关系到未来一段时期经济社会发展的可持续性。在统筹推进疫情防控和经济社会发展的过程中，气候投融资可以更加有效地发挥引导作用，更加强调积极应对气

---

[1] 习近平在第七十五届联合国大会一般性辩论上的讲话（全文）. http://www.xinhuanet.com/politics/leaders/2020-09/22/c_1126527652.htm［2020-9-28］.

候变化的目标约束，使更多社会资金投向绿色低碳产业和项目，强化绿色低碳转型的倒逼机制，从而避免为短期刺激经济而导致高污染、高排放项目的集中上马，推动形成减缓和适应气候变化的能源结构、产业结构、生产方式和生活方式，将复工复产和恢复经济社会秩序转化为推动绿色低碳发展的新机遇。

3. 气候投融资是维护金融稳定的重要举措

气候变化带来的风险是广泛且长期存在的，其对金融系统的影响受到各国央行和监管机构的高度关注。因气候变化可能造成的经济成本上升和财务损失，使企业和个人在不同的金融投资组合中遭受损失，进而导致贷款、股权、债权等金融产品估值下降，引发更多呆账、坏账，在金融加速器和抵押品约束机制下，市场信号可能会放大"绿天鹅"事件的严重程度，使其对单个金融机构的冲击演变为系统性风险。同时，"绿天鹅"事件对金融体系的冲击还存在"循环反馈"的特点，气候灾害损失将导致信贷收缩，受信贷和市场风险打击的银行和非银行金融机构可能在短期内无法为其自身再融资，从而可能产生流动性风险和信用风险。对保险和再保险行业而言，极端气候事件可能导致保险索赔支出高于预期，而过度风险可能影响涵盖绿色技术的新保险产品定价，从而产生连锁冲击并引发偿付风险。

妥善应对和防范化解气候变化导致的金融风险，要求政府、银行、机构和个人的投融资行为更多地融入气候因素，引导资金更多投向气候友好型企业和气候友好型项目，推动建立气候信息披露与评价体系，有序发展碳金融，推动形成"碳交易—企业—银行"的压力传导路径。

二、我国气候投融资体系的现状分析

近年来，中国在气候投融资领域开展了积极探索，为推动气候投融资机制建设奠定了重要基础（危平和舒浩，2018）。目前，我国气候投融资体系基本呈现"以实现国家自主贡献（NDCs）目标和低碳发展目标为导向、以政策标准体系为支撑、以模式创新和地方实践为路径"的工作格局。

（一）我国气候投融资的管理体制

我国现行的气候投融资管理体制如图 9.1 所示。

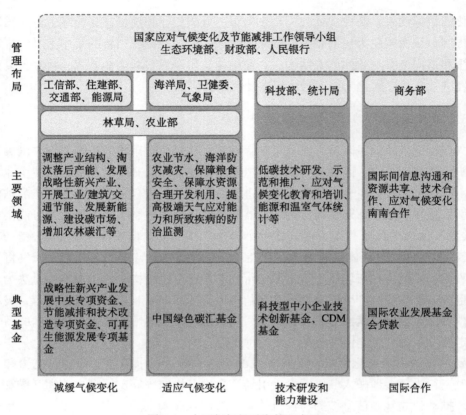

图 9.1　中国气候投融资管理布局

注：工信部——工业和信息化部，住建部——住房和城乡建设部，交通部——交通运输部，能源局——国家能源局，海洋局——国家海洋局（2018 年 3 月组建自然资源部，不再保留国家海洋局），卫健委——国家卫生健康委员会，气象局——中国气象局，科技部——科学技术部，统计局——国家统计局，林草局——国家林业和草原局，农业部——农业农村部

　　党中央、国务院高度重视应对气候变化工作，2007 年成立了国务院总理任组长的国家应对气候变化及节能减排领导小组，作为国家应对气候变化和节能减排工作的议事协调机构，统一管理国家应对气候变化的各项工作，由国家发展和改革委员会归口管理。2018 年应对气候变化的职责从国家发展和改革委员会转到新组建的生态环境部以后，国家应对气候变化及节能减排领导小组成员单位进行了调整，中国人民银行加入了国家应对气候变化及节能减排领导小组成员单位，对于推动气候投融资发展、拓宽市场化的应对气候变化资金渠道具有积极作用。生态环境部、财政部和金融市场监管机构受国家应对气候变化及节能减排领导小组的指导，具体负

责各项工作和财政预算的实施，其他相关部委相继成立专门机构和办公室，以加强应对气候变化的机构能力建设，并负责应对气候变化四个关键领域的具体工作及资金使用。

中国人民银行、中国银行保险监督管理委员会、财政部、国家发展和改革委员会等相关部门的推动为中国金融系统、金融政策应对气候变化，包括实现国家的目标和中长期的低碳发展战略目标形成政策合力和系统响应创造了非常好的基础条件。目前各个相关职能部门之间形成了良好的工作机制，为开展气候投融资提供了非常好的平台。通过生态环境部、金融监管部门、财政主管部门、投资主管部门的密切沟通和联系，相关经济政策、金融政策、投资政策、财政政策更好地为气候变化工作服务，更好地在政策的制定、出台、研究的过程中融入气候投融资的因素，积极推动相关政策的研究与出台，加强应对气候变化的政策与相关各个领域政策的协同发展，形成了比较好的氛围。比如，2020 年 1 月份国务院办公厅印发了《关于支持国家级新区深化改革创新加快推动高质量发展的指导意见》，明确提出要推动国家级新区开展气候投融资的实践工作，推动国家级新区环境质量高质量发展。相关的顶层设计为中国气候投融资政策形成合力，提供了很好的平台和机遇。

（二）我国气候投融资体系的主要内容

根据气候投融资的流程，我国的气候投融资机制主要包括资金来源、资金媒介、政策工具以及资金使用等四个方面，如图 9.2 所示。

1. 资金来源

资金来源即用于应对气候变化的资金从何而来。资金来源是投融资机制中最为关键的环节，包括来自国际和国内的资金，而每一类资金又可以分为公共财政资金、传统金融市场、碳金融市场、企业直接投资、慈善事业等。

2. 资金媒介

资金媒介即实现气候资金支付的各种中介机构，包括国际双边机构和多边机构，以及国内政策性银行、传统金融机构、基金以及新兴的碳金融机构。在某些情况下，这些中介能够使资金聚集起来从而体现出规模效应，或通过一部分已有资金撬动更大规模的联合融资。

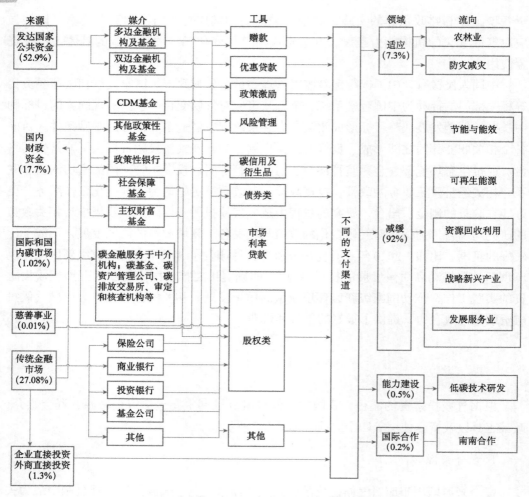

图 9.2　中国气候资金的来源、媒介及流向图

注：由于小数位数取舍问题，直接加总的结果存在不完全等于 100% 的情况

资料来源：《2016 中国气候融资报告》（中央财经大学绿色金融国际研究院，2016），项目组研究统计整理

3. 政策工具

政策工具即实现气候资金转移、分配所使用的公共财政工具或金融工具。气候资金的主要媒介机构使用多种不同的融资工具对气候领域进行投资。各种形式的赠款和税收优惠是公共资金推动应对气候变化最常用的工具，通过各个政府部门发起的项目或专项资金来实现支付。

　　财政贴息常见于对特定项目的支持，主要目的也是促进企业在节能降耗方面积极投资，放大财政资金的使用效果，从而起到一定的杠杆作用。相关贷款是目前最常用的气候投融资工具。其中，国际开发性金融机构在气候变化领域的优惠贷款具有利率低、偿还期较长的特性，对推动国内的低碳投资发挥了重要的作用。国内商业贷款在应对气候变化领域开始积极探索绿色信贷，为碳减排项目开发的绿色信贷产品已经取得了较大的进展。

　　气候债券不但同样可以成为气候变化投融资的重要来源，还可以作为低碳领域投资者规避政策风险的工具。债券特别适合为应对气候变化所建设的基础设施提供长期的资本支持，可在气候领域发挥重要作用。

　　股权融资工具主要是股权或股票，投资者可以在低碳企业发展的不同阶段介入，例如，创业投资基金在企业的创业阶段进行投资，风险投资基金或私募股权投资基金在企业的发展期投资。上述基金通过上市前股权转让获取差价或企业发行上市后股票套现实现投资退出。

　　保险工具是应对气候变化最重要的避险工具之一，同时也是金融部门首先介入气候领域的产品。农业保险、天气指数保险、清洁技术保险和巨灾保险是国际保险业围绕气候投融资开展的较为成熟的重要避险工具。

　　碳金融工具是碳金融市场的核心要素之一，包括配额和抵消产品的现货和期货、期权等衍生品。目前全球四个大洲都发展了具有标志性的碳交易所并很早就推出了碳期货、期权等金融衍生品。我国虽然已经发展出多家碳排放权交易所和期货交易所，但还未开发出适合我国市场的碳金融工具。

　　其他风险管理工具包括官方担保、保理、信用评级、衍生工具以及信用证等其他增信产品，均可成为气候投融资工具。此外，公共资金可以建立一系列金融工具，通过多种形式与私人资本进行共同投资，并通过一些损失分担的机制，吸引私人资本投向一些风险较高的低碳行业。

　　4. 资金使用

　　资金使用即气候资金分配到具体领域并在终端使用，以确保国家应对气候变化目标的实现，是气候投融资机制的最终落脚点，包括减缓、适应、能力建设及国际合作等领域。气候资金流向减缓领域的比重相对较大。从全球范围来看，约有 95% 的国际气候资金投入了减缓领域。

（三）我国气候资金的来源

我国的气候资金来自国内气候融资和国际气候融资。其中，国内气候融资是指完全在国内市场筹集的资金，包括我国公共财政、碳市场、公益慈善事业、传统金融市场以及企业直接投资等；国际气候融资是指中国从国际市场获得的或者资金来源与国际市场有关的资金，包括来自发达国家的公共资金、国际碳市场、慈善事业和非政府机构、传统国际金融市场以及外商直接投资的资金等。

气候资金的主要媒介机构使用多种不同的融资工具对气候领域进行投资，主要包括赠款、优惠贷款、政策激励、碳信用及衍生品、绿色债券、绿色基金、市场利率贷款和公司股权等。

1. 国内资金

1）国内公共财政资金

公共财政资金是气候投融资的先导力量，也是目前的主要资金来源。其中，中国CDM基金是财政支持应对气候变化和促进低碳发展机制创新的一个范例，也是发展中国家首次建立的国家层面专门应对气候变化的基金。政府为了促进新能源发展与应用而依法向电力用户征收的可再生能源电价附加，是另一部分直接可用于气候变化事业的收入。除此以外，我国公共财政中尚未有专门用于气候变化相关的资金收入，这增加了公共财政支持应对气候变化的资金压力，也导致了用于气候变化领域的财政资金的比例难以获得可持续增长。因此，未来需要探索与气候变化相关的新的公共财政收入来源。

通过财政资金支持应对气候变化的途径主要有：通过加大财政资金投入，建立落后产能淘汰机制，支持气候变化的监测、评估、研究工作；安排财政资金对某些行业进行技术改造；通过在财政预算中安排节能减排支出为经常性支出，用财政补贴、财政贴息、政府采购等财政支出手段支持节能减排项目；通过政府直接投资支持节能减排企业和项目发展、农业基础设施节水改造、水土保持综合治理、海洋气候监测等。气候投融资的主要分配工具有：常规财政预算资金投入、政府投资性项目、专项资金、财政补贴、财政贴息、财政支持担保以及财政转移支付等。

2）碳市场

碳定价机制（碳市场或碳税）作为一种基于市场的温室气体减排政策工具，是应对气候变化领域的一项重大制度创新，由于其在成本有效性、环境有效性及政治可行性等方面的优势，近年来被越来越多的国家和地区应用于各自的减排实践中。我国

7 个试点碳市场从 2013 年陆续启动运行以来，逐步发展壮大。初步统计，目前共有 2837 家重点排放单位、1082 家非履约机构和 11 169 个自然人参与试点碳市场，截至 2020 年 8 月末，7 个试点碳市场配额累计成交量为 4.06 亿吨，累计成交额约为 92.8 亿元（生态环境部，2020）。

2017 年 12 月，全国碳排放权交易市场宣布启动，电力行业成为首个纳入交易的重点行业。目前，我国正加快推进全国碳市场建设，未来随着制度的不断完善，全国碳交易体系覆盖的行业、企业及碳排放量将进一步增加；同时随着减排力度的加大，碳价格水平将进一步提高，中国碳市场市值将进一步放大，具有为我国未来低碳发展提供大规模资金的潜力。

3）传统金融市场

传统金融市场资金是最大的潜在气候资金来源。中国支持市场主体积极创新绿色金融产品、工具和业务模式，切实提升其绿色金融业务绩效（中国人民银行研究局，2019）。其中，绿色信贷和绿色债券是金融市场中最主要的资金来源。绿色信贷是起步最早、规模最大、发展最成熟的部分。根据中国银行保险监督管理委员会披露的数据，21 家主要银行绿色信贷余额已从 2013 年 6 月末的 4.85 万亿增长至 2019 年 6 月末的 10.6 万亿，年均复合增长率达 13.9%。同时，在各类绿色融资中，绿色信贷一直占据主导地位，占比超过 90%，有力地支持了我国绿色产业、绿色经济的发展。进一步聚焦到气候投融资领域，2013 年 6 月至 2017 年 6 月，气候投融资信贷工具余额占绿色信贷余额的比例持续增加，大约从 66% 增加至 70% 左右（方琦等，2020）。我国绿色债券市场发展迅猛，自 2016 年我国绿色债券市场正式启动后，发行规模迅速增长（气候债券倡议组织和中央国债登记结算有限责任公司，2017）。2019 年，中国发行人在境内外市场共发行了 3862 亿元人民币（558 亿美元）的贴标绿色债券，是全球最大的绿债发行来源。但是，中国和国际的绿色定义间仍然存在差异，可能会使外国投资者对欣欣向荣的中国市场有所顾虑（气候债券倡议组织，2020）。

2. 国外资金

1）公共资金

发达国家通过公共预算为发展中国家应对气候变化提供资金，是"共同但有区别的责任"的体现。这笔资金主要通过 UNFCCC 下的资金机制、多边渠道以及双边渠道流向包括中国在内的发展中国家。公共资金中，多边资金通过多边气候基金在 UNFCCC 和《京都议定书》框架下运行，分别由 GEF 和世界银行托管；区域性开发银行作为多边金融机构，也开展多边气候合作；发达国家和发展中国家通过双边合作渠道，设立了有特定目的的国家气候基金；未来，GCF 将汇集多种渠道的资金并逐渐成为 UNFCCC 下最主要的国际气候融资平台。总体看来，多边资金的执行和透明度要大大优于双边资金，而通过双边渠道筹集的资金总量则超过多边融资机构，是更重要的气候融资渠道。此外，发达国家也通过出口信贷（export credit）的形式来支持出口贸易，包括提供贷款、出口信用保险、出口信贷担保、投资保险等。

2）国际市场资金

作为《京都议定书》中引入的灵活履约机制之一，CDM 机制使得中国企业能够通过国际碳市场获得可观的资金从而改善项目的成本收益，这在很大程度上催化了国内温室气体减排项目的开发。2005 年后，受欧盟等市场需求推动，我国 CDM 项目发展迅速。截至 2017 年 4 月，联合国总计注册 CDM 项目 7765 个，我国有 3763 个，占比 48.5%；已签发 CDM 项目总计 2845 个，我国有 1464 个，占比 51.5%；我国累计签发核证减排量 CERs 超过 10 亿吨，占比 57.6%（UNFCCC，2017）。由于欧盟碳市场受实体经济下滑影响需求大幅减少，2013 年以后中国签发的 CDM 项目急剧减少，CERs 价格也急剧跌落，由 10 欧 / 吨以上跌至 0.1 欧 / 吨以下；加之欧盟 2013 年后不再接受中国、印度等新兴国家批准的 CDM 项目的减排量指标，导致中国通过 CDM 机制获得减排资金的渠道也逐渐收窄。

（四）我国气候资金的使用

中国应对气候变化有四条主线，即减缓、适应、能力建设和国际合作，每条主线下有相应的工作重点，这也成为指导气候资金使用的基础。

1. 减缓领域

我国减缓气候变化的资金重点投向以下七个方面：调整产业结构，优化能源结构，加强能源节约，增加森林及生态系统碳汇，控制工业领域过程排放，控制城乡建设领域排放，控制交通运输领域排放。

2. 适应领域

我国适应气候变化的资金覆盖了以下七个重点领域：城乡基础设施、水资源、农业与林业、海洋和海岸带、生态脆弱地区、人群健康和防灾减灾体系。通过提高重点领域适应气候变化的能力，减轻气候变化对经济社会发展和人民生活的不利影响。

3. 能力建设

我国能力建设的资金主要用于：支持气候变化基础研究，应对气候变化技术研发和推广人才队伍建设，以及提高全社会应对气候变化的意识和完善体制机制。

4. 国际合作

气候资金的使用不仅包括投向国内的减缓和适应领域，还包括气候资金的流出，即我国政府、金融机构和企业对其他发展中国家的支持和投资。应对气候变化的南南合作工作是我国对外合作的重要内容，国内政策性银行及商业性银行也对海外项目进行了投资，由中国倡议设立的多边金融机构——亚洲基础设施投资银行等金融机构也是我国对外绿色投资的重要渠道。

5. 资金分配

由于减缓气候变化涉及多个领域和技术，且还没有形成较为统一的分类方式，且大多数领域财政资金和社会资本投入的具体数据不可得，目前国内还没有对气候资金流向做过较为全面的统计（王遥等，2012）。根据本报告研究统计，中国气候资金主要投向减缓领域，占比92%，其中80%以上的资金流向可再生能源和节能减排等投资收益较为明显的领域，资金的主要来源为优惠贷款、债券、股权投资等。适应领域获得的资金量较小，仅占7%左右，主要投向农林业和防灾减灾建设，资金的主要来源为优惠贷款和债券。能力建设和国际合作领域的投入也已经开始，尤其是南南合作近几年有明显上升趋势（中国科学院科技战略咨询研究院气候投融资课题组，2020）。

三、新气候变化目标下我国气候投融资面临的问题

构建气候投融资体系的最终目的是保障未来我国气候投融资需求，实现中长期应对气候变化的目标。然而，目前我国气候资金还存在突出的供需矛盾，气候投融资制度和政策体系面临若干亟待解决的关键问题。

（一）气候资金面临的供需矛盾

基于对我国每年气候资金来源现状与2030年需求的分析，要实现我国2030年或

之前碳达峰的国际承诺，我国气候资金缺口约为 0.7 万亿—2.5 万亿元，其中：传统金融市场及企业自有资金的缺口为 3252 亿—9012 亿元，国内公共资金的缺口为 2098 亿—6058 亿元，国际公共资金的缺口为 0—3777 亿元，碳市场的资金缺口为 2071 亿—4546 亿元（中国科学院科技战略咨询研究院气候投融资课题组，2019）。而要实现 2030 年前碳达峰、2060 年前碳中和这两个更高的气候变化目标，资金缺口更为突出。

进一步分析发现，目前我国 80% 的气候资金投向了减缓领域中节能减排、可再生能源领域，对民营经济、中小企业投入太少，用于适应、能力建设、国际合作领域的资金投入不足，要实现 2030 年前碳达峰目标，来自碳市场、绿色信贷和绿色债券等传统金融市场、自有资金、私有资金的需求缺口巨大。作为全球最大的发展中国家，我国内部发展不平衡不充分问题仍然突出，外部发展环境复杂严峻，应对气候变化还存在诸多短板弱项，实现应对气候变化新目标的难度远高于西方发达国家。与欧美国家相比，我国要实现 2030 年前碳达峰、力争 2060 年前碳中和目标更具有挑战。

（二）气候投融资制度和政策体系存在的问题

1. 气候投融资定义和标准不统一，相关的监测报告核查体系尚未建立

目前中国已经开展了包括绿色债券在内的一系列绿色金融产品标准的研究和制定，但对于气候投融资仍缺乏统一的标准，阻碍了金融资源配置到气候友好型投融资项目中去，并且给风险管理、企业沟通和政策设计带来不便。此外，目前气候资金尚未单独核算，除来自国际碳市场的补偿资金可核证与监测外，其他气候资金均未被单独列出，尤其是对国外私人部门资金没有准确测算，难以估量其对经济安全的影响。不同数据来源的统计口径不一致，导致数据不可比。这些问题使得从宏观上定量描绘出中国气候投融资的全景变得非常困难。

2. 公共资金融资渠道有限，管理机制不完善，使用效率有待进一步提高

一是融资渠道狭窄，融资来源不确定。公共资金是目前气候资金的主要来源，但其融资渠道或面临资金规模萎缩的风险，如国际资金和 CDM 资金；或面临大幅增加投入规模的资金限制，如财政预算；或仍处于没有完全发挥融资潜力的阶段，如传统金融市场和当前的碳市场。

二是管理体制机制有待于进一步完善。首先，公共财政资金投向未能集中体现应对气候变化的目标，适应资金相比减缓资金十分匮乏且非常分散，缺乏气候资金的监

管和评估标准。其次，中国气候资金的审核和管理分散在各个部委，缺乏统一的管理机制和总体协调机构。

三是公共资金使用效率有待进一步提高。首先，公共资金的引导能力不足，尚未大规模撬动社会资本的介入。其次，公共资金的利用形式有限，难以化解社会投资风险。另外，公共资金的配置方式有待改进，整个社会节能减排的资源配置效率有进一步提高的潜力。最后，气候资金投向减缓和适应领域的比例失衡，适应领域未得到民众和社会资本的重视。

3. 缺乏明确的气候投融资政策激励信号，尚不能推动银行等金融机构在促进绿色低碳发展中发挥关键作用

当前，国家层面对金融机构开展绿色金融业务主要采用引导性、指引性的措施，没有强制性、考核性的约束，也没有实施强有力的激励、支持政策，难以调动金融机构的绿色金融扩展到气候投融资领域的积极性。国内已开展的绿色金融或气候投融资实践，基本是在原有的金融模式上贴标签，没有实质性差别，没有对资金投放形成足够吸引力。一些金融机构仅从企业社会责任、可持续发展角度考虑推行绿色金融发展战略，出于成本效益和投资责任的考虑，对进入绿色低碳这一新领域存在担忧，对推行气候投融资的兴趣不高。

4. 气候投融资的专业人才和能力匮乏，难以支撑金融机构开展大规模专业化的气候投融资服务

气候投融资业务涉及对融资对象即温室气体排放信息的判断、环境风险的评估和金融产品的定价，专业性很强，需要具备节能低碳技术、法规和金融兼备的复合型能力来实施。目前金融机构严重缺乏这样的专业人才，也不具备相关的基础设施和知识储备，对气候投融资的效益评估和风险管控能力不足，缺乏评估高度复杂且不断变化的气候相关风险的技术和工具。

5. 地方参与气候投融资积极性不高，对气候投融资重要性认识不足

省市层面是应对气候变化的主体，但当前中国经济增速有所减缓，地方政府面临稳增长保就业的压力，对低碳发展工作的重视程度有所下降。为完成应对气候变化相关的指标任务，往往采取行政措施，没有充分认识到气候投融资在促进经济转型、培育绿色新动能方面的重要作用，在气候投融资保障方面的探索不够，低碳企业的融资成本和门槛依然较高，地方经济绿色低碳转型的动力不足。

四、加快建设我国气候投融资体系的对策建议

当前国际形势风云变幻，加之全球新冠肺炎疫情冲击导致世界经济严重衰退，全球应对气候变化面临新的复杂形势。与此同时，中国应对气候变化的领导力不断增强，国际社会将发展低碳经济作为疫后经济复苏的重要抓手，绿色金融体系的不断完善等都给我国气候投融资制度的建设和发展带来新的机遇。我国应从制度保障体系、配套政策体系和国际合作等方面入手完善气候投融资体系，更好地为实现碳达峰、碳中和目标提供资金保障（中国科学院科技战略咨询研究院气候投融资课题组，2020）。

（一）我国气候投融资面临的新形势、新机遇

1. 我国气候投融资面临的新形势

1）美国退出《巴黎协定》进一步加剧气候资金缺口

资金援助是否到位，将直接影响发展中国家气候治理的程度与效果，甚至将进一步影响发展中国家对待气候治理的态度。美国退出《巴黎协定》给其他发达国家带来较大的压力（傅莎等，2017）。更为重要的是，美国的缺席将导致气候援助资金下降 35%，从而导致发展中国家 NDCs 目标的实现受到影响。此外，美国退出《巴黎协定》也将使中国面临的气候风险和经济成本更加凸显。研究表明，如果美国 2025 年在 2005 年基础上减排 20%、13% 或 0%，将导致中国 2030 年 CO_2 排放空间分别减少 0.55 亿吨、1.1 亿吨和 2.14 亿吨，中国遭受的额外 GDP 损失分别为 104.53 亿美元、211.94 亿美元和 422.1 亿美元。在我国进入新常态的关键时期，这无疑加大了经济下行压力和国内经济结构转型的难度。中美贸易战也会间接影响中国已经实施的多项产业政策，放缓国内经济转型速度，增加国内经济下行压力。

2）新冠肺炎疫情冲击导致全球气候资金来源紧缩，金融风险加大

国际货币基金组织（IMF）预计，因新冠肺炎疫情及防控措施对全球经济的负面冲击超出预期的影响，2020 年全球经济萎缩 3.5%，对低收入家庭的影响尤其严重。[①] 就业、健康和经济福祉因新冠肺炎疫情而受到威胁，政府和公众因而会更多

[①] 美国官宣经济衰退！全球主要经济体只剩一个国家还坚挺 . http://www.chinanews.com/cj/2021/01-29/9399923.shtml［2021-2-22］.

地关注于如何解决这一紧迫且显著的危机，而不是应对气候变化等长期挑战，从而使投向气候变化领域的资金紧缩。要实现《巴黎协定》所制定的气候目标，总计需75万亿美元的投资。如今，实现这一融资目标将变得更具挑战性，尤其是对于因资本外流而已经难以偿还现有外币债务的新兴经济体而言。

受新冠肺炎疫情影响，2020年全球碳排放量下降7%，降幅达到创纪录水平（GCP，2020）。但是，严重的经济停摆可能进一步加剧"后疫情时代"碳排放大幅反弹的风险，全球经济急需的转型也将被推迟。2020年1月，国际清算银行发表了《绿天鹅》（*The Green Swan*）一书，提出气候变化可能引发"绿天鹅"事件，从而进一步触发系统性金融危机，给人类社会造成巨大的财产损失。同期世界经济论坛发布的《2020全球风险报告》也提出，在本次调查的10年展望中，按照概率排序的全球五大风险首次全部为环境风险，其中极端气候事件是排名第一的环境风险。此次新冠肺炎疫情在一定程度上为全球能源转型、全球经济实现绿色以及可持续发展打开了新的窗口。全球各主要经济体都在寻找一种可持续的方式刺激经济，这为经济增长朝着更加绿色的方向发展提供了助力，而这一过程也充满了挑战与机遇。

3）未来应对气候变化南南合作需要更多的资金

自改革开放以来，中国积极参与国际发展合作，共向166个国家和国际组织提供了近4000亿元人民币援助，派遣60多万援助人员。尽管当前中国面临着气候变化资金需求的巨大缺口，但仍然坚持义利相兼、以义为先的原则，同各国一道为实现2015年后发展议程做出努力。2015年中国设立了200亿元人民币的南南合作基金。同时，中国将继续增加对LDCs的投资，力争2030年达到120亿美元。中国还将免除对有关LDCs、内陆发展中国家、SIDS截至2015年底到期未还的政府间无息贷款债务。截至2019年9月，中国已与其他发展中国家签署30多份气候变化南南合作谅解备忘录，合作建设低碳示范区、开展减缓和适应气候变化项目、举办应对气候变化南南合作培训班，培育了数千名应对气候变化领域的官员和技术人员，范围覆盖五大洲；对外援助累计7.2亿元。在应对气候变化南南合作方面，发展中国家仍然有强烈需求，主要集中在农业和林业（39%）、能力建设（26%）、海洋和气象（18%）以及其他适应技术（10%）和减缓技术（8%）等领域，未来需要更多的资金支持。

4）"一带一路"建设中涉及气候变化的资金压力不断增加

2017年，"一带一路"沿线国家碳排放总量约为227.58亿吨，占世界碳排放总量的63%，"一带一路"建设的各项经济活动会对世界环境产生重大且深远的影响。"一带一路"沿线多为发展中国家，发展水平和技术水平相对落后，且饱受气候变化的影响，亟须通过国际气候合作来适应和减缓气候变化。在当前全球应对气候变化和环境风险的背景下，"一带一路"国家的投融资活动不仅要关注"量"更要关注"质"，这既是可持续发展的需要，也是国家责任的体现。根据 151 个发展中国家的 NDCs 文件，有 84 个国家提出具体的 NDCs 资金需求，其减缓与适应的资金总需求达 4.4 万亿美元，其中减缓与适应的资金需求比例约为 6∶4，国外资金需求与国内资金需求比值约为 7∶3。而在供给层面，截至 2019 年 4 月，126 个 "一带一路" 国家中只有约 30% 报告了绿色金融活动。现阶段 "一带一路" 国家气候变化不仅面临巨大的资金缺口，也面临参与度有限的问题，大量的气候投融资刻不容缓。

2. 我国气候投融资面临的新机遇

1）中国应对气候变化的领导力不断增强

多年来，中国政府始终积极引领和推动全球气候治理进程，坚持 UNFCCC 确定的公平、"共同但有区别的责任"和各自能力原则，与各方携手推动全球气候治理进程，为《巴黎协定》达成和尽早生效做出了决定性的贡献，推动实施细则的谈判取得积极成果，在联合国气候行动峰会上贡献中方倡议和中国主张。通过 "一带一路" 倡议、气候变化南南合作等框架开展应对气候变化的多边合作，积极提供气候援助，进一步树立负责任的大国形象，不断为全球气候治理和全球生态文明建设注入新的生机与活力。在美国退出《巴黎协定》后，中国应对气候变化的领导力不断增强，全球气候治理的领导结构逐渐凸显出中欧 "双引擎" 态势。2020 年 9 月 22 日，习近平主席在第七十五届联合国大会一般性辩论上提出的新气候变化目标为全球应对气候变化树立了典范，是负责任和领导力的体现，不仅为疫后实现全球绿色复苏注入了新的活力，也为中国经济绿色低碳转型提供了信心和定力。

2）低碳经济成为全球疫后绿色复苏的重要抓手

各界普遍认为，在 "后疫情时代" 的经济刺激计划中，全球经济的发展并非不可以与保护环境以及遏制气候变化相兼容，在应对气候变化的过程中，也有推动经济金融发展的新机遇。

截至目前，全球已有 114 个国家宣布强化自主贡献目标，121 个国家承诺 2050 年实现碳中和。欧盟 2019 年提出 2050 年实现碳中和并发布《欧洲绿色新政》（简称 "绿色新政"），计划未来 10 年投资 1.85 万亿欧元用于绿色发展和数字转型。英国、法国、德国、丹麦、新西兰、葡萄牙和智利等也纷纷提出 2050 年碳中和的目标，并制定大规模的绿色刺激计划以促进气候转型和绿色复苏。碳关税贸易壁垒已经走向前台，欧盟明确将从 2021 年开始建立 "碳边境调整机制"，2023 年前开征碳边境调节税。在引领气候投资方面，近 3/4 的银行已经开始把气候变化风险作为金融风险来对待，高盛集团、欧洲中央银行、富国银行、摩根大通等多家国际银行都大幅削减甚至取消对油气等高碳行业的投资，高达 1583 亿美元（约 1.1 万亿人民币）的煤电项目投资面临搁浅风险。全球大型企业也纷纷抢占零碳供应链先机，微软等 9 家重量级企业合作成立了全球碳中和组织，苹果、安赛乐米塔尔等提出了碳中和计划，及早布局低碳或零碳技术。

3）绿色金融为气候投融资带来发展机遇

气候投融资是绿色金融的重要组成部分，绿色金融体系的不断完善为气候投融资带来了发展机遇。一是明确绿色金融体系的战略框架。2016 年 8 月，中国人民银行等七部委联合印发了《关于构建绿色金融体系的指导意见》，全面综合地提出了中国绿色金融体系的顶层设计方案，以及包括绿色债券、绿色信贷、评估认证、信息披露等在内的一系列具体政策，为绿色金融的规范发展提供了制度保障。

二是设立区域绿色金融试点。2017—2019 年，经国务院批准，浙江、江西、广东、贵州、新疆、甘肃六省（自治区）九地建设了各有侧重、各具特色的绿色金融改革创新试验区。两年来，试验区积累了一系列绿色金融改革创新的成功经验，已成为绿色金融"中国经验"的一张名片。

三是鼓励绿色金融产品和服务创新，增强绿色金融的商业可持续性。支持市场主体积极创新绿色金融产品、工具和业务模式，切实提升其绿色金融业务绩效（中国人民银行研究局，2019）。

四是成立了专门的绿色金融监管机构。中国人民银行是金融监管的牵头机构，联合其他部门设立了绿色金融监管的顶层架构。中国银行保险监督管理委员会在绿色信贷、绿色保险领域制定系列政策，中国证券监督管理委员会在信息披露、绿色债券标准化、绿色投资等领域不断创新实践，财政部负责绿色政府和社会资本合作项目、国家绿色发展基金和绿色项目财政补贴。

五是注重能力建设，成立了中国金融学会绿色金融专业委员会和中国环境科学学会气候投融资专业委员会等专业机构，为促进绿色金融发展，开展气候投融资领域信息交流、产融对接和国际合作搭建了良好平台。

（二）完善我国气候投融资制度的对策建议

1. 加快制定《关于促进应对气候变化投融资的指导意见》的实施细则

明确环保、发改、金融、监管等部门的职能和分工，加强各部门间的协同配合，建立部际协作机制。细化金融机构和企业等市场主体在资本引入和风险防范等方面的重点工作，基于不同规模市场的主体特征制定差异化政策。将气候变化因素纳入宏观和行业部门产业政策以及绿色金融政策，加大对气候投融资活动的政策支持力度。尽快出台气候投融资试点实施方案和配套支持政策，选择有条件的城市启动第一批气候投融资试点工作，形成可复制、可推广的经验。

2. 制定符合我国实际的气候投融资标准，并加强与已有国际标准的衔接

以《绿色产业指导目录（2019 年版）》《绿色债券支持项目目录（2020 年版）》等绿色金融标准为参考，借鉴《欧盟可持续金融分类方案》等国际准则，加快制定气候项目技术标准、气候项目目录等气候投融资标准。推动气候投融资标准在"一带一路"等境外投资建设中的应用，积极参与国际气候资金机制规则制定，提高国内国际标准的互通性，提升资金双向流动的便利化水平。逐步建立针对金融机构、企业和政府等不同主体的应对气候变化的考核指标和评估体系，将气候变化指标纳入考核体系，公开披露气候变化绩效。

3. 建立符合国际惯例的气候投融资统计体系，加强气候相关信息披露

着力构建与国际接轨的气候投融资监测、报告与核查体系，一方面要准确统计量化国内国外、公共私人部门的气候资金，更好地匹配实现 2030 年前碳达峰和 2060 年前碳中和双目标的气候资金需求；另一方面要准确统计量化气候项目的减排或固碳效果，为近零碳排放或碳中和工作提供数据支撑。搭建气候项目专项数据库，重点从项目资金流和产生的减排效应方面对气候项目进行统计和管理。运用数字技术，创新气候相关信息披露工具和渠道，降低市场主体信息披露成本，提高信息获取便利度，促进信息集成和共享。

4. 加快落实《全国碳排放权交易管理办法（试行）》，完善碳定价内生机制，推动气候投融资产品和工具创新，加强气候相关金融风险管理

加快建立全国碳排放权交易市场，逐渐扩充碳市场行业覆盖范围，加快落实刚刚出台的《全国碳排放权交易管理办法（试行）》，完善碳定价机制，促进碳排放外部效应内部化，刺激市场主体采用低碳技术，实现产业低碳转型，引导更多社会资本自发地投向应对气候变化领域。鼓励金融机构发展气候信贷、气候债券、气候基金、气候保险、"互联网＋气候金融"等多样化气候投融资产品和工具，充分发掘气候金融市场潜力。金融机构应加强对气候变化相关的金融风险管理及产业低碳转型过程中系统

性金融风险的防范工作，特别是防范高碳行业退出面临的资产搁置风险，促进产业平稳转型。

5. 加强气候投融资专业研究和人才队伍建设

重点围绕碳达峰和碳中和目标，尽快开展分阶段的气候投融资制度安排、战略规划、政策标准、资金需求等方面的基础研究和政策创新。加强气候投融资专业人才队伍建设机制，持续培育具备气候投融资专业素养的队伍。依托中国主导和参与的多边平台和机构的影响力，进一步深化与各国政府、各级组织之间的务实合作，积极参与和部署国际气候资金机制规则制定，主导并完善多边气候投融资机制；支持和引导多边金融机构、跨国公司以及其他国际资金参与中国境内的气候投融资活动。

参 考 文 献

柴麒敏，傅莎，温新元，等 . 2019. 中国气候投融资发展现状与政策建议 . 中华环境，（4）：30-33.

丁辉 . 2020. 以气候投融资促进积极应对气候变化 . http：//www. tanpaifang. com/tanguwen/2020/0913/73902. html［2021-1-18］.

方琦，钱立华，鲁政委 . 2020. 银行与中国"碳达峰"：信贷碳减排综合效益指标的构建 . http：//pg. jrj. com. cn/acc/Res/CN_RES/MAC/2020/3/18/2d96b5ce-7026-4cd8-afc4-1701ff2bc325. pdf［2021-1-18］.

傅莎，柴麒敏，徐华清 . 2017. 美国宣布退出《巴黎协定》后全球气候减缓、资金和治理差距分析 . 气候变化研究进展，13（5）：415-427.

联合国 . 巴黎协定 . 2015. https：//unfccc. int/sites/default/files/chinese_paris_agreement. pdf［2021-1-18］.

气候债券倡议组织，中央国债登记结算有限责任公司 . 2017. 中国绿色债券市场现状报告 . 伦敦 .

气候债券倡议组织 . 2020. 中国绿色债券市场 2019 研究报告 . 伦敦 .

钱立华，鲁政委，方琦 . 2019. 气候变化与国际气候投融资的发展 . 金融博览，（10）：56-57.

生态环境部，国家发展和改革委员会，中国人民银行，等 . 2020. 关于促进应对气候变化投融资的指导意见 . www. mee. gov. cn/xxgk2018/xxgk/xxgk03/202010/t20201026_804792. html［2021-1-18］.

生态环境部 . 2020. 生态环境部 9 月例行新闻发布会实录 . http：//www. mee. gov. cn/xxgk2018/xxgk/xxgk15/202009/t20200925_800543. html［2021-1-18］.

谭显春，顾佰和，曾桉 . 2021. 国际气候投融资体系建设经验 . 中国金融，（12）：54-55.

王遥，刘倩，陈波 . 2012. 中国气候融资报告：助推中国低碳转型 . 北京 .

危平，舒浩 . 2018. 中国资本市场对绿色投资认可吗？——基于绿色基金的分析 . 财经研究，44（5）：

23-35.

中国科学院科技战略咨询研究院气候投融资课题组 . 2019. 全球气候治理下我国气候投融资的制度完善与政策创新研究 . 北京 .

中国科学院科技战略咨询研究院气候投融资课题组 . 2020. 气候投融资关键问题研究及对策建议 . 北京 .

中国人民银行，财政部，国家发展和改革委员会，等 . 2016. 关于构建绿色金融体系的指导意见 . http：//www. mee. gov. cn/gkml/hbb/gwy/201611/t20161124_368163. htm［2021-1-18］.

中国人民银行研究局 . 2019. 中国绿色金融发展报告（2018）. 北京 .

中央财经大学绿色金融国际研究院 . 2016. 2016 中国气候融资报告 . 北京 .

Climate Policy Initiative（CPI）. 2011. The Landscape of Climate Finance. Venice.

Global Carbon Project（GCP）. 2020. Global Carbon Budget. https：//www. globalcarbonproject. org/ carbonbudget/［2021-1-18］.

OECD. 2011. Monitoring and tracking long-term finance to support climate action. Paris.

UNFCCC. 2017. Clean Development Mechanism（CDM）. https：//cdm. unfccc. int/［2021-1-18］.

第十章　新形势下的绿色复苏与低碳转型国际合作[*]

习近平主席在第七十五届联合国大会一般性辩论上的讲话中宣布"中国将提高国家自主贡献力度，采取更加有力的政策和措施，二氧化碳排放力争于 2030 年前达到峰值，努力争取 2060 年前实现碳中和"[1]。在之后的气候雄心峰会上，进一步宣布"到 2030 年，中国单位国内生产总值二氧化碳排放将比 2005 年下降 65% 以上，非化石能源占一次能源消费比重将达到 25% 左右，森林蓄积量将比 2005 年增加 60 亿立方米，风电、太阳能发电总装机容量将达到 12 亿千瓦以上"[2]。新目标的要求更高，影响更深远，充分展示了我国作为负责任大国的担当，是党中央统筹国际国内两个大局作出的重大战略决策，为推动国内经济高质量发展和生态文明建设提供了有力抓手，为国际社会全面有效落实《巴黎协定》注入了强大动力，更为疫后全球绿色复苏与低碳转型提振信心。

一、国际格局和全球治理体系的变革

当今世界正经历百年变局，国际力量对比深刻调整，国际环境日趋复杂，不稳定性、不确定性明显增强。由于新冠肺炎疫情叠加作用，经济全球化遭遇逆流，单边主义、保护主义对世界发展构成威胁，加剧了逆全球化趋势，人类进入前所未有的变革时代，全球治理体系受到新的挑战。

---

* 本章由林慧、顾佰和、刘宇炫执笔，作者单位为中国科学院科技战略咨询研究院。
[1] 习近平在第七十五届联合国大会一般性辩论上的讲话（全文）. http://www.xinhuanet.com/politics/leaders/2020-09/22/c_1126527652.htm［2020-11-15］.
[2] 习近平在气候雄心峰会上的讲话（全文）. http://www.xinhuanet.com/politics/leaders/2020-12/12/c_1126853600.htm［2020-12-15］.

1. 百年未有之大变局背景下的全球治理体系

世界百年未有之大变局是习近平总书记站在人类历史进程的高度，对世界发展大势作出的重大战略判断。所谓世界百年未有之大变局，是指在一个相对较长的历史时期深刻影响人类历史发展方向和进程的世界大发展、大变化、大调整、大转折和大进步（罗建波，2019）。长期以来，西方国家在国际政治、经济格局中占据着传统的优势，在重要的全球性治理机制中掌握着主要话语权。21世纪以来，随着经济全球化的发展，以中国为代表的新兴市场国家利用自身的比较优势实现了群体性崛起，而在全球化进程中利益受损的群体形成了反全球化和逆全球化力量，导致民粹主义盛行。两大势力之间的较量搅乱了全球化秩序，多边体系受到挑战，给全球治理增加了新的阻力和不确定性。

党的十九大报告指出，"世界多极化、经济全球化、社会信息化、文化多样化深入发展，全球治理体系和国际秩序变革加速推进"①。百年变局促使全球治理体系发生变化，主要体现在全球层面的治理机制的革新、区域层面治理的深化与整合以及国家层面全球治理中地位和作用的改变（杨娜和王慧婷，2020）。

从全球层面来看，美国作为全球性大国，相继退出多个国际组织和国际多边机制，极大地影响了全球治理进程。与此同时，新兴发展中国家正在探索建立更加公平、平等和高效的新型全球治理机制。新机制如何与既有机制互为补充，从而推动制度层面建设，促进南北合作，成为全球治理体系重构过程中需要面对的首要问题。

从区域层面来看，区域一体化正在成为应对逆全球化的重要工具，全球治理机构的重心也逐步向地区转移，不同国际关系行为主体在区域范围重新整合（张云，2020），区域层面的治理能力逐渐彰显，区域或次区域组织发挥中介作用，提供一种行使全球治理功能的共享能力，逐渐形成了欧盟、东南亚国家联盟（Association of Southeast Asian Nations，ASEAN）与中日韩（"10+3"）、南锥体共同市场（Mercado Común del Sur，MERCOSUR）和南部非洲发展共同体（Southern African Development Community，SADC）等以区域为单位的新的全球治理结构，与原来以民族国家为单位的全球治理体系共处并存。区域合作日益成为区域内国家外交事务的优先选择，区域组织也逐渐由协调、沟通的平台演变为多重权力交汇的治理机构。

从国家层面来看，在全球治理的转型中，大国的角色转换依然是最重要的国际实践。首先，大国间需要通过全球合作机制构建协商共处的国际秩序。经济全球化

---

① 习近平：决胜全面建成小康社会 夺取新时代中国特色社会主义伟大胜利——在中国共产党第十九次全国代表大会上的报告 . http://www.xinhuanet.com/politics/19cpcnc/2017-10/27/c_1121867529.htm［2020-11-15］.

塑造了一个相互依赖的世界，所有国家都无法脱离全球治理体系而孤立存在。其次，大国竞争将由全球治理体系的话语权和代表份额之争，转变为全球治理的战略与理念的竞争。国家作为治理主体之一，其地位和作用在全球化时代越发凸显，各国利用自身的竞争优势占据全球化的有利地位（任剑涛，2020）。随着全球治理主体和议题更加多元，以及全球治理规则和理念加速演变，大国间的竞合格局也出现新的变化趋势。

2. 新冠肺炎疫情加速全球治理格局的演变

新冠肺炎疫情不仅是一次公共卫生危机，更将对国际关系和国际秩序产生深刻影响，推动世界百年未有之大变局加速演进。新冠肺炎疫情的发生及其应对，不仅凸显了百年未有之大变局下国家综合国力、国际影响力对比的巨大变化，而且使人们更加显著地感受到这种变化。此外，全球经济和社会发展面临的矛盾冲突升级，风险隐患加剧，原本受中美贸易战影响的世界经济秩序在疫情的冲击下更加恶化，产业链集群的本土化、区域化调整成为大多数国家抵御全球化风险的战略选择，全球治理格局加速改变和调整。

新冠肺炎疫情的大流行使各国经济增长和收入水平受到不同程度的影响，全球制造业供应链收缩，出现全球综合性金融和经济危机。国际货币基金组织（IMF）于2020年6月发布的《世界经济展望报告》显示，全球经济负增长4.9%。经济合作与发展组织的报告指出，2020年全球经济活动下降6%，OECD国家的失业率升至9.2%。经济衰退、失业率上升，一些国家国内治理不力，企图将国内矛盾向外转移，地缘政治竞争随之加剧（OECD，2020）。新冠肺炎疫情放大了"治理赤字、信任赤字、和平赤字、发展赤字"的危害性，全球治理体系中的"守成大国"不仅未担负起合作战"疫"的领导责任，反而大肆制造和散播政治病毒，新兴国家全球公共产品供给的意愿和能力增强，但其在全球治理体系中缺乏决策权和话语权，进一步凸显了全球治理的困境和"新兴大国"推进全球治理体系变革与建设的必要性。

1）国际力量对比的变化加速推进

在应对疫情的过程中，国家间的力量对比体现在综合国力和国家治理能力、国际公共产品供给能力和国际领导力的竞争上（张骥，2020）。疫情发生之前，传统的西方国家在国际政治经济格局中长期占据主导地位的局面已经发生巨大变动，新冠肺炎疫情的发生大大加速了国际力量对比由量变向质变的演进。[①] 美欧国家在全球疫情应对中的国际领导力明显下降,公共产品供给的能力和意愿不足。而中国不仅提出人类命运共同体的理念,倡导国际合作、承担国际责任,还以强大的生产能力和供给能力向其他国家和国际社会提供了大量的抗疫物资、医疗救治防控经验及技术标准,向多个国家派出援外医疗队,体现出不断增强的国际公共产品供给能力和初步的国际领导力。

2）国际秩序结构面临新的挑战

新冠肺炎疫情的发生进一步凸显了原有国际秩序在解决人类社会共同问题上不相适应的矛盾,现行的国际制度总体上是在第二次世界大战之后形成的,欧美是现行制度的主要建构者、维护者和国际公共产品的主要供给者。特朗普政府上台后在政治上奉行单边主义、经济上奉行保护主义、贸易上奉行霸凌主义,并退出了一系列国际机制、条约、协议、安排,已经给原有国际制度体系造成了危机(张骥,2020)。疫情发生后,不但不积极支持世界卫生组织等国际机制的抗疫合作,还暂停了向世界卫生组织提供资助,使现存国际制度和机制的缺陷和缺位进一步凸显。各国应对措施倒退到各自为政的状态,国家主义、民族主义、民粹主义明显上升(阎学通,2020)。然而,新冠肺炎疫情带来的影响靠单个国家无法解决,靠原有的国际制度和国际机制也无法解决,需要改革现有的国际制度或者构建新的国际制度和全球治理机制。

3）区域在全球治理中发挥更大作用

冷战结束之后,不同类型的区域组织、区域集团逐渐成为重要的国际行为体,区域或次区域的网络可以连接地缘临近的不同国家,并逐渐形成以区域为单位的新型治理结构。新冠肺炎疫情体现出全球公共卫生危机治理呈现的区域性特征,区域组织在疫情防控中发挥了重要作用。区域治理体系能够和既有的以民族国家为单位的治理体系兼容并存,这种二元并存的结构是构建新型共商共建共享治理模式的一种积极探索(张云,2020)。全球治理向区域治理转变为中国参与全球治理提供了新的契机。"一带一路"倡议是中国全球治理观的实践,体现共商共建共享的理念,将中国的国家能力和国家利益嵌入全球治理的整体框架,为沿线国家发展提供支撑和保障,为构建新型国际秩序做出中国贡献。

---

① 大疫情与大变局叠加,加速现有国际体系向某种临界点推进. https://www.shobserver.com/zaker/html/233925.html[2020-11-20].

二、绿色复苏与低碳转型国际合作的新形势

新冠肺炎疫情后的绿色复苏成为国际社会的广泛共识，推动全球经济的绿色复苏，不但能合理利用公共资源，更能全面提升气候韧性，各国都在积极探索在经济复苏中实现低碳转型的路径。尽管新冠肺炎疫情暴发后，全球环境和气候领域的国际合作遭遇瓶颈，但合作发展共赢的历史趋势不会改变，共商共建共享的原则不会改变，实现绿色复苏和低碳转型更需要建立有效的多边合作机制，加强国际合作，共同应对全球性挑战。

1. 全球气候治理国际合作的总体形势

全球气候治理体系的形成经历了一个不断发展完善的过程。《联合国气候变化框架公约》《京都议定书》《巴黎协定》是全球气候治理体系得以形成的关键性文件，共同构成了气候治理的核心原则与关键制度设计（牛站奎，2020）。《联合国气候变化框架公约》规定的"共同但有区别的责任原则""资金与技术援助原则""主权原则""全面性气候政策"等，《京都议定书》提出的"清洁发展机制"（CDM）、"联合履约机制"和"排放交易机制"，以及《巴黎协定》设计的"国家自主决定贡献机制""资金机制""市场机制""透明机制""自下而上"的治理模式等，共同构成了气候治理领域紧密互动的多层次全球治理体系。而其本质是发挥协调作用，以最优化的制度安排和资金及时转移维持气候治理体系高效运转，实现应对气候变化的长远目标。

（1）在百年变局的新形势下，国际社会面临的问题更趋复杂，也对全球合作应对气候变化进程带来影响。逆全球化、民粹主义、单边主义和保护主义的趋势，叠加以信息化和人工智能为代表的新技术革命潮流的影响，以及地缘政治变动和世界非传统安全的威胁都对气候变化国际合作产生深刻影响。美国退出《巴黎协定》，拒绝履行《联合国气候变化框架公约》下的义务，撤销在《巴黎协定》下的自主贡献承诺，这对国际社会落实《巴黎协定》的信心和强化行动的意愿产生极大的负面影响，也会影响其他发达国家为气候融资的决心和意愿（何建坤，2019）。各国在应对新冠肺炎疫情后经济社会复苏过程中多方面的复杂问题时，会因急迫解决国内产生的其他问题而降低应对气候变化政策和行动的优先权重，弱化应对气候变化行动的力度和进程。在气候变化领域，发展中国家和发达国家"两大阵营"的划分和利益诉求差异明显，美国和欧盟分别是发达国家"两股势力"的代表，而中国则是发展中国家集团的领导核

心，中国、美国、欧盟相互之间的博弈关系对推动全球气候治理进程产生关键性的影响。世界百年未有之大变局中的大国间政治经济竞争格局和国际环境的变动，一定程度上会扩大全球"治理赤字"，削弱实施《巴黎协定》的领导力，提高全球温升超过2℃的可能性，加剧气候变化面临的风险。

（2）全球气候变化国际合作的大国博弈，越来越成为影响和激化世界大变局的重要因素，增大了未来国际形势发展的不确定性。全球应对气候变化倡导的能源和经济的低碳发展模式，将引起全球发展观念、发展模式、发展路径和社会文明形态的根本性变革，重塑世界范围内的政治、经济、贸易、科技竞争格局（何建坤，2019）。碳排放空间越来越成为全球性紧缺资源和生产要素，将引发全球碳价机制和经济贸易规则的变革，影响各国间的相对竞争态势。全球气候治理中各方利益诉求的差异和责任义务分担的公平性准则，也将引发各利益集团的分化和重组，影响国家间博弈和竞争格局，影响全球及地缘政治的稳定和平衡。在当前世界发展新旧秩序转化的不确定时期，在全球治理面临危机和缺少有效的集体治理的形势下，会导致更大规模更深层次的冲突，包括世界经济体系的结构性危机。世界面临百年未有之大变局与全球应对气候变化相互影响，增大了不确定性。

（3）疫情促使各国深入思考绿色转型的路径，凸显全球合作应对共同挑战的重要意义，改革和完善全球气候治理体系成为国际社会共同关注的内容。气候变化是当前人类社会面临的共同挑战，所有国家都无法置身事外。在全球应对新冠肺炎疫情过程中取得的良好经验可以为"后疫情"时期的全球气候治理提供借鉴。应对新冠肺炎疫情需要加强全球协同和国际合作，共同提出全球性解决方案，凸显了人类命运共同体理念的价值。就此而言，全球气候变化带来的严峻挑战呈现的也是一种人类共同命运，正是这种共同命运为世界各国基于共识和规则合作应对全球气候变化奠定了深层次的道德和伦理基础（李慧明，2018）。正如习近平主席在气候雄心峰会讲话中强调的，"在气候变化挑战面前，人类命运与共，单边主义没有出路。我们只有坚持多边主义，讲团结、促合作，才能互利共赢，福泽各国人民"[1]。

2. 绿色复苏与低碳转型国际合作的现实需求

经济持续复苏是新冠肺炎疫情后各国面临的重要挑战，经济激励措施中的"绿色"和"低碳"成为国际社会共同关注的焦点。中国、欧盟及其成员国等都在复苏计

---

[1] 习近平在气候雄心峰会上的讲话（全文）. http://www.xinhuanet.com/politics/leaders/2020-12/12/c_1126853600.htm［2020-12-15］.

划中对绿色发展和低碳转型做出了资金安排。实现绿色低碳发展和应对气候变化都离不开国际合作，各国在绿色基础设施、绿色贸易、绿色政策、低碳技术、清洁能源、循环经济等领域存在广泛的合作需求和合作空间。

（1）在新冠肺炎疫情叠加百年未有之大变局的形势下，各国的绿色复苏之路呼唤建立全球层面更为有效的合作机制。"后疫情"时期，重启经济和恢复民生成为各国面临的首要问题，而重启路径选择将对全球气候治理走向产生极为重要的影响。实现可持续绿色复苏需要建立强大的生态体系和更高效的经济结构，世界各国都在重新思考实现可持续发展目标和重启经济的路径，在新的经济激励计划中坚持低碳发展道路，共同推动绿色复苏，在各国国家自主贡献（NDCs）的更新中考虑纳入对经济刺激计划中"绿色低碳"的具体考量。经济的绿色复苏和低碳转型需要国家间的深度合作，包括在技术、政策、标准、制度等层面的协调与交流。原有的全球气候治理体系已无法回应各国经济复苏过程中的现实诉求，无法有效应对诸如气候变化、公共卫生安全等非传统安全的现实挑战（刘洪岩，2020），这对新形势下改革和完善全球气候治理体系，建立政府间、企业和行业协会间的多层次合作机制，推动更深层次、更富成效的国际合作提出了新的要求。

（2）国际政治经济格局面临深度不确定性，打破绿色壁垒、拓展资金渠道需要加强各国间的绿色金融合作。冷战思维和地缘政治斗争在新冠肺炎疫情的背景下不断加剧，全球携手应对环境问题和气候危机的力量被极大削弱。借助气候问题构建绿色壁垒的倾向在持续增强，采用碳关税提高贸易壁垒的保护主义势头在扩大，全球经济低迷甚至萎缩态势带来的援助资金和转移支付资金也面临大幅萎缩的风险。在新形势下需要进一步加强各国政府、各级组织间的务实合作，在制定国际气候资金机制规则、气候投融资标准，开展气候投融资活动，建立完善多边金融机构平台，规范和统一气候投融资监测、报告与核查体系等方面发挥作用，多方位拓展合作及资金渠道，保障资金配置和使用效率，增进互信、扩大共识，降低绿色金融的识别成本，促进绿色低碳领域的跨国投资，为全球的经济绿色复苏提供金融支持。

（3）新一轮科技革命和产业变革为绿色低碳技术的发展和应用奠定基础，实现低碳转型和共同应对气候变化需要加强技术领域的国际合作。全球正处在新一轮科技革命和能源革命浪潮之中，全球产业链面临绿色重构。以能效、储能、负排放技术（NETs）等为代表的关键低碳技术的发展以及数字技术与经济社会的深度融合，为绿色低碳发展奠定了基础。在全球经济艰难复苏和深度调整的背景下，欧盟坚持实施"绿色新政"（European Commission，2019），意图通过发展新兴绿色产业，重塑全球产业链，发掘新的绿色增长点，将全球工业带入绿色化发展路径。绿色技术和产业的发展本身有利于提高自然资源使用效率，为经济提供新动能，亦有助于深层次解决产业结构和能源结构固化所带来的环境污染和生态破坏问题，从而改善公共健康水平。打造有竞争力和气候中性的世界经济体，实现全球能源与经济低碳转型的进程，不仅需要建立新的与绿色低碳技术相关的国际合作机制，也需要加强低碳技术、设备和产品的标准对接，共同推动绿色低碳产业的科技创新。

三、重点国家和地区绿色低碳合作的现状和趋势

国际合作是推动绿色低碳发展、加强全球气候治理的重要内容之一，倚赖于通过复杂的国际博弈形成被国际社会普遍认可和接受的国际气候制度来实现。科学认知、经济利益和政治意愿是决定国家（集团）在国际合作中立场选择的最主要因素（李强，2019）。从当前的全球气候治理格局看，发达国家和发展中国家两大阵营、"欧盟、伞形国家和'77 国集团＋中国'"三大集团的治理结构没有发生本质变化。但气候谈判中形成的利益团体随着各国发展阶段和诉求的不同逐渐分化，全球气候领域的国际合作正经历着立场、责任与话语权的调整与重构（科学技术部社会发展科技司和中国21 世纪议程管理中心，2019）。

（一）中美合作

应对气候变化是维护中美关系的重要领域。中国和美国分别是全球最大的发展中国家和发达国家，也是全球前两大排放国，两国之间的竞争与合作关系深刻影响着全球的气候治理形势。

1. 应对气候变化的中美关系

应对气候变化的中美关系既包括《联合国气候变化框架公约》、"联合国气候变化政府间合作委员会"等国际公约和国际机构下的多边关系，也包括中美两国之间气候治理的双边关系和应对气候变化的国内行动等方面。在奥巴马总统任期内，两国气候外交取得长足发展。2013 年 4 月、2014 年 2 月和 2015 年 9 月，两国共同发布两份《中美气候变化联合声明》和一份《中美元首气候变化联合声明》，将能源和气候变化提升为两国战略和经济对话的核心议题之一，强调深化双边合作，重申气候承诺，为《巴黎协定》的达成奠定了基础。

在特朗普总统执政时期，以"美国优先"为核心纲领、以退群和贸易战为代表的逆全球化行动损害了美国外交影响力的同时破坏了原有的国际秩序，中美战略互信受到损害。在气候变化领域，退出《巴黎协定》极大影响了美国的国际声誉，迟滞了应对气候变化的国际合作进程。美国从全球气候治理体系中淡出，为全球气候领导力留出空白，中国、欧盟和加拿大则发挥了引领性作用，及时重申气候承诺，维持全球气候行动的总体势头。各主要大国之间通过高级别的互动，维护了《巴黎协定》成果，奠定了全球气候行动的基调，提升了其他国家应对气候变化的信心和决心。

在 2020 年的美国总统竞选中，民主党候选人拜登获得了大选的胜利，在已经公布的执政纲领中，拜登政府已将应对疫情、经济复苏、种族平等和应对气候变化作为其执政的四个优先领域，应对气候变化将成为拜登政府重拾民主党执政遗产和推动重塑美国世界领导力的重要抓手（Biden，2020）。而中美两国在气候变化领域的竞合关系将对未来全球气候治理体系的走向产生深刻影响，并可能成为中美之间重要但为数不多的合作渠道之一。

2. 美国近期气候与环境政策

民主党总统候选人拜登极有可能将气候变化作为施政的基础性纲领，在气候变化国内政策和国际合作中提出一揽子综合性系统性的改革措施，在推动实现碳中和目标的同时重塑美国在全球的气候领导力。

1）国内气候政策

拜登政府在美国国内应对气候变化政策的实施力度将在很大程度上影响美国在气候领域重返世界领导的位置。基于此，拜登试图在疫情冲击的不利形势下构建新发展动能，将绿色理念融入优先领域中，提出了两份综合性的发展规划"建设现代可持续的基础设施与打造公平的清洁能源未来的拜登计划"（The Biden plan to build a modern，sustainable infrastructure and an equitable clean energy future）和"清洁能源革命与环境公正拜登计划"（The Biden plan for a clean energy revolution and environmental justice），同时在保障机制方面提出"保障环境正义和平等经济机会的拜登计划"（The Biden plan to secure environmental justice and equitable economic opportunity），确保环境公正的实现。

"建设现代可持续的基础设施与打造公平的清洁能源未来的拜登计划"提出，在拜登第一任期内投资 2 万亿美元以应对气候变化，在基础设施、汽车、公共交通、电力、建筑、农业、环境保护、科技创新等领域拟推出一系列财政措施，加快绿色低碳基础设施建设，制定更具雄心的减排目标，打造清洁能源超级强国，到 2035 年实现电力部门零碳排放。"清洁能源革命与环境公正拜登计划"提出，在上任第一天签署重回气候治理正轨的行政令，确保 2050 年前美国实现 100% 的清洁能源经济和净零排放。推动国会立法建立强制性机制，设立 2025 年前的里程碑目标，明确 2050 年前碳中和。在接下来的 10 年中累计投资 4000 亿美元推动技术创新，成立高级气候研究计划署（Advanced Research Project Agency-Climate，ARPA-C），推动储能、小型模块化核反应堆、智能电网、碳捕集与封存（CCS）等颠覆性技术创新，确保美国在全球可再生能源发展中的竞争力。设立气候适应议程，建立更强的、更坚韧的国家。"保障环境正义和平等经济机会的拜登计划"提出，推动政府贯彻环境正义和平等经济机会，在社区进行污染监测，建立监测设施和设立提升数据应用能力的新环境公共卫生队伍。组建跨部门团队，围绕关键气候挑战设立机构间气候公平工作组（Interagency Climate Equity Task Force），优先处置在贫穷社区的传统空气污染问题。建立国家危机战略，建设气候变化与健康平等办公室（Office of Climate Change and Health Equity）以应对气候变化带来的卫生健康影响。

2）气候外交策略

应对气候变化不仅是拜登政府国内治理的重要议题，也将作为重塑全球贸易和投资规则、强化盟友关系、施压竞争对手的重要手段，在外交中扮演重要角色。特朗普执政时期已经破坏了美国气候合作的基础，因此拜登政府上台后将推动美国重返全球气候治理领域，为其开展气候外交奠定基础。在多边领域，美国将着力重拾领导力，重建多层次的对话协商机制，推动各国做出更有力的减排承诺。在贸易方面，重构全球贸易和金融规则，建立碳关税等实质性约束机制，争取 G20 承诺停止对高碳项目的出口融资补贴，在全球范围内禁止对化石燃料的补贴。在金融方面，改革多边经济合作组织，推动绿色金融的全面实践，兑现气候融资承诺，重启气候资助政策；联合其他国家要求改革 IMF 和地区开发银行关于发展项目还债优先权和偿还重点的标准，将高排放项目的优先权置后。在技术方面，推动绿色技术出口和投资，并资助国内和国际绿色技术研发。同时还包括打击全球气候违法行为，要求未履行《巴黎协定》和破坏全球气候解决方案的国家承担责任；推动北极气候变化应对，将气候变化重新确定为北极理事会的优先事项；推动美洲气候变化治理和能源转型，设立限制温室气体排放的框架，提出新的绿色标准等。

3. 中美气候变化合作的发展趋势

气候变化和绿色低碳发展将成为中美合作的重要通道，虽然拜登政府将中国视为首要的竞争者，但中美在气候治理领域有诸多合作机会，未来中美大概率将呈现竞争与合作并存的趋势。中美在气候议题的总体方向上是一致的，由于中美战略互信已经降到极低水平，重启中美气候合作将被美国视为阻止双边关系恶化并寻求过渡办法的重要抓手。美国还将进一步要求中国强化履行气候承诺的政策和行动，并将气候安全上升到国家安全层面，以危害美国国家安全为借口对中国气候议题进行约束掣肘。

在双边关系上，美国政府极有可能在拜登总统与习近平主席的会面上专门安排气候议题，推动中国与美国在气候问题上相向而行；建立美中气候变化工作小组，聚焦经济转型，推动低碳经济、技术、政策合作；推动中国在世界多边经济组织发挥更多作用并承担更多义务，强化在"一带一路"倡议中的存在，尤其是要求"一带一路"的金融活动更加绿色和规范。美国也有可能设计技术扩散的分级制度，在保证自身核心利益技术不扩散的同时，推动其他技术市场化；拟定针对中国的煤炭补贴和外包碳污染议题，阻止中国煤炭补贴和外包碳污染；制定未来的中美双边碳减排协定，寻求G20承诺终止所有高碳项目的出口融资补贴，为"一带一路"沿线国家提供低碳能源投资以替代高碳能源。

在美欧关系上，欧盟发布《全球变化下的新美欧关系日程》提案，指出希望在气候变化领域深化美欧的合作。在欧盟委员会主席冯·德莱恩提出的"全面跨大西洋绿色贸易议程"（A Comprehensive Transatlantic Green Agenda）中，与中国的关系问题成为欧盟与美国共同应对的首要地缘政治问题。欧盟推动建立新的"绿色技术联盟"（New Green Tech Alliance），在清洁和循环技术方面开展合作，引领全球绿色技术市场，这在一定程度上体现出欧盟不会将中国作为气候变化问题上的唯一合作伙伴，也有可能会将中国视为竞争对手。

在多边关系中，推动美欧跨大西洋合作关系在对中国的气候议题上保持协调（Gewirtz，2020），通过在气候议题上一致对华，增进与欧洲国家的双边战略互信；增进双边气候贸易政策的协调，确保贸易调节机制支持低碳产品出口，并对高碳产品征税，以避免不公平的贸易竞争；与欧洲国家合力向中国施压，降低排放目标和煤炭使用，推动"一带一路"项目脱碳；扩大与欧洲国家在清洁技术、绿色技术和绿色技术标准的合作。此外，美国也将重启与传统气候同盟（加拿大、墨西哥、日本、澳大利亚、新西兰）及其他可能的盟友（印度、巴西、南非等）的合作，保持气候外交政策的协调。

（二）中欧合作

中欧在世界经济体系和国际格局中都是重要一极，中欧环境与气候合作是最早纳入双方政府间合作的领域之一，已形成机制化、跨领域、多元化的合作模式。中欧在气候变化领域既有利益分化导致的分歧，也有基于共同责任而形成的战略合作共识。

1. 应对气候变化中的中欧关系

中欧环境与气候合作始于 20 世纪 90 年代，双方已在多个领域建立合作关系。2005 年 9 月 5 日，中国与欧盟在北京峰会上发表《中国和欧盟气候变化联合宣言》，建立了气候变化伙伴关系，标志着气候变化成为中欧关系的重要内容。双方的合作逐渐突破单向援助，演变为环境、能源、低碳经济等多领域的双向合作（金玲，2015），该宣言被认为是中国与欧盟气候变化合作的正式开端。

2010 年 4 月，根据《中欧气候变化对话与合作联合声明》，建立了中欧部长级气候变化对话机制，以推进务实合作并交流意见，标志着中国与欧盟气候合作进入机制化阶段，为合作提供了制度保障。2013 年颁布的《中欧合作 2020 战略规划》[①]是中欧面向未来战略合作规划的重要文件，其中在"气候变化与环境保护"部分指出，中欧要"合作建立绿色低碳发展的战略政策框架，以积极应对全球气候变化，改善环境质量和促进绿色产业合作。通过开展中欧碳排放交易能力建设合作项目，推动中国碳排放交易市场建设，运用市场机制应对气候变化"（康晓，2017）。气候变化议题已被纳入中欧长期关系的战略规划之中，成为双方战略层面合作的重要内容。

2015 年，在中欧建立气候伙伴关系十周年之际，双方又发表了《中欧气候变化联合声明》，这既是对双方十年气候合作的总结，也是面向未来气候合作的新规划。声明中不仅提出要提升气候变化在中欧关系中的地位，而且在保持传统合作内容的基础上，增加了建立低碳城市伙伴关系，并在 G20、经济大国能源与气候论坛、《蒙特利尔议定书》、国际民航组织、国际海事组织等相关机制方面协调气候立场，加强双方国内气候政策协调等新内容，使中国与欧盟的气候合作内容更加充实。

2020 年 9 月 14 日，中欧领导人决定建立中欧环境与气候高层对话，打造中欧绿色合作伙伴。这表明，中欧双方在通过绿色合作应对全球性挑战、推动中欧关系迈向更高水平方面达成广泛共识。中欧绿色合作将成为中欧合作的重点领域，中欧双方在经济复苏中共同倡导绿色复苏，合作推动绿色低碳发展，对于深化中欧双边关系，合理高效利用资源，全面提升气候韧性，实现经济复苏与可持续发展的双重目标具有重要意义。[②]

---

① 第十六次中国欧盟领导人会晤发表《中欧合作 2020 战略规划》. http://www.xinhuanet.com/world/2013-11/23/c_118264906.htm［2020-11-10］.
② 中欧气候变化联合声明. http://www.xinhuanet.com/world/2015-06/30/c_127964970.htm［2020-11-15］.

2. 欧盟近期气候与环境政策

2019 年 12 月 11 日，新一届欧盟委员会发布了"绿色新政"，提出到 2050 年欧洲要在全球范围内率先实现气候中和。绿色新政对"后巴黎时代"应对气候变化进行了中长期战略布局，充分体现了绿色发展与经济高质量发展的和谐统一，提振了全球应对气候变化的信心，成为推动全球可持续发展的重要风向标。2020 年 3 月 4 日，向欧洲议会及理事会提交《欧洲气候法》提案，该法作为欧洲绿色转型战略必不可少的法律文件，将碎片化的欧洲气候法律政策统一在欧盟的监督之下，完成了欧盟从分散立法模式向分散立法与专门立法并存模式的转变。

1）绿色复苏的优先领域

绿色新政主要包括七大领域。欧盟委员会将制定《新欧洲工业战略》，实施绿色和数字化的工业战略，推动以绿色新政和欧盟数字化战略推动工业发展模式转轨；要求在建筑业掀起"革新浪潮"，以能源资源更有效的方式新建和翻修建筑，实现建筑行业的全链条绿色化。绿色新政明确要求加速能源领域的立法、修法进程，打造互通互济的一体化能源系统，形成全环节的能源互联互通，对泛欧能源网的相关规则进行评估，建立欧洲清洁氢能联盟；建设脱碳高效的绿色交通系统，制定《可持续和智能交通战略》，并评估相关的立法效果，停止化石燃料补贴，确保不同运输方式的替代燃料均具有可持续性；建设全链条可持续粮食保障体系，要求食品必须以对自然影响最小的方式生产，并将农民和渔民作为改革的关键；基于保护生态系统、保护生物多样性和应对气候变化之间的整体性关系，保护生物多样性；打造无毒纯净的环境，构建综合性系统性的生态环境政策法规体系，强化对污染的全链条监管能力。

2）加速绿色转型的举措

欧盟提出了绿色发展和实现碳中和的目标，开展系统性、全局性应对气候变化行动，并以绿色发展为核心理念重塑经济体系。即使面对疫情的重大冲击，欧洲仍迅速在其立法、政策、行动计划、保障方案、外交事务等方面取得重大进展，提出雄心勃勃的投资计划，预期在 10 年内将通过直接投资和撬动投资，投入至少 10 万亿欧元的资金用于绿色转型，并明确了出资主体和额度。

（1）绿色配置发展资源。加强绿色金融资金供应，要实现当前的气候和能源目标，每年预计需要追加 2600 亿欧元的投资，约占 2018 年 GDP 的 1.5%，这一投资需要公私部门的连续共同支持。欧盟将制定《欧洲可持续投资计划》来应对这一重大挑战，推动投资的绿色化；将所有欧盟项目的气候主流化目标设置为 25%，并把不可回收的塑料包装废物和欧盟碳排放交易体系拍卖收入的 20% 纳入新收入流；欧盟投资基金中至少30%将用于应对气候变化；确立公正转型机制，设立公正转型基金，重点关注脱碳部门和地区的发展。

（2）推动绿色金融创新。出台新的可持续融资战略，推出可持续发展活动目录，要求将可持续性纳入企业和金融机构治理框架，强化气候和环境信息披露；加强与欧洲投资银行、欧盟成员的开发银行及其他国际金融机构的合作，将欧洲投资银行定位为欧洲气候银行，要求其2025年的气候融资目标从25%提升至50%；增强金融体系应对气候和环境风险的能力，并对绿色资产现有资本要求的适用性进行评估；开发欧盟绿色债券标准，标明投资产品属性，使投资者更易识别可持续性投资，并确保其可信度。

（3）建立绿色财税机制。通过绿色预算工具推动在公共投资、消费和税收中优先考虑绿色事项。欧盟委员会将监测评估绿色项目的实施情况，确保在欧盟财政规则内进行绿色投资，防范债务可持续性风险。推动税收改革，如取消化石燃料补贴，将税收负担从劳动者转向污染方，通过增值税率来反映环保目标。2021年完成对包括环境和能源在内的国家援助指引的修订，以使其反映欧盟绿色新政，确保2050年高效完成碳中和及绿色转型，并为逐步淘汰化石能源、破除清洁能源的进入壁垒扫清障碍。

（4）注重绿色研究创新。提出或加强多项研究资助计划，将"欧洲地平线计划"中35%的预算用于气候问题研究，鼓励各国和各产业参与电池、清洁氢能源、低碳炼钢、可循环生物等领域的创新研究。加强欧洲创新和技术研究院与企业和教育研究机构，在气候变化、可持续能源、未来食品和智能环境友好型城市、一体化城市交通等领域的合作。欧洲创新理事会将通过融资、股权投资和商业服务等方式，对初创企业和中小企业进行支持。

（5）推广绿色教育培训。构建多层次针对不同群体的绿色转型教育体系，提升国民应对气候变化的知识技能，提升教师绿色教育技能；为学校的绿色化建设提供金融资助，2020年投资20亿欧元用于学习设施投资；欧洲社会基金将帮助欧洲劳动力获取产业转型所必备的技能，更新欧洲"技能议程"和"青年人保障计划"，以提高绿色经济环境下民众的就业能力；以欧洲社会基金为核心，针对生态转型需求，为劳动力提供技能重塑和升级，以适应新形势的要求。

（6）构建绿色保障机制。欧盟委员会将出台更有效的监管政策以确保绿色新政有效落实，利用公众咨询识别环境、社会、经济影响及面临的发展障碍，支撑政府做出高效决策并确保决策过程的一致性；通过邀请利益相关者参与协商解决矛盾问题；欧盟委员会将基于评估结果，不断改善其在可持续性和创新性方面的监管指南和支持工具。

（7）引领全球绿色发展。欧盟将打造更强势的"绿色新政外交"，聚焦于说服和协助他国在可持续发展方面采取更有力的行动。欧盟为其树立榜样，并采取外交、贸易政策，倡导绿色低碳发展；欧盟将确保《巴黎协定》执行的必要性和有效性，推动其他区域有效应对气候变化；欧盟也将与伙伴国家开展双边行动，针对不同国家排放强度的不同制定差异化的地缘外交政策。

（8）将气候因素纳入贸易政策考虑范畴。利用外交和金融工具推动形成绿色联盟；为保证欧盟企业享有公平竞争的市场环境，欧盟拟通过碳边境调节机制，使进口商品价格更准确地反映其碳含量，以保证欧盟企业能够公平竞争；以贸易政策为抓手，建立涵盖世界主要国家的减排计划，提议将遵守《巴黎协定》作为全面贸易协定的核心要素；欧洲市场上的所有化学品、材料、食品和其他产品都必须满足欧盟相关监管要求和标准，鼓励合作伙伴制定与欧盟相似的目标；在贸易协议中包含约束性承诺，即要求各方批准并有效落实《巴黎协定》；运用在"绿色"监管方面的经验，促进这些国家的贸易便利化，加强其环境保护并提升应对气候变化的能力。

3. 中欧气候变化合作的发展趋势

新冠肺炎疫情后的社会经济全面复苏是中欧双方共同面临的挑战，但同时也为能源转型和实现经济绿色可持续发展打开了新的窗口。中欧绿色合作不仅有利于共同应对全球环境挑战，还将为全球地缘政治带来迫切需要的积极动力。美国回归全球气候治理体系，也为中美欧之间的关系带来新的不确定性，为全球气候治理增添变数。

（1）中国与欧盟以中欧环境与气候高层对话为引领，打造中欧绿色合作伙伴关系。中欧气候合作已经进入了战略合作阶段，加强双方合作是落实共识及实现绿色复苏、引领全球气候治理格局的重要途径。中欧双方在能源转型、碳排放交易体系、科研创新、绿色金融等领域具有很强的合作互补性，在气候治理、促进绿色发展等方面拥有巨大合作潜力。中欧双方应以落实建立环境与气候高层对话机制为抓手，继续深化中欧在绿色发展领域的合作关系，推动在中欧共同利益区间积极作为，形成中欧合作的良好态势，共同应对世界多边主义带来的挑战。

（2）建立多主体、多层次、多形式的合作机制框架。深化政府间的环境和气候合作，以现有的中欧环境政策部长对话会、中欧部长级气候变化对话机制为基础，建立多主体、多层次、多形式的合作关系，推动应对气候变化的多边机制建设。鼓励中欧地方政府间开展环境与气候合作，建立友好城市关系。加强中欧企业间在环境产业和低碳技术方面的交流与合作；加强环境和气候科技合作，推动中欧高校间、智库间建立合作研究机构。

（3）中国与欧盟各主要成员国的气候合作也将发挥积极作用。中欧气候合作不仅包含中国与欧盟整体层面的合作，还包括与各欧盟成员国的环境合作。在中欧气候合作框架下，中国与主要欧盟成员国法国、德国已建立中法、中德双边气候合作机制，可进一步加强中国与欧盟成员国之间的战略合作，在低碳绿色转型中发挥各自的产业特点和政策优势，强化双方在能源转型、碳排放交易体系、科研创新、绿色金融等领域的互补性，加强包括核电等新能源领域、传统制造业低碳转型等在内的领域中的合作，促进绿色发展，为中欧气候合作提供重要支撑。

（4）中欧双方拓宽绿色合作领域，加强公约间的协同。加强中欧在应对气候变化、保护生物多样性等全球性环境问题上的合作，就在中国举行的《生物多样性公约》第15次缔约方会议（COP15）及在欧洲举行的第二十六次《气候变化框架公约》会议加强协调合作，推进《巴黎协定》全面有效落实。加强中欧在绿色复苏、绿色投融资、"无废城市"建设、海洋垃圾和微塑料、污染防治、环境大数据、新型城镇化建设、土壤污染防治（修复）、碳市场、绿色金融等领域的沟通对话及务实合作，进一步深化在环境技术、循环经济、清洁能源等领域的合作。

（5）全面看待中美欧三方基于双边层次上的"三方"关系及大多边层次上的竞合态势。自20世纪90年代以来，随着全球气候治理的不断推进，中美欧三方的关系不断发展演变，呈现不同的阶段性特征。《巴黎协定》的达成离不开中美欧之间整体上合作性的多边关系，而美国退出《巴黎协定》削弱了三方在大多边层次上的有效协调。拜登政府如重新回到《巴黎协定》，三方在清洁能源和碳交易机制上尚有务实合作的空间，在气候变化领域将呈现开放性的博弈关系。中欧之间应提高在全球气候治理制度建设方面的合作，中美之间保持绿色低碳技术领域和次国家行为体之间的合作，在"基础四国"框架内，推动全球气候治理规则制定，体现"共同但有区别责任"原则，形成良性竞争的合作关系。

（三）南南合作

应对气候变化南南合作是我国积极参与全球气候治理、承担国际责任、对外援助的重要组成部分，也是与广大发展中国家共同探索减缓和适应气候变化路径、共建人类命运共同体的重要举措（李媛媛等，2020）。加强南南气候合作是推动领导人气候外交、助力气候变化国际谈判、加快绿色"一带一路"建设的重要抓手，对我国参与全球气候治理、强化气候领导力、推进绿色"一带一路"建设具有重要现实意义。

1. 气候变化南南合作的现状

南南合作是发展中国家在经济、技术、贸易等多领域的合作，是发展中国家自力更生、谋求进步的重要途径，也是确保发展中国家融入和参与世界经济的有效手段（冯存万，2015），是推进全球气候变化合作的重要内容。由于在全球气候变化中的特殊地位及相对突出的资金和技术优势，中国于21世纪初启动南南合作框架下的气候援助。这一实践推动了中国气候援助理念的初步确立，促进了中国气候外交体系的形成和中国对外援助的多样化发展。

2013年3月、6月及2014年11月，国家主席习近平在出访非洲、拉美和加勒比地区以及太平洋岛国地区的国家时表示，中国将坚定不移地与其他发展中国家一道共同应对气候变化，并将继续在"南南合作"框架内为小岛屿国家、非洲国家等发展中国家应对气候变化提供力所能及的支持。

2015年11月，习近平主席在第70届联合国大会发表《携手构建合作共赢新伙伴 同心打造人类命运共同体》重要讲话。此后，我国政府在气候变化南南合作领域做出了多个积极承诺，包括：宣布出资200亿元人民币建立"中国气候变化南南合作基金"，注资20亿美元设立"南南合作援助基金"，提出"一带一路"应对气候变化南南合作计划，在中非合作论坛机制下向非洲提供600亿美元支持，等等。

2016年，我国启动了在发展中国家设立10个低碳示范区、开展100个减缓和适应气候变化项目及1000个应对气候变化培训名额的合作项目（即"十百千"项目），继续推进清洁能源、防灾减灾、生态保护、气候适应型农业、低碳智慧型城市建设等领域的国际合作，帮助这些国家提高绿色融资能力（李媛媛等，2020）。

2019年6月，全球适应委员会下的全球适应中心中国办公室正式揭牌，它的设立旨在推动国际社会提高适应气候变化力度和加强伙伴关系，帮助气候脆弱型国家提升适应能力，实现可持续发展目标，强调在南南合作框架下为其他发展中国家，特别是为小岛国提高气候变化应对能力提供力所能及的帮助。①

截至2020年8月，我国已与35个国家签署38份气候变化合作文件，举办了45期气候变化南南合作培训班，为120多个发展中国家培训2000余名气候变化领域的官员和技术人员。气候变化南南合作项目得到受援国的积极肯定，影响力不断扩大（奚旺和莫菲菲，2020），吸引力不断增强，广大发展中国家积极申报相关的合作项目。

---

① 李克强同荷兰首相吕特、联合国前秘书长潘基文共同出席全球适应中心中国办公室揭牌仪式. http://www.xinhuanet. com/politics/leaders/2019-06/28/c_1124685705. htm［2020-10-20］.

应对气候变化南南合作围绕深度参与全球气候治理、树立负责任大国形象等目标，立足为其他发展中国家尤其是最不发达国家、非洲国家和小岛屿国家应对气候变化提供力所能及的支持，已成为我国对外援助的一张名牌。合作项目开展以来，发展中国家在气候谈判中与我国共同发声次数不断增多，为有效运筹气候外交、巩固发展中国家的战略依托提供了支撑。

2. 气候变化南南合作的新趋势

在我国深度参与全球气候治理、推动全球气候治理体系改革、构建新型大国关系过程中，气候变化南南合作作为完善全球气候治理体系的重要抓手，面临新的机遇与挑战。

（1）气候外交的持续博弈为气候变化南南合作带来新的契机。习近平总书记提出的构建人类命运共同体理念是我国气候变化国际合作的重要目标。随着新兴经济体的群体性崛起，发展中国家内部利益逐渐出现多元化，以"G77＋中国"为代表的发展中国家阵营分歧日益明显，内部凝聚力下降，使中国气候外交面临较大压力和挑战，面对国际气候谈判进程中的分散化、碎片化趋势，未来气候变化南南合作仍将作为消除发展中国家分歧、协调各方立场、维护和争取发展中国家在气候变化领域的合法权益与制度性话语权的重要手段，在气候外交中发挥重要作用。

（2）绿色"一带一路"仍将作为气候变化南南合作的重要平台。2019年4月，习近平主席在第二届"一带一路"国际合作高峰论坛上提出，把绿色发展理念融入"一带一路"倡议，发起成立"一带一路"绿色发展国际联盟，实施"'一带一路'应对气候变化南南合作计划"，这为气候变化南南合作提出新的要求并注入新的政治推动力。"十四五"阶段，气候变化南南合作与绿色"一带一路"将发挥"1+1>2"的战略协同效应（奚旺和莫菲菲，2020），对于实现2030年可持续发展目标、发挥中国气候变化南南合作品牌影响力、构建人类绿色命运共同体具有重大意义。

（3）健全气候变化南南合作管理体制成为未来改革的重点。在国家政府机构改革中已将商务部负责的援外决策、监督、评估等职能剥离，整合组建的国家国际发展合作署，负责拟订对外援助战略方针、规划、政策，统筹协调援外重大问题并提出建议，推进援外方式改革，编制对外援助方案和计划，确定对外援助项目并监督评估实施情况等，但援外的具体执行工作仍由相关部门按分工承担。在气候变化领域，援外管理体制改革缓慢直接导致气候变化南南合作管理体制以及相关制度建设受阻，亟须完善南南合作气候援外决策、实施、协调等体制。

（4）南南合作型气候外交模式需要巩固和深化。南方国家在气候治理问题上出现了多样化的诉求和政治立场，进而对中国造成巨大压力，如果中国依然采取传统的单打独斗搞支援的模式，则可能影响气候外交的效果。中国需要加强与新兴大国的沟通与协调，争取在南南合作援助的基本性质和做法方面达成较为统一的认识和口径，为南南合作援助的进一步发展拓宽空间。强化中国气候援助在体系、思路、途径、方式、领域等多方面的顶层设计，将气候援助置于外交战略高度，建立气候援助的长效机制，借助并推动基础四国的发展来促进气候援助的发展，积极打造以基础四国为核心枢纽的南南合作型气候援助体系。

四、推动绿色复苏与低碳转型国际合作的思路和对策

国际政治经济环境和应对气候变化的战略格局正在发生深刻改变，国际关系发生长期性、根本性、结构性变化。当前民粹主义和反全球化潮流盛行，尤其是在新冠肺炎疫情暴发后，全球气候领域的国际谈判议程被迫延后，转型期延长，领导力缺失，全球公共物品提供乏力，全球气候治理面临新的困境，未来国际合作与共同行动的前景不容乐观。但气候变化是人类社会当前面临的重大而紧迫的全球性问题之一，人类是一荣俱荣、一损俱损的命运共同体。应对气候变化，推动绿色低碳发展，需要国际社会坚定信心，凝聚共识，积极努力，加强合作。中国是世界上最大的发展中国家，也是主要的碳排放国家之一，虽自身面临艰巨的发展任务和重重挑战，但仍应在应对绿色复苏和低碳转型的国际合作中发挥更加重要的作用。

一是积极承担推动全球绿色低碳发展的大国责任。作为一个发展中国家，中国在发展进程中为应对气候变化做出了不懈努力和积极贡献，中国取得的巨大发展成就有目共睹。《中共中央关于制定国民经济和社会发展第十四个五年规划和二〇三五年远景目标的建议》中也明确提出"碳达峰后稳中有降"和"积极参与和引领应对气候变化等生态环保国际合作"的建议。[①] 在推动全球绿色低碳发展的国际合作中，担起大国责任，积极履行应尽的国际义务和责任，信守应对全球气候变化的承诺，不仅有利于我国在国际社会树立负责任大国的形象，在全球治理体系中争取更多话语权，同时也是在新的发展阶段，我国加快新旧动能接续转换，推动经济高质量发展以实现可持续发展的内在要求。

二是构建更加公平合理的国际合作机制。全球气候治理是最复杂最难以达成共识

---

① 中共中央关于制定国民经济和社会发展第十四个五年规划和二〇三五年远景目标的建议．http：//www. xinhuanet. com/2020-11/03/c_1126693293. htm［2020-11-15］．

的国际公共问题之一，其背后的关键因素是气候变化对发展中国家，特别是以农业生产为主的贫穷国家的影响更为直接。在开展应对气候变化合作的过程中，应积极倡导求同存异、相向而行的合作理念，在充分肯定各个国家经过长期努力凝聚的广泛共识的基础之上，要在《联合国气候变化框架公约》下做出切实有效的制度安排，进一步推动发达国家与发展中国家开展密切合作，构建更为公平、公正、合理的全球气候治理秩序，力争把合作重点逐步转换到完成近期和中期减排目标上，促使发达国家兑现承诺，向发展中国家持续提供资金与技术支持，帮助发展中国家提升应对气候变化的能力建设。

三是在中美欧三方博弈中赢得对我国有利的合作格局。拜登政府如果带领美国重返《巴黎协定》，与欧盟一道要求发展中排放大国进一步提高减排和出资力度，限制高碳能源利用，中国将面临巨大压力。一方面通过加强中欧绿色合作伙伴关系，争取欧盟在绿色低碳发展路径上对我国的支持，创造绿色低碳技术上的中欧合作机会，一定程度上缓解我国与美欧联合体之间的力量制衡；另一方面通过加强中美之间非国家层面的交流，开展省、州、城市层面的合作，推动智库、企业、高校、研究机构层面的交流，多渠道创造良好的合作氛围，平衡好中美气候竞合关系下的三方力量，创造更有利于我国的中美欧合作局面（中国科学院科技战略咨询研究院"绿色复苏"课题组，2020）。

四是扩大应对绿色低碳技术的国际交流。长期以来，中国一直是全球气候治理进程的维护者，积极参与气候变化多边进程，并努力兑现应对气候变化的承诺。中国高度重视应对气候变化技术的研究，应对环境变化的资源投入力度持续加强。目前，中国已逐渐从绿色低碳技术的输入国转变为技术输入和输出并行的国家。但在全球层面，应对气候变化技术的全球分布却呈现分散态势，技术研发标准存在地区差异，基础研发、系统化和定制化有待形成国际标准和统一范式，大幅抬升了相关技术的转化成本，技术的国际标准化和规范化需求迫切。在新形势下，中国应积极把握机遇，做好战略性布局，通过开展多边和双边气候科研合作，构建气候科研合作和成果的共享机制，推动与欧美日等发达国家低碳技术联合研发计划，筛选气候优化的低碳技术，为全球应对气候变化提供有力的技术支撑，以应对气候变化领域国际科技合作为突破口，引领全球气候治理新方向。

五是推进应对气候变化的区域合作。中国一直是全球气候治理进程的维护者，积极倡导并参与气候变化的多边合作，并努力兑现应对气候变化的承诺。面对世界格局的深刻变化，在积极推进应对气候变化全球治理的同时，还应更加关注应对气候变化的区域合作，充分发挥我国在区域合作与区域治理领域取得的经验，持续推进应对气候变化南南合作计划，强化南南合作框架下绿色低碳技术走出去战略，为受援国家技术发展提供战略咨询和高新技术转移服务，做好适应技术援助最佳案例总结与宣传。提出国家间绿色低碳科技合作倡议，加快区域间共性技术研发合作，完善气候变化信息全球共享平台建设，增大科技成果共享力度。深化中欧气候变化伙伴关系，妥善处理中美气候合作，化整为零，减少争议，以小共识改善大环境，以小突破推进大变革，不断提升我国在应对气候变化合作中的话语权和影响力。

六是加强在东南亚、非洲、中亚等区域的重点国家进行第三方市场合作。通过支持发展中国家实现低碳转型与可持续发展，推动全球气候治理体系改革。一方面，在政府、企业、行业协会之间建立多层次合作机制，在风能、太阳能、生物能和核能等新能源领域建构起以企业为主体、市场为导向的技术创新体系，共同开发新能源领域的技术产品，推动科研成果在"一带一路"建设中得到转化和应用。另一方面，加强绿色标准的对接，共同开发"一带一路"沿线国家市场，共同制定国际规则，推进发达国家和发展中国家在全球环境治理问题上的沟通，加快六大经济走廊的合作平台建设，扩大与相关国际组织和机构合作，建构合作共赢的全球气候治理体系，共同应对能源安全、环境污染和气候变化问题的挑战。

参 考 文 献

冯存万 . 2015. 南南合作框架下的中国气候援助 . 国际展望，（1）：34-51.

何建坤 . 2019. 全球气候治理新形势及我国对策 . 环境经济研究，（3）：1-9.

金玲 . 2015. 中欧气候变化伙伴关系十年：走向全方位务实合作 . 国际问题研究，（5）：40.

康晓 . 2017. 中欧多层气候合作探析 . 国际展望，（1）：90-108.

科学技术部社会发展科技司，中国 21 世纪议程管理中心 . 2019. 应对气候变化国家研究进展报告 . 北京：科学出版社 .

李慧明 . 2018. 构建人类命运共同体背景下的全球气候治理新形势及中国的战略选择 . 国际关系研究，（4）：3-20.

李强 . 2019. "后巴黎时代"中国的全球气候治理话语权构建：内涵、调整与路径选择 . 国际论坛，（6）：3-14.

李媛媛，姜欢欢，李丽平，等 . 2020. 我国与南太平洋和加勒比海国家开展应对气候变化合作策略研究 . 环境与可持续发展，（3）：155-160.

刘洪岩 . 2020. 2020 后全球气候谈判：新问题、新挑战、新方案 . 人民论坛，（28）：110-114.

罗建波 . 2019-6-7. 从全局高度理解和把握世界百年未有之大变局 . 学习时报，第 A2 版 .

牛站奎 . 2019. 全球气候治理体系的复合多层次分析 . 中共中央党校硕士学位论文 .

任剑涛 . 2020. 找回国家：全球治理中的国家凯旋 . 探索与争鸣，（3）：26-41.

奚旺，莫菲菲 . 2020. "十四五"应对气候变化南南合作形势分析与对策建议 . 环境保护，48（16）：65-67.

阎学通 . 2020. 疫情放大了无政府国际体系，全球合作还有未来吗？https：//www. guancha. cn/ YanXueTong/2020_04_06_545622_s. shtml［2020-11-15］.

杨娜，王慧婷 . 2020. 百年未有之大变局下的全球治理及中国参与 . 东北亚论坛，（6）：39-50.

张骥 . 2020. 新冠肺炎疫情与百年未有之大变局下的国际秩序变革 . 中央社会主义学院学报，（3）：73-77.

张云 . 2020. 新冠疫情下全球治理的区域转向与中国的战略选项 . 当代亚太，（3）：141-165.

中国科学院科技战略咨询研究院"绿色复苏"课题组 . 2020. 实现经济的绿色复苏——中欧合作研究报告 .https：//eeas.europa.eu/sites/eeas/files/shi_xian_jing_ji_de_lu_se_fu_su_-zhong_ou_he_zuo_yan_jiu_cn_final.pdf［2020-10-31］.

Biden J. 2020. Climate Change. https：//buildbackbetter. gov/priorities/climate-change［2020-12-1］.

Biden J. 2020. The Biden plan for a clean energy revolution and environmental justice. https：//joebiden. com/climate-plan［2020-11-25］.

Biden J. 2020. The Biden plan to build a modern，sustainable infrastructure and an equitable clean energy future. https：//joebiden. com/clean-energy［2020-11-25］.

Biden J. 2020. The Biden plan to secure environmental justice and equitable economic opportunity. https：//joebiden. com/environmental-justice-plan［2020-11-25］.

European Commission. 2019. The European Green Deal. https：//eur-lex. europa. eu/legal-content/EN/TXT/?uri=CELEX%3A52019DC0640［2020-11-20］.

Gewirtz P. 2020. Working with our（European）allies. The Future of US Policy toward China.

IMF. 2016. World Economic Outlook，A Crisis Like No Other，An Uncertain Recovery. Washington，D C：Inter-national Monetary Fund.

OECD. 2020. OECD Economic Outlook. The World Economy on a Tightrope.

第 二 部 分

方法、影响和比较分析

第十一章　实现碳中和目标的
能源、经济和排放影响[*]

　　碳中和不仅是应对气候变化问题，还是未来经济高质量发展的问题。作为全球最大的发展中国家和排放大国，中国需要在 40 年的时间里实现经济发展与碳排放的深度脱钩，这将带来中国经济社会的结构性变革。国内外学者对中国碳达峰、深度脱碳、能源结构转型等应对气候变化行动的影响作了大量研究，研究表明这些措施在显著减少碳排放的同时也存在不可忽视的经济代价。因此，有必要在新形势下，对中国 2060 年前实现碳中和目标的能源、经济和排放影响展开分析，这对在转型期规划碳中和战略、路径和措施具有重要的现实意义。

　　本章基于减源、增汇和替代的净零排放思想，考虑能源效率改进、碳价格政策、可再生能源政策三类减排措施，分析 2060 年中国碳中和目标的能源、经济和排放影响，并识别不同政策工具和政策组合对碳中和目标的贡献程度及其成本收益。[①] 拟回答的问题包括：三类减排措施及其不同政策组合的减排潜力如何？是否都有助于能源结构和发电结构转型？在宏观经济影响和行业影响上是否存在显著差异？传导机理是什么？不同减排政策及其政策组合减排的成本收益如何？在碳中和目标下，可选的政策组合有哪些？

---

[*]　本章由刘宇、崔琦、周梅芳、柳雅文、羊凌玉执笔。刘宇、柳雅文、羊凌玉单位为中国科学院科技战略咨询研究院，崔琦单位为北京师范大学，周梅芳单位为北京工商大学。

[①]　需要说明的是，本章的成本收益分析仅包括能源环境和经济领域，不包括由此带来的健康领域的变化，以及由此再次引发的经济系统等一系列变化。如果考虑健康收益以及由此引发的间接影响，实现碳中和目标的收益将大于本书所报告的结果。能源环境政策的影响往往是多学科领域的，其成本代价的全面客观评估需要借助经济－能源－大气－健康耦合系统，是学科研究的一个重点和难点问题。目前学界多数的成本收益研究也与我们一致，主要集中在能源环境和经济领域。

一、研究方法

可计算一般均衡模型由于能够捕捉经济系统一系列冲击的直接和间接影响并识别出主要影响因素，已成为研究能源环境政策宏观经济影响的重要模型工具。本章利用中国动态能源环境模型（China-Dynamic Energy Environment Model，C-DEEM）揭示经济和排放之间的复杂机理与互馈机制，评估碳中和的能源、经济和排放影响。

（一）模型简介

C-DEEM 由中国科学院科技战略咨询研究院与澳大利亚维多利亚大学政策研究中心（Centre of Policy Studies，CoPS）联合开发，已被广泛应用于宏观政策影响评估。模型包括能源模块、经济模块和排放模块，刻画了 6 类经济主体（厂商、投资、家庭、政府、出口和库存）、3 种初级要素（劳动力、资本和土地），同时还考虑了 9 类流通服务。模型采用多层嵌套生产函数来描述不同投入之间的替代关系。在水泥生产过程排放上，参考 Hyman 等（2002）的方法，以常替代弹性（Constant Elasticity of Substitution，CES）生产函数的形式引入水泥生产过程排放与水泥生产投入之间的替代关系。模型通过资本积累机制和实际工资滞后调整机制实现动态迭代。

模型研究时期为 2020—2060 年，数据库包括能源数据、经济数据和排放数据。其中，经济数据以 2017 年中国 149 个部门投入产出表为基础；排放数据包括化石能源燃烧排放和水泥生产过程排放，参考政府间气候变化专门委员会（IPCC）第 5 次评估报告（AR5）（IPCC，2014）和《2020 年世界能源展望》（IEA，2020）建立；能源数据根据《中国统计年鉴》和《中国电力统计年鉴》建立。在拆分能源和电力品种的基础上，最终形成 159 个产品部门。参数和弹性值参考全球贸易分析模型第 10 版数据库设定。

（二）情景方案

本章的研究以中国 2060 年实现碳中和目标为政策情景。在基准情景方面，依据世界银行、法国国际经济研究所等国际权威机构预测，构建了中国 2020—2060 年的

GDP、人口、劳动力、宏观经济结构的基准情景。基于 IEA 的《2020 年世界能源展望》，校准了未来 40 年中国能源使用总量与结构变化。对于政策情景，考虑通过增汇、减源和替代三条路径来实现 2060 年中国净 CO_2 排放量接近于零，具体的措施包括森林碳汇、碳捕集与封存（CCS）、生物能源结合碳捕集与封存（BECCS）、能效改进、碳价格以及可再生能源政策。

对于中国森林碳汇能力，我们参考学界研究设定。徐晋涛（2020）依据 Jin 等（2020）的研究，提出考虑新增造林碳汇量、森林可持续经营增汇、木质林产品替代工业建筑材料固碳，到 2050 年中国森林碳吸收潜力可以达到 15.4 亿吨 / 年。何建坤（2020）对中国森林碳汇能力的估计要低很多，根据其研究，到 2050 年中国森林碳汇是 7 亿吨 / 年。Wang 等（2020）的研究提出，2010—2016 年包括森林在内的中国陆地生态系统年均吸收约 11.1 亿吨碳。何建坤（2020）和 Wang 等（2020）的估计均未考虑木质林产品的碳汇能力。综上，我们对森林碳汇作如下考虑：到 2060 年中国森林碳汇能力保守情景下为 7.5 亿吨 / 年，乐观情景下为 16 亿吨 / 年。

对于中国 CCS+BECCS 固碳能力，我们参考何建坤（2020）的研究设定。何建坤（2020）对中国 CCS+BECCS 技术碳汇的估计是，在 1.5℃和 2℃情景下，到 2050 年分别为 5.1 亿吨和 8.8 亿吨。由此，我们对 CCS+BECCS 作如下考虑：到 2060 年中国 CCS+BECCS 固碳能力保守情景下为 7 亿吨 / 年，乐观情景下为 12 亿吨 / 年。

综上，到 2060 年，保守情景下，中国森林和碳捕集、利用与封存（CCUS）的固碳能力为 14.5 亿吨 / 年；乐观情景下，中国森林和 CCUS 的固碳能力可达到 28 亿吨 / 年。考虑到未来森林碳汇、CCUS 技术发展的不确定性，如果 2060 年 CO_2 排放量下降到 30 亿吨以内，我们认为基本实现碳中和（净零排放）。

在化石能源减排上，我们考虑通过以下三类政策工具及其组合进行 CO_2 减排。

1. 能源效率改进

通过提高化石能源的利用效率，减少产业部门单位能耗，从而实现碳排放下降。目前研究主要围绕行业整体和分部门能效改进展开。Ding 等（2019）根据 1980—2006 年中国能源强度变化趋势设定能效外推公式，测算得到 2000—2100 年的能源强度每年下降 3.92%。Zhang 等（2019）根据《2030 年中国能源展望》对中国 41 个行业 2020—2030 年的累计能源强度变化进行预测，并认为在没有相关政策影响和存在政策引导下行业整体能源消耗强度将分别累计下降 16.1% 和 31.9%。Yuan 等（2014）预测从 2011 年到 2050 年农业和服务业的能源强度每年分别下降 1% 和 4.5%，而工业能源强度降幅从 5.5% 逐步下降至 3.9%。总体而言，现有研究认为中国能源强度变化普遍集中在 1%—4%。基于此，我们对每年产业部门的整体能源强度降幅设置离散区间，分别模拟下降 0.5%、1%、1.5%、2%、2.5% 和 3% 的政策情景（简称为 E1—E6）。同时考虑到能效的提高也需要付出成本（成本中性原则），模拟假设能效改进的成本通过增加非能源投入的方式来体现。

2. 碳价格政策

通过对产业部门和居民征收碳税促进减排。目前已有研究主要是针对中国 2030 年碳达峰目标展开设置的。例如，Duan 等（2018）依据 2015 年碳市场价格为 30 美元 / 吨 CO_2，认为碳价格未来会随着政策增加而提高，因此设置了初始碳价分别为 30 美元 / 吨、60 美元 / 吨和 90 美元 / 吨 CO_2 的低中高三个情景，并认为年均增长率接近折旧率 5%。Yuan 等（2020）则依据 2015 年中国碳市场的平均、最低和最高碳价格，并参考 Wilkerson 等（2015）文章的未来碳价格计算公式，认为到 2090 年碳价格水平分别达到 65.5 美元 / 吨、48.2 美元 / 吨和 106.5 美元 / 吨 CO_2，从而给出在 30 美元 / 吨、60 美元 / 吨、90 美元 / 吨和 120 美元 / 吨 CO_2 的碳价格情景。Dong 等（2017）给出的情景为，碳价格在 2030 年将达到 20 美元 / 吨、40 美元 / 吨、60 美元 / 吨、80 美元 / 吨、100 美元 / 吨和 120 美元 / 吨 CO_2，并且从起始年到目标年碳价格呈指数增长。综上，目前研究测算的 2030 年达峰的碳价格在 8—120 美元 / 吨 CO_2 范围内。碳中和需要更严格的碳价政策，因此参照 Dong 等（2017）的方法，本研究设置 6 个政策情景下目标年 2060 年的碳价格为 100 美元 / 吨、200 美元 / 吨、300 美元 / 吨、400 美元 / 吨、500 美元 / 吨、600 美元 / 吨 CO_2（简称为 T1—T6），并假设 2020—2060 年碳价格呈指数增长。根据以往文献建议的税收中性原则，模拟假设碳税收入全部用于减少居民的税收。

3. 可再生能源政策

风能、太阳能、生物质能源等可再生能源的成本快速下降将促进能源结构转型，从而实现排放减少。目前已有研究对可再生能源成本下降的历史趋势进行了阐述。He 等（2020）提出 2010—2018 年集中式光伏太阳能电池板、陆上风能和电池存储的全球平准化度电成本分别下降了 77%、35% 和 85%。根据李俊峰（2020）的研究，光伏发电成本由 1990 年的 100 美元 / 千瓦时下降到 2020 年的 0.05 美元 / 千瓦时，年均降幅高达 22.38%。国际可再生能源机构（IRENA）的研究报告也显示，2010—2019 年太阳能光伏（-82%）、海上风能（-39%）、陆上风能（-29%）的发电成本均呈现较大幅度的下降趋势。此外，IEA（2020）在《2020 年世界能源展望》中对 2040 年的可再生能源发电成本进行了预测。该报告显示在可持续发展情景中，2040 年较 2019 年光伏度电成本将下降 50%，陆上风电和海上风电的成本分别下降 20% 和 60%。本章主要参考 IEA 的预测数据，设置了高速成本下降（简称为 R1）和低速成本下降（简称为 R2）两种情景。在 R1 情景中，太阳能发电、陆上风电和海上风电成本在 2020—2060 年的年均降幅分别为 3.25%、1.06% 和 4.27%；在 R2 情景中，太阳能发电、陆上风电和海上风电成本在 2020—2060 年的年均降幅分别为 1.62%、0.53% 和 2.13%。对于生物质发电成本变化，本章取光伏和风能发电成本的均值。同时假设政府支持可再生能源的资金来自化石能源补贴的减少（征收税收）。

二、模　拟　结　果

（一）能效改进情景

1. 宏观经济影响

本章的研究假设成本中性的能效改进，即通过增加除能源之外的其他投入来弥补能效改进的成本下降。能源投入占比越高的部门，需要的成本越大。因此，能效改进情景将从以下两个方面对能源、经济和排放产生影响：一方面能效提高会降低能源使用成本，另一方面也增加了其他投入，对于生产来说是负面冲击。

能效政策对经济的负面影响较大，能效提高的成本效应是主要影响因素。在能效情景下，中国 2020—2060 年 GDP 累计下降 0.91%—4.41%，整体经济损失相对较大，就业率小幅缩减 0.25%—1.13%。对于短期，所有部门使用能源的效率提高，能源行业产出下降，对劳动力需求下降，对经济产生负面影响。对于长期，一方面，成本效应导致的技术水平下降对经济产生较大负面影响；另一方面，经济收缩进一步导致资本价格降低，投资回报率下降，资本存量不断下降，从而使整体经济水平降幅加大。由于居民收入下降，居民消费也大幅下降，政府消费与居民消费同比变化，2060 年两者降幅达 1.40%—6.95%。

能效政策对投资和物价的影响存在长短期差异，应重视对投资的长期负面影响。投资需求初期小幅上涨，长期大幅下降，2060 年降幅达 1.17%—5.59%。短期是能效改进的成本效应，导致高耗能行业对其他中间品需求增加，间接推高房地产等行业的投资回报率，使投资需求小幅上涨，但长期整体经济缩减，对投资品需求的下降占据主导。对于物价水平而言，也存在短期上涨长期下降的情况，2060 年降幅达 1.16%—5.99%。短期情况下，由于能效改进的成本效应，除主要能源行业价格下降外，大部分行业成本增加，价格上涨；长期情况下，由于经济受损，政府和居民消费需求下降，大部分行业价格下降，促使物价降低。

未来出口规模大幅增加的同时进口贸易下降，整体贸易条件恶化。中国 2060 年能效政策情景相较于基准情景出口累计增长 1.40%—7.45%，进口量累计缩减 0.62%—2.69%。这主要是受物价水平降低的影响，中国出口贸易将具有价格优势，从而使出口量扩张，而进口贸易同时受到国产价格优势和国内整体需求收缩两个负面作用的冲击，进口量累积下降。根据克鲁格曼的标准贸易模型，一国贸易条件的恶化会降低一国的福利水平（表 11.1）。

表 11.1　能效提高情景下 2020—2060 年宏观经济变量的累积变化　　（单位：%）

宏观变量 ＼ 能效提高情景	E1	E2	E3	E4	E5	E6
实际 GDP	−0.91	−1.73	−2.49	−3.18	−3.82	−4.41
居民消费	−1.40	−2.69	−3.89	−4.99	−6.01	−6.95
投资需求	−1.17	−2.24	−3.22	−4.11	−4.93	−5.69
政府支出	−1.41	−2.70	−3.89	−4.99	−6.02	−6.96
出口	1.40	−0.74	4.02	5.23	6.37	7.45
进口	−0.62	−1.15	−1.62	−2.02	−2.38	−2.69
就业	−0.25	−0.47	−0.67	−0.84	−0.99	−1.13
物价	−1.16	−2.26	−3.29	−4.25	−5.15	−5.99
实际工资	−1.16	−2.24	−3.25	−4.19	−5.07	−5.90
当期资本存量	−0.67	−1.29	−1.86	−2.39	−2.88	−3.34

2. 行业产出影响

能源行业受能效改进直接冲击，受损最严重，电力部门受损高于化石能源部门。16 个能源部门产出平均累计下降达 59%，其中电力部门的平均降幅达到 71%，化石能源部门降幅为 44%。其他行业也通过行业关联和宏观效应受到间接影响。

受益的行业有 75 个，产出平均累计上涨 4%。受益的行业主要有两类，一类是出口导向型行业及其主要上游行业，以通信设备、电子设备为代表的出口行业，由于能效提高，居民和政府消费需求下降，从而使劳动力资本和一些主要中间产品的价格下降，这些行业价格下降，具有出口优势，并进一步拉动其主要上游行业产出增加，如电子元器件。另一类是钢铁冶炼等高能源强度部门的主要中间投入品，因为高能耗部门的能源投入比例大，其能效提高需要较大成本，必然要缩减对其他中间品的技术投资等，从而使得对铁矿石开采等其他中间投入品的需求增加。

受损的行业有 68 个，产出平均累计下降 7%。主要有三类：第一类是能源行业的上游行业，如主要用于煤炭开采的开采服务业，主要用于电力分配的电力设备业等，由于能效提高，这些能源行业产出下降，对其需求相应下降；第二类是能源行业的配套运输业，如管道运输，由于其他部门对石油等能源需求下降，相应地对管道运输需求下降；第三类是主要用于政府和居民消费的部门，由于政府和居民消费下降，公共管理和航空客运这类主要用于政府和居民消费的部门产出受损（图 11.1）。

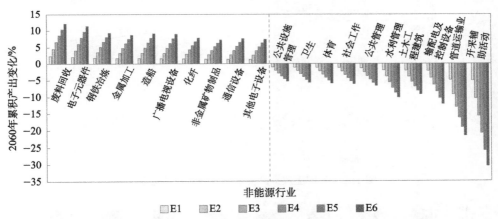

图 11.1　能效提高情景下受益 / 受损最大的前 10 个非能源行业的产出变化

3. 能源消费总量和结构影响

能效改进将大幅降低一次能源消费总量，并促进能源消费量提前达峰（图 11.2）。基准情景下，能源消费总量在 2050 年进入平台期，能效提高 E1 情景下，能源消费量将在 2040 年达峰，E2、E3 和 E4 情景下，达峰时间将分别提前至 2030 年、2028 年和 2025 年，达峰总量减少至 48.5 亿—52.0 亿吨标准煤。当能效提高水平上升至 E5 和 E6 情景，能源消费总量从 2020 年开始下降，E1—E6 情景下，2060 年能源消费总量为 24.1 亿—53.3 亿吨标准煤，比基准情景降低 15%—62%。能源消费总量的下降来自两方面影响：一方面，能效提高直接减少对能源的需求；另一方面，整体经济规模缩减，从总量上降低对能源需求。

能效政策不利于能源消费结构向可再生能源转变（图 11.3）。2060 年，E1 和 E6 情景下，可再生能源所占一次能源消费的比例分别为 35% 和 29%，小于基准情景占比（36%），能效提高越多，越不利于能源结构向可再生能源转变。这是因为能源投入占比越大的行业提高同等能效需要的成本越高，成品油、天然气供应、炼焦等部门作为化石能源的主要下游行业，能源占其投入的份额大，而电力分配部门在其主要下游行业中投入比例相对较小，因此炼焦等部门能效改进成本更大，更难实现技术进步，所以对化石能源的需求更大，而与之相对应，用电技术进步更大，对电力部门需求下降更多。

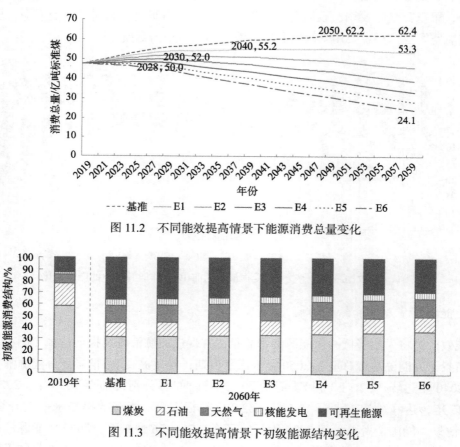

图 11.2 不同能效提高情景下能源消费总量变化

图 11.3 不同能效提高情景下初级能源结构变化

能效改进不利于增加电力在终端能源消费的比重，但有利于电力内部可再生能源发电比例的提高（图 11.4）。E1—E6 情景下，电力占终端能源消费的比例将从基准情景的 44% 降低至 30%—42%，但可再生能源发电占电力的比重将由 56% 上涨到

59%—71%。因为化石能源需求相对电力需求下降小，其价格降幅也相对较小，使得以煤炭和天然气为主要投入的煤电和气电价格下降小，可再生能源发电在能效改进时比煤电、气电等化石能源发电具有更明显的价格优势，因此在电力内部，可再生能源发电替代煤电、气电，发电结构向可再生能源转变。

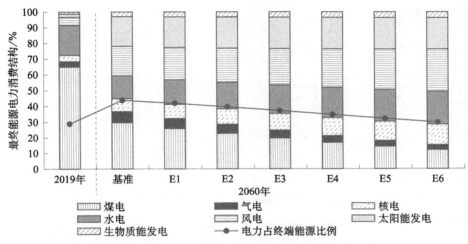

图 11.4 不同能效提高情景下最终能源电力结构变化

4. 碳排放总量和结构影响

CO_2 排放总量将在基准情景上显著减少，但边际减排效率不断下降。能效情景下，2060 年排放总量从基准情景的 88.1 亿吨下降到 47.3 亿—78.3 亿吨，降幅达到 11%—46%，同时达峰时间和达峰总量也相应提前和下降。能效改进直接减少对所有能源产品的需求，尤其是化石能源部门产出大幅下降，带动 CO_2 排放量在基准情景上显著减少。但能效提高的边际减排效率不断下降。从基准情景到 E1 情景，能效每年提高 0.5% 时，2060 年减排量可达 9.8 亿吨；从 E5 情景到 E6 情景，能效从每年提高 2.5% 提升至 3% 时，每年也提高了 0.5%，但 2060 年，E6 情景仅比 E5 情景多减排了 4.5 亿吨，与最初相比几乎下降了 50%。这是因为随着能源效率不断提高，易被替代的煤电、气电等首先被可再生能源替代，而化学工业、钢铁冶炼中的化石能源更难以被替代，因此能效进一步提高的减排效果下降（图 11.5）。

能效政策具有较大的经济成本，且能效提高越快，单位减排量的经济成本越高。比较 GDP 影响和减排效益（图 11.6），可以发现，能效政策在获得较大减排收益的情况下，也会造成较大的经济损失，且单位减排量的 GDP 损失随着能效提高越快损失越多。在 E1 情景下，每减少 1 亿吨 CO_2，将使 GDP 增长下降约 0.093%，而在 E6 情景下，对 GDP 增长的负面影响将增加至 0.108%，减排成本逐渐增加。

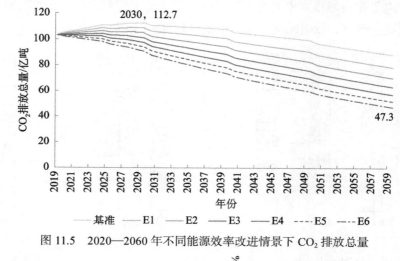

图 11.5　2020—2060 年不同能源效率改进情景下 CO_2 排放总量

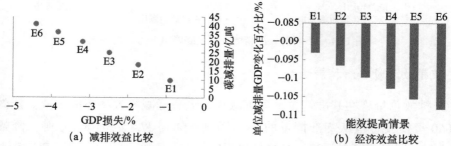

（a）减排效益比较　　　　　（b）经济效益比较

图 11.6　2020—2060 年不同能源效率改进情景下经济效益与减排效益比较

煤炭排放占比下降最多但仍是最大排放源，而过程排放的占比小幅提高。基准情景下，2060 年与 2019 年相比，煤炭排放将大幅缩减，从 73% 下降至 60%，而政策情景下，这一比例将进一步降低至 51%—59%。煤炭排放下降主要是由于煤电部门被可再生能源替代，产出下降。基准情景下，2019 年煤炭发电是煤炭排放的主要来源（34%），到 2060 年这一比例下降到 9%，而能效政策情景下，这部分排放将进一步下降，E6 情景时仅占所有煤炭排放的 1%，煤炭排放的主要贡献部门转变为钢铁冶炼（18%）、基础化学（14%）和建筑材料（10%）。而水泥过程排放将基准情景 2060 年的 10.7 亿吨，进一步增加至 11.8 亿吨，在燃烧排放总量降低的情况下，其占比将大幅扩张。过程排放增加主要是由于水泥行业能效提高的成本效应，使其对中间产品的消耗增加、生产过程中的排放增加（图 11.7）。

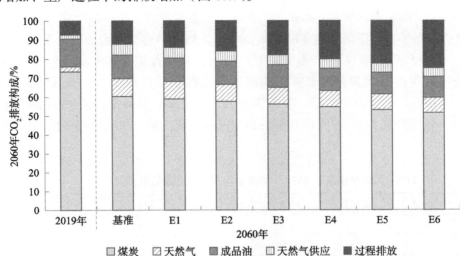

图 11.7　不同能源效率改进情景下 2060 年 CO_2 排放构成

（二）碳税政策情景

1. 宏观经济影响

碳税政策对 GDP 的负面冲击整体相对较小。受碳价格逐年提高的影响，2020—2060 年中国 GDP 相较基准情景累计下降 0.25%—1.12%，但整体幅度相对较小。征收碳税直接提高整个经济使用能源的成本，导致产出收缩，劳动需求下降。长期情况下，随着生产的收缩，资本价格下降进而使投资回报率下降，资本积累的减少使经济出现更大程度的下降。

就业和投资的变化也整体相对较小，但在行业间存在显著差异。与基准情景相比，2020—2060 年就业累积下降 0.04%—0.43%，投资累积降低 0.48%—2.37%，整体影响较小。但从行业来看，差异较大，煤炭、天然气发电等化石能源行业就业降幅最大，服务业受居民和政府消费收缩影响也出现小幅减少；而风电、水电、核电等可再生能源行业受价格替代效应影响就业大幅上涨，大部分工业部门受出口需求拉动就业也小幅增加，但由于劳动力主要被服务业吸纳，因此服务业需求下降是导致整体就业率水平降低的主要原因。相应地，由投资驱动的资本存量变化也表现出显著的行业差异。

受物价下降影响，贸易顺差扩大，但居民消费和政府支出小幅下降。经济规模收缩导致价格水平整体下降，在 T1 到 T6 情景下，物价相对基准情景累积下降 0.49%—2.06%。价格水平下降也意味着实际汇率贬值，从而促进出口扩张 0.89%—3.19%。进口受国内价格替代和国内总需求缩减两方面因素共同作用，相对基准情景下降 0.77%—3.05%。尽管物价下降，但工资收入下降更多，导致居民消费小幅降低，降幅在 0.6%—2.29%。而政府支出与居民消费保持固定比例，因此政府支出同比例下降（表 11.2）。

表 11.2 碳价格情景下 2020—2060 年宏观经济变量的累积变化　　　　（单位：%）

宏观经济变量	T1	T2	T3	T4	T5	T6
实际 GDP	−0.25	−0.45	−0.64	−0.81	−0.96	−1.12
居民消费	−0.60	−1.02	−1.38	−1.71	−2.01	−2.29
投资需求	−0.48	−0.91	−1.30	−1.67	−2.03	−2.37
政府支出	−0.60	−1.02	−1.38	−1.71	−2.01	−2.30
出口	0.89	1.47	1.96	2.40	2.81	3.19
进口	−0.77	−1.34	−1.82	−2.26	−2.67	−3.05
就业	−0.04	−0.12	−0.20	−0.28	−0.36	−0.43
物价	−0.49	−0.88	−1.21	−1.52	−1.80	−2.06

2. 行业产出影响

化石能源产品受碳税政策直接冲击，产出受损；可再生能源行业由于价格优势，产出扩张。在 T6 情景下，天然气、原油、煤炭和天然气供应四个行业产出平均下降 9.6%，远高于所有行业平均降幅 0.6%。同时，成品油、炼焦、煤电、气电又受上游一次能源投入价格上涨影响而成本增加，产出降低。另外，风电、水电、核电等清洁能源由于化石能源成本增加而出现相对价格优势，通过价格替代效应大幅扩张产出，在 T6 情景下，清洁能源行业产出平均扩张 10.4%。

非化石能源行业生产规模受影响程度相对较小。与基准情景的 2060 年相比，62 个非能源行业产出扩张，在 T6 情景下平均涨幅为 1.1%，81 个非能源行业产出受损，平均降幅为 1.3%。受益最大的前 10 个行业大致可分为两类：一类是出口导向型行业及其主要上游行业。以通信设备、电子设备为代表的出口行业由于劳动力资本和部分中间产品生产成本降低，从而使出口价格下降，出口需求增加，产出扩张。另一类是可再生能源行业的上游部门，可再生能源行业产出扩张，直接拉动上游以其他金属制品为代表的各行业产出相应增加。

受损较大的行业主要有两类：第一类是化石能源行业的上游行业，如主要用于化石能源开采的采矿服务业，以及主要用于运输化石能源行业产品的管道运输业，化石能源行业产出下降直接影响这些配套行业；第二类是房地产、公共管理等主要用于政府和居民消费的部门及其上游部门，由于政府和居民消费下降，相应缩减对房地产行业和公共管理行业的需求，从而导致其产出收缩（图 11.8）。

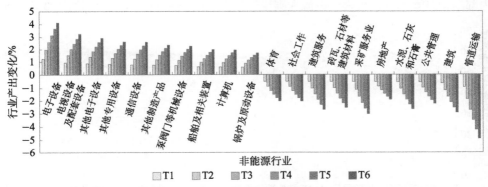

图 11.8　碳价格政策情景下受益 / 受损最大的前 10 个非能源行业的产出变化

3. 能源消费总量和结构影响

一次能源消费总量降低，但随着碳价格不断升高，边际节能效果下降。2060 年，在 T1 和 T6 情景下，能源消费总量分别达到 61.1 亿吨标准煤和 58.0 亿吨标准煤，相对基准情景分别下降 2% 和 7%（图 11.9）。受碳税政策影响，化石能源消费量不断下降，而可再生能源和核电由于价格优势需求增加。但由于整体经济规模缩减，整体能源消费需求降低。从边际节能效果来看，在 2060 年，T1 情景比基准情景下能源消费量减少 1.3 亿吨标准煤，T2 情景相比 T1 情景能源消费量下降 0.95 亿吨标准煤，而 T6 情景相比 T5 情景消费量仅下降 0.4 亿吨标准煤。这也意味着，当 2060 年单位 CO_2 排放的价格是 100 美元时，每提高 1 美元，会促使能源消费量下降 95 万吨标准煤，而随着碳价格从 100 美元不断提高，在 500—600 美元区间时，碳价格对能源消费的抑制作用下降到 40 万吨标准煤 / 美元。

一次能源消费结构整体向可再生能源转变。在 T1 到 T6 情景下，2060 年可再生能源占比将增加到 38%—43%，核能作为清洁能源，相较于基准情景而言占比也提高了 1%—2%。在化石能源中，由于煤炭产生的排放最多，受碳定价政策影响更大，因此煤炭占能源消费的比例下降也最多，下降到 24%—29%，而天然气和石油的排放强度较低，受碳定价的抑制作用也相对较小（图 11.10）。

可再生能源和核电发电比例进一步提升，但涨幅较小，同时可再生能源内部结构变化较小（图 11.11）。与基准情景相比，碳税情景下，电力占最终能源消费比例小幅上涨，由基准的 44% 提高到 45%—48%（T1—T6）。在电力结构中，核能和可再生能源由于具有价格优势，发电比重由基准情景的 64%，提高到 T6 情景下的 73%。但可再生能源内部结构基本不变，可再生能源在碳税情景中受间接影响，因此内部结构变化很小。

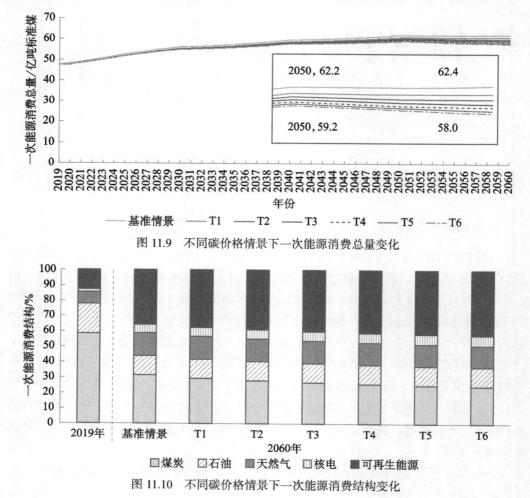

图 11.9 不同碳价格情景下一次能源消费总量变化

图 11.10 不同碳价格情景下一次能源消费结构变化

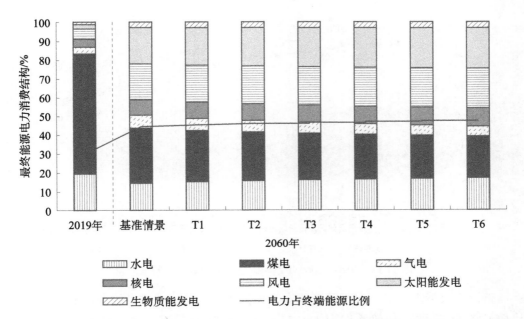

图 11.11　不同碳价格情景下发电结构及电力占终端能源消费比例变化

4. 碳排放总量和结构影响

CO_2 排放总量有效降低，并促使达峰提前至 2028 年，但边际减排效率下降。征收碳税有效降低了化石能源消费量和能源消费总量，从而使整体排放水平相较基准情景大幅降低。在 T1 和 T6 情景中，CO_2 排放总量提前至 2028 年达峰，峰值分别为 107.9 亿吨和 106.7 亿吨，低于基准情景的峰值。到 2060 年，T1 和 T6 情景的排放分别下降到 79.4 亿吨和 65.8 亿吨，比 2060 年基准减排 8.7 亿吨和 22.3 亿吨，减排 9.9% 和 25%。值得注意的是，随着碳税水平的提高，虽然 T6 情景减排速度最快，但同样幅度的碳价带来的减排量递减。在 2060 年，T1 情景比基准情景总排放减少 8.7 亿吨，T2 情景相比 T1 情景总排放减少 4.2 亿吨，而 T6 情景相比 T5 情景总排放仅下降 1.8 亿吨。这是因为征收碳税，易被替代的煤电气电最先被可再生能源替代，但随着碳价格上升，煤电行业产出缩减到一定程度，进一步下降空间减小，而基础化学、钢铁冶炼等部门中的化石能源较难被替代，因此碳价进一步提高的减排效果下降（图 11.12）。

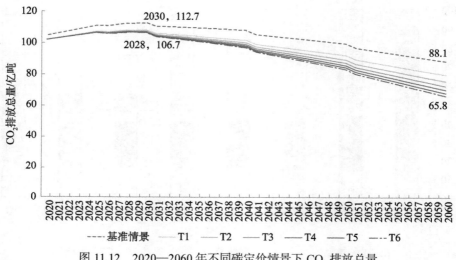

图 11.12　2020—2060 年不同碳定价情景下 CO_2 排放总量

　　碳价格政策需面对一定的经济成本，碳价越高，单位减排量的经济成本也越高。比较 GDP 影响和减排效益发现（图 11.13），在 T1 情景下，每减少 1 亿吨碳排放，GDP 变化率下降约 0.03%，而在 T6 情景下，每减少 1 亿吨碳排放，降幅增加至 0.05%，可以发现边际减排成本提高。因此依靠单一的碳定价机制不足以实现碳中和目标，还需要与其他减排政策结合共同实现碳中和。

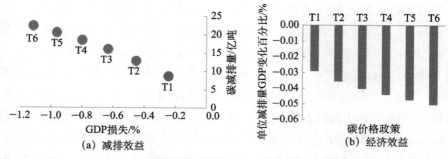

图 11.13　碳定价情景的经济效益与减排效益比较

　　能源结构调整将带动 CO_2 排放结构变化，但煤炭排放仍是主要排放来源（图 11.14）。到 2060 年，T6 情景下煤炭排放占比 57.8%，排放量为 38 亿吨，相较基准情景下降 30%，而非煤炭化石能源相关排放占比 32.7%，排放量为 21.5 亿吨，相较基准情景下降 10%。碳税政策通过提高化石能源使用成本，降低化石能源需求，从而使煤炭、天然气、成品油和天然气供应的排放量均下降。T6 情景下，过程排放占比到 2060 年约为 9.5%,排放量为 6.2 亿吨,相较基准情景下降 40%。过程排放大幅下降主要是征收碳税导致水泥生产成本提高,同时下游建筑等行业产出缩减,对水泥需求下降,两者共同导致水泥生产规模收缩,排放量下降。

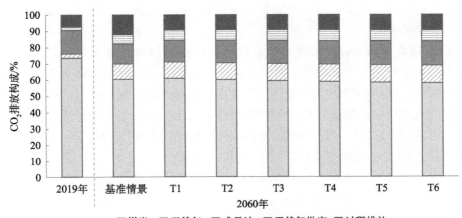

图 11.14 不同碳定价情景下 2060 年 CO_2 排放构成变化

(三)可再生能源政策情景

1. 宏观经济分析

研究假设支持可再生能源成本下降的资金来自减少对化石能源的投资和补贴。因此,可再生能源政策情景将从以下两方面产生影响:一方面,可再生能源成本下降,直接拉低电力价格,使整个经济的用电成本下降,对经济是正面影响;另一方面,化石能源成本上涨,对经济来说是负面影响。

可再生能源政策在短期对 GDP 仅有微弱影响,在长期将促进经济增长。受化石能源成本上涨带来的就业下降影响,2020—2022 年的 GDP 将微弱低于基准情景,比例不超过 0.004%。长期来看,随着可再生能源成本的持续下降,在市场中大规模替代传统电源,整体用电价格下降,刺激生产和投资,并不断形成资本积累,驱动经济增长。且可再生能源成本下降越快,经济受益程度越大。

需要注意的是,尽管可再生能源政策情景对就业、投资和资本存量的总体影响很小,但在行业间存在较大差异。受两方面效应影响,就业、投资和资本存量变化不大,与基准情景的 2060 年相比,在 R1 情景,就业微弱增加 0.003%,投资小幅下降

0.01%，当期资本存量增加 0.69%（表 11.3）。但从行业影响看，直接受冲击的发电行业差异显著，水电、煤电、气电、核电等稳定电源部门就业下降超过 90%，海上风电就业上涨超过 2500%；稳定电源部门的投资下降超过 20%，海上风电投资上涨超过 2000%。这意味着，在推进可再生能源大规模替代传统电源的过程中，也要关注其中的就业和社会问题。

受益于物价下降效应，居民消费、政府支出和出口均得到扩大，进口则小幅下降。整体用电价格的下降，直接降低了国内一般价格水平。一般价格水平下降意味着实际汇率贬值，从而出口扩大。此外，物价水平下降也导致居民可支配收入的实际购买力增强，从而居民消费也扩张。模型假设政府支出与居民消费保持固定比例，因此政府支出将同比例扩张。与基准情景的 2060 年相比，在 R1 情景，物价下降 0.56%，居民消费和政府支出都扩张 0.1%，出口增加 0.82%（表 11.3）。进口受两方面因素影响：经济扩张直接增加对进口品的需求，国内价格水平下降将导致国产品对进口品的替代。从结果来看，价格替代效应占据主导，与基准情景的 2060 年相比，总进口微弱减少 0.05%。

表 11.3　可再生能源政策情景下中国 2020—2060 年宏观经济变量的累积变化

（单位：%）

宏观经济变量	R1	R2
实际 GDP	0.24	0.12
居民消费	0.10	0.06
投资需求	−0.01	0.004
政府支出	0.10	0.06
出口	0.82	0.36
进口	−0.05	−0.02
就业	0.003	−0.001
物价	−0.56	−0.25
当期资本存量	0.69	0.30

2. 行业产出分析

能源行业直接受冲击，因而受影响最显著，其中对稳定电源的影响要大于化石能源。可再生能源部门受益于成本下降，产出扩张，根据模拟结果发现，与基准情景的 2060 年相比，海上风电和太阳能发电在 R1 情景分别扩张 10 235% 和 259%。尽管陆上风电和生物质发电成本也下降了，但幅度仅为海上风电的 1/4 和 1/2，价格下降相对较少，导致被更便宜的海上风电和太阳能发电替代，2060 年产出分别下降 100% 和 34%。煤电、气电、核电、水电等稳定电源由于可再生能源成本下降被替代，同时由于煤炭、天然气等主要投入成本上涨也受到冲击，在 R1 情景，产出下降幅度均在 88% 以上。天然气、原油、煤炭、天然气供应、成品油、炼焦等化石能源由于成本上涨，需求减少，产出收缩，在 R1 情景，产出下降为 15%—36%。这也意味着，可再生能源情景的碳排放路径将低于基准情景。输配电部门由于发电成本持续下降，产出扩张，产出增加 11%。

非能源行业受影响的程度较小，与基准情景的 2060 年相比，128 个非能源行业产出扩张，平均扩张 0.7%，15 个非能源行业产出受损，平均受损 0.9%。受益最大的前 10 个行业可以大致分为三类：第一类是输配电部门的上游行业，以输配电及控制设备为代表，输配电部门扩张，直接拉动其规模扩张。第二类是受益于电力价格下降的出口型电子行业及其上游、基础化学行业，输配电价格下降，导致以输配电为中间投入的基础化工成本下降，产出扩张；电子元器件、其他电子设备和其他专用设备等出口型电子行业也受益于输配电价格下降，从而具备价格优势，出口扩张。第三类是以有色金属冶炼及其上游为代表的受益于电力价格下降的投资品的上游，房地产行业受益于电力价格下降，产出扩张，拉动其主要投入房屋建筑及其上游有色金属冶炼、压延业，以及有色金属矿、黑色金属矿采选业扩张。

受损较大的非能源行业也可分为三类：第一类是化石能源的配套行业，比如采矿服务业、管道运输、铁路设备，化石能源行业产出收缩，直接降低对这些配套服务的需求。第二类是以化石能源为中间投入的行业，比如航空客运、水路客运以及城市交通，产出下降幅度都较小，不超过 0.5%。第三类由于输配电行业投资需求下降而受损，比如土木工程建筑及其上游水泥制品和专业技术服务。输配电行业由于电力成本下降引发了能源投入对资本投入的替代，导致行业资本价格下降，投资回报率下降，投资需求减少。因此，主要用于输配电行业投资的土木工程建筑及其上游专业技术服务产出受损（图 11.15）。

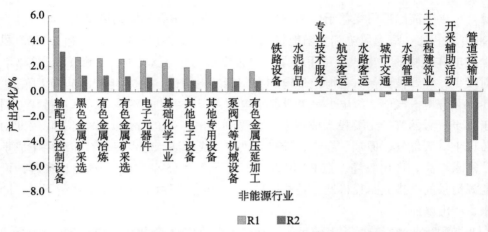

图 11.15　可再生能源政策情景下受益 / 受损最大的前 10 个非能源行业的产出变化

3. 能源总量和结构影响

一次能源消费总量增加，但化石能源消费总量是递减的。2060 年，R1 情景的一次能源消费总量将达到 81.1 亿吨标准煤，比基准情景的 2060 年增加 18.7 亿吨标准煤，上涨 30%。可再生能源政策通过促进经济增长，将导致能源消费量增加，但由于可再生能源对化石能源存在价格替代效应，因此，增加的能源消费是可再生能源，如图 11.16 所示，R1 和 R2 情景的化石能源消费趋势均低于基准情景路径。

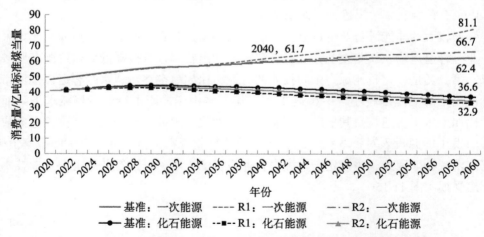

图 11.16　可再生能源政策情景下一次能源消费总量及化石能源消费量变化

一次能源消费结构将显著低碳化（图 11.17）。可再生能源政策具有对经济的拉动作用和对化石能源的替代效应，使得可再生能源在一次能源消费总量的比重显著提高。2060 年，R1 情景下可再生能源占比达到 59%，比基准情景高 23 个百分点（图 11.17）。化石能源由于被可再生能源替代，消费量和占比同时下降，2060 年降到 41%，比基准情景下降 17 个百分点。其中，煤炭占比下降较多，由基准情景的 31% 下降到 20%。煤炭消费的减少主要是由于煤电被可再生能源大规模替代。

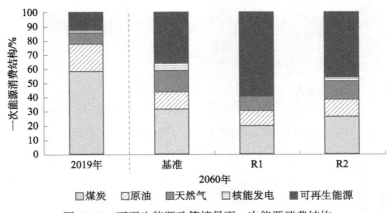

图 11.17　可再生能源政策情景下一次能源消费结构

电力在终端能源消费的比例也有所提高，且发电结构将以较大比例向可再生能源转型（图 11.18）。化石能源被可再生能源替代，导致电力在终端能源消费的比例有所提升，R1 情景下为 54%，比基准情景高 10 个百分点（图 11.18）。在电力内部，可再生能源成本下降引发对稳定电源的大幅替代，导致 2060 年 R1 情景下，可再生能源占比提高到 98%，比基准情景高 42 个百分点。其中，太阳能发电占比最高，在 R1 情景下，能占到电力的 57%；其次是风电，占 38.1%。煤电和气电等稳定电源，发电占比分别从基准情景的 29% 和 7%，下降至 R1 情景下的 1% 和 0.3%。

4. 碳排放总量和结构影响

可再生能源政策情景在促进经济增长的同时，有效降低 CO_2 排放，并提前达峰。化石能源消费总量递减，导致可再生能源政策情景的排放路径低于基准情景。在 R1 和 R2 情景，碳排放提前至 2028 年达峰，且峰值低于基准情景的峰值。到 2060 年，R1 和 R2 情景排放量下降到 73.8 亿吨和 79.6 亿吨，分别减排 14.3 亿吨和 8.5 亿吨，减排 16.2% 和 9.6%。从减排速度来看，随着可再生能源部门的扩张，电力价格下降幅度更大，对化石能源的替代效应也越强，因此减排量逐年递增（图 11.19）。

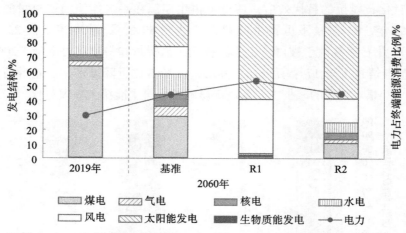

图 11.18　可再生能源政策情景下发电结构及电力占终端能源消费比例

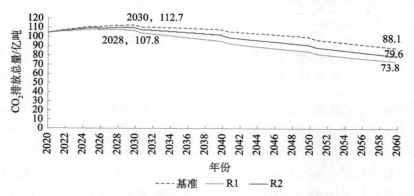

图 11.19　可再生能源政策情景下 CO_2 排放总量变化

可再生能源政策是具有成本效益的，且可再生能源成本下降越快，减排效率越高。比较 GDP 影响和减排效益（图 11.20），可以发现，可再生能源政策具有促进经济增长和有效减排的双重效果。在 R2 情景下，每减少 1 亿吨 CO_2，将使 GDP 增长提高约 0.01%，在 R1 情景下，这一指标将提高 1 倍，也就是说减排效率随可再生能源政策成本下降加快而提高。

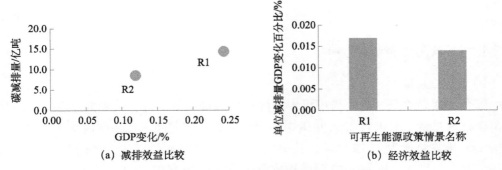

（a）减排效益比较　　　　　　　　　　（b）经济效益比较

图 11.20　可再生能源政策情景的经济效益与减排效益比较

　　碳排放结构变化很小，水泥生产过程排放也基本不受影响。可再生能源替代化石能源，使得煤炭、天然气、成品油和天然气供应的燃烧排放量均有所下降，减排量分别主要来自煤电、气电、陆路货运和城市交通部门。然而，可再生能源政策对促进水泥生产过程减排效果较差。水泥生产主要受两方面效应的影响：一是土木工程建筑产出下降影响，对水泥生产来说是负面影响；二是水泥生产的中间投入有 9% 是输配电，对水泥生产来说是积极影响。最终导致水泥产出变化幅度很小。此外，尽管碳排放和水泥生产投入之间存在相对价格差，但由于替代弹性仅为 0.1，替代效应很小，因此，水泥生产过程排放量几乎没有变化（图 11.21）。

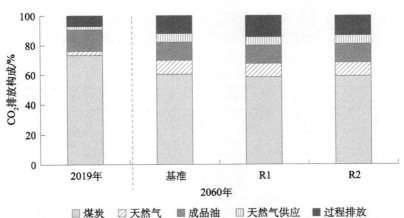

图 11.21　可再生能源政策情景下 CO_2 排放构成

（四）综合减排政策情景

1. 碳排放总量和结构影响

1）碳排放总量

综合使用碳价格、能效与可再生能源三种减排政策，将有效降低 2020—2060 年中国碳排放总量，但仍与 2060 年碳中和目标存在一定差距。在基准情景下，2060 年中国 CO_2 排放总量为 88.12 亿吨，其中化石能源燃烧的碳排放为 77.46 亿吨。如前文所述，碳中和目标要求将 2060 年碳排放总量控制在 30 亿吨以内。研究结果显示，组合 6 种碳税情景、6 种能效情景和 2 种可再生能源政策情景产生的 72 种综合政策情景（72=6×6×2）的排放总量均远低于基准情景，且差距随时间越来越大，这表明综合使用三种减排政策将显著降低中国未来碳排放总量。不同政策组合的减排效果存在较大差异，2060 年碳排放总量为 32.35 亿—64.60 亿吨，相当于基准情景下 2060 年碳排放量的 36.71%—73.31%。但与碳中和目标相比，综合使用三种减排政策的碳排放量均超过 30 亿吨，无法完全实现碳中和目标。在最积极的减排政策组合下（R1T6A6），2060 年碳排放总量为 32.35 亿吨，比碳中和目标要求的 30 亿吨排放量高出了 2.35 亿吨。这意味着，为了实现 2060 年碳中和目标，需要深入挖掘现有减排政策工具的潜力，提高碳税、能效和可再生能源政策的实施强度。但也应当注意到，如果采用较积极的减排政策组合，2060 年碳排放量与碳中和目标的要求相差并不大。在此基础上，如果能够引入更多种类的技术手段、减排政策，将有望实现 2060 年碳中和的目标（表 11.4）。

表 11.4 综合政策情景的模拟方案

情景	可再生能源	能效	碳价格	情景	可再生能源	能效	碳价格
1	R1	A6	T6	10	R1	A5	T3
2	R1	A6	T5	11	R1	A5	T2
3	R1	A6	T4	12	R1	A5	T1
4	R1	A6	T3	13	R1	A4	T6
5	R1	A6	T2	14	R1	A4	T5
6	R1	A6	T1	15	R1	A4	T4
7	R1	A5	T6	16	R1	A4	T3
8	R1	A5	T5	17	R1	A4	T2
9	R1	A5	T4	18	R1	A4	T1

续表

情景	可再生能源	能效	碳价格	情景	可再生能源	能效	碳价格
19	R1	A3	T6	46	R2	A5	T3
20	R1	A3	T5	47	R2	A5	T2
21	R1	A3	T4	48	R2	A5	T1
22	R1	A3	T3	49	R2	A4	T6
23	R1	A3	T2	50	R2	A4	T5
24	R1	A3	T1	51	R2	A4	T4
25	R1	A2	T6	52	R2	A4	T3
26	R1	A2	T5	53	R2	A4	T2
27	R1	A2	T4	54	R2	A4	T1
28	R1	A2	T3	55	R2	A3	T6
29	R1	A2	T2	56	R2	A3	T5
30	R1	A2	T1	57	R2	A3	T4
31	R1	A1	T6	58	R2	A3	T3
32	R1	A1	T5	59	R2	A3	T2
33	R1	A1	T4	60	R2	A3	T1
34	R1	A1	T3	61	R2	A2	T6
35	R1	A1	T2	62	R2	A2	T5
36	R1	A1	T1	63	R2	A2	T4
37	R2	A6	T6	64	R2	A2	T3
38	R2	A6	T5	65	R2	A2	T2
39	R2	A6	T4	66	R2	A2	T1
40	R2	A6	T3	67	R2	A1	T6
41	R2	A6	T2	68	R2	A1	T5
42	R2	A6	T1	69	R2	A1	T4
43	R2	A5	T6	70	R2	A1	T3
44	R2	A5	T5	71	R2	A1	T2
45	R2	A5	T4	72	R2	A1	T1

注：可再生能源政策——R1（可再生能源成本快速下降），R2（可再生能源成本慢速下降）。能效政策——A1（每年能效提高 0.5%），A2（每年能效提高 1%），A3（每年能效提高 1.5%），A4（每年能效提高 2%），A5（每年能效提高 2.5%），A6（每年能效提高 3%）。碳价格政策——T1（2060 年 100 美元 / 吨 CO_2），T2（2026 年 200 美元 / 吨 CO_2），T3（2060 年 300 美元 / 吨 CO_2）T4（2060 年 400 美元 / 吨 CO_2），T5（2060 年 500 美元 / 吨 CO_2），T6（2060 年 600 美元 / 吨 CO_2）

　　值得注意的是，综合政策情景下的碳减排量远低于单独使用三种政策的减排量之和。例如，最积极的综合减排政策（R1T6A6）使 2060 年相较于基准情景减排 55.77 亿吨。而单独使用能效（A6）、碳价格（T6）和可再生能源政策（R1）将分别使排放下降 40.78 亿吨、22.34 亿吨和 14.4 亿吨，合计减排 77.52 亿吨。这些能源政策在降低能源使用总量的同时，提高了可再生能源的比例，同时降低了化石能源的比例。随着化石能源使用量和比例逐渐降低，化石能源将更难以被替代，多种能源政策的叠加将造成边际减排量的减少，导致综合减排政策的减排效果低于单独使用三种政策的减排量之和。一方面，要精确地评估不同减排政策的有效性，需要考虑其在减排政策组合中的作用。另一方面，为了实现 2060 年碳中和目标，除了采用不同类型的能源政策外，还需要深层次的经济结构转型，从生产方式、贸易模式、居民消费方式上推动经济转型，逐步建立以创新驱动和绿色零碳为导向的产业、经济体系，从而进一步降低碳排放量。

　　比较不同综合减排政策组合的气候效益与经济损失，有以下主要发现：①对于大部分的综合减排政策，GDP 损失与减排量表现出明显的正相关关系，即要获得更大的碳减排量，就需要承担更大的 GDP 损失。更高的能效改进、更高的碳价格将带来更大的 GDP 损失。②与能效改进、碳价格政策相比，可再生能源成本快速下降的组合具有更高的减排、更小的经济损失。可再生能源成本快速下降一方面可以有效降低碳排放量，另一方面将降低能源产品的价格，从而刺激经济增长。③从减排效益与经济损失的权衡看，低能效改进、高碳价格的组合优于高能效改进、低碳价格的组合。如图 11.22 的椭圆圈所示，低能效改进、高碳价格的政策具有更高的碳减排量、更少的经济损失。考虑到能效改进的经济成本以及潜在的技术边界限制，适当降低能效改进目标、采用更高的碳价格将有利于提高碳减排的效果、减少经济损失。

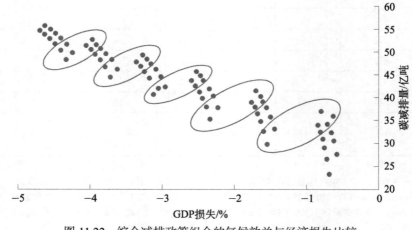

图 11.22　综合减排政策组合的气候效益与经济损失比较

2）碳排放结构

综合减排政策在降低中国未来碳排放总量的同时，也改变了碳排放结构，大幅降低了煤炭燃烧排放的比例，但水泥生产过程排放比例变大。在基准情景下，2060年中国碳排放量的60%来自煤炭燃烧，12%来自石油产品的燃烧，同时水泥生产过程也占了碳排放总量的12%。如图11.23所示，在综合减排政策情景下，煤炭燃烧在碳排

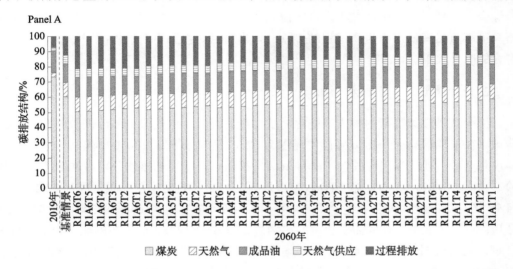

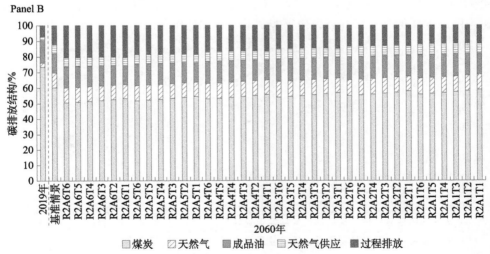

图 11.23　综合政策情景下 2060 年中国碳排放结构

注：Panel A 为 R1 情景下的政策组合；Panel B 为 R2 情景下的政策组合

放总量的份额将有所降低，石油产品和天然气燃烧在碳排放总量的份额有所扩大。例如，在最积极的减排政策下（R1A6T6），碳排放总量的51%来自煤炭燃烧，而石油制品燃烧的碳排放份额上升到13%。这意味着，综合减排政策主要通过降低煤炭燃烧的碳排放量来降低碳排放总量。值得注意的是，综合减排政策对化石能源燃烧的碳排放具有更好的减排作用，但对水泥生产过程的碳排放减排作用相对较弱，导致在大部分综合政策情景下，生产过程碳排放份额变大。由于当前的政策情景中只有碳排放价格政策能直接降低水泥生产过程的排放，未来应当对水泥生产过程的碳排放采用更加有力的减排政策。

2. 能源消费总量和结构影响

综合减排政策降低中国未来能源需求总量的同时，也使未来能源需求结构更加低碳化。在基准情景下，2060年能源需求为62.39亿吨标准煤；2060年煤炭在中国能源需求总量中占31.5%，可再生能源占36%，石油、天然气和核能分别占能源需求总量的12.2%、14.9%、5.4%。在综合政策情景下，2060年能源需求总量下降到22.24亿—54.93亿吨标准煤，占基准情景下2060年能源需求总量的35.6%—88.0%。由图11.24可知，可再生能源占能源需求总量的比例为27.3%—57.1%，而煤炭的比例为18.5%—41.6%，石油的比例为11.4%—13.9%，天然气的比例为12.1%—17.7%，核能的比例在4%以内。但大部分的综合政策情景中，化石能源在能源需求总量的比例都将下降，可再生能源的比例将有所提高，使得能源结构更加低碳化。

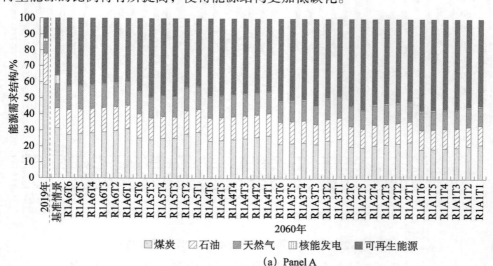

图 11.24　综合减排情景下中国能源需求结构

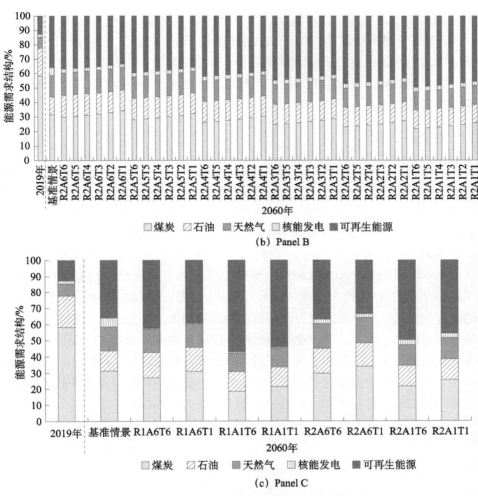

（b）Panel B

（c）Panel C

图 11.24 综合减排情景下中国能源需求结构（续）

注：Panel A 为 R1 情景下的政策组合；Panel B 为 R2 情景下的政策组合；Panel C 为部分政策组合的对比

值得注意的是，不同政策组合对能源需求结构的影响具有较大差异：①可再生能源 R1 情景的政策组合具有更高的可再生能源比例。例如，在 R1A6T6 情景下，可再生能源的比例达到 42.3%，远高于 R2A6T6 情景（36.9%）。该政策将降低可再生能源的生产成本，使得产业部门和居民更多使用可再生能源替代化石能源。②高碳价格情景的政策组合具有更高的可再生能源比例。例如，R1A6T6 情景下可再生能源的比例高于 R1A6T1 情景（39.1%）。碳税政策也将提高化石能源的使用成本，从而降低化石能源的需求量。③高能效情景的政策组合具有较低的可再生能源比例。例如，R1A6T6 情景下可再生能源的比例低于 R1A1T6 情景（57.1%）。能源部门的能效提高将降低能源部门的能源使用，而能源产品占化石能源部门生产成本中的比例高于可再生能源，因而能效提高使化石能源的生产成本降幅更大，使得生产部门倾向于使用化石能源替代可再生能源。

3. 宏观经济分析

综合减排政策在降低未来 CO_2 排放总量的同时，将对宏观经济造成一定的负面影响，但从整体看经济损失并不大。受综合减排政策的影响，2020—2060 年中国 GDP 累积下降 0.69%—4.62%。与未来 40 年中国经济的增幅相比，GDP 的损失相对较小。碳中和目标并不会对中国未来的经济增长前景造成太大的冲击。而与单一减排政策相比，综合减排政策具有更小的负面经济冲击。研究结果表明，最积极的综合减排政策（R1A6T6）使 GDP 损失 4.62%，单独使用能效（A6）、碳价格（T6）、可再生能源（R1）政策将使 GDP 分别损失 4.4%、损失 1.12% 和增加 0.24%，因而综合减排政策的经济损失低于单独使用三种减排政策的经济损失之和。这是因为，能效政策在提高能源使用效率的同时，使产业部门付出相应的技术改造成本，从而挤占了部分生产投入，从而造成了生产效率损失，同时碳税政策在降低碳排放的同时也将造成福利损失；但可再生能源政策降低了可再生能源的生产成本，同时也降低了其他能源的价格，从而间接刺激了经济增长。综合减排政策对 GDP 的影响是以上两个方向的共同作用，从而在一定程度上减缓了减排政策的经济损失。

综合减排政策对其他宏观经济变量的影响存在较大的差异。综合减排政策使得化石能源部门产出大幅下降，能效政策在提高能源使用效率的同时，也减少了产业部门对劳动力的需求，两方面政策共同导致总就业的下降（-0.13%— -1.22%）。综合减排政策提高了化石能源的使用成本，降低对化石能源产品的需求，从而降低了化石能源部门的投资，同时能效政策的成本也使产业部门的生产下降，从而使得总投资下降 0.94%—6.74%。经济的损失造成了国民收入的下降，从而使得居民消费和政府支出分别出现不同程度的下降。与此同时，能源需求的下降降低了能源产品的价格，在一定程度上降低了物价水平，对出口具有一定的拉动作用；但是能源成本的提高，使得非能源产品的生产成本增加，从而使得产品进口增长。

4. 行业产出分析

在综合减排情景下，受损最大的产业以化石能源产业及其上下游产业为主。受损最大的前 10 个行业包括开采辅助活动、管道运输业、输配电及控制设备、水利管理、土木工程建筑、房屋建筑、建筑安装、公共管理、建筑装饰、航空客运。一方面，能效的提高将减少产业部门和居民对能源的使用量，将减少所有能源产业的产出，进而降低其上游产业的产出。另一方面，碳价格和可再生能源政策将降低风电、太阳能等可再生能源的生产成本，使产业部门替代化石能源产品和火电、水电、核电，从而减少这些能源产品的上游行业产出。两方面的共同作用使得，开采辅助活动、管道运输业、水利管理、土木工程建筑、房屋建筑、建筑安装、公共管理、建筑装饰的产出均较大幅度地下降。能效的提高将减少产业部门和居民部门对电力的需求，从而使得输配电及控制设备部门的产出大幅下降（图 11.25）。

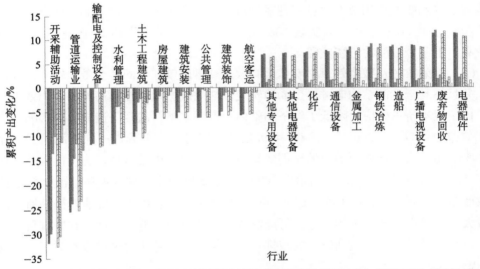

图 11.25　综合减排情景下 2020—2060 年受益、受损最大的前 10 个行业的累积产出变化

在综合减排情景下，受益最大的产业以能源密集型产业为主。受益最大的前 10 个行业包括电器配件、废弃物回收、广播电视设备、造船、钢铁冶炼、金属加工、通信设备、化纤、其他电器设备、其他专用设备。这些产业均为能源密集型产业，集中在能源产业的下游。综合减排政策降低了产业部门和居民的能源需求，使得能源产品的价格大幅下降，降低了其下游产业的能源成本，从而使能源密集型产业的生产成本下降，使这些产业的产出扩张。另一方面，物价水平的下降，有利于这些产业出口，进一步刺激了上述产业的产出扩张。

三、主要发现和建议

（一）主要发现

本章对中国 2060 年碳中和目标的能源、经济和排放影响开展研究，利用 C-DEEM 模拟了采用不同类型减排政策对碳排放量、能源结构、行业产出和宏观经济的影响及其影响机理。为了识别不同类型减排政策的影响及贡献，我们依据碳价格、可再生能源成本下降和能源使用效率改进三种减排政策，设置了单一政策工具和组合政策工具两大类情景共 86 种情景，以实现 2060 年 CO_2 排放总量下降到 30 亿吨以内的目标。本章有以下几个方面的研究发现。

（1）能效改进从减排效果来看是最有效的减排政策，但同时会带来较大的经济代价，并且不利于能源结构向可再生能源转变。能效改进政策在提高能源使用效率的同时，由于成本挤占效应，降低了经济的整体生产率水平，对经济造成负面影响。在最大能效改进情景下，2060 年可减排 40.8 亿吨，但可再生能源占一次能源消费的比例仅 29%，电力占终端能源消费的比例降至 30%，不过发电结构里可再生能源的比例提高至 71%。在实现大幅减排的同时，GDP 将比基准情景下降 4.41%。也就是说通过能效政策，每减排 1 亿吨 CO_2，GDP 增长下降约 0.11%。由于大幅能效提高所需的成本较大，会挤占其他技术的资金，可能造成较大的负面影响，因此，在减排目标约束下，虽然能效政策可以达到较大的减排效果，但需要注意能效改进成本对于经济的负面影响。

（2）碳价格政策能够以较小的经济损失实现有效减排、保证能源结构向可再生能源转移，但碳价格政策的边际减排成本不断上涨。碳价格情景通过提高化石能源使用成本的方式显著降低化石能源消费量，并促进能源消费结构向可再生能源转移。在 2060 年碳价格提升至 600 美元的情景下，2060 年可减排 22.3 亿吨，可再生能源占一次能源消费的比例提高到 42.5%，电力占终端能源消费的比例提高到 48%，发电结构里可再生能源的比例达 63%。但是在实现这些绿色收益的同时，也要付出一定的经济代价，GDP 将比基准情景下降 1.12%，也就是说通过碳定价政策，每减排 1 亿吨 CO_2，会使 GDP 增长下降约 0.05%。此外，通过比较不同碳价格水平对减排的影响，发现随着碳价格的不断提升，提高碳价的边际减排效益也在逐渐减弱，因此需要确定合理碳价区间，从而确保实现有效减排。

（3）可再生能源政策是具备成本 - 效益的减排政策，在实现有效碳减排、能源结构显著向可再生能源调整的同时，能够促进经济增长。可再生能源政策情景通过降低用电成本以及替代化石能源，在有效降低化石能源消费量的同时，还将促进经济增长。在可再生能源成本快速下降的情景下，2060 年可减排 14.3 亿吨，可再生能源占一次能源消费的比例提高到 59%，电力占终端能源消费的比例提高到 54%，发电结构里可再生能源的比例高达 98%。在实现这些绿色收益的同时，GDP 也将比基准情景提高 0.24%。也就是说通过可再生能源政策，每减排 1 亿吨 CO_2，可使 GDP 增长提高约 0.02%。相关研究表明，可再生能源预计很快可以实现平价上网，而储能技术是实现未来可再生能源大规模应用的重要手段。这需要巨大的投资，因此，如何促进投融资配置是可再生能源政策的重要问题。

（4）综合减排政策在降低中国未来能源需求总量的同时，也使未来能源需求结构更加低碳化。综合使用碳价格、能效与可再生能源三种减排政策，将有效降低 2020—2060 年中国碳排放总量，使 2060 年碳排放总量下降至 32.35 亿—64.60 亿吨，相当于基准情景下 2060 年碳排放量的 36.71%—73.31%。但仅依靠碳价格、能效、可再生能源政策难以满足 2060 年碳中和目标的要求。值得注意的是，综合政策情景下的减排量远低于单独使用三种政策的减排量之和。

（5）不同综合减排政策组合的气候效益与经济损失存在显著差异。比较发现，对于大部分的综合减排政策，GDP 损失与减排量表现出明显的正相关关系；与能效改进、碳价格政策相比，可再生能源成本快速下降的组合具有更高的减排、更小的经济损失；从减排收益与经济损失的权衡看，低能效改进、高碳价格的组合优于高能效改进、低碳价格的组合。

（6）综合减排政策在降低未来 CO_2 排放总量的同时，将对宏观经济造成一定的负面影响，但从整体看经济损失可控。受综合减排政策的影响，2020—2060 年中国 GDP 累积下降 0.69%—4.62%。而与单一减排政策相比，综合减排政策具有更小的负面经济冲击。在综合减排情景下，受损最大的产业以化石能源产业及其上下游产业为主，受益最大的产业以能源密集型产业为主。

（二）基于情景分析的建议

（1）大力推进产业部门和居民能源使用效率改进，降低技术改造成本。在三种减排政策工具中，能效改进的减排贡献要显著于其他两种工具，能够大幅降低能源消费总量，并促进能源消费量提前达峰。为实现碳中和目标，应鼓励企业加大自主技术开发投入，积极引进国外先进的生产工艺和生产设备，加快生产方式的转变，推广和应用低碳技术，通过技术提升改善能源利用效率，特别是加快对采矿、钢铁、化工等高耗能行业节能技术的改造。值得注意的是，推动能源使用效率提高需要大量投资于能源使用设施，从而会对经济产生较大的负面影响，如果可以降低能效提高的成本，将有效抑制其对经济的负面影响。因此，未来要重点关注能效改进的成本问题，加强制约能源效率提高的关键设备、关键材料、关键技术的研发。

（2）加快推动碳市场建设，降低碳价格政策的边际减排成本。提高碳价能够通过降低能源消费总量和改善内部能源消费结构实现减排，但需要注意的是，边际减排成本随碳价的提高而不断上升，减排效率不断下降。因此，在碳排放配额的价格或碳税税率方面需要确定明确的价格形成机制和定量计算规范，并进一步结合碳中和目标、能源结构与产业结构，对不同能源品种和行业部门实行差异化的、分级化的税率。同时，相比于碳税，碳交易制度可以更灵活地通过市场机制自动调节碳排放，未来应加快推动碳市场建设，把碳交易从电力试点行业扩展到钢铁、水泥、化工和电解铝等高耗能行业，从而内部化碳排放成本。

（3）加快促进可再生能源发电和储能设施结合方面的投融资配置，推动"可再生能源＋储能"的未来能源供给体系建设。可再生能源在解决气候问题的同时，更能助力中国经济增长，是具有成本－效益的减排工具。在风电和光伏陆续实现平价上网后，其发电成本会逐步降低，而储能技术将成为推动可再生能源大规模应用的关键。大规模储能技术的研发和广泛应用能够改善可再生能源发电的间歇性和波动性问题，增强电力系统的稳定性和灵活性。而储能设施的应用和大规模部署需要巨大的投资配置。因此，要引导和撬动社会资本，通过政策手段支持可再生能源发电与储能技术的结合研究和应用，帮助行业逐步形成可持续的商业模式。

（4）综合实施多种减排政策，充分发挥每种政策工具的比较优势，同时探索新的减排措施和深层次的经济结构调整，推动碳中和目标的达成。可再生能源政策可以通过降低能源成本，带来正面的经济效应，从而缓解碳税政策和能效改进对经济的负面影响，因此综合三种减排政策的经济损失低于单独使用三种政策的经济损失之和。综合利用不同类型的能源政策，既有助于实现碳中和目标，又可以减少对宏观经济的负面影响。但综合减排政策的减排效果低于单独使用三种减排政策的减排量之和，仅靠能源政策仍与碳中和目标存在一定差距。要进一步引入新的减排技术，如电力深度脱碳技术、生物质制氢造气发电技术等，同时需要深层次经济结构转型，从生产方式、贸易模式、居民消费方式上推动经济转型，逐步建立以创新驱动和绿色零碳为导向的产业和经济体系。

（5）优化综合减排政策组合，追求适度的能效改进目标、采用更积极的碳价格政策，能够实现减排政策更大的气候效益、更小的经济损失。尽管对于大部分的综合减排政策，GDP 损失与减排量表现出明显的正相关关系，但可再生能源成本快速下降的组合具有更高的减排、更小的经济损失。应当大力推动可再生能源发电技术、储能技术的发展，推动电力市场改革，增加可再生能源的优惠支持，降低可再生能源的生产与输配成本。更重要的是，从减排效益与经济损失的权衡看，低能效改进、高碳价格的组合优于高能效改进、低碳价格的组合。考虑到能效改进的较大经济成本以及潜在的技术边界限制，适当降低能效改进目标、采用更高的碳价格将有利于提高碳减排的效果、减少经济损失。

（6）为受高碳行业转型冲击较大的人群提供失业保障和再就业机会。为实现碳中和目标，各种能源政策影响的共同点是，化石能源行业会受到较大冲击，因此，短期内，由于相关从业人员难以快速适应，政府应对受煤炭等高碳产业转型冲击较大的人群提供支持和保障；长期下，大部分新能源行业、储能行业与节能行业将会产出扩张，带来充足的就业机会，可以引导化石能源行业受冲击的劳动力向绿色行业转移。

参 考 文 献

何建坤 . 2020. 中国长期低碳发展战略与转型路径 . http：//iccsd.tsinghua.edu.cn/wap/news-337.html［2020-10-30］.

李俊峰 . 2020. 碳中和，中国发展转型的机遇与挑战 . https：//mp.weixin.qq.com/s/6Y-Yjajowpt5eLnuPM1CCw［2020-11-15］.

徐晋涛 . 2020. 大国承诺与中国能源模式的必要转型 . https：//mp.weixin.qq.com/s/-dlRSV1b5WyKfn-nEcGfdA［2020-11-15］.

Ding S，Zhang M，Song Y. 2019. Exploring China's carbon emissions peak for different carbon tax scenarios. Energy Policy，129：1245-1252.

Dong H，Dai H，Geng Y，et al. 2017. Exploring impact of carbon tax on China's CO_2 reductions and provincial disparities. Renewable and Sustainable Energy Reviews，77：596-603.

Duan H，Mo J，Fan Y，et al. 2018. Achieving China's energy and climate policy targets in 2030 under multiple uncertainties. Energy Economics，70（1）：45-60.

He G，Lin J，Sifuentes F，et al. 2020. Author correction：rapid cost decrease of renewables and storage accelerates the decarbonization of China's power system. Nature Communications，11：1-9.

Hyman R，Reilly J，Babiker M，et al. 2003. Modeling non-CO_2 greenhouse gas abatement. Environmental

Modeling and Assessment, 8: 175-186.

IEA. 2020. World energy outlook 2020. https://www.iea.org/reports/world-energy-outlook-2020 [2020-10-1].

IPCC. 2014. Climate change 2014: synthesis report: contribution of working groups Ⅰ, Ⅱ and Ⅲ to the fifth assessment report of the intergovernmental panel on climate change. Journal of Romance Studies, 4 (2): 85-88.

Jin Y, Liu X, Chen X, et al. 2020. Allowance allocation matters in China's carbon emissions trading system. Energy Economics, 92: 105012.

Wang J, Feng L, Palmer P, et al. 2020. Large Chinese land carbon sink estimated from atmospheric carbon dioxide data. Nature, 586: 720-723.

Wilkerson J, Leibowicz B, Turner D, et al. 2015. Comparison of integrated assessment models: carbon price impacts on U.S. energy. Energy Policy, 76: 18-31.

Yuan J, Xu Y, Hu Z, et al. 2014. Peak energy consumption and CO_2 emissions in China. Energy Policy, 68: 508-523.

Yuan Y, Duan H, Tsvetanov T. 2020. Synergizing China's energy and carbon mitigation goals: general equilibrium modeling and policy assessment. Energy Economics, 89: 104787.

Zhang C, Su B, Zhou K, et al. 2019. Decomposition analysis of China's CO_2 emissions (2000—2016) and scenario analysis of its carbon intensity targets in 2020 and 2030. Science of the Total Environment, 668: 432-442.

第十二章 中国实现碳达峰与碳中和等相关 指标的国际比较分析[*]

一、碳达峰与碳中和目标提出的国际背景

当今世界，全球新冠肺炎疫情持续肆虐，气候变暖达到新高，生态退化跌至新低，实现更加公平、包容和可持续发展的全球目标遭遇新的挫折（古特雷斯，2020）。

世界气象组织（WMO）（2020）新近发布的温室气体公报显示，2019 年，全球 CO_2 平均浓度出现大幅增长，突破了 410ppm 的显著门槛。2020 年，尽管新冠肺炎疫情对人类活动的限制导致全球工业放缓，减少了许多污染物和 CO_2 等温室气体的排放（据初步估计，全球当年 CO_2 排放量减少 4.2%—7.5%），但是在全球尺度上，这样的减排规模不会使得大气中的 CO_2 浓度下降，相反全球 CO_2 浓度仍将保持持续走高的态势。

过去的 10 年是工业革命以来气温最高的 10 年。2020 年正成为全球有记录以来气温最高的 3 个年份之一，尽管出现了拉尼娜降温效应：世界上 80% 以上的海洋出现海洋热浪；北极出现异常高温，超出平均气温 3℃以上；西伯利亚北部超出 5℃以上；10 月的北极海冰达到有记录以来的最低位；灾难性的火灾和洪水、热带气旋和飓风日益成为新常态……（古特雷斯，2020）

今天全球气温已经比工业化前水平升高了 1.2℃。《巴黎协定》提出的 21 世纪末控制全球温升不超过工业化前水平 2℃并努力控制在 1.5℃以内的长期目标，需要温室气体排放快速大幅减少，到 21 世纪中期达到净零排放。但目前各国的国家自主贡献（NDCs）承诺距实现该目标尚有较大差距，提高行动力度已成为全球气候治理进程的焦点和难点。即使各国当前《巴黎协定》的所有承诺都得以兑现，全球气温仍可能上升 3.2℃，从而带来更广泛的、更具破坏性的影响。如果全球温室气体排放量在

---

* 本章由陈劭锋、刘扬执笔，作者单位为中国科学院科技战略咨询研究院。

2020—2030 年不能以每年 7.6% 的水平下降，世界将失去达到 1.5℃ 温控目标的机会（United Nations Environment Programme，2019）。

2019 年底以来，随着新冠肺炎疫情的不断蔓延和封锁等措施的实施，全球温室气体排放减少创人类历史上最大排放降幅，2020 年 CO_2 排放量预计比 2019 年下降 7%（2%—12%），但这仅仅是暂时的、短期的效应，并不能从根本上遏制大气中温室气体浓度的上升趋势。如果不加以行动或改变方向，世界仍有可能朝着到 21 世纪末升温突破 3℃ 的方向发展，除非追求强力脱碳的经济复苏和更迅速有力的行动（Nations Environment Programme，2020）。正如 WMO 秘书长 Petteri Taalas 所说的，"新冠肺炎疫情不是气候变化的解决方案。然而，它的确给我们提供了这样一个通过彻底转变我们的工业、能源和交通系统将排放减少至净零的更可持续、更有雄心的气候行动平台。所需要的变化是经济上可负担的、技术上可行的并且只是边际上影响我们的日常生活"（WMO，2020）。

新冠肺炎疫情的冲击和影响未能阻止国际社会应对气候变化的决心和步伐，绿色低碳转型仍是全球大势所趋。与自然和谐共处将成为人类发展的下一个前沿（UNDP，2020）。迄今为止，全球已有越来越多的国家宣布提出强化的 NDCs 目标。欧盟执行机构——欧盟委员会近期宣布一个更新、更高的 2030 年温室气体减排目标，即到 2030 年将温室气体排放量在 1990 年的基础上削减 55%（高于之前 40% 的目标）。在 2020 年召开的第七十五届联合国大会一般性辩论上，习近平主席代表中国政府庄严宣布："将提高国家自主贡献力度，采取更加有力的政策和措施，二氧化碳排放力争于 2030 年前达到峰值，努力争取 2060 年前实现碳中和。"[①] 目前，世界上包括中国、英国、日本、韩国、法国、南非等 127 个国家或地区（含欧盟）拟议、承诺或即将承诺实现碳中和目标，并且在全球前十大煤电国家（中国、印度、美国、日本、韩国、南非、德国、俄罗斯、印尼和澳大利亚）中，已经有 5 个国家承诺实现碳中和，包括中国（2060 年）、日本（2050 年）、韩国（2050 年）、南非（2050 年）、德国（2050 年）。

为了把气温上升限制在比工业化前水平高 1.5℃ 的水平，从现在到 2030 年，全球每年需要将化石燃料产量减少 6%，但是世界却在朝着相反的方向发展——化石燃料产量计划每年增长 2%（古特雷斯，2020）。各国均需要大力加强其 NDCs。只有将 NDCs 雄心提高 3 倍，才能实现升温幅度控制在 2℃ 以内的目标，要实现 1.5℃ 温控目标，则需要把 NDCs 雄心提高 5 倍以上（United Nations Environment Programme，2019）。而疫情后的绿色复苏有望在疫情前 2030 年排放预测基础上减少 25% 以上，

---

① 习近平在第七十五届联合国大会一般性辩论上发表重要讲话 . http：//www. zksjjjc. gov. cn/sitesources/zksjjjcw/page_pc/xwtt/article6566b2f5ec1541efaf05d6431e7a9f49. html［2020-11-15］.

这将把实现"2℃温控目标"的概率提高到66%，但相关努力仍不足以实现1.5℃的目标（United Nations Environment Programme，2020）。在最近的2020年全球气候雄心峰会上，联合国秘书长古特雷斯再次呼吁各国应该宣布进入气候紧急状态，立即采取行动，尽快实践承诺，为实现温室气体零排放而努力。

促使全球经济脱碳需要进行根本性的结构改变，包括在土地、能源、工业、建筑、交通、城市、食物系统、生活消费等各层面进行"快速而深远的"转型，包括：水力、太阳能及风力等可再生能源发电量占总发电量比重需要由20%增至70%；煤电比重由40%降至10%以下；含甲烷（CH_4）在内的其他温室气体必须大幅减排，人为的CO_2净排放量到2030年要比2010年时减少45%，到2050年要降至"零排放"水平；等等（IPCC，2018）。这将为全人类带来经济、就业、减贫、环境和健康等领域的多重协同效益。可再生能源、能源效率与电气化组合，对于成功实现能源转型和温室气体减排至关重要。需求侧能源效率的提高将为温室气体减排创造前所未有的机遇，并将成为能源转型的重要力量（United Nations Environment Programme，2019）。

值得一提的是，目前世界范围内大部分的努力都集中在电力生产、交通运输和工业等部门化石燃料燃烧的温室气体减排上。尽管减少化石燃料排放对满足温控目标至关重要，但是其他排放源也可能阻止其目标实现，其中包括引起很少人注意的食物系统排放，其温室气体排放量约占全球温室气体排放总量的30%。Clark等（2020）研究表明，即使化石燃料排放被立即阻止，当前全球食物系统的发展趋势仍有可能阻碍1.5℃温控目标的实现，并且还将威胁到21世纪末2℃温控目标的实现。因此，满足1.5℃目标需要食物系统和所有非食物部门快速而又雄心勃勃的变化。

实现有雄心的气候目标有依赖于大规模低碳技术、零碳技术和负排放技术（NETs）的部署，包括直接空气捕集（DAC）技术。但关键技术的突破、技术经济性等方面存在不确定性以及部署不同技术有可能带来新的问题，需要在食物、水和能源之间进行权衡或取舍（Fuhrman et al.，2020）。正如Fuhrman等（2020）研究表明，基于当前的价格和绩效假设，到2035年，DAC能够每年提供30亿吨CO_2负排放——相当于2019年全球CO_2排放量的7%，而且DAC有利于避免生物能源和碳捕集与封存（CCS）、造林之间在土地利用上的严重竞争。但是，DAC可能加大对能源和水资源的需求，将导致全球南方许多地区的大宗粮食作物价格相对2010年的水平上升近5倍，从而引发对部署NETs公平性的关注。

促进消费行为的变革对实现温控目标至关重要。需要采取更强有力的气候行动促进私营部门和个人消费行为的改变。如果采用基于消费的温室气体排放核算法计算，全球约2/3的碳排放与家庭排放有关。而富人则应承担更多的责任。全球最富有的1%

人口排放量是最贫穷的 50% 人口排放量的 2 倍以上。富人群体只有将其碳足迹至少减少至 30 倍，才能与《巴黎协定》的目标保持一致。另外，占全球排放总量 5% 的航运和航空部门也需要获得足够的重视，这两个部门都需要在提升能源效率的同时，实现与"化石燃料"脱钩的快速转型（United Nations Environment Programme，2020）。

二、中国碳达峰与碳中和目标的可能实现路径

中国提出的 2030 年前 CO_2 排放达峰和 2060 年前实现碳中和目标，充分彰显了我国构建人类命运共同体的大国责任与担当，体现了我国应对气候变化的决心、雄心和行动力，为提振全球应对变化的信心和行动意愿、推进全球气候治理进程、引领全球经济技术变革潮流、加快疫情后的全球经济复苏注入新的活力和动力。

自中国的碳中和目标提出以后，学术界、国际机构和相关研究机构对中国碳中和目标的实现路径和保障对策开展了积极的探索、论证、评估甚至规划。由清华大学气候变化与可持续发展研究院（2020）牵头组织的"中国长期低碳发展战略与转型路径"项目的研究成果表明，中国的 2060 年碳中和愿景实质上与全球 1.5℃ 的温升控制目标相契合。未来力争在 2030 年实现 CO_2 排放达峰，其后加速向 2℃ 目标和 1.5℃ 目标减排路径过渡，其中包括能源消费量于 2035 年左右达峰；2050 年实现 CO_2 净零排放，全温室气体减排 90%，从而为 2060 年实现碳中和奠定基础（表 12.1）。

表 12.1　1.5℃目标导向下全部温室气体排放及构成　　（单位：亿吨 CO_2 当量）

排放来源	2020 年	2030 年	2050 年
能源消耗 CO_2 排放量	100.3	104.5	14.7
工业过程 CO_2 排放量	13.2	8.8	2.5
非 CO_2 温室气体排放量	24.4	26.5	12.7
农林业增汇	-7.2	-9.1	-7.8
CCS+BECCS	0.0	-0.3	-8.8
净排放量	130.7	130.4	13.3

资料来源：清华大学气候变化与可持续发展研究院（2020）

Adair Turner 等对中国零碳社会图景进行综合评估，认为中国碳中和愿景的实现有赖于发电部门的完全脱碳和全部经济部门尽可能电气化，并且需要氢能、生物质能以及碳捕集、利用与封存（CCUS）等技术的大规模应用。还有国外学者对中国碳中

和承诺的影响进行分析后认为，中国要实现 2060 年的净零排放需要建立完备的碳市场、避免新增煤电装机以及巨额投资等（王灿和张雅欣，2020）。

能源基金会（2020）的最近研究表明，中国碳中和目标的实现需要快速大规模地推广低碳能源即低碳能源在一次能源消费总量中的占比从 2015 年的 6% 增加到 2035 年的 35%—65% 和 2050 年的 70%—85%，以达到 1.5℃ 的温控目标。到 2050 年，电力部门 CO_2 排放量相对 2015 年削减 100%—120%、建筑部门 50%—95%、工业部门 75%—95%、交通部门 40%—90%（表 12.2）。并且提出了各部门包括农业、林业和其他土地利用部门的碳中和路径以及当前需要采取的行动。

表 12.2　相对于 2015 年不同模型下中国各部门 CO_2 减排量

部门	2035 年		2050 年	
	1.5℃	2℃	1.5℃	2℃
电力	20%—60%	0%—45%	100%—120%	80%—100%
建筑	0%—70%	0%—50%	50%—95%	20%—80%
工业	30%—70%	20%—35%	75%—95%	50%—80%
交通	−45%—25%	−60%— −5%	40%—90%	25%—65%

资料来源：能源基金会（2020）

王灿和张雅欣（2020）将中国碳中和愿景下的碳排放路径划分为三个阶段：2020—2030 年的达峰期、2030—2045 年的加速减排期和 2035—2060 年的深度减排期。在达峰期，需要在生产侧和消费侧继续挖掘能效提升潜力，控制煤炭消费，大规模发展清洁能源，推动电动汽车替代传统燃油汽车，引导消费者消费方式和低碳生活方式转型等。在加速减排期即达峰后的 10—20 年，需要依托以可再生能源为主的低碳能源系统实现碳排放"稳中有降"，实现交通系统全面电气化，完成农业零碳化改造，应对推广 NETs。在接近碳中和目标的 10—15 年，以深度脱碳为首要任务，应用 NETs 和碳汇为能源系统提供灵活性。在碳排放路径的不同阶段下，需要依托关键技术创新提供支撑，包括高能效循环利用技术、零碳能源技术和 NETs。高能效循环利用技术往往集中在减排成本曲线最左端，具有减排成效显著、减排成本较低等特点。零碳能源技术包括可再生能源电力、核能、氢能、可持续生物能以及零碳能源综合利用服务等。NETs 主要包括农林碳汇、CCUS、生物能源结合碳捕集与封存（BECCS）和 DAC 等技术。碳中和目标实现还有赖于政府、企业和公众的良性互动和一致行动。

总之，实现中国的碳中和目标，要加大产业结构包括贸易结构调整力度，促进形成绿色低碳循环发展的产业体系；大力发展清洁能源，严格控制煤炭消费，调整和优化能源结构，建立清洁、低碳、安全、高效的能源体系；促进工业、交通、建筑等部门终端用能的清洁化和电气化；加大低碳技术研发投入，大力提高低碳技术创新能力，包括突破一批深度脱碳关键技术瓶颈，促进能源技术革命，并带动产业升级；建立和完善相应的治理体系和政策保障体系，包括推动能源体制改革，发挥市场机制的决定性作用，转变政府监管模式和强化政府主体责任，加强碳市场和配额有偿分配制度建设等；加大资金支持力度，形成多元化、多渠道的投融资体系，包括建立气候投融资体系；采取多种措施，规范和引导低碳生活行为，加快推进消费结构、消费方式和生活方式的绿色化转变，抑制不合理的消费；在适宜条件下加大国土绿化力度，增强生态系统的稳定性和质量，不断提高生态系统的碳汇能力；等等。清华大学气候变化与可持续发展研究院（2020）的研究表明，如果要实现 2℃目标导向转型路径，2020—2050 年能源系统需新增投资约 100 万亿元，约占每年 GDP 的 1.5%—2.0%；若要实现 1.5℃目标导向转型路径，需新增投资约 138 万亿元，超过每年 GDP 的 2.5%。

三、中国碳达峰与碳中和等相关指标的世界地位

中国已成为世界第二大经济体，也是世界上最大的能源生产消费国（中华人民共和国国务院新闻办公室，2020）、CO_2 等温室气体排放国。在世界能源安全供需格局和应对全球气候变化格局中发挥着举足轻重的作用。

伴随着中国发展进入新时代和高质量发展阶段，中国的能源发展也进入新时代和高质量发展阶段。新时代中国的能源发展积极适应国内外形势的新发展、新要求，贯彻"四个革命、一个合作"（即能源消费革命、供给革命、技术革命、体制革命和全方位国际合作）的能源安全新战略，在推动中国能源清洁低碳发展的同时，积极参与全球能源治理和气候治理，不仅为中国经济社会持续健康发展提供有力支撑，也为维护世界能源安全、应对全球气候变化、促进世界经济增长做出积极贡献（中华人民共和国国务院新闻办公室，2020）。

但是，中国推进绿色低碳转型和实现碳中和目标还面临着一系列资源、环境、经济、技术、社会等方面的诸多挑战。相对发达国家而言，中国的任务更为艰巨和困难。为了比较全面地刻画、反映和揭示中国能源生产、消费以及温室气体排放的国际地位和面临的相关资源环境挑战，本章根据世界权威数据库（包括世界银行数据库、联合国粮食及农业组织统计数据库等）和国际组织公开出版物所提供的数据，对中国和世界主要的能源资源、能源生产和消费、CO_2 等温室气体排放等相关指标

进行了统计分析，以便为实现碳中和目标路径选择提供一定的支撑，具体如表 12.3 所示。

表 12.3　2019 年中国碳排放相关指标的世界地位

类别		中国	世界	中国占世界比重/%	在世界排名
社会经济发展指标	人口 / 亿人（2019）[1]	13.98	76.74	18.2	1
	GDP/ 亿美元（2019）[1]	143 429	876 975.2	16.4	2
	人均 GDP/ 美元（2019）[1]	10 262	11 429	89.8	—
	GDP/（亿国际元，购买力平价）（2017 年不变价）（2019）[1]	225 265.6	1 300 205.3	17.3	1
	人均 GDP/（国际元，购买力平价）（2017 年不变价）（2019）[1]	16 117	16 944	95.1	—
	商品和服务出口 / 美元（2019）[1]	26 412.7	247 945.5	10.7	1
	商品和服务出口占 GDP 比例 /%（2019）[1]	18.4	30.6	60.1	—
	商品和服务进口 / 美元（2019）[1]	24 762.9	243 121.9	10.2	2
	商品和服务进口占 GDP 比例 /%（2019）[1]	17.3	29.8	58.0	—
	劳动力 / 亿人（2019）[1]	7.8	34.6	22.6	1
	劳动生产率 / 美元（2019）[1]	18 363	25 346	72.4	—
	总资本形成 / 美元（2018）[1]	60 850.2	226 747.3	26.8	1
	总资本形成占 GDP 比例 /%（2018）[1]	42.8	23.6	181.7	—
	R&D 支出占 GDP 比例 /%（2018）[1]	2.19	2.27	96.1	—
	城市人口 / 亿人（2019）[1]	8.43	42.74	19.7	1
	城市化率 /%（2019）[1]	60.3	55.7	108.2	—
	人均出生时预期寿命 / 年（2018）[1]	76.7	72.6	105.7	—
	人类发展指数（2019）[1]	0.761	0.737	103.3	85
	全球创新指数（2020）[1]	53.28	—	—	14
	全球竞争力指数（2019）[1]	73.9	—	—	28
	全球人才竞争力指数（2020）[1]	49.64	—	—	42
自然环境	地表气象年均温度变化（相对于 1951—1980 年）/℃（2019）[6]	1.424	1.473	96.7	—

类别	中国	世界	中国占世界比重/%	在世界排名
石油探明储量/十亿吨（2019）[7]	3.6	244.6	1.46	13
石油储采比/年（2019）[7]	18.7	49.9	37.5	27
天然气探明储量/万亿米³（2019）[7]	8.4	198.8	4.23	6
煤炭探明储量/百万吨（2019）[7]	141 595	1 069 636	13.2	4
煤炭储采比/年（2019）[7]	37	132	27.9	34
石油/百万吨（2019）[7]	191.0	4 484.5	4.3	6
天然气/十亿米³（2019）[7]	177.6	3 989.3	4.5	5
煤炭/百万吨（2019）[7]	3 846.0	8 129.4	47.3	1
生物燃料生产/拍焦（2019）[7]	111.3	4 113.1	2.7	6
发电量/太瓦·时（2019）[7]	7 503.4	27 004.7	27.8	1
原油发电/太瓦·时（2019）[7]	6.0	825.3	0.7	14
天然气发电量/太瓦·时（2019）[7]	236.5	6 297.9	3.8	4
煤炭发电量/太瓦·时（2019）[7]	4 853.7	9 824.1	49.4	1
核能发电量/太瓦·时（2019）[7]	348.7	2 796.0	12.5	3
水电发电量/太瓦·时（2019）[7]	1 269.7	4 222.2	30.1	1
可再生能源发电量/太瓦·时（2019）[7]	732.3	2 805.5	28.4	1
太阳能发电量/太瓦·时（2019）[7]	223.8	724.1	30.9	1
风能发电量/太瓦·时（2019）[7]	405.7	1 429.6	25.5	1
地热、生物质和其他可再生能源发电量/太瓦·时（2019）[7]	102.8	651.8	15.8	1
其他发电量/太瓦·时（2019）[7]	56.5	233.6	24.2	1
钴矿山产量/千吨（2019）[7]	—	121.8	—	—
锂矿山产量（锂含量）/千吨（2019）[7]	7.5	77.0	9.7	3
石墨矿山产量/千吨（2019）[7]	700.0	1 162.3	60.2	1
稀土矿山产量/千吨（2019）[7]	132.0	209.6	63.0	1
铀矿山产量/吨（2018）[8]	1 700	54 129	3.1	8
精炼钴产量/吨（2018）[8]	78 360	124 144	63.1	1
地热发电累计装机容量/兆瓦（2019）[7]	26	13 931	0.2	21
太阳能光伏发电累计装机容量/兆瓦（2019）[7]	205 493	586 421	35.0	1
风力发电累计装机容量/兆瓦（2019）[7]	210 478	622 704	33.8	1

注：能源资源储量与生产（左侧纵向分类标签）

续表

类别	中国	世界	中国占世界比重/%	在世界排名
一次能源消费/艾焦（2019）[7]	141.7	583.9	24.3	1
其中：石油/艾焦（2019）[7]	27.91	193.03	14.5	2
天然气/艾焦（2019）[7]	11.06	141.45	7.8	3
煤炭/艾焦（2019）[7]	81.67	157.86	51.7	1
核能/艾焦（2019）[7]	3.11	24.92	12.5	3
水电/艾焦（2019）[7]	11.32	37.66	30.1	1
可再生能源/艾焦（2019）[7]	6.63	28.98	22.9	1
石油占一次能源消费比例/%（2019）[7]	19.7	33.1	59.6	—
天然气占一次能源消费比例/%（2019）[7]	7.8	24.2	32.2	—
煤炭占一次能源消费比例/%（2019）[7]	57.6	27.0	213.2	—
核能占一次能源消费比例/%（2019）[7]	2.2	4.3	51.4	—
水电占一次能源消费比例/%（2019）[7]	8.0	6.4	123.9	—
可再生能源占一次能源消费比例/%（2019）[7]	4.7	5.0	94.2	—
可再生能源——风能/艾焦（2019）[7]	3.62	12.74	28.4	1
可再生能源——太阳能/艾焦（2019）[7]	2.00	6.45	30.9	1
可再生能源——地热能、生物质能和其他可再生能源/艾焦（2019）[7]	0.92	5.81	15.8	1
可再生能源——生物燃料/拍焦（2019）[7]	99.3	3 967.0	2.5	7
人均一次能源消费量/吨油当量（2019）[7]	98.8	75.7	130.6	—
单位 GDP 一次能源消费量/（吨油当量/万美元，2010 年不变价）（2019）[7]	2.934	1.642	178.7	—
农业用地面积/千公顷（2018）[6]	527 733	4 801 370.3	11.0	1
耕地面积/千公顷（2018）[6]	118 900	1 394 979.1	8.5	4
作物用地面积/千公顷（2018）[6]	134 900	1 567 681.7	8.6	3
林地面积/千公顷（2018）[6]	216 219.04	4 068 923.3	5.3	5
林地面积占土地面积比例/%（2018）[6]	23.0	31.2	73.7	—
永久草场和牧场用地面积/千公顷（2018）[6]	392 833	3 233 686.4	12.1	1
永久作物用地面积/千公顷（2018）[6]	16 000	169 942.5	9.4	2
天然次生林面积/千公顷（2018）[6]	133 748.2	3 770 514.9	3.5	5

左侧分组标签：能源消费（能源消费行），土地利用（土地利用行）

续表

类别	中国	世界	中国占世界比重/%	在世界排名
土地利用 天然次生林面积占林地面积比例 /%（2018）[6]	61.9	92.7	66.8	—
人工林面积 / 千公顷（2018）[6]	82 470.8	296 500.5	27.8	1
人工林面积占林地面积比例 /%（2018）[6]	38.1	7.3	523.4	—
原始林面积 / 千公顷（2018）[6]	11 632.4	1 277 217.2	0.9	17
原始林面积占林地面积比例 /%（2018）[6]	5.4	31.4	17.1	—
森林碳蓄积 林地活生物质碳蓄积量 / 百万吨（2018）[6]	8 387.1	294 450.4	2.8	8
森林蓄积量 / 百万米³（2015）[9]	16 002.4	430 548.3	3.7	5
人均森林蓄积量 / 米³（2015）[9]	11.7	58.5	20.0	—
森林地上生物质量 / 百万吨（2015）[9]	10 945.30	434 678.19	2.5	8
森林地下生物质量 / 百万吨（2015）[9]	3 494.4	105 370.1	3.3	8
单位森林面积蓄积量 /（米³/公顷）（2015）[9]	76.8	107.7	71.3	—
能源资源耗损与排放损失 能源耗减占 GNI 比例 /%（2018）[1]	0.714	0.996	71.7	—
CO_2 排放经济损失占 GNI 比例 /%（2018）[1]	2.656	1.401	189.6	—
化肥生产 化肥产量 / 千吨 N+P_2O_5+K_2O（2018）[6]	52 041.3	208 341.4	25.0	1
氮肥生产量 / 千吨 N（2018）[6]	32 657.8	119 615.3	27.3	1
磷肥生产量 / 千吨 P_2O_5（2018）[6]	13 237.6	44 207.5	29.9	1
钾肥生产量 / 千吨 K_2O（2018）[6]	6 145.9	44 518.6	13.8	4
化肥和农药施用 化肥施用量 / 千吨 N+P_2O_5+K_2O（2018）[6]	46 984.8	188 159.9	25.0	1
氮肥施用量 / 千吨 N（2018）[6]	28 306.4	108 658.0	26.1	1
磷肥施用量 / 千吨 P_2O_5（2018）[6]	7 875.8	40 647.9	19.4	1
钾肥施用量 / 千吨 K_2O（2018）[6]	10 802.6	38 854.0	27.8	1
农药使用量 / 千吨活性成分（2018）[6]	1 763.0	4 122.3	42.8	1
单位作物用地营养化肥施用量 /（公斤 P_2O_5/公顷）（2018）[6]	345.22	120.67	286.1	—
单位作物用地营养氮施用量 /（公斤 P_2O_5/公顷）（2018）[6]	208.61	69.71	299.3	—

续表

类别		中国	世界	中国占世界比重/%	在世界排名
化肥和农药施用	单位作物用地营养磷施用量/（公斤 P_2O_5/公顷）（2018）[6]	57.43	26.04	220.5	—
	单位作物用地营养钾施用量/（公斤 K_2O/公顷）（2018）[6]	79.18	24.92	317.7	—
	单位作物用地农药使用量/（公斤活性成分/公顷）（2018）[6]	13.07	2.63	497.0	—
反刍动物饲养量	水牛存栏量/头（2018）[6]	27 116 250	206 600 676	13.1	3
	骆驼存栏量/头（2018）[6]	323 300	35 525 270	0.9	16
	黄牛存栏量/头（2018）[6]	63271250	1 489 744 504	4.2	4
	山羊存栏量/头（2018）[6]	138 237 700	1 045 915 764	13.2	1
	绵羊存栏量/头（2018）[6]	164 078 900	1 209 467 079	13.6	1
消耗臭氧物质消费	臭氧层消耗物质消费量/吨 ODP（2017）[10]	15 110.3	31 370.8	48.2	1
	人均臭氧层消耗物质消费量/克 ODP（2017）[10]	10.90	4.17	261.6	—
	单位GDP臭氧层消耗物质消费量/（克 ODP/万美元，2010年不变价）（2017）[10]	14.87	3.92	379.6	—
CO_2等温室气体	化石能源燃烧 CO_2 排放量/百万吨（2019）[7]	9 825.8	34 169.0	28.8	1
	化石能源使用 CO_2 排放量/百万吨（2019）[11]	11 535.2	38 016.6	30.3	1
	建筑 CO_2 排放量/百万吨（2019）[11]	804.4	3 598.1	22.4	1
	电力工业 CO_2 排放量/百万吨（2019）[11]	4 569.0	13 619.3	33.6	1
	其他工业 CO_2 排放量/百万吨（2019）[11]	3 312.1	8 248.3	40.2	1
	交通 CO_2 排放量/百万吨（2019）[11]	986.5	8 198.7	12.0	2
	其他部门 CO_2 排放量/百万吨（2019）[11]	1 863.2	4 352.2	42.8	1
	人均化石能源 CO_2 排放量/吨（2019）[7]	8.12	4.93	164.7	—
	单位GDP化石能源 CO_2 排放量/（吨/万美元，2010年不变价）（2019）[7]	9.998	4.475	223.4	—
	温室气体排放总量/百万吨 CO_2 当量（2016）[12]	11 576.9	49 358.0	23.5	1
	其中：土地利用变化和林业（LUCF）的温室气体排放量/百万吨 CO_2 当量（2016）[12]	−310.0	3 217.17	—	—
	未含LUCF的温室气体排放量/百万吨 CO_2 当量（2016）[12]	11 886.9	46 141.0	25.8	1

续表

类别	中国	世界	中国占世界比重/%	在世界排名
能源温室气体排放量 / 百万吨 CO_2 当量（2016）[12]	9 848.1	36 013.5	27.3	1
工业过程温室气体排放量 / 百万吨 CO_2 当量（2016）[12]	1 122.5	2 771.1	40.5	1
农业温室气体排放总量 / 百万吨 CO_2 当量（2016）[12]	730.6	5 795.5	12.6	1
废弃物温室气体排放总量 / 百万吨 CO_2 当量（2016）[12]	185.7	1 560.9	11.9	1
船舶燃料油温室气体排放总量 / 百万吨 CO_2 当量（2016）[12]	57.1	1 240.1	4.6	4
电力 / 供热温室气体排放总量 / 百万吨 CO_2 当量（2016）[12]	4 644.1	15 005.3	30.9	1
制造 / 建筑业温室气体排放总量 / 百万吨 CO_2 当量（2016）[12]	2 842.4	6 109.3	46.5	1
建筑温室气体排放总量 / 百万吨 CO_2 当量（2016）[12]	525.1	2 720.7	19.3	1
交通运输业温室气体排放总量 / 百万吨 CO_2 当量（2016）[12]	843.5	7 866	10.7	2
其他化石燃料温室气体排放总量 / 百万吨 CO_2 当量（2016）[12]	299.6	1 429.2	21.0	1
挥发性温室气体排放总量 / 百万吨 CO_2 当量（2016）[12]	693.4	2 883.2	24.0	2
未含 LUCF 的 CO_2 排放量 / 百万吨 CO_2 当量（2016）[12]	9 813.2	34 017.4	28.8	1
未含 LUCF 的 CH_4 排放量 / 百万吨 CO_2 当量（2016）[12]	1 264.9	8 550.1	14.8	1
未含 LUCF 的 N_2O 排放量 / 百万吨 CO_2 当量（2016）[12]	557.0	3 054	18.2	1
未含 LUCF 的挥发性气体（F-Gas）排放量 / 百万吨 CO_2 当量（2016）[12]	253.7	1 053.6	24.1	1
农业温室气体排放量 / 千吨 CO_2 当量（2017）[6]	674 324	5 410 477	12.5	1
农业土壤排放量 / 千吨 CO_2 当量（2017）[6]	333 325.8	2 114 248.5	15.8	1
作物残留燃烧排放量 / 千吨 CO_2 当量（2017）[6]	5 488.3	30 848.5	17.8	1
稀树草原燃烧排放量 / 千吨 CO_2 当量（2017）[6]	215.2	282 352.7	0.08	51
作物残留排放量 / 千吨 CO_2 当量（2017）[6]	39 079.8	223 915.2	17.5	1
有机土壤耕作排放量 / 千吨 CO_2 当量（2017）[6]	583.2	127 889.7	0.46	35
牲畜肠道发酵排放量 / 千吨 CO_2 当量（2017）[6]	159 018.8	2 100 076.4	7.6	3
施用到土壤粪肥排放量 / 千吨 CO_2 当量（2017）[6]	34 376.8	191 129.1	18.0	1
留在草场上的粪便排放量 / 千吨 CO_2 当量（2017）[6]	68 106.0	866 872.7	7.9	2
粪便管理排放量 / 千吨 CO_2 当量（2017）[6]	62 874.2	349 705.4	18.0	1

（左侧纵向表头：CO_2 等温室气体）

续表

类别	中国	世界	中国占世界比重/%	在世界排名
稻田耕作排放量 / 千吨 CO_2 当量（2017）[6]	113 402.0	533 245.5	21.3	1
合成化肥排放量 / 千吨 CO_2 当量（2017）[6]	191 180.1	704 441.9	27.1	1
土地利用净排放量 / 去除量 / 千吨 CO_2 当量（2017）[6]	−310 156.1	3 151 070.8	—	—
草地净排放量 / 去除量 / 千吨 CO_2 当量（2017）[6]	63.6	46 263.5	0.14	49
林地净排放量 / 去除量 / 千吨 CO_2 当量（2017）[6]	−313 720	1 067 201.1	—	—
农田净排放量 / 去除量 / 千吨 CO_2 当量（2017）[6]	1 598.6	667 092.9	0.24	41
生物质燃烧净排放量 / 去除量 / 千吨 CO_2 当量（2017）[6]	1 901.7	1 370 513.4	0.14	37
黑炭排放量 / 千吨（2015）[11]	1 313.8	5 104.3	25.7	1
CH_4 排放量 / 千吨（2015）[11]	62 330.5	369 341.9	16.9	1
一氧化碳排放量 / 千吨（2015）[11]	129 684.1	597 741.1	21.7	1
一氧化二氮放量 / 千吨（2015）[11]	1 363.4	8 710.4	15.7	1
氨排放量 / 千吨（2015）[11]	8 733.2	49 122.7	17.8	1
非 CH_4 挥发性有机物（NMVOC）排放量 / 千吨（2015）[11]	30 867.9	150 525.2	20.5	1
氮氧化物（NO_x）排放量 / 千吨碳（2015）[11]	26 365.4	124 717.7	21.1	1
有机碳（OC）排放量 / 千吨碳（2015）[11]	2 618.7	11 735.5	22.3	1
领土碳排放量 / 百万吨碳（2018）[13]	2 746.9	9 981.6	27.5	1
消费碳排放量 / 百万吨碳（2018）[13]	2 333.1	9 773.6	23.9	1
碳排放转移量 / 百万吨碳（2018）[13]	352.1	—	—	—
碳排放转移量占领土排放量比例 /%（2018）[13]	13.1	—	—	—
碳足迹总量 / 百万全球公顷（2017）[14]	3 771.4	12 793.4	29.5	1
人均碳足迹 / 全球公顷（2017）[14]	2.62	1.69	155.0	—
ISO-14001 环境管理体系认证数（2019）[15]	134 926	312 580	43.2	1
ISO-50001 能源管理体系认证数（2019）[15]	2 934	18 227	16.1	2
气候灾害平均每年发生次数 / 次（2010—2018）[16]	0.9	25.6	3.5	
气候灾害平均每年影响人数 / 万人（2010—2018）[16]	885.8	7 114.5	12.5	2
气候灾害平均每年致死人数 / 人（2010—2018）[16]	2.4	2 308.3	0.1	12

左侧分类列（纵向合并单元格）：
- CO_2 等温室气体
- 碳转移排放
- 碳足迹
- 能源环境管理
- 气候灾害

续表

类别		中国	世界	中国占世界比重/%	在世界排名
气候灾害	气候灾害平均每年经济损失/亿美元（2010—2018）[16]	12.93	161.82	8.0	2
	气象灾害平均每年发生次数/次（2010—2018）[16]	11.7	121.2	9.7	2
	气象灾害平均每年影响人数/万人（2010—2018）[16]	829.8	3 365.1	24.7	2
	气象灾害平均每年致死人数/人（2010—2018）[16]	173.2	10 702.1	1.6	7
	气象灾害平均每年经济损失/亿美元（2010—2018）[16]	69.1	761.6	9.1	3

注：括号内数字为年份

资料来源：1）The World Bank. 2020. World Bank open data. https：//data. worldbank. org/［2021-1-18］.

2）UNDP. 2020. Human Development Data Center. http：//hdr. undp. org/en/data［2021-1-18］.

3）Cornell University，INSEAD，WIPO. 2020. The Global Innovation Index 2020：Who Will Finance Innovation? Ithaca，Fontainebleau，Geneva.

4）Klaus S，World Economic Forum. 2019. The Global Competitiveness Report 2019. Geneva.

5）INSEAD，The Adecco Group，Google. 2020. 2020 global talent competitiveness index. https：//gtcistudy. com/［2021-1-18］.

6）FAO. 2020. FAOSTAT. http：//www. fao. org/faostat/en/#data［2021-1-18］.

7）BP. 2020. BP statistical review of World Energy June 2020. http：//www. bp. com/statisticalreview［2021-1-18］.

8）World Bureau of Metal Statistics. 2019. World Metal Statistics Yearbook 2018. London.

9）UNEP. 2017. The Environmental Database. http：//geodata. grid. unep. ch/［2020-11-20］.

10）UNEP Ozone Secretariat. 2018. Data Access Centre. http：//ozone. unep. org/en/ods_data_access_centre. php［2020-11-20］.

11）Crippa M，Guizzardi D，Muntean M，et al. 2020. Fossil CO_2 emissions of all world countries-2020 Report. EUR 30358 EN，Publications Office of the European Union，Luxembourg，ISBN 978-92-76-21515-8，doi：10. 2760/143674，JRC121460. 本部分的化石燃料 CO_2 排放来源于化石燃料使用、工业过程和产品使用。

12）World Resources Institute（WRI）. 2020. Climate watch：CAIT climate data explorer. https：//cait. wri. org/［2021-1-20］.

13）Friedlingstein P，Jones M W，O'Sullivan M，et al. 2019. Global Carbon Budget 2019. Earth System Science Data，4（11）：1783-1838.

14）Global Footprint Network. 2020. Ecological Footprint explorer. http：//data. footprintnetwork. org/#/［2020-12-18］.

15）International Organization for Standardization（ISO）. 2020. ISO survey of certifications to management system standards 2019. https：//www. iso. org/the-iso-survey. html［2021-1-20］.

16）Centre for Research on the Epidemiology of Disasters（CRED）. 2019. The international disasters database（EM-DAT）. https：//www. emdat. be/database［2020-10-15］.

由表 12.3 可知，从总体上看，2019 年，中国作为世界第二大经济体和世界第一大人口国，其 GDP 占世界 GDP 总量的 16.4%、人口占 18.2%。人均 GDP 仍低于世界平均水平，只有后者的 90% 左右。中国整体上已步入全球人类高发展行列，但是人类发展指数（HDI）在世界上 189 个国家中居第 85 位，相对比较落后。中国的城市化进程加速发展，城市化率达到 60% 以上，并且超过世界平均水平。虽然中国已进入高质量发展阶段，创新能力明显增强，全球创新指数跃居世界第 14 位，国际地位不断提升，但经济发展方式依然相对粗放。

从能源生产相关领域来看，2019 年，中国生产了世界 4.3% 的石油、4.5% 的天然气、47.3% 的煤炭、27.8% 的发电量、9.7% 的锂（世界第三）、60.2% 的石墨（世界第一）、63% 的稀土（世界第一）、3.1% 的铀（世界第八）、63.1% 的精炼钴（世界第一），并且太阳能光伏发电和风力发电累计装机容量均为世界第一，分别占世界的 35% 和 33.8%。

从能源消费总量来看，2019 年中国消费了世界 24.3% 的一次能源，居世界第一。其中包括 14.5% 的石油（世界第二）、7.8% 的天然气（世界第三）、51.7% 的煤炭（世界第一）、12.5% 的核能（世界第三）、30.1% 的水电（世界第一）和 22.9% 的可再生能源（世界第一）。并且已连续 19 年成为全球能源消耗增长的最大贡献者。

从能源资源的供需来看，国内油气资源生产供不应求，对外依存度屡创新高。2018 年中国对石油的进口依存度达 72%，对天然气的进口依存度为 43%。这表明中国社会经济发展对能源消费的强烈依赖。

从能源消费结构来看，以煤为主的能源消费结构短期内难以发生根本性的改变。2019 年，中国煤炭占一次能源消费比例为 57.6%，远高于世界 27% 的平均水平；石油占比 19.7%，低于世界 33.1% 的平均水平；天然气占比 7.8%，低于世界 24.2% 的平均水平；核能占比 2.2%，低于世界 4.3% 的平均水平；水电占比 8.0%，高于世界 6.4% 的平均水平；可再生能源占比 4.7%，低于世界 5.0% 的平均水平。总体而言，中国清洁能源消费量占能源消费总量的比重低于世界平均水平。这种以煤炭为主的能源消费结构在很大程度上决定了中国温室气体尤其是 CO_2 排放的大规模、高强度的基本特征，也奠定了中国空气污染严重的基本格局。

从 CO_2 等温室气体排放来看，中国两者均居世界首位。2019 年，中国的化石燃料使用或燃烧 CO_2 排放量占世界排放总量的 28% 以上［英国石油公司（BP）数据为 28.8%，欧盟数据为 30.3%］，CO_2 排放造成的边际经济损失占国民总收入（GNI）的比例为 2.7%（2018 年），是世界平均水平的近 2 倍。2016 年，中国温室气体排放总量占世界的 23.5%。2017 年，中国消费了世界 48.2% 的臭氧层消耗物质，产生了世界 29.5% 的碳足迹，两者也均为世界之最大。此外，2015 年，中国还排放了世界 25.7% 的黑炭、16.9% 的 CH_4、21.7% 的一氧化碳、15.7% 的一氧化二氮、17.8% 的氨、

20.5% 的非 CH_4 挥发性有机物（NMVOC）、21.1% 的氮氧化物（NO_x）、22.3% 的有机碳等温室气体或空气污染物，这些排放量均为世界第一。

从能源消耗和温室气体排放强度看，由表 12.3 可知，2019 年，中国单位 GDP 能耗（2010 年不变价）是世界平均水平的 1.8 倍，单位 GDP CO_2 排放量是世界平均水平的 2.2 倍，单位 GDP 臭氧层消耗物质消费量是世界的 3.8 倍（2017 年）。这也在很大程度上反映了中国发展方式的相对粗放性和高碳性。同时，中国的人均一次能源消费量是世界平均水平的 1.3 倍，人均臭氧层消耗物质消费量是世界平均水平的 2.6 倍（2017 年），人均化石能源 CO_2 排放量是世界平均水平的 1.6 倍，人均碳足迹是世界平均水平的近 1.6 倍（2017 年）。

四、中国能源消费相关指标国际比较

（一）中国能源消费结构变化趋势及国际比较

中国能源消费结构在不断优化。BP 统计数据表明（表 12.4），自 2005 年以来，中国的煤炭消费占一次能源消费总量的比例由 2005 年的 69.9% 下降到 2019 年的 57.6%；石油占比由 2005 年的 20.9% 小幅下降到 2019 年的 19.7%；天然气占比由 2.6% 上升到 7.8%；非化石能源占比由 2005 年的 6.5% 上升到 2019 年的 14.9%。

表 12.4　2005—2019 年中国与世界能源消费结构变化趋势

类别	中国				世界			
	2005 年	2010 年	2015 年	2019 年	2005 年	2010 年	2015 年	2019 年
石油	20.9	18.2	18.7	19.7	36.3	33.7	33.1	33.1
天然气	2.6	4.0	5.8	7.8	23.6	23.7	24.0	24.2
煤炭	69.9	69.8	63.7	57.6	27.8	29.5	28.9	27.0
核能	0.8	0.7	1.3	2.2	5.9	5.2	4.4	4.3
水电	5.7	6.8	8.4	8.0	6.3	6.5	6.7	6.4
可再生能源	—	0.5	2.1	4.7	—	1.4	2.8	5.0

资料来源：计算自 BP（2007）、BP（2012）、BP（2017）、BP（2020）

但是与世界相比，中国的煤炭占比是世界平均水平的 2 倍以上，石油占比不到 20%，而世界占比为 1/3；天然气份额远低于世界平均水平；核能占比只有世界平均水平的 1/2 左右；水电占比略高于世界平均水平；可再生能源占比稍低于世界平均水平。这同时也意味着中国能源结构低碳化转型的艰巨性和长期性。

展望未来，随着新能源发展和我国绿色发展进程加快，能源结构将进一步优化，到 2030 年非化石能源占一次能源消费比重将达到 25% 左右。这将为我国实现 CO_2 排放 2030 年前达峰和 2060 年前实现碳中和目标奠定良好基础。

BP（2019）预测表明，到 2040 年，中国煤炭消费占比将达到 35.1%、石油占比 17.9%、天然气占比 13.7%、核能占比 7.1%、水电占比 8.5%、可再生能源占比 17.7%。届时世界相应比例分别为 20.3%、27.2%、25.8%、4.3%、7.0% 和 15.4%。与世界相比，中国煤炭占比由 2019 年的 2 倍以上缩小到 1.7 倍左右，核能和可再生能源所占比例将高于世界平均水平（表 12.5）。

表 12.5　2040 年世界各区域和主要国家一次能源消费结构预测　　　（单位：%）

国家 / 区域	石油	天然气	煤炭	核能	水电	可再生能源
中国	17.9	13.7	35.1	7.1	8.5	17.7
世界	27.2	25.8	20.3	4.3	7.0	15.4

资料来源：BP（2019）

（二）中国能源消费强度变化趋势及国际比较分析

1. 中国能源消费强度变化趋势

能源消费强度在一定程度上综合反映了一个国家或地区能源利用效率或经济技术水平，其发展变化速度、方向和趋势也部分反映了能源技术进步情况。中国已成为世界上能源利用效率提升最快的国家（中华人民共和国国务院新闻办公室，2020）。自 1965 年以来，中国的能源消费强度经历了一个先上升后下降的过程（图12.1），由 1965 年的 9.83 吨油当量 / 万美元（2010 年不变价）下降到 2019 年的 2.93 吨油当量 / 万美元（2010 年不变价），年均下降约 2.22%，远高于世界 0.78% 的平均下降水平，并且降速是后者 2.8 倍。

但是与世界平均水平相比，中国的能源消费强度还有非常大的差距。2019 年中国的能源消费强度是世界平均水平的近 1.8 倍，而在 1965 年，这一差距则为 3.9 倍。在 2019 年世界主要国家排名中，中国的能源消费强度排在全球第 15 位。由此也反映出中国能源利用效率较低、利用方式相对粗放和经济发展的高碳特征。

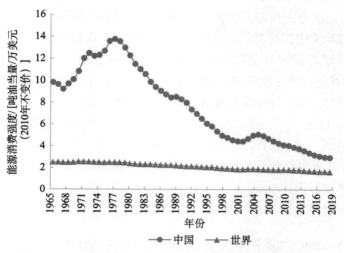

图 12.1　1965—2019 年中国与世界能源消费强度变化趋势

2. 能源消费强度与经济发展水平之间的关系

经济发展水平在较大程度上影响能源利用效率和强度。为了在横向上反映各国能源消费强度与其经济发展水平之间的关系，同时揭示中国在世界上所处的位置，我们采用 2019 年各国能源消费强度与其对应的人均 GDP（表征经济发展水平）的横截面数据进行分析，如图 12.2 所示。

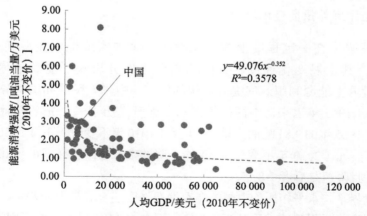

图 12.2　2019 年世界主要国家能源消费强度与人均 GDP 之间的关系

由图 12.2 可以看出，从横向看，能源消费强度随着经济发展水平的不断提高而呈较明显的下降趋势。总体来看，人均 GDP 每增长 1%，能源消费强度平均下降 0.35%。与世界处于同等收入水平的国家相比，中国的能源消费强度还是相对偏高的。

3. 能源消费强度与经济结构之间的关系

产业结构对能源消费强度也会产生直接和间接的影响，尤其是第二产业的发展。图 12.3 为 2019 年世界主要国家能源消费强度与产业结构指数（即第三产业增加值占 GDP 比例与第一产业增加值占 GDP 比例的比值）之间的关系。由图 12.3 可知，能源消费强度与产业结构指数之间的关系呈现出幂函数关系。总体而言，产业结构指数每增长 1%，能源消费强度平均下降 0.32%。

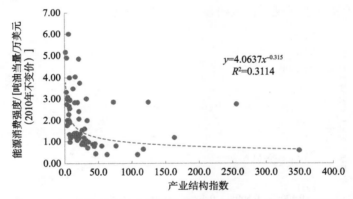

图 12.3　2019 世界主要国家能源消费强度与产业结构指数之间的关系

图 12.4 揭示了世界主要国家能源消费强度与第二产业发展之间的关系。可以发现两者之间呈现正向相关关系，即随着第二产业发展包括工业化进程的不断推进，能源消费强度大体呈上升趋势。

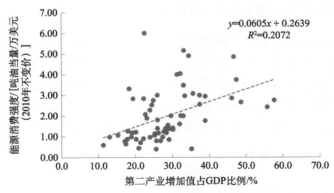

图 12.4　2019 世界主要国家能源消费强度与第二产业增加值占 GDP 比例之间的关系

上述结果也凸显了经济结构调整、优化和升级在促进低碳转型发展中的意义和作用。

4. 能源消费强度与人类发展之间的关系

能源是人类文明进步的基础和动力，关系到人类的生存和发展（中华人民共和国国务院新闻办公室，2020）。因此，能源消费强度也受到社会发展水平的影响。联合国开发计划署（UNDP）开发的 HDI 是用来衡量社会发展进步状况包括国民健康、教育和生活水平的重要综合指标。世界主要国家能源消费强度与 HDI 之间的关系如图 12.5 所示。由图可知，两者之间呈现出指数函数关系，即随着人类的发展或 HDI 的不断增加，能源消费强度呈现出比较明显的指数下降趋势。

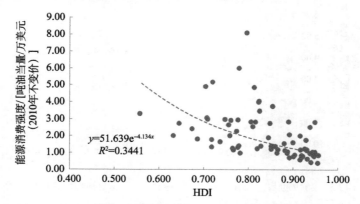

图 12.5　2019 年世界主要国家能源消费强度与 HDI 之间的关系

资料来源：HDI 数据来自 UNDP（2020）

5. 能源消费强度与创新能力之间的关系

能源消费强度可以说是一个国家广义上的能源科技能力和水平的外在反映，因此与科技创新能力本质上一致。世界主要国家能源消费强度与创新能力之间的关系如图 12.6 所示。由图可知，能源消费强度与创新指数之间呈现反相关的指数函数关系，即随着创新能力的不断增强，能源消费强度不断降低。这也反映出提升创新能力尤其是低碳科技创新能力在提升能源资源利用效率、转变能源利用方式中的基础性作用。

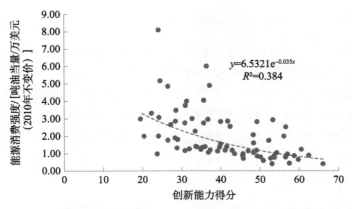

图 12.6　2019 年世界主要国家能源消费强度与全球创新指数之间的关系

资料来源：全球创新指数来自 Cornell University 等（2020）

（三）中国人均能源消费变化趋势及国际比较分析

1. 中国人均能源消费量变化趋势

随着经济的快速发展、城市化进程加速推进和人民生活水平的不断提高，中国的人均能源消费量保持着较快的增长态势。1965—2019 年，中国人均能源消费量年均增长 4.86%，远远高于世界 0.90% 的平均增长水平。

与此同时，中国的人均能源消费水平由一直低于世界平均水平到 2009 年开始超过世界平均水平，并且两者的差距呈不断拉大态势（图 12.7）。

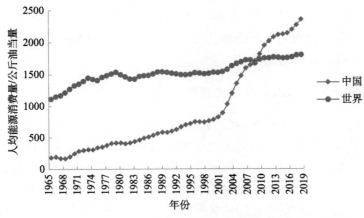

图 12.7　1965—2019 年中国与世界人均能源消费量变化趋势

2. 人均能源消费量与经济发展水平之间的关系

经济发展水平不同会对人均能源消费量产生不同的影响。经济发展水平较高的国家，往往也是人均能源消费量相对较大的国家。为了反映世界主要国家人均能源消费量与其经济发展水平之间的关系，我们采用 2019 年各国人均能源消费量与其对应的人均 GDP 横截面数据进行分析，结果如图 12.8 所示。由图可以看出，人均能源消费量随着经济发展水平的不断提高而呈现"倒 U 形"的变化趋势。

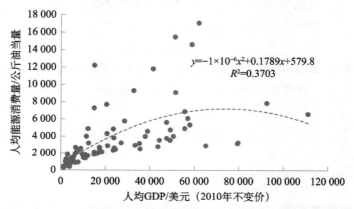

图 12.8　2019 年世界主要国家人均能源消费量与人均 GDP 之间的关系

3. 人均能源消费量与经济结构之间的关系

人均能源消费量也受到产业结构的影响，尤其是工业化的不同发展阶段。为了反映人均能源消费量与产业结构之间的关系，我们采用产业结构指数进行分析，如图 12.9 所示。由图可知，世界主要国家人均能源消费量随着产业结构的不断优化升级呈对数增长的态势，但增幅不断趋缓。这可能更多地与消费结构调整升级和居民生活消费水平的不断提高有密切的关系。

4. 人均能源消费量与人类发展之间的关系

社会的发展包括居民生活质量的提高往往伴随着人均能源消费的不断扩大，因此人均能源消费量与人类社会发展之间也存在着相关关系。世界主要国家人均能源消费量与其 HDI 之间的关系如图 12.10 所示。由图可知，两者之间呈现出比较强烈的指数函数关系，即随着社会的发展或 HDI 的不断增加，人均能源消费量呈现出比较明显的指数上升趋势，说明当前世界各国社会发展水平的提高仍建立在以能源资源环境为代价的基础上。UNDP 研究表明，为了大幅提高人类发展和福祉水平，世界人均能源消耗量需增至约 100 吉焦（2.38 吨油当量），而世界 2019 年人均能源消费量为 76 吉焦，中国为 98.8 吉焦。当前，全球约 80% 的人口生活在人均能源消耗不足 100 吉焦的国家（BP，2019）。

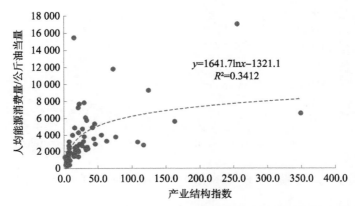

图 12.9　2019 年世界主要国家人均能源消费量与产业结构指数之间的关系

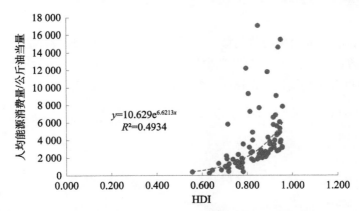

图 12.10　2019 年世界主要国家人均能源消费量与 HDI 之间的关系

资料来源：HDI 数据源于 UNDP（2020）

5. 人均能源消费量与城市化进程之间的关系

城市是人类能源资源消耗和污染排放最集中的地方，因此随着城市化进程不断推进，人均能源消费量也会不断增加。世界主要国家人均能源消费量与城市化之间的关系如图 12.11 所示。由图可知，人均能源消费量与城市化率呈现明显的指数式正相关关系，即随着城市化进程的推进，人均能源消费量大约呈指数式增长趋势。这也从侧面反映了促进城市绿色转型发展的重要性和迫切性。

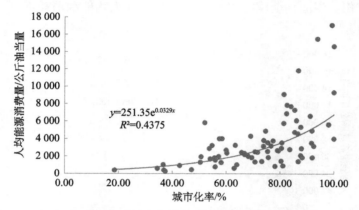

图 12.11　2019 年世界主要国家人均能源消费量与城市化进程之间的关系

（四）中国能源消费总量及国际地位变化趋势分析

与人均能源消费量变化趋势类似，中国的能源消费总量随着社会经济的快速发展呈更为显著的增长态势，尤其是改革开放后。1965—2019 年，中国能源消费总量年均增长 6.2%，是世界平均增速（2.48%）的 2 倍以上（图 12.12）。

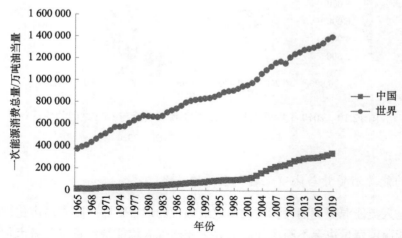

图 12.12　1965—2019 年中国与世界能源消费总量的变化趋势

与此同时，中国能源消费在国际格局中的地位不断上升。1965 年，中国能源消费量占世界能源消费总量的比例只有 3.54%，经过 50 多年的发展，到 2019 年，这一比例已经上升到世界的 24.3%，这也对全球的碳排放格局和气候变化的治理格局产生重要影响。同时，中国自 2009 年开始成为世界最大的一次能源消费国。

五、中国 CO_2 排放相关指标国际比较

（一）中国碳排放强度变化趋势及国际比较

1. 中国碳排放强度变化趋势

中国的碳排放强度呈现出较快的下降势头。1970—2019 年，中国的 CO_2 排放强度由最初的 48.48 吨 / 万美元（2010 年不变价）下降到 2019 年的 9.998 吨 / 万美元（2010 年不变价），年均下降 3.17%，而世界碳排放强度下降率平均为 1.23%，前者是后者的 2 倍以上（图 12.13）。

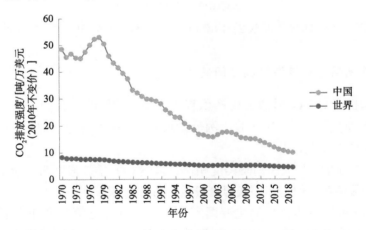

图 12.13　1970—2019 年中国与世界 CO_2 排放强度变化趋势

但是同期，中国碳排放强度始终远高于世界平均水平，尽管两者之间的差距不断缩小。1970 年，中国的碳排放强度是世界平均水平的 5.9 倍，到 2019 年，这一比值仍为世界平均水平的 2.23 倍，是欧盟（包含英国）平均水平的 5.0 倍。

在 2019 年世界主要国家排名中，中国的 CO_2 排放强度位居世界前列，排在全球

第 15 位。

2. CO_2 排放强度与经济发展水平之间的关系

从 2019 年世界各国 CO_2 排放强度即单位 GDP CO_2 排放量与人均 GDP 之间的关系（图 12.14）来看，虽然和能源消费强度与人均 GDP 之间的关系类似，随着人均 GDP 的提高，强度均呈现下降趋势，但是能源消费强度与人均 GDP 之间呈现幂函数式下降关系，而 CO_2 排放强度与人均 GDP 则呈现不太显著的指数函数下降趋势。

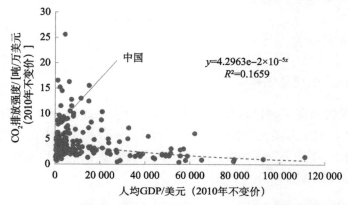

图 12.14　2019 年世界主要国家 CO_2 排放强度与人均 GDP 之间的关系

3. CO_2 排放强度与经济结构之间的关系

产业结构也会对 CO_2 排放强度产生直接或间接的影响。我们依旧采用产业结构指数和第二产业增加值占 GDP 的比例分别反映其与 CO_2 排放强度之间的关系，如图 12.15 和图 12.16 所示。

由图 12.15 可知，与能源消费强度相比，虽然 CO_2 排放强度与产业结构指数之间也呈现出幂函数关系，但是不如能源消费强度那么显著。

由图 12.16 可以看出，世界主要国家 CO_2 排放强度与第二产业发展之间大体呈"倒 U 形"的曲线关系，这也不同于能源消费强度与第二产业增加值比例之间的线性关系。总而言之，产业结构的优化和调整对降低碳排放强度具有正向的促进作用。

4. CO_2 排放强度与人类发展之间的关系

人类的发展水平和程度也通过能源利用间接影响到 CO_2 排放强度。这两者的作用关系可以通过 CO_2 排放强度与 HDI 之间的关系来揭示，如图 12.17 所示。由图可知，

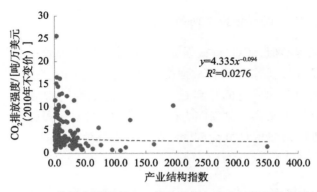

图 12.15　2019 世界主要国家 CO_2 排放强度与产业结构指数之间的关系

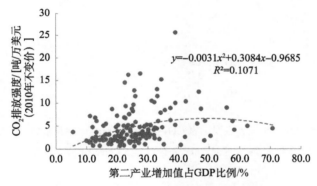

图 12.16　2019 世界主要国家 CO_2 排放强度与第二产业增加值占 GDP 比例之间的关系

两者之间呈现出"倒 U 形"的曲线关系，即随着人类发展水平的不断提高，CO_2 排放强度呈现出先上升后下降的趋势。这不同于能源消费强度与 HDI 之间指数式的下降关系。

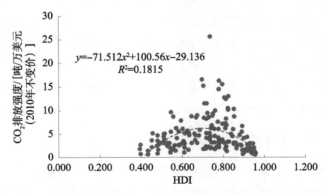

图 12.17　2019 年世界主要国家 CO_2 排放强度与 HDI 之间的关系

资料来源：HDI 数据来自 UNDP（2020）

5. CO₂ 排放强度与创新能力之间的关系

与能源消费强度类似，CO_2 排放强度也在一定程度上反映一个国家广义上的科技水平。2019 年世界主要国家 CO_2 排放强度与创新能力之间的关系如图 12.18 所示。由图可知，两者之间呈现出一定的"倒 U 形"的曲线关系，创新能力得分在 30—40 的国家往往 CO_2 排放强度最高。创新能力得分高的国家往往碳排放强度明显较低。这也明显不同于能源排放强度与 HDI 之间的指数函数下降关系。

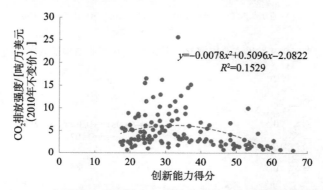

图 12.18　2019 年世界主要国家 CO_2 排放强度与全球创新指数之间的关系

资料来源：全球创新指数来自 Cornell University 等（2020）

（二）中国人均 CO_2 排放量变化趋势及国际比较分析

1. 中国人均 CO_2 排放量变化趋势

自 1970 年，中国的人均 CO_2 排放量与人均能源消费量类似，随着经济社会的快速发展，一直保持较快的增长势头。1970—2019 年，中国人均 CO_2 排放量平均每年增长 4.17%，远高于世界每年平均 0.30% 的增长速度。并以 2005 年为转折点，中国的人均 CO_2 排放量由之前的一直保持低于世界平均水平状态转变为高于世界人均排放水平，且与世界平均水平的差距也在持续拉大（图 12.19）。

2. 人均 CO_2 排放量与经济发展水平之间的关系

经济发展水平不仅影响能源的消费水平，自然而言也会影响到 CO_2 的排放水平。图 12.20 反映了 2019 年世界主要国家人均 CO_2 排放量与其经济发展水平之间的关系。可以发现两者之间呈"倒 U 形"的曲线关系，也就是人均 CO_2 排放量随着经济发展水

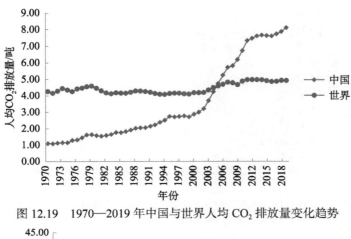

图 12.19 1970—2019 年中国与世界人均 CO_2 排放量变化趋势

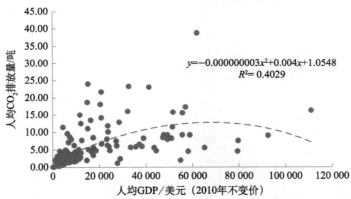

$y=-0.000000003x^2+0.004x+1.0548$
$R^2= 0.4029$

图 12.20 2019 年世界主要国家人均 CO_2 排放量与人均 GDP 之间的关系

平的不断提高而呈现出先升后降的变化趋势。

3. 人均 CO_2 排放量与经济结构之间的关系

人均 CO_2 排放同时受到产业结构的影响,包括工业化进程的作用。其与产业结构指数和第二产业增加值占 GDP 比例之间的关系如图 12.21 和图 12.22 所示。

由图 12.21 可知,2019 年,世界主要国家人均 CO_2 排放量与产业结构指数之间大体呈较为明显的二次曲线关系即"倒 U 形"的曲线关系,而非人均能源消费量与产业结构指数之间存在的对数函数关系。

图 12.22 表明,2019 年世界主要国家人均 CO_2 排放量与第二产业增加值占 GDP 比例呈正向的线性相关关系,即人均 CO_2 排放量随着第二产业增加值比重的升高而增加,这也在一定程度说明了人均 CO_2 排放受到工业化进程的影响和作用。

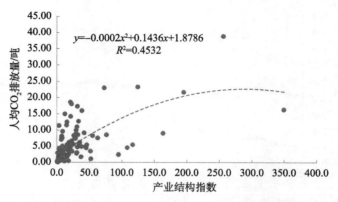

图 12.21　2019 年世界主要国家人均 CO_2 排放量与产业结构指数之间的关系

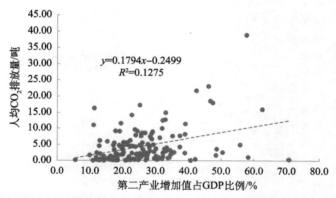

图 12.22　2019 年世界主要国家人均 CO_2 排放量与第二产业增加值占 GDP 比例之间的关系

4. 人均 CO_2 排放量与人类发展之间的关系

社会发展水平和程度也会通过能源消费而影响到 CO_2 的排放，因此人均 CO_2 排放量与人类社会发展水平之间密切相关，两者之间的关系如图 12.23 所示。由图可知，人均 CO_2 排放量随着 HDI 的增加而呈指数式的增长态势，这一点和人均能源消费量与 HDI 之间的关系有一定的类似性，说明当前世界各国社会发展水平提高仍以牺牲能源资源环境为代价。

5. 人均 CO_2 排放量与城市化进程之间的关系

城市是 CO_2 的集中排放地。伴随着城市化进程的推进以及居民消费结构和生活方式的转变，城市的 CO_2 排放水平也会相应地随之改变。图 12.24 反映了 2019 年世界

主要国家人均 CO_2 排放量与城市化率之间的关系。由图可知，两者之间呈现指数式的关系，也就是人均 CO_2 排放量随着城市化率的提高而呈指数式的上升趋势。

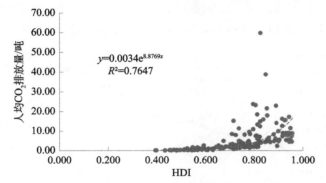

图 12.23　2019 年世界主要国家人均 CO_2 排放量与 HDI 之间的关系

资料来源：HDI 数据源于 UNDP（2020）

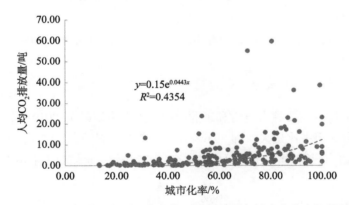

图 12.24　2019 年世界主要国家人均 CO_2 排放量与城市化率之间的关系

（三）中国 CO_2 排放总量及国际地位变化趋势

1. 中国 CO_2 排放总量变化趋势

自 1970 年以来，中国的 CO_2 排放量呈现出明显的增长势头。1970—2019 年，中国 CO_2 排放量由最初的 9 亿吨增长到 115.4 亿吨，以年均 5.3% 的速度递增（图12.25），尤其是 2000 年以后增长势头更为迅猛。同期，世界的 CO_2 排放量年均增长 1.8%，只有中国 CO_2 排放量年均增速的 1/3。

与此同时，中国 CO_2 排放量占世界的份额由 1970 年的 5.75% 上升到 2019 年的 30.3%，并从 2005 年开始成为世界上 CO_2 排放量最大的国家，对世界的 CO_2 排放格局产生重要影响，同时也凸显了中国在世界 CO_2 治理格局中的地位和作用。这也从侧面反映了中国要实现 2030 年前碳达峰和 2060 年前碳中和目标的难度。

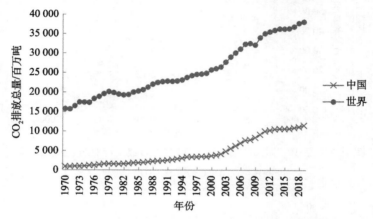

图 12.25　1970—2019 年中国与世界 CO_2 排放总量变化趋势

2. 中国 CO_2 排放部门结构

中国的 CO_2 排放主要源自电力和工业部门（除电力以外）。2019 年，在中国 CO_2 排放构成中，电力部门占比最大，即 39.6%，其次是工业部门占 28.7%，这两者合计占总排放量的 68.3%。交通和建筑部门分别占 8.6% 和 7.0%，其他部门占 16.2%（图 12.26）。

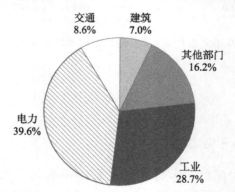

图 12.26　2019 年中国 CO_2 排放的部门结构 [1]

---

[1]　因四舍五入原因，占比总和可能不等于 100%，全书此类余同。

从各部门 CO_2 排放量的时间变化来看（表 12.6），中国各部门排放量均呈较快的增长态势。1970—2019 年，电力部门 CO_2 排放量年均增长速度最快，达到 7.5%，其次是交通部门，年均增长 6.5%，再者为其他部门，年均增长 5.6%，这三个部门 CO_2 排放量增速均高于同期中国 CO_2 平均增长水平 5.3%。而工业和建筑部门 CO_2 的排放量增长速度相对较低，分别为 4.5% 和 2.7%。

但是与世界相比，中国各部门的 CO_2 排放量增长速度均明显高于世界平均增长水平。1970—2019 年，世界 CO_2 排放量增长最快的部门也是电力部门，排放量年均增长 2.7%；其次是交通部门，排放量年均增长 2.2%。这两个部门的排放量增速高于世界总体平均增速 1.8%。其他部门的排放量增速与总体平均增速持平，为 1.8%；其工业和建筑排放量增速相对较低，分别为 1.2% 和 0.4%。

中国各部门排放量增长相对较快，使得中国各部门的 CO_2 排放量在世界相应部门排放总量中的地位大幅提升：电力部门排放量占世界电力部门总排放量的比例由 1970 年的 3.5% 上升到 2019 年的 33.5%；工业部门排放量比例由 8.5% 上升到 40.2%；交通部门上升幅度相对较低，由 1.6% 上升到 12.0%；建筑部门则由 7.5% 上升到 22.4%；其他部门由 6.9% 上升到 42.8%。到 2019 年，除交通排放量居世界第二位，其他部门排放量均居世界首位。

表 12.6 中国 CO_2 排放部门结构及占世界份额

类别	部门	1970 年	1980 年	1990 年	2000 年	2010 年	2015 年	2019 年
CO_2 排放量 / 百万吨	电力	129.8	310.1	639.2	1 426.8	3 620.0	4 395.7	4 569.0
	工业	386.0	648.3	831.4	1 042.1	2 933.1	3 106.7	3 312.1
	交通	45.5	79.0	107.0	263.6	581.5	836.8	986.5
	建筑	218.9	326.4	498.4	354.5	573.0	702.9	804.4
	其他	126.4	199.5	328.7	595.5	1 453.2	1 629.3	1 863.2
	总计	906.6	1 563.3	2 404.7	3 682.5	9 160.8	10 671.4	1 1535.2
CO_2 排放部门结构 /%	电力	14.3	19.8	26.6	38.7	39.5	41.2	39.6
	工业	42.6	41.5	34.6	28.3	32.0	29.1	28.7
	交通	5.0	5.1	4.5	7.2	6.3	7.8	8.6
	建筑	24.1	20.9	20.7	9.6	6.3	6.6	7.0
	其他	13.9	12.8	13.7	16.2	15.9	15.3	16.2
	总计	100.0	100.0	100.0	100.0	100.0	100.0	100.0

续表

类别	部门	1970 年	1980 年	1990 年	2000 年	2010 年	2015 年	2019 年
部门排放占世界的相应份额 /%	电力	3.5	5.6	8.4	15.3	28.6	32.5	33.5
	工业	8.5	12.6	16.8	20.7	39.2	40.2	40.2
	交通	1.6	2.1	2.3	4.6	8.3	10.8	12.0
	建筑	7.5	10.1	15.0	11.7	17.3	21.3	22.4
	其他	6.9	8.8	15.1	23.3	41.1	41.3	42.8
	总计	5.8	7.9	10.6	14.3	27.0	29.4	30.3

（四）中国消费的碳足迹量与碳转移排放量变化趋势

1. 中国碳排放足迹量变化趋势

碳排放足迹量是衡量人类活动对环境影响的重要指标之一。随着中国碳排放量的不断增加，其产生的生态足迹规模也在不断扩大。基于全球生态足迹网络（Global Footprint Network，2020）数据，自 1961 年以来，中国消费产生的碳排放足迹量由 1961 年的 1.87 亿全球公顷一举上升到 2017 年的 37.71 亿全球公顷，增长了 19.2 倍，年均增长 5.5%（图 12.27），并且目前已成为世界上碳排放足迹量最大的国家。同期，世界消费的碳排放足迹量以年均 2.6% 的速度增长。中国碳排放足迹量的快速增长使得中国碳足迹的全球份额急剧扩大，由 1961 年的 6.0% 上升到 2017 年的 29.5%，反映了中国对全球的环境影响也在不断加大。

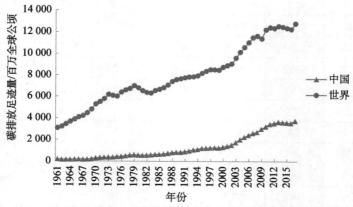

图 12.27　1961—2017 年中国与世界消费的碳足迹量变化趋势

资料来源：Global Footprint Network，2020

从人均碳排放足迹来看，中国的人均碳排放足迹量总体呈显著的上升趋势，但近几年来有所下降，但尚不稳定。1961—2017 年，中国人均碳排放足迹量由 0.27 全球公顷增长到 2.62 全球公顷，年均增长 4.1%（图 12.28）。这一增速也明显快于世界 1.7% 的平均增速。与人均 CO_2 排放量类似，中国的人均碳排放足迹量也以 2005 年为界，在此之前一直低于世界平均水平，在此之后则持续高于世界平均水平，并且两者的差距也在拉大。

图 12.28　1961—2017 年中国与世界人均碳足迹量变化趋势

资料来源：GFN（2020）

2. 中国碳转移排放量变化趋势

作为一个用来理解贸易的教科书式范例，中国自 1978 年改革开放以来，外贸增长速度一直显著高于经济增长速度，成为拉动经济高速增长的一驾马车。目前中国已成为世界第一贸易大国。伴随着世界工厂地位的形成，中国向全球输出了大量制造业产品及其隐含的能源资源和污染物包括碳排放，使得全球的资源消耗和环境污染越来越向中国集中，造成巨量的环境贸易逆差，付出了沉重的资源环境代价。

从总体上看，自 20 世纪 90 年代以来，中国的领土和消费碳排放量一直呈现比较强劲的增长态势（图 12.29）。但是就两者的差值即净碳输出量而言，中国一直是碳净输出国，并且是世界上最大的碳净输出国。根据《全球碳预算 2020》报告，中国净碳转移排放量由 1990 年的 4287 万吨，增长到 2018 年的 2.72 亿吨（Friedlingstein et al.，2020）。到 2018 年，中国净碳转移排放量约占领土排放量的 10%，这也就意味着目前中国有 10% 的碳排放量是为其他地区或国家的消费"买单"。

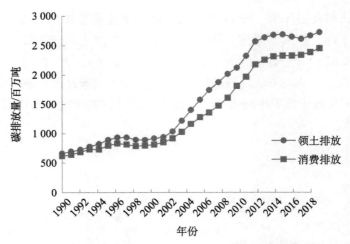

图 12.29　1990—2018 年中国的领土和消费碳排放量变化趋势

资料来源：Friedlingstein 等（2020）

注：两者差值即碳净转移排放

　　1990—2018 年，中国净碳输出量占领土排放量的比例大体呈现出先上升后下降的趋势，最高点出现在 2006 年（图 12.30）。1990 年，这一比例为 6.5%，到 2006 年则飙升至 22% 左右，之后开始逐渐下降。因此，中国的碳达峰和碳中和目标的实现也有赖于贸易发展方式的调整和转变。

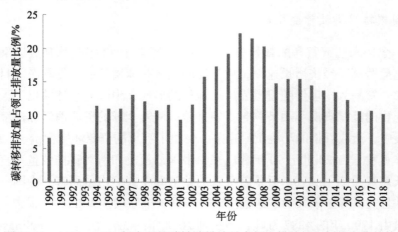

图 12.30　1990—2018 年中国的碳转移排放量占领土排放量比例的变化趋势

资料来源：Friedlingstein 等（2020）

六、中国温室气体排放相关指标国际比较 [①]

（一）中国温室气体排放强度及国际地位变化趋势

中国的温室气体排放强度即单位 GDP 温室排放量较高。2016 年，中国温室气体排放强度是世界平均水平的 1.9 倍，是欧盟 27 国的 7.1 倍，在一定程度上反映了中国发展方式相对比较粗放和高碳的特征。

自 1990 年以来，中国的温室气体排放强度也呈现出较快的下降趋势。由 1990 年的 35.1 吨 CO_2 当量 / 万美元（2010 年不变价）下降到 2019 年的 12.2 吨 CO_2 当量 / 万美元（2010 年不变价），平均每年下降 3.58%，远超同期世界平均下降速度 1.42%（图 12.31）。由于保持较快的下降势头，中国的温室气体排放强度与世界平均水平之间的差距在不断缩小，由 1990 年的前者是后者的 3.8 倍缩小到 2016 年的 1.9 倍。

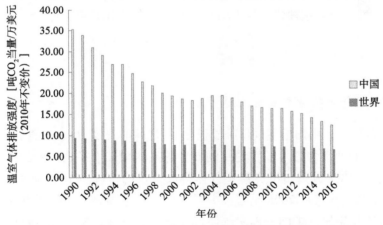

图 12.31　1990—2016 年中国与世界温室气体排放强度变化趋势

（二）中国人均温室气体排放量及国际地位变化趋势

1990—2016 年，中国人均温室气体排放量总体上呈现出比较强劲的增长趋势，由

[①]　温室气体排放有多个来源，不仅包括化石燃料燃烧，还包括农林和土地利用等领域。如无特别说明，本部分温室气体排放分析数据均源于 WRI（2020）。

1990 年的 2.56 吨 CO_2 当量上升到 2016 年的 8.4 吨 CO_2 当量，年均增长 4.7%，但自 2013 年起略微保持下降势头。而同期世界的人均温室气体排放量基本保持平稳，略有上升（图 12.32）。

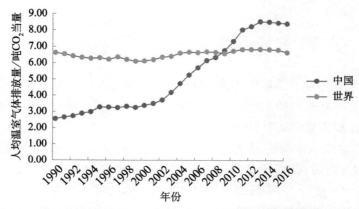

图 12.32　1990—2016 年中国与世界人均温室气体排放量变化趋势

在 2009 年以前，中国人均温室气体排放量一直低于世界人均水平，而在此之后则高于世界人均水平。这种状况与人均 CO_2 排放量的变化趋势类似。

（三）中国温室气体排放总量及国际地位变化趋势

1. 中国温室气体排放总量变化趋势

自 1990 年以来，中国温室气体排放量由 29 亿吨增长到 2016 年的 115.8 亿吨，平均以每年 5.5% 的速度快速增长，约是同期世界平均增长水平 1.33% 的 4 倍。与此同时，中国温室气体排放量占世界温室气体排放总量的份额由 1990 年的 8.3% 上升到 2016 年的 23.5%。并且从 2005 年起，中国的温室气体排放总量稳居世界第一。但是自 2014 年后的几年里，中国的温室气体排放量略有下降，是否已经越过拐点，还有待于进一步数据更新和考察（图 12.33）。

2. 中国温室气体排放部门结构

中国的温室气体排放主要来自能源部门。2016 年，在不包含土地利用变化和林业（LUCF）的温室气体排放中，能源部门排放占 82.85%，占据绝对主导地位，工业过程占 9.44%，农业占 6.15% 和废物排放占 1.56%（图 12.34）。

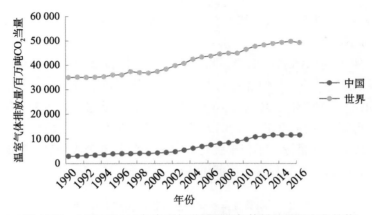

图 12.33　1990—2016 年中国与世界温室气体排放总量变化趋势

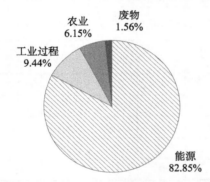

图 12.34　2016 年中国温室气体排放的部门结构（不含 LUCF）

对于 LUCF 温室气体排放而言，2016 年其贡献为负，也就是帮助中国抵消或减少温室气体 3.1 亿吨 CO_2 当量，在一定程度上缓冲了中国温室气体排放的增加。2016年，从世界温室气体排放来看，只有不丹、佛得角两个国家实现了碳中和或负碳排放。由此，也可以反映出土地利用和森林在实现碳中和目标中的碳汇作用。

3. 中国各部门温室气体排放量的变化

自 1990 年以来，中国各主要非 LUCF 部门的温室气体排放量除废物外，均呈增长态势，其中工业过程温室气体排放量增长速度最快，年均 10%，其次是能源排放量（5.68%）。这两个部门增速超过中国温室气体总排放量增速 5.5%。农业部门排放量增速相对较低，年均 0.84%（表 12.7）。

从温室气体部门结构变化看，能源和工业过程的排放份额不断提升，其中能源由 1990 的 72.8% 上升到 2016 年的 82.8%，工业过程则由 2.9% 上升到 9.4%；而农业和废物的排放份额处于下降状态，其中农业由 1990 年的 18.3% 降低到 2016 年的 6.1%，废物则由 6.0% 下降到 1.6%。

从各部门所处的国际地位来看，除废物温室气体排放的世界份额有所下降（从 14.3% 下降到 11.9%）外，其他各部门的份额则大体保持上升态势。如能源排放的世界份额由 1990 年的 10.0% 上升到 2016 年的 27.3%，工业过程由 9.3% 上升到 40.5%，农业由 11.7% 小幅上升到 12.6%。同时，这些部门的排放量均居世界第一。

因此，实现碳中和目标，不仅要强化 LUCF 部门的碳吸收能源，而且也需要加大政策力度，控制能源、工业和农业等部门或行业的排放量。

表 12.7　中国温室气体排放及部门结构变化趋势

类别	部门	1990 年	1995 年	2000 年	2005 年	2010 年	2015 年	2016 年
中国温室气体排放量 / 百万吨 CO_2 当量	温室气体排放(含 LUCF)	2 902	3 946	4 276	6 857	9 789	11 584	11 577
	温室气体排放（不含 LUCF）	3 220	4 265	4 596	7 193	10 180	11 894	1 1887
	LUCF	−318	−318	−320	−337	−392	−310	−310
	能源	2 343	3 185	3 454	5 831	8 431	9 896	9 848
	工业过程	94	204	301	553	886	1 091	1 122
	农业	588	670	676	687	711	727	731
	废物	195	206	165	122	152	180	186
中国温室气体排放部门构成 /%	温室气体排放（不含 LUCF）	100	100	100	100	100	100	100
	能源	72.8	74.7	75.2	81.1	82.8	83.2	82.8
	工业过程	2.9	4.8	6.6	7.7	8.7	9.2	9.4
	农业	18.3	15.7	14.7	9.6	7.0	6.1	6.1
	废物	6.0	4.8	3.6	1.7	1.5	1.5	1.6
中国温室气体排放占世界的相应份额 /%	温室气体排放（含 LUCF）	8.3	11.0	11.4	15.8	21.0	23.2	23.5
	温室气体排放（不含 LUCF）	10.5	13.4	13.6	18.6	23.6	25.9	25.8
	能源	10.0	13.2	13.3	19.3	24.8	27.5	27.3
	工业过程	9.3	16.6	21.7	31.8	39.7	40.6	40.5
	农业	11.7	13.2	13.3	12.9	12.8	12.7	12.6
	废物	14.3	13.9	11.2	8.6	10.4	11.6	11.9

（四）中国农业温室气体排放变化趋势

农业部门作为中国温室气体排放的主要部门之一，尽管其排放在中国温室气体排放中所占的份额为 6% 左右，但其绿色化转型对中国能否顺利实现碳达峰和碳中和目标仍具有重要的意义。农业部门温室气体排放包括土地清除释放的 CO_2 和 N_2O，化肥和其他农用化学品以及其他粪肥的施用排放的 CO_2、N_2O 和 CH_4，反刍动物（如牛、绵羊和山羊）生产过程中肠道发酵排放的 CH_4，稻米生产排放的 CH_4，家畜粪肥排放的 N_2O 和 CH_4（Clark et al.，2020），农业化石能源消费释放的 CO_2，作物残留和秸秆燃烧排放的 CO_2 等。[①]

1. 中国农业温室气体排放总量变化趋势

自 1961 年以来，中国和世界的农业温室气体排放量总体上均保持上扬态势。1961—2017 年，中国农业温室气体排放量由 2.49 亿吨增长到 6.74 亿吨，年平均增速为 1.8%，高于世界平均增长水平 1.2%，并且成为世界农业温室气体排放量最大的国家（图 12.35）。

与此同时，中国农业温室气体排放的全球份额由 1961 年的 9.0% 上升到 2017 年的 12.5% 即全球的 1/8。但是该比例的变化趋势呈"倒 U 形"曲线，在 1996 年最高曾达到 14.4%，之后波动下降。

根据 FAO（2020），预计到 2030 年和 2050 年，中国和世界的农业温室气体排放量还将进一步增长。按照目前的发展趋势，到 2030 年，中国农业温室气体排放量将达到 8.1 亿吨左右，在 2017 年基础上增长 20% 左右，占世界的份额在 14% 左右；到 2050 年，将达到 8.7 亿吨左右，比 2017 年增长 29%，占世界的份额达到 13.8% 左右。

2. 中国农业温室气体排放部门构成

中国农业温室气体排放主要源于合成化肥施用、反刍动物肠道发酵、稻田耕作等方面。其中，合成化肥的施用排放量最大，占比为 28.4%；第二是肠道发酵，占 23.6%，这也与反刍动物如牛、羊、骆驼等的饲养增加有关；第三为稻田耕作，其排放占比为 16.8%；草场粪便占 10.1%，居第四；第五是粪便管理，占 9.3%；其他依次是作物残留（5.8%）、土壤粪肥施用（5.1%）等（图 12.36）。

---

① 本部分农业温室气体排放数据源于 FAO（2020），与 WRI（2020）数据相比略小。

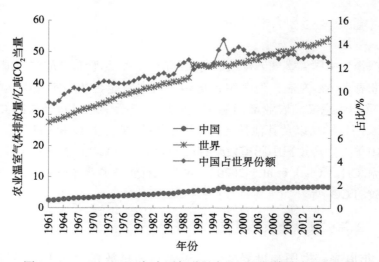

图 12.35 1961—2017 年中国与世界农业温室气体排放变化趋势

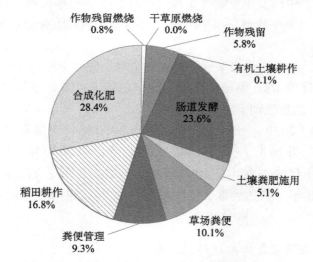

图 12.36 2017 年中国农业温室气体排放来源

这种农业排放结构与世界有较大的差别。2017 年，世界农业排放结构中，反刍动物肠道发酵占比最大为 38.8%，其次是草场粪便 16.0%，再者依次是化肥施用 13.0%、稻田耕作 9.9%、粪便管理 6.5%、干草原燃烧 5.2%、作物残留 4.1%、土壤粪肥施用 3.5% 等。

农业温室气体排放的多源性决定了农业温室气体减排技术、路径和措施的多样性。对于中国而言，应把化肥施用、畜群饲养、稻田耕作、粪肥管理等作为农业温室气体排放调控的重点，可供选择的措施包括：调整牲畜饲料结构，提高饲料利用效率；改进施肥结构和施肥方式如精准平衡施肥，提高化肥利用效率，减少化肥过量施用等；优化种植结构，改进灌溉方式，种植和选育优良品种；高效合理利用畜禽粪便，加强粪肥管理；等等。

七、中国低碳转型演化阶段国际比较

（一）低碳转型演化阶段的划分

中国科学院可持续发展战略研究组（2009）从历史考察的角度发现，从长期来看，一个国家或地区经济发展与碳排放之间的关系依次遵循三个"倒U形"曲线演化过程，即碳排放随着经济的发展或时间的变化先后经历碳排放强度的"倒U形"曲线、人均碳排放量的"倒U形"曲线和碳排放总量"倒U形"曲线演变特征，或者依次跨越三个"高峰"即碳排放强度高峰、人均碳排放量高峰和碳排放总量高峰。之后中国科学院可持续发展战略研究组（2010）又从IPAT方程的角度进一步将该演化过程进行严密化和规范化，并且拓展到更广泛的整个环境影响领域，其中包括能源资源消耗、CO_2 等温室气体排放以及其他污染物排放等。这不仅意味着三个"倒U形"曲线演化规律适用于碳排放，也同样适用于能源消费和温室气体排放领域，具体如图 12.37 所示。

同时可以把一个国家或地区经济发展与碳排放的演化关系划分为四个阶段：碳排放强度高峰前阶段（即S1阶段）、碳排放强度高峰到人均碳排放量高峰阶段（即S2阶段）、人均碳排放量高峰到碳排放总量高峰阶段（即S3阶段）和碳排放总量稳定下降阶段（即S4阶段）。如果人均碳排放高峰和碳排放总量高峰时间重合或者两者同时实现，此时上述的碳排放四个阶段就演变为三个阶段，这也可以看作是四个阶段的特殊情形。

从碳排放强度高峰到人均碳排放量高峰之间一般经历的时间相对较长，而从人均碳排放量高峰到碳排放总量高峰所经历的时间则相对较短。因此，如果实现了从碳排放强度高峰到人均碳排放量高峰的跨越，则会相对容易地实现碳排放总量高峰的跨越。

三个"倒U形"曲线的政策含义在于：由于不同曲线的峰值是可以降低的，不同峰值之间的时间间隔可以缩短，这就意味着通过制度安排、结构调整、技术进步乃至于社会行为的调整等途径，在促进经济发展和满足人们自身需求的同时，可以较低的资源环境代价，尽早实现能源消耗、CO_2 等温室气体排放高峰的跨越。例如，中国提出的 CO_2 排放由之前 2030 年左右达到峰值并争取尽早达峰的 NDCs 目标，向采取更加有力的政策和措施，力争于 2030 年前达到峰值和 2060 年前实现碳中和目标转变，则为三个"倒 U 形"曲线的政策含义提供了有力的证据。

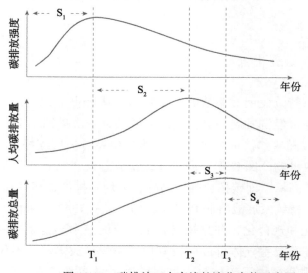

图 12.37　碳排放三大高峰的演化态势示意图

需要说明的是，三个"倒 U 形"曲线演化是一般性的规律，在现实中，不同国家或地区的经济发展和碳排放受多种不确定性因素的影响，致使少数国家或地区的经济发展与碳排放之间的演变过程往往出现异常，包括峰值并非依次出现，但这并不影响宏观上的基本判断。

（二）能源消费演化阶段的国际比较

能源消费是 CO_2 等温室气体排放的主要来源部门。基于 BP（2020）能源数据，对世界主要国家或地区的能源消费随经济发展或时间变化的演化过程进行统计分析，具体如表 12.8 所示。

表 12.8 世界主要国家或地区能源消费随经济发展或时间变化的演化过程和阶段

国家或地区	能源强度		人均能源消费量		能源消费总量	
	是否出现峰值	峰值年份	是否出现峰值	峰值年份	是否出现峰值	峰值年份
阿尔及利亚	是	1988	否	—	否	—
阿根廷	是	1990	是	2013	是	2015
澳大利亚	是	1978	是	2006	否	—
奥地利	是	1970	是	2005	是	2005
阿塞拜疆	是	1995	是	1986	是	1990
孟加拉国	是	2015	否	—	否	—
白俄罗斯	是	1992	是	1988	是	1988
比利时	是	1970	是	2003	是	2008
巴西	是	1999	是	2014	否	—
保加利亚	是	1980	是	1988	是	1988
加拿大	是	1977	是	2000	是	2018?
智利	是	1976	是	2018?	是	2018?
中国	是	1977	否		否	
哥伦比亚	是	1967	否		否	
克罗地亚	是	2013	是	2004	是	2004
塞浦路斯	是	1987	是	2005	是	2008
捷克	是	1991	是	1988	是	1988
丹麦	是	1970	是	1996	是	1996
厄瓜多尔	是	1997	否	—	否	—
埃及	是	1983	是	2012	是	2018?
爱沙尼亚	是	2010	是	1985	是	1989
芬兰	是	1979	是	2003	是	2003
法国	是	1973	是	2001	是	2004
德国	是	1996	是	1979	是	1979
希腊	是	1998	是	2007	是	2007
中国香港	是	1969	是	2017?	是	2018?
匈牙利	是	2005	是	1987	是	1987
冰岛	是	2010	是	2018?	是	2018?
印度	是	1991	否		否	—

续表

国家或地区	能源强度		人均能源消费量		能源消费总量	
	是否出现峰值	峰值年份	是否出现峰值	峰值年份	是否出现峰值	峰值年份
印度尼西亚	是	2003	否	—	否	—
伊朗	是	2015	否	—	否	—
伊拉克	是	1991	是	1997	否	—
爱尔兰	是	1986	是	2001	是	2007
以色列	是	1967	是	2000	否	—
意大利	是	1972	是	2004	是	2005
日本	是	1974	是	2005	是	2005
哈萨克斯坦	是	1991	是	1988	是	2018?
科威特	是	1995	是	1965	是	2016
拉脱维亚	是	2010	是	1985	是	1985
立陶宛	是	2001	是	1991	是	1991
卢森堡	是	1965	是	1974	是	2005
马来西亚	是	2005	是	2017?	是	2017?
墨西哥	是	1995	是	2011	是	2017?
摩洛哥	是	1992	否	—	否	—
荷兰	是	1973	是	2010	是	2010
新西兰	是	1990	是	2000	否	—
北马其顿	是	1996	是	1998	是	1998
挪威	是	1973	是	2000	是	2000
阿曼	否	—	是	2018?	否	—
巴基斯坦	是	1968	否	—	否	—
秘鲁	是	1990	否	—	否	—
菲律宾	是	1998	否	—	否	—
波兰	是	1991	是	1980	是	1987
葡萄牙	是	1998	是	2018?	是	2016?
卡塔尔	是	2012	是	1993	是	2015
罗马尼亚	是	1991	是	1988	是	1989
俄罗斯	是	1994	是	1988	是	1989
沙特	是	1982	是	2015	否	—

续表

国家或地区	能源强度		人均能源消费量		能源消费总量	
	是否出现峰值	峰值年份	是否出现峰值	峰值年份	是否出现峰值	峰值年份
新加坡	是	1968	是	2017?	是	2018?
斯洛伐克	是	2017?	是	1989	是	1990
斯洛文尼亚	是	1991	是	2008	是	2008
南非	是	1995	是	1988	否	—
韩国	是	1997	是	2018?	是	2018?
西班牙	是	1979	是	2004	是	2007
斯里兰卡	是	1972	否	—	否	—
瑞典	是	1979	是	1986	是	1986
瑞士	是	1975	是	2001	是	2001
中国台湾	是	1985	是	2018?	是	2018?
泰国	是	2014	是	2018?	否	—
特立尼达和多巴哥	是	1996	是	2010	是	2010
土耳其	是	1996	是	2017?	否	—
土库曼斯坦	是	2009	否	—	否	—
乌克兰	是	1990	是	1990	是	1990
阿联酋	是	2016	是	1991	否	—
英国	是	1965	是	1973	是	2005
美国	是	1970	是	1973	是	2007
乌兹别克斯坦	是	1993	是	1985	是	2002
委内瑞拉	是	2002	是	2008	是	2012
越南	是	2008	否	—	否	—
世界	是	1970	否	—	否	—

注："?"表示在截止期三年内有拐点迹象，但趋势不太明朗还有待于进一步考察

由表 12.8 可知，在世界上 80 个国家或地区样本中，剔除了趋势不太明朗或有待于继续观察的样本外，有 78 个国家或地区（不含世界）跨越了能源强度峰值，有 53 个国家或地区跨越了人均能源消费峰值，41 个国家或地区跨越了能源消费总量峰值。这也反映了能源消费三个"倒 U 形"曲线出现的先后性和难度。

就中国而言，自 1965 年以来，能源消费强度出现了峰值，峰值点为 1977 年，而人均能源消费和能源消费总量还处于比较强劲的增长过程中，如图 12.38 所示。根据

清华大学气候变化与可持续发展研究院（2020）的研究，在强化政策情景下，预计在 2035 年才能实现能源消费总量达峰。而不少发达国家在 20 世纪 90 年代或 20 世纪 90 年代以前就跨越了能源消费总量高峰。

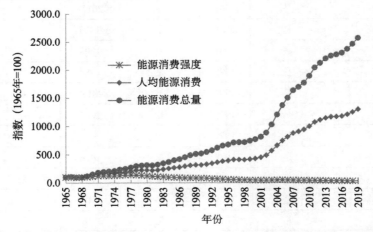

图 12.38　1965—2019 年中国能源消费强度、人均能源消费量和能源消费总量变化趋势

（三）CO₂ 排放演化阶段的国际比较

基于欧盟 CO_2 排放数据（Crippa et al., 2020），对世界主要国家或地区的 CO_2 随经济发展或时间变化的演化过程进行统计分析，如表 12.9 所示。

表 12.9　世界主要国家或地区 CO_2 排放随经济发展或时间变化及阶段

国家或地区	CO₂ 强度		人均 CO₂ 排放量		CO₂ 排放总量	
	是否出现峰值	峰值年份	是否出现峰值	峰值年份	是否出现峰值	峰值年份
阿富汗	是	2008	是	2013	是	2013
阿尔巴尼亚	是	1980	是	1979	是	1984
阿尔及利亚	是	1973	否	—	否	—
安哥拉	是	1980	是	1978	是	2016?
安圭拉	NA	NA	是	2013	是	2016?
安提瓜和巴布达	否	—	是	2013	是	2013
阿根廷	是	1989	是	2015	是	2015
亚美尼亚	是	1991	是	1991	是	1991
阿鲁巴	是	2013	是	2013	是	2013

国家或地区	CO$_2$强度		人均CO$_2$排放量		CO$_2$排放总量	
	是否出现峰值	峰值年份	是否出现峰值	峰值年份	是否出现峰值	峰值年份
澳大利亚	是	1977	是	2007	否	—
奥地利	是	1970	是	2005	是	2005
阿塞拜疆	是	1995	是	1987	是	1989
巴哈马	是	1975	是	1973	是	2013
巴林	是	1980	是	1998	否	—
孟加拉国	否	—	否	—	否	—
巴巴多斯	否	—	否	—	否	—
白俄罗斯	是	1990	是	1981	是	1990
比利时	是	1970	是	1979	是	1979
伯利兹	是	2001	是	2004	是	2007
贝宁	是	2016?	否	—	否	—
百慕大	是	1989	是	2012	是	2012
不丹	是	1980	否	—	否	—
玻利维亚	是	1994	是	2018?	否	—
波黑	否	—	否	—	否	—
博茨瓦纳	是	1977	是	2017?	是	2017?
巴西	是	1970	是	2014	是	2014
英属维尔京群岛	NA	—	NA	—	NA	—
文莱	是	2009	是	2008	是	2008
保加利亚	是	1980	是	1980	是	1980
布基纳法索	是	2013	是	2013	否	—
布隆迪	是	1999	是	1991	是	2004
佛得角	是	1980	否	—	否	—
柬埔寨	是	2018?	否	—	否	—
喀麦隆	是	1994	是	1986	否	—
加拿大	是	1970	是	1979	是	2007
开曼群岛	是	2012	是	2013	是	2013
中非共和国	是	2015	是	2017?	否	—
乍得	是	1980	是	2016?	是	2016?
智利	是	1973	是	2018?	是	2018?
中国	是	1978	否	—	否	—
哥伦比亚	是	1970	是	2016?	是	2016?

续表

国家或地区	CO_2 强度		人均 CO_2 排放量		CO_2 排放总量	
	是否出现峰值	峰值年份	是否出现峰值	峰值年份	是否出现峰值	峰值年份
科摩罗	是	1980	是	2013	否	—
刚果共和国	是	1974	是	1974	是	1974
库克群岛	NA	—	是	2012	是	2012
哥斯达黎加	是	1994	否	—	否	—
科特迪瓦	是	2012	是	1978	否	—
克罗地亚	是	1999	是	1989	是	1989
古巴	是	1970	是	1989	是	1989
库拉索	NA	—	是	2013	是	2013
塞浦路斯	是	1991	是	2003	是	2008
捷克	是	1991	是	1970	是	1979
刚果民主共和国	是	2014	是	1983	是	2014
丹麦	是	1970	是	1996	是	1996
吉布提	是	2010	是	1970	是	2004
多米尼克	是	1999	是	2013	是	2013
多米尼加	是	2002	是	2002	否	—
厄瓜多尔	是	2010	是	2014	是	2014
埃及	是	2005	是	2012	是	2018?
圣萨尔瓦多	是	2007	是	2007	是	2007
赤道几内亚	是	1980	是	2008	是	2011
厄立特里亚	是	1997	是	1997	是	1997
爱沙尼亚	是	1994	是	1990	是	1990
斯威士兰	是	1979	是	2008	是	2008
埃塞俄比亚	是	2003	是	2018?	否	—
马尔维纳斯群岛	NA	—	是	2012	是	2012
法罗群岛	是	2010	是	2012	否	—
斐济	是	1974	是	2004	是	2005
芬兰	是	1978	是	2003	是	2003
法国和摩纳哥	是	1970	是	1973	是	1973
法属圭亚那	NA	—	是	1991	是	2013
法属波利尼西亚	NA	—	是	2012	是	2012
加蓬	是	1985	是	1985	是	1985
格鲁吉亚	是	1993	是	1981	是	1981

续表

国家或地区	CO$_2$ 强度		人均 CO$_2$ 排放量		CO$_2$ 排放总量	
	是否出现峰值	峰值年份	是否出现峰值	峰值年份	是否出现峰值	峰值年份
德国	是	1970	是	1979	是	1979
加纳	是	2002	是	2013	否	—
直布罗陀	NA	—	否	—	否	—
希腊	是	1995	是	2007	是	2007
格陵兰	是	2004	是	2011	是	2011
格林纳达	是	1990	是	2013	是	2013
瓜德罗普	NA	—	是	2013	是	2013
危地马拉	是	2014	否	—	否	—
几内亚	是	1987	否	—	否	—
几内亚比绍	是	2012	是	2012	是	2012
圭亚那	是	2013	是	2013	是	2016?
海地	是	2018?	是	2018?	是	2018?
洪都拉斯	是	2004	是	2007	否	—
香港	是	1970	是	1993	是	2014
匈牙利	是	2015	是	1978	是	1978
冰岛	是	1973	是	2018?	是	2018?
印度	是	1991	否	—	否	—
印度尼西亚	是	1999	否	—	否	—
伊朗	NA	—	否	—	否	—
伊拉克	是	1994	是	1997	否	—
爱尔兰	是	1971	是	2001	是	2006
以色列和巴勒斯坦国	是	1989	是	2003	是	2012
意大利	是	1972	是	2004	是	2005
牙买加	是	2006	是	2006	是	2006
日本	是	1970	是	2013	是	2013
约旦	是	1983	是	1987	否	—
哈萨克斯坦	是	1992	是	1980	是	2018?
肯尼亚	是	1970	是	2016?	否	—
基里巴斯	是	2012	是	2012	是	2012
科威特	是	2002	是	1970	否	—
吉尔吉斯斯坦	是	1986	是	1980	是	1980
老挝	是	2018?	否	—	否	—

国家或地区	CO$_2$ 强度		人均 CO$_2$ 排放量		CO$_2$ 排放总量	
	是否出现峰值	峰值年份	是否出现峰值	峰值年份	是否出现峰值	峰值年份
拉脱维亚	是	1995	是	1986	是	1988
黎巴嫩	是	1989	是	1999	否	—
莱索托	是	2014	是	2014	否	—
利比里亚	否	—	是	1980	是	1980
利比亚	是	2011	是	1970	是	2010
立陶宛	是	1995	是	1991	是	1991
卢森堡	是	1970	是	1970	是	1970
澳门	是	1983	是	2012	是	2012
马达加斯加	是	2013	是	2013	是	2018?
马拉维	是	2007	是	2007	是	2007
马来西亚	是	2008	是	2014	是	2015
马尔代夫	是	2012	是	2012	是	2012
马里	是	1981	是	1981	否	—
马耳他	是	1972	是	1993	是	1993
马提尼克岛	NA	—	是	2013	是	2013
毛里塔尼亚	是	2018?	是	2018?	否	—
毛里求斯	是	1999	是	2018?	是	2018?
墨西哥	是	1987	是	2006	是	2012
摩尔多瓦	是	1995	是	1990	是	1990
蒙古国	是	1991	否	—	否	—
摩洛哥	是	1995	否	—	否	—
莫桑比克	是	1980	是	1970	否	—
缅甸	是	1970	否	—	否	—
纳米比亚	是	1987	是	2016?	否	—
尼泊尔	是	2018?	否	—	否	—
荷兰	是	1972	是	1996	是	1996
新喀里多尼亚	NA	—	否	—	否	—
新西兰	是	1992	是	2003	否	—
尼加拉瓜	是	2003	是	1977	否	—
尼日尔	是	1991	是	1988	否	—
尼日利亚	是	1979	是	1979	是	2003
朝鲜	是	1991	是	1985	是	1985

续表

国家或地区	CO_2 强度		人均 CO_2 排放量		CO_2 排放总量	
	是否出现峰值	峰值年份	是否出现峰值	峰值年份	是否出现峰值	峰值年份
北马其顿	是	1996	是	1974	是	1990
挪威	是	1970	是	1999	是	2018?
阿曼	是	1975	是	1976	否	—
巴基斯坦	是	1999	是	2018?	否	—
帕劳	是	2012	是	1994	是	2012
巴拿马	是	1973	是	2014	是	2016?
巴布亚新几内亚	是	2005	是	2013	是	2013
巴拉圭	是	1999	否	—	否	—
秘鲁	是	1970	是	2016?	是	2016?
菲律宾	是	1997	否	—	否	—
波兰	是	1991	是	1980	是	1987
葡萄牙	是	1999	是	2002	是	2005
波多黎各	是	1970	否	—	否	—
卡塔尔	是	2003	是	1973	否	—
留尼旺岛	NA	—	是	2012	是	2012
罗马尼亚	是	1990	是	1988	是	1988
俄罗斯	是	1996	是	1990	是	1990
卢旺达	是	1994	是	1987	否	—
圣赫勒拿岛	NA	—	是	2017?	是	2018?
圣基茨和尼维斯	是	2005	是	2013	是	2013
圣卢西亚	是	1983	是	2013	是	2013
圣皮埃尔和密克隆岛	NA	—	是	1990	是	1990
圣文森特和格林纳丁斯	是	2013	是	2013	是	2013
萨摩亚	是	1983	是	2012	是	2012
圣多美和普林西比	是	2012	是	2012	是	2012
沙特	是	2010	是	1980	否	—
塞内加尔	是	2011	是	2018?	否	—
塞尔维亚和黑山	是	1996	否	—	否	—
塞舌尔	是	2009	是	2012	是	2012
塞拉利昂	是	2001	是	1987	否	—
新加坡	是	1978	是	1994	是	2011
斯洛伐克	是	1992	是	1980	是	1980

续表

国家或地区	CO$_2$ 强度		人均 CO$_2$ 排放量		CO$_2$ 排放总量	
	是否出现峰值	峰值年份	是否出现峰值	峰值年份	是否出现峰值	峰值年份
斯洛文尼亚	是	1993	是	2008	是	2008
所罗门群岛	是	2012	是	1981	是	2012
索马里	NA	—	是	1974	是	1986
南非	是	1976	是	2008	否	—
韩国	是	1970	是	2018?	是	2018?
西班牙	是	1981	是	2005	是	2007
斯里兰卡	是	1972	否	—	否	—
苏丹和南苏丹	是	1973	是	2016?	否	—
苏里南	是	2000	是	2015	是	2015
瑞典	是	1970	是	1970	是	1970
瑞士	是	1973	是	1973	是	1973
叙利亚	NA	—	是	2007	是	2008
中国台湾	是	1980	是	2007	是	2018?
塔吉克斯坦	是	1992	是	1980	是	1989
坦桑尼亚	是	2012	是	2015	否	—
泰国	是	1997	是	2018?	是	2018?
冈比亚	是	2011	是	2010	否	—
东帝汶	是	2004	是	2013	是	2013
多哥	是	2009	是	2009	否	—
汤加	是	2012	是	2012	是	2012
特立尼达和多巴哥	是	1989	是	2010	是	2010
突尼斯	是	1989	是	2015	否	—
土耳其	是	2000	是	2017?	是	2017?
土库曼斯坦	是	2004	否	—	否	—
特克斯和凯特斯群岛	是	2010	是	2013	是	2013
乌干达	是	2008	是	2012	否	—
乌克兰	是	1995	是	1988	是	1988
阿联酋	是	1984	是	1971	否	—
英国	是	1970	是	1970	是	1973
美国	是	1970	是	1973	是	2005
乌拉圭	是	1972	是	2012	是	2012
乌兹别克斯坦	是	1994	是	1991	是	2002

续表

国家或地区	CO$_2$ 强度		人均 CO$_2$ 排放量		CO$_2$ 排放总量	
	是否出现峰值	峰值年份	是否出现峰值	峰值年份	是否出现峰值	峰值年份
瓦努阿图	是	1981	是	1974	是	2012
委内瑞拉	是	2003	是	2012	是	2012
越南	否	—	否	—	否	—
西撒哈拉	NA	—	是	1974	是	2012
也门	是	2013	是	2009	是	2013
赞比亚	是	1975	是	1973	是	2018?
津巴布韦	是	1970	是	1970	是	1992
欧盟 27 国＋英国	是	1970	是	1979	是	1979
世界	是	1970	是	2012	否	—

注：表中的"NA"表示缺乏数据，"?"表示在截止期三年内有拐点迹象，但趋势不太明朗还有待于进一步考察。由于数据起始于 1970 年，因此，凡是峰值点为 1970 年并非真正的峰值点，可能在 1970 年以前就出现了

由表 12.9 可知，在世界上 209 个主要国家或地区样本中，有 179 个国家或地区（排除了缺乏数据和待观察的样本）出现了 CO$_2$ 排放强度峰值，有 160 个国家或地区出现了人均 CO$_2$ 排放量峰值，有 116 个国家或地区出现了 CO$_2$ 排放总量峰值。

中国仅在 1978 年跨越了 CO$_2$ 排放峰值点，其人均 CO$_2$ 排放量和 CO$_2$ 排放总量还处于比较强劲的增长过程中，如图 12.39 所示。由于 CO$_2$ 排放数据主要源于化石能源燃烧，因此，其变化趋势与能源消费变化趋势类似。中国力争在 2030 年前实现达峰，还需要采取更加有力的措施。

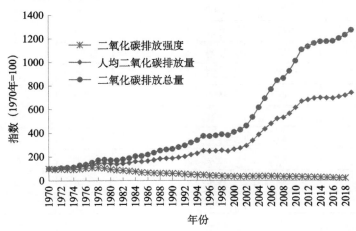

图 12.39　1970—2019 年中国 CO$_2$ 排放强度、人均 CO$_2$ 排放量和 CO$_2$ 排放总量变化趋势

（四）温室气体排放演化阶段的国际比较

基于 WRI（2020）温室气体排放数据，对世界主要国家或地区的温室气体排放随着经济发展或时间变化的演化过程进行统计分析，结果如表 12.10 所示。

表 12.10　世界主要国家或地区温室气体排放随经济发展或时间变化及阶段

国家或地区	温室气体强度		人均温室气体排放量		温室气体排放总量	
	是否出现峰值	峰值年份	是否出现峰值	峰值年份	是否出现峰值	峰值年份
世界	是	1990?	是	2013?	是	2015?
阿富汗	否	—	否	—	否	—
阿尔巴尼亚	是	1991	是	1990	是	1990
阿尔及利亚	是	2000	是	2015?	是	2015?
安道尔	是	1996	是	2000	是	2005
安哥拉	是	1993	是	1990	是	2011
安提瓜和巴布达	是	2015?	否	—	否	—
阿根廷	是	1990?	是	2008	是	2008
亚美尼亚	是	1992	是	1991	是	1991
澳大利亚	是	1992	是	2001	是	2001
奥地利	是	1991	是	2003	是	2003
阿塞拜疆	是	1995	是	1991	是	1991
巴哈马	是	2009	是	2006	是	2007
巴林	是	2002	是	1998	否	—
孟加拉国	是	1990	是	2015?	否	—
巴巴多斯	是	1993	否	—	否	—
白俄罗斯	是	1990	是	1990	是	1990
比利时	是	1991	是	1996	是	1996
伯利兹	是	1990	是	1990	是	1994
贝宁	是	1990	是	1990	否	—
不丹	是	1990	是	1990	是	2004
玻利维亚	是	1990	是	2010	是	2010
波黑	是	1994	否	—	是	2011
博茨瓦纳	是	2002	是	2002	是	2002

续表

国家或地区	温室气体强度		人均温室气体排放量		温室气体排放总量	
	是否出现峰值	峰值年份	是否出现峰值	峰值年份	是否出现峰值	峰值年份
巴西	是	1992	是	2004	是	2005
文莱	是	1998	是	1998	是	1998
保加利亚	是	1990	是	1990	是	1990
布基纳法索	是	1990	是	1990	否	—
布隆迪	是	1997	是	1990	是	1995
柬埔寨	是	1994	是	1990	否	—
喀麦隆	是	1994	是	1994	是	2013?
加拿大	是	2003	是	2003	是	2003
佛得角	是	1990	是	1990	是	1990
中非共和国	否	—	是	1998	否	—
乍得	是	1999	否	—	否	—
智利	是	1999	是	2010	是	2010
中国	是	1990	否	—	否	—
哥伦比亚	是	1990	是	1990	是	2010
科摩罗	是	2005	是	2005	否	—
哥斯达黎加	是	1990	是	1992	是	1998
克罗地亚	NA	—	是	2011	是	2011
古巴	是	2006	是	2010	是	2010
塞浦路斯	是	1993	是	2003	是	2008
捷克	是	1991	是	1990	是	1990
科特迪瓦	是	1994	是	1994	是	2006
刚果民主共和国	是	2000	是	1990	否	—
丹麦	是	1991	是	1996	是	1996
吉布提	NA	—	是	2015?	否	—
多米尼克	是	2007	是	2007	是	2007
多米尼加	是	2002	否	—	否	—
厄瓜多尔	是	1990	是	1997	是	2014?
埃及	是	1991	是	2012	否	—
圣萨尔瓦多	是	2007	是	2007	是	2007

国家或地区	温室气体强度		人均温室气体排放量		温室气体排放总量	
	是否出现峰值	峰值年份	是否出现峰值	峰值年份	是否出现峰值	峰值年份
赤道几内亚	是	1991	是	2004	是	2006
厄立特里亚	NA	—	是	1997	是	2000
爱沙尼亚	NA	—	是	1990	是	1990
斯威士兰	是	1998	是	1998	是	2007
埃塞俄比亚	是	1992	是	1990	否	—
欧盟（27）	是	1990	是	1990	是	1990
斐济	是	2006	是	2006	是	2006
芬兰	是	1994	是	2011	是	2011
法国	是	1991	是	1991	是	1991
加蓬	是	1992	是	1990	是	1993
冈比亚	是	1991	是	1991	是	1993
格鲁吉亚	是	1993	是	1990	是	1990
德国	是	1990	是	1990	是	1990
加纳	是	2001	是	2001	是	2005
希腊	是	1995	是	2007	是	2007
格林纳达	是	1993	是	2005	是	2005
危地马拉	是	1990	是	2003	是	2007
几内亚	是	1990	是	1990	否	—
几内亚比绍	是	2001	是	2001	是	2001
圭亚那	是	2003	是	2003	是	2015?
海地	是	2010	否	—	否	—
洪都拉斯	是	1991	是	1990	是	1995
匈牙利	NA	—	是	1990	是	1990
冰岛	是	1990	是	2006	是	2006
印度	是	1991	否	—	否	—
印度尼西亚	是	1990	是	1997	是	2015?
伊朗	是	2013?	是	2014?	否	—
伊拉克	是	1994	是	1997	是	2014?
爱尔兰	是	1990	是	2001	是	2001

续表

国家或地区	温室气体强度		人均温室气体排放量		温室气体排放总量	
	是否出现峰值	峰值年份	是否出现峰值	峰值年份	是否出现峰值	峰值年份
以色列	是	1990	是	2012	是	2012
意大利	是	1990	是	2004	是	2005
牙买加	是	2006	是	2006	是	2006
日本	是	1994	是	2013?	是	2013?
约旦	是	1991	是	1992	否	—
哈萨克斯坦	是	1992	是	1992	是	1992
肯尼亚	是	1990	是	1990	是	1999
基里巴斯	是	2006	是	2006	是	2006
科威特	NA	—	是	2005	否	—
吉尔吉斯斯坦	是	2006	是	1990	是	1990
老挝	是	1990	是	2004	否	—
拉脱维亚	NA	—	是	1990	是	1990
黎巴嫩	是	1999	是	2009	否	—
莱索托	是	1990	是	2014?	是	2014?
利比里亚	NA	—	是	1993	是	2009
利比亚	NA	—	是	1990	是	2010
列支敦士登	NA	—	是	2007	是	2007
立陶宛	NA	—	是	1991	是	1991
卢森堡	是	1990	是	1991	是	2005
北马其顿	是	1996	是	1990	是	2005
马达加斯加	是	1991	是	1990	是	1995
马拉维	是	1990	是	1990	否	—
马来西亚	是	1990	是	2005	是	2005
马尔代夫	NA	—	是	2015?	否	—
马里	是	1990	是	1999	否	—
马耳他	是	1993	是	1993	是	2012
马绍尔群岛	NA	—	NA	—	NA	—
毛里塔尼亚	是	1991	是	2001	是	2010
毛里求斯	是	2001	否	—	否	—

续表

国家或地区	温室气体强度		人均温室气体排放量		温室气体排放总量	
	是否出现峰值	峰值年份	是否出现峰值	峰值年份	是否出现峰值	峰值年份
墨西哥	是	2009	是	2008	否	—
密克罗尼西亚	NA	—	NA	—	NA	—
摩尔多瓦	NA	—	是	1990	是	1990
蒙古国	是	1993	是	1991	是	2015?
黑山	NA	—	是	2011	是	2011
摩洛哥	是	2006	是	2015?	是	2015?
莫桑比克	是	1992	是	1990	否	—
缅甸	是	1991	是	1990	是	2015?
纳米比亚	是	1990	是	2012	是	2012
瑙鲁	NA	—	是	1990	是	1990
尼泊尔	是	1990	是	1990	是	2000
荷兰	是	1991	是	1996	是	1996
新西兰	是	1992	是	2003	是	2005
尼加拉瓜	是	1993	是	1990	是	2010
尼日尔	是	2000	是	1990	否	—
尼日利亚	是	1994	是	1992	否	—
朝鲜	NA	—	是	1990	是	1990
挪威	是	1990	是	1999	是	1999
阿曼	是	2015	是	2012	是	2015?
巴基斯坦	是	1990	否	—	否	—
帕劳	NA	—	NA	—	NA	—
巴拿马	是	1990	是	1992	是	2015?
巴布亚新几内亚	是	1997	是	1997	是	1997
巴拉圭	是	2006	是	2013?	否	—
秘鲁	是	1990	否	—	否	—
菲律宾	是	2001	是	2010	是	2010
波兰	是	1991	是	1990	是	1990
葡萄牙	是	2002	是	2005	是	2005
卡塔尔	NA	—	是	2005	否	—

国家或地区	温室气体强度		人均温室气体排放量		温室气体排放总量	
	是否出现峰值	峰值年份	是否出现峰值	峰值年份	是否出现峰值	峰值年份
刚果共和国	是	1994	是	1991	是	2011
罗马尼亚	是	1990	是	1990	是	1990
俄罗斯	是	1996	是	1990	是	1990
卢旺达	是	1994	是	1994	是	1990
圣基茨和尼维斯	是	2010	是	2009	是	2009
圣卢西亚	是	1994	是	1994	是	1994
圣文森特和格林纳丁斯	是	2009	是	2009	是	2009
萨摩亚	是	1992	是	1990	是	1990
圣多美和普林西比	NA	—	是	2006	是	2010
沙特	是	2010	是	2015?	否	—
塞内加尔	是	1999	是	1999	否	—
塞尔维亚	NA	—	是	1990	是	1990
塞舌尔	是	2004	否		否	
塞拉利昂	是	1995	是	2006	是	2015?
新加坡	是	1993	是	1994	否	
斯洛伐克	NA	—	是	1990	是	1990
斯洛文尼亚	是	1996	是	2008	是	2008
所罗门群岛	是	1990	是	1990	否	—
索马里	NA	—	是	1990	是	2005
南非	是	2004	是	2008	是	2014?
韩国	是	1993	否	—	否	
西班牙	是	2000	是	2007	是	2007
斯里兰卡	是	1990	否	—	否	—
苏丹	是	1990	是	2002	是	2009
苏里南	是	2003	是	2003	是	2003
瑞典	是	1996	是	1996	是	1996
瑞士	是	1991	是	1991	是	2005
叙利亚	NA	—	是	1996	是	2008
塔吉克斯坦	是	1997	是	1990	是	1990

续表

国家或地区	温室气体强度		人均温室气体排放量		温室气体排放总量	
	是否出现峰值	峰值年份	是否出现峰值	峰值年份	是否出现峰值	峰值年份
坦桑尼亚	是	1990	是	1990	是	2005
泰国	是	1998	否	—	否	—
多哥	是	1993	是	1990	否	—
汤加	是	1991	是	2015?	是	2015?
特立尼达和多巴哥	是	1990	是	2010	是	2013?
突尼斯	是	1993	是	2015?	是	2015?
土耳其	是	1991	否	—	否	—
土库曼斯坦	是	2004	是	2015?	是	2015?
图瓦卢	是	1990	是	1990	是	1990
乌干达	是	1990	是	1990	否	—
乌克兰	是	1995	是	1990	是	1990
阿联酋	是	2010	是	1991	否	—
英国	是	1991	是	1991	是	1991
美国	是	1990	是	1997	是	2007
乌拉圭	是	2004	是	2012	是	2012
乌兹别克斯坦	是	1993	是	1993	是	2008
瓦努阿图	是	1993	是	1993	是	2015?
委内瑞拉	是	2003	是	1990	是	2001
越南	是	2010	否	—	否	—
也门	是	2014?	是	2009	是	2014?
赞比亚	是	1994	是	1990	是	2005
津巴布韦	是	2008	是	1990	是	1999

注：表中的"NA"表示缺乏数据，"?"表示在截止期三年内有拐点迹象，但趋势不太明朗还有待于进一步考察。由于数据起始于1990年，因此，凡是峰值点为1990年并非真正的峰值点，可能在1990年以前就出现了

由表 12.10 可知，在世界上 188 个国家或地区样本中，有 160 个国家或地区跨越了温室气体排放强度峰值（剔除了缺乏数据和待观察样本），有 156 个国家或地区跨越了人均温室气体排放峰值，117 个国家跨越了温室气体排放总量峰值。

就中国而言，其温室气体排放强度应该在 1990 年前出现，但是其人均温室气

体排放和温室气体排放总量分别在 2013 年和 2014 年之后出现一定程度的下降（图 12.40），大体处于平台期，但趋势尚不明朗，因为中国的 CO_2 排放总量仍处于上升阶段。

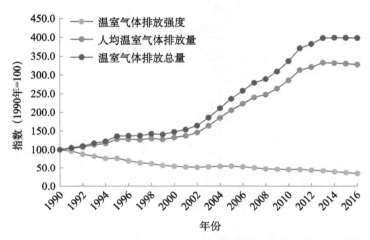

图 12.40　1990—2016 年中国温室气体排放强度、人均温室气体排放量和温室气体排放总量变化趋势

（五）从碳达峰到碳中和的时间跨度国际比较

中国的 CO_2 等温室气体排放总量尚未出现明显下降势头，即使把 2014 年作为温室气体排放峰值，离中国 2060 年前实现碳中和目标还有 46 年，如果 2030 年实现 CO_2 峰值，距 2060 年前碳中和目标仅有 30 年时间。中国从 CO_2 等温室气体排放达峰到实现碳中和目标的时间明显短于发达国家从实现 CO_2 等温室气体排放达峰到 2050 年实现碳中和目标所经历的时间间隔（表 12.11），而且比许多其他国家包括发展中国家的时间间隔还短。这充分反映了中国实现碳中和目标的艰巨性和紧迫性。

目前，在全球已承诺或即将承诺的 127 个国家或地区中，不丹和苏里南已经实现了碳中和，瑞典、英国、法国、丹麦、新西兰和匈牙利等 6 个国家已就碳中和立法；欧盟、加拿大、韩国、西班牙、智利、斐济等 6 国（地区）正在就碳中和建议立法；芬兰、奥地利、冰岛、日本、德国、瑞士、挪威、爱尔兰、南非、葡萄牙、哥斯达黎加、斯洛文尼亚、马绍尔群岛、中国等 14 个国家的碳中和目标出现在政策文件中，乌拉圭等其他 101 个国家碳中和目标还在讨论中。

表 12.11 从 CO_2 等温室气体排放达峰到碳中和时间表的时间差距

国家或地区	CO_2 总量达峰年份	温室气体排放总量达峰年份	已承诺或即将承诺的碳中和年份	CO_2 排放总量达峰时间距碳中和承诺时间差距 / 年	温室气体排放总量达峰时间距碳中和承诺时间差距 / 年
阿富汗	2013	—	2050	37	—
安哥拉	2016?	2011	2050	34?	39
安提瓜和巴布达	2013	—	2050	37	—
阿根廷	2015	2008	2050	35	42
亚美尼亚	1991	1991	2050	59	59
奥地利	2005	2003	2040	35	37
巴哈马	2013	2007	2050	37	43
孟加拉国	—	—	2050	—	—
巴巴多斯	—	—	2050	—	—
比利时	1979	1996	2050	71	54
伯利兹	2007	1994	2050	43	56
贝宁	—	—	2050	—	—
不丹	—	2004	已实现	已实现	已实现
保加利亚	1980	1990	2050	70	60
布基纳法索	—	—	2050	—	—
柬埔寨	—	—	2050	—	—
加拿大	2007	2003	2050	43	47
中非共和国	—	—	2050	—	—
乍得	2016?	—	2050	34?	—
智利	2018?	2010	2050	32?	40
中国	—	—	2060	—	—
哥伦比亚	2016?	2010	2050	34?	40
科摩罗	—	—	2050	—	—
库克群岛	2012	—	2050	38	—
哥斯达黎加		1998	2050	—	52
克罗地亚	1989	2011	2050	61	39
塞浦路斯	2008	2008	2050	42	42

续表

国家或地区	CO_2 总量达峰年份	温室气体排放总量达峰年份	已承诺或即将承诺的碳中和年份	CO_2 排放总量达峰时间距碳中和承诺时间差距 / 年	温室气体排放总量达峰时间距碳中和承诺时间差距 / 年
捷克	1979	1990	2050	71	60
刚果民主共和国	2014	—	2050	36	—
丹麦	1996	1996	2050	54	54
吉布提	2004	—	2050	46	—
多米尼克	2013	2007	2050	37	43
多米尼加	—		2050		
厄瓜多尔	2014	2014?	2050	36	36?
厄立特里亚	1997	2000	2050	53	50
爱沙尼亚	1990	1990	2050	60	60
埃塞俄比亚	—		2050		
斐济	2005	2006	2050	45	44
芬兰	2003	2011	2050	47	39
法国和摩纳哥	1973	1991	2050	77	59
冈比亚	—	1993	2050	—	57
德国	1979	1990	2050	71	60
希腊	2007	2007	2050	43	43
格林纳达	2013	2005	2050	37	45
几内亚	—	—	2050	—	—
几内亚比绍	2012	2001	2050	38	49
圭亚那	2016?	2015?	2050	34?	35?
海地	2018?		2050	32?	—
匈牙利	1978	1990	2050	72	60
冰岛	2018?	2006	2040	32?	34
爱尔兰	2006	2001	2050	44	49
意大利	2005	2005	2050	45	45
牙买加	2006	2006	2050	44	44
日本	2013	2013?	2050	37	37?

337

续表

国家或地区	CO_2 总量达峰年份	温室气体排放总量达峰年份	已承诺或即将承诺的碳中和年份	CO_2 排放总量达峰时间距碳中和承诺时间差距 / 年	温室气体排放总量达峰时间距碳中和承诺时间差距 / 年
基里巴斯	2012	2006	2050	38	44
老挝	—	—	2050	—	—
拉脱维亚	1988	1990	2050	62	60
黎巴嫩	—	—	2050	—	—
莱索托	—	2014?	2050		36?
利比里亚	1980	2009	2050	70	41
立陶宛	1991	1991	2050	59	59
卢森堡	1970	2005	2050	80	45
马达加斯加	2018?	1995	2050	32?	55
马拉维	2007	—	2050	43	—
马尔代夫	2012	—	2050	38	—
马里	—	—	2050	—	—
马耳他	1993	2012	2050	57	38
马绍尔群岛	—	—	2050	—	—
毛里塔尼亚		2010	2050		40
毛里求斯	2018?	—	2050	32?	—
墨西哥	2012	—	2050	38	—
密克罗尼西亚	—	—	2050	—	—
摩纳哥	—	—	2050	—	—
莫桑比克	—	—	2050	—	—
缅甸	—	2015?	2050		35?
纳米比亚	—	2012	2050		38
瑙鲁		1990	2050		60
尼泊尔	—	2000	2050		50
荷兰	1996	1996	2050	54	54
新西兰	—	2005	2050		45
尼加拉瓜		2010	2050		40
尼日尔	—	—	2050	—	—

续表

国家或地区	CO_2 总量达峰年份	温室气体排放总量达峰年份	已承诺或即将承诺的碳中和年份	CO_2 排放总量达峰时间距碳中和承诺时间差距 / 年	温室气体排放总量达峰时间距碳中和承诺时间差距 / 年
纽埃	—	—	2050	—	—
挪威	2018?	1999	2050	32?	51
巴基斯坦			2050		
帕劳	2012	—	2050	38	—
巴布亚新几内亚	2013	1997	2050	37	53
秘鲁	2016?	—	2050	34?	—
葡萄牙	2005	2005	2050	45	45
罗马尼亚	1988	1990	2050	62	60
卢旺达	—	1990	2050	—	60
圣基茨和尼维斯	2013	2009	2050	37	41
圣卢西亚	2013	1994	2050	37	56
圣文森特和格林纳丁斯	2013	2009	2050	37	41
萨摩亚	2012	1990	2050	38	60
圣多美和普林西比	2012	2010	2050	38	40
塞内加尔	—	—	2050	—	—
塞舌尔	2012	—	2050	38	—
塞拉利昂	—	2015?	2050	—	35?
斯洛伐克	1980	1990	2050	70	60
斯洛文尼亚	2008	2008	2050	42	42
所罗门群岛	2012	—	2050	38	—
索马里	1986	2005	2050	64	45
南非	—	2014?	2050	—	36?
韩国	2018?	—	2050	32?	—
西班牙	2007	2007	2050	43	43
苏丹和南苏丹	—	2009	2050	—	41
南苏丹	—	—	2050	—	—

续表

国家或地区	CO_2总量达峰年份	温室气体排放总量达峰年份	已承诺或即将承诺的碳中和年份	CO_2排放总量达峰时间距碳中和承诺时间差距/年	温室气体排放总量达峰时间距碳中和承诺时间差距/年
苏里南	2015	2003	已实现	已实现	已实现
瑞典	1970	1996	2045	75	49
瑞士	1973	2005	2050	77	45
坦桑尼亚	—	2005	2050	—	45
东帝汶	2013	—	2050	37	—
多哥	—	—	2050	—	—
汤加	2012	2015?	2050	38	35?
特立尼达和多巴哥	2010	2013?	2050	40	37?
图瓦卢	—	1990	2050	—	60
乌干达	—	—	2050	—	—
英国	1973	1991	2050	77	59
美国	2005	2007	2050	45	43
乌拉圭	2012	2012	2030	18	18
瓦努阿图	2012	2015?	2050	38	35?
也门	2013	2014?	2050	37	36?
赞比亚	2018?	2005	2050	32?	45
欧盟 27 国 + 英国	1979	1990	2050	71	60
世界	—	2015?	2050	—	35?

注：碳中和承诺或即将承诺国家来自网站：https://eciu.net/netzerotracker，"?"表示还有待于进一步考察。由于温室气体排放起始年份为 1990 年，而那些温室气体排放总量峰值年份为 1990 年的国家并非其真正意义上的峰值点，很有可能出现在 1990 年以前，因此，该国温室气体排放达峰时间和碳中和承诺年份的时间差距为最小值

参 考 文 献

古特雷斯. 2020. 联合国秘书长古特雷斯在哥伦比亚大学《地球现状》演讲. https://baijiahao. baidu. com/s?id=1685029946733721867&wfr=spider&for=pc［2020-12-24］.

能源基金会 . 2020. "中国碳中和综合报告 2020：中国现代化的新征程："十四五"到碳中和的新增长故事" . https：//www. efchina. org/Reports-en/report-lceg-20201210-en［2020-12-24］.

清华大学气候变化与可持续发展研究院等 . 2020. 中国长期低碳发展战略与转型路径 . 清华大学气候变化与可持续发展研究院 .

王灿，张雅欣 . 2020. 碳中和愿景的实现路径与政策体系 . 中国环境管理，（6）：58-64.

中国科学院可持续发展战略研究组 . 2009. 2009 中国可持续发展战略报告——探索中国特色的低碳道路 . 北京：科学出版社 .

中国科学院可持续发展战略研究组 . 2010. 2010 中国可持续发展战略报告——绿色发展与创新 . 北京：科学出版社 .

中华人民共和国国务院新闻办公室 . 2020.《新时代的中国能源发展》白皮书 . http：//www. scio. gov. cn/zfbps/32832/Document/1695117/1695117. htm［2020-12-24］.

BP. 2007. Statistical Review of World Energy 2007. http://www.mendeley.com/research/statistical-review-world-energy-2007/[2007-11-10].

BP. 2012. Statistical Review of World Energy 2012. http://www.bp.com/statisticalreview [2012-12-25].

BP. 2017. Statistical Review of World Energy 2017.https://www.bp.com/en/global/corporate/news-and-insights/speeches/bp-statistical-review-of-world-energy-2017.html [2017-11-15].

BP. 2019. BP Energy Outlook（2019 edition）. https：//www. bp. com/content/dam/bp/business-sites/en/global/corporate/pdfs/energy-economics/energy-outlook/bp-energy-outlook-2019. pdf［2020-11-20］.

BP. 2020. Statistical Review of World Energy. http：//www. bp. com/statisticalreview［2020-11-20］.

Clark M A，Domingo N G G，Colgan K，et al. 2020. Global food system emissions could preclude achieving the 1.5?and 2℃ climate change targets. Science，370：705-708.

Cornell University，INSEAD，WIPO . 2020. The Global Innovation Index 2020：Who Will Finance Innovation? Ithaca，Fontainebleau，and Geneva.

Crippa M，Guizzardi D，Muntean M，et al. 2020. Fossil CO_2 emissions of all world countries-2020 Report. Publications Office of the European Union，Luxembourg.

FAO. 2020. FAOSTAT. http：//www. fao. org/faostat/en/#data［2020-12-20］.

Friedlingstein P，O'S ullivan M，Jones M W，et al. 2020. Global Carbon Budget 2020. Earth System Science Data，12（4）：3269-3340.

Fuhrman J，McJeon H，Patel p，et al. 2020. Food-energy-water implications of negative emissions technologies in a+1.5℃ future. Nature Climate Change，10：920-927.

Global Footprint Network. 2020. Ecological Footprint explorer. http：//data. footprintnetwork. org/#/［2020-12-20］.

IPCC. 2018. Global Warming of 1.5 ℃. An IPCC Special Report on the impacts of global warming of 1. 5℃ above pre-industrial levels and related global greenhouse gas emission pathways，in the context of strengthening the global response to the threat of climate change，sustainable development，and efforts to eradicate poverty. In press，Intergovernmental Panel on Climate Change.

Klaus S，World Economic Forum. 2019. The Global Competitiveness Report 2019. Geneva.

UNDP. 2020. Human Development Data Center. http：//hdr. undp. org/en/data［2020-12-21］.

UNDP. 2020. Human Development Report 2020：The next frontier—Human development and the Anthropocene. New York.

United Nations Environment Programme. 2019. Emissions Gap Report 2019. Nairobi.

United Nations Environment Programme. 2020. Emissions Gap Report 2020. Nairobi.

World Meteorological Organization（WMO）. 2020. Carbon dioxide levels continue at record levels，despite COVID-19 lockdown. https：//public. wmo. int/en/media/press-release/carbon-dioxide-levels-continue-record-levels-despite-covid-19-lockdown［2020-12-21］.

World Resources Institute（WRI）. 2020. Climate watch：CAIT climate data explorer. https：//cait. wri. org/［2020-12-22］.